高职高专课程改革项目研究成果

工厂电气控制技术

（第3版）

主　编　汪倩倩　汤煊琳

北京理工大学出版社
BEIJING INSTITUTE OF TECHNOLOGY PRESS

图书在版编目（CIP）数据

工厂电气控制技术 / 汪倩倩，汤煊琳主编 .—3 版 .—北京：北京理工大学出版社，2019.9（2019.10 重印）

ISBN 978 -7 -5682 -7577 -4

Ⅰ. ①工…　Ⅱ. ①汪…　②汤…　Ⅲ. ①工厂 - 电气控制 - 高等学校 - 教材　Ⅳ. ①TM571.2

中国版本图书馆 CIP 数据核字（2019）第 201627 号

出版发行 / 北京理工大学出版社有限责任公司
社　　址 / 北京市海淀区中关村南大街 5 号
邮　　编 / 100081
电　　话 /（010）68914775（总编室）
（010）82562903（教材售后服务热线）
（010）68948351（其他图书服务热线）
网　　址 / http：//www. bitpress. com. cn
经　　销 / 全国各地新华书店
印　　刷 / 北京国马印刷厂
开　　本 / 787 毫米 ×1092 毫米　1/16
印　　张 / 19
字　　数 / 449 千字
版　　次 / 2019 年 9 月第 3 版　2019 年 10 月第 2 次印刷
定　　价 / 48.00 元

责任编辑 / 王艳丽
文案编辑 / 王艳丽
责任校对 / 周瑞红
责任印制 / 施胜娟

前言

Foreword

本书是根据高职高专电气自动化技术专业的培养目标，并参照相关行业的职业技能鉴定规范及高级技术工人等级考核标准编写的。

为了适应新技术发展对“工厂电气控制技术”课程的教学需要并且符合目前高职教育项目导向和任务驱动的课程改革方向，本书在编写过程中坚持理论联系实际、突出能力培养的原则。

全书分为两大部分：“电气控制”部分与“PLC 控制”部分。“电气控制”部分包括“常用低压电器的认识与使用”“车床的电气控制”“磨床的电气控制”“钻床的电气控制”“铣床的电气控制”“电气控制系统的设计”共 6 个项目。每个项目分“知识训练”和“技能训练”两部分，在“知识训练”部分介绍元件及相关控制线路的工作原理，在“技能训练”部分安排了若干项目，要求学生按规范工艺要求装配相应的电路，进行通电实验，排查故障。“PLC 控制部分”包括“运料小车的 PLC 控制”“公路交通信号灯的 PLC 控制”“电炉恒温控制系统的 PLC 控制”共 3 个项目。每个项目下有若干个子任务，“知识链接”部分介绍和本项目相关的知识点，“项目实施”部分要求学生按照设计要求接线，编程调试，以培养学生的工程实践能力。这样，学生既掌握了知识点，又具有较强的动手能力，基本可达到培养目标。

本书适用于电气自动化技术专业及相近专业、学制三年的高等职业教育的教学，建议课时分配如下表所示。

序　号		内　容	学 时	知识训练	技能训练
第一部分 电气控制	项目一	常用低压电器的认识与使用	8	4	4
	项目二	车床的电气控制	12	4	8
	项目三	磨床的电气控制	8	4	4
	项目四	钻床的电气控制	8	4	4
	项目五	铣床的电气控制	8	4	4
	项目六	电气控制系统的设计	4	2	2
第二部分 PLC 控制	项目七	运料小车的 PLC 控制	12	4	8
	项目八	公路交通信号灯的 PLC 控制	8	4	4
	项目九	电炉恒温控制系统的 PLC 控制	12	4	8
总　计			80	34	46

前 言

本书由江苏信息职业技术学院汪清清、汤煊琳主编。本书在编写过程中得到了曹菁教授、杨春生副教授的支持，部分校企合作企业提供了大量实际的企业案例，在此表示衷心的感谢。

由于编者水平及编写时间有限，书中难免存在错误和不妥之处，恳请广大读者批评指正。

编 者

Contents 目录

Contents

第一部分 电气控制

第二部分　PLC 控制

第一部分　电气控制

项目一　常用低压电器的认识与使用

知识要求

1. 掌握常用低压电器的基本结构、工作原理、选用和在控制线路中的作用。
2. 熟悉低压电器常见故障的检测与排除方法。

技能要求

1. 熟悉低压电器的选用及安装技能。
2. 熟练掌握常用低压电器的折装并掌握其故障的检测与排除方法。
3. 掌握常用电工工具和仪表的使用方法，掌握基本的电工操作工艺。

知识训练

低压电器一般是指在交流 50 Hz、额定电压 1 200 V、直流额定电压 1 500 V 及以下的电路中起通断、保护、控制或调节作用的电器产品。由于在大多数用电行业及人们的日常生活中一般都使用低压设备，采用低压供电，而低压供电的输送、分配和保护以及设备的运行和控制是靠低压电器来实现的，因此低压电器的应用十分广泛，直接影响低压供电系统和控制系统的质量。

知识训练一　低压电器基本知识

一、低压电器的分类

低压电器的种类繁多，作用多样，原理结构各异，可以从以下几个方面加以分类。

1. 按操作方式分

(1) 手动电器。手动直接操作控制电路的接通与关断，如刀开关、按钮和转换开关等。

(2) 自动电器。无须人工直接操作，而是依靠参数本身的变化或外来信号的作用，自动完成接通或关断等动作，如低压断路器、接触器和继电器等。

2. 按工作原理分

(1) 电磁式电器。根据电磁感应原理来工作的电器，如交直流接触器、电磁式继电器等。

(2)非电量控制电器。靠外力或非电物理量的变化而动作的电器，如刀开关、按钮、速度继电器、温度继电器等。

3. 按用途分

(1)配电电器。用于正常或事故状态下接通和断开用电设备和供电电网的电器，如刀开关、自动开关、转换开关以及熔断器等。对这类电器要求其分断能力强、限流效果好、动稳定及热稳定性能好。

(2)控制电器。用于完成电动机的启动、调速、反转和制动的电器，如接触器、继电器、转换开关以及电磁阀等。对这类电器要求其有一定的通断能力、操作频率高、电器和机械寿命长。

二、低压电器的作用

低压电器能够依据操作信号或外界现场信号的要求，自动或手动地改变系统的状态和参数，实现对电路或被控对象的控制、保护、测量、指示和调节。它可以将一些电量信号或非电信号转变为非通即断的开关信号或随信号变化的模拟量信号，实现对被控对象的控制。

常用低压电器的作用见表1－1。

表1－1 常用低压电器的作用表

编 号	类 别	作 用
1	断路器	主要用于电路的过载、短路、欠压和失压保护，也可用于不需要频繁接通和断开的电路
2	熔断器	主要用于电路短路保护，也用于电路的过载保护
3	接触器	主要用于远距离频繁控制负载，切断带负荷的电路
4	继电器	主要用于控制电路中，将被控量转换成控制电路所需电量或开关信号
5	刀开关	主要用于不频繁地接通和分断电路
6	主令电器	主要用于发布控制命令，改变控制系统的工作状态
7	转换开关	主要用于电源切换，也可用于负荷通断或电路切换
8	启动器	主要用于电动机的启动
9	电磁铁	主要用于起重、牵引、制动等场合
10	控制器	主要用于控制回路的切换

知识训练二 低压电器的基本结构和工作原理

低压电器由感应和执行两个部分组成。感应部分接收外界输入的信号，并通过转换、放大与判断作出有规律的反应，使执行部分动作，输出相应的指令，实现控制的目的。对于有触头的电磁式低压电器来说，感应部分大多是电磁机构，而执行部分是触头系统。

一、电磁机构的原理

1. 电磁机构

电磁机构通常采用电磁铁的形式，它由吸引线圈、铁芯和衔铁3部分组成，其主要作用是通过电磁感应原理将电能转换成机械能，带动触头动作，完成接通或分断电路的功能。

电磁结构按铁芯形式分为单E形、单U形、甲壳螺管形、双E形等。电磁结构按衔铁相对铁芯的动作方式分为直动式和拍合式两种，如图1－1及图1－2所示。如图1－2所示，拍合式电磁机构又分为衔铁沿棱角转动和衔铁沿轴转动两种。直动式电磁机构多用于交流接触器、继电器中，衔铁沿棱角转动的拍合式电磁机构则广泛应用于直流电器中。

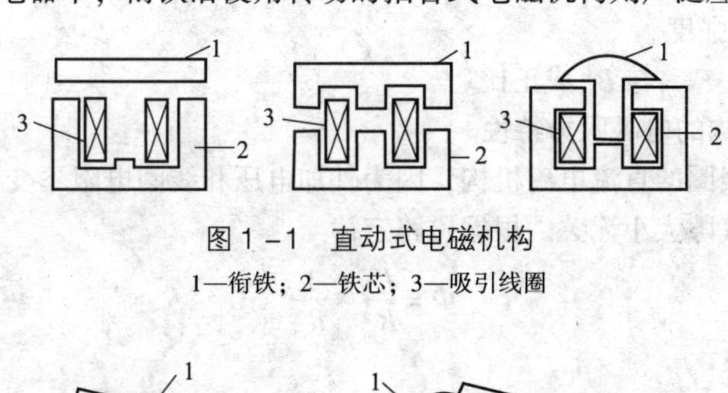

图1－1 直动式电磁机构

1—衔铁；2—铁芯；3—吸引线圈

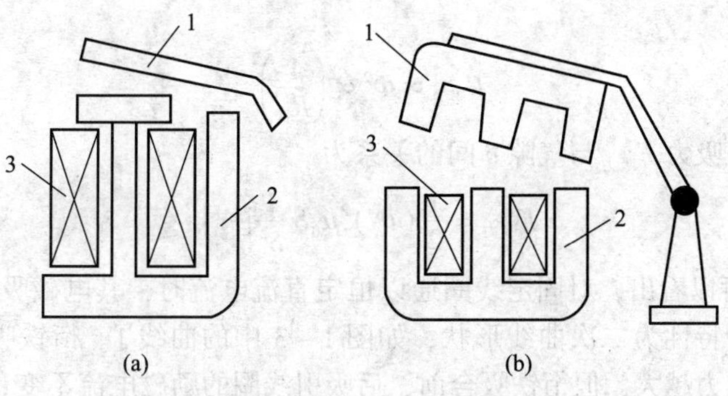

图1－2 拍合式电磁机构

(a)衔铁沿棱角转动；(b)衔铁沿轴转动

1—衔铁；2—铁芯；3—吸引线圈

电磁式电器按电磁铁铁芯的构成可分为直流和交流两类，直流电磁铁的铁芯由整块钢材或工程纯铁制成，而交流电磁铁的铁芯则由硅钢片叠铆而成。

2. 吸引线圈

线圈是电磁铁的心脏，也是电能与磁场能量转换的场所，按通入电流种类不同可分为直流型线圈和交流型线圈。直流型线圈一般做成无骨架、高而薄的瘦高型，使线圈与铁芯直接接触，易于散热。交流型线圈由于铁芯存在磁滞和涡流损耗，发热情况较为严重，因此设有骨架，使铁芯与线圈隔离，并将线圈制成短而厚的矮胖型，从而改善线圈和铁芯的散热情况。

大多数电磁铁线圈并接在电源电压两端，称为电压线圈，其匝数多、阻抗大、电流小，常用绝缘性能较好的电磁线绕制而成。当需反映电流时，线圈则串接于电路中成为电流线圈，其匝数少、导线粗、阻抗较小，常用扁铜带或粗铜线绕制。

二、电磁机构的特性

电磁吸力由电磁机构产生，衔铁在吸合时，电磁吸力必须始终大于反力，衔铁复位时要求反力大于电磁吸力。因此，电磁吸力是决定其能否可靠工作的一个重要参数。

当电磁机构的气隙 δ 较小，磁通分布比较均匀时，电磁机构的吸力 $F_{吸力}$ 可近似地以下式求得：

$$F_{吸力}=\frac{1}{2\mu_0}B^2S \tag{1-1}$$

式中 μ_0——空气导磁系数，$\mu_0=0.4\pi\times10^{-6}\mathrm{H/m}$；

S——极靴面积；

B——磁感应强度。

当 S 为常数时，$F_{吸力}$ 与 B^2 成正比。

1. 直流电磁机构的电磁吸力特性

对于具有电压线圈的直流电磁机构，因为外加电压和线圈电阻不变，流过线圈的电流为常数，与磁路的气隙大小无关。根据磁路定律

$$\Phi=\frac{IN}{R_{\mathrm{m}}}\propto\frac{1}{R_{\mathrm{m}}} \tag{1-2}$$

则

$$F_{吸力}\propto\Phi^2\propto\left(\frac{1}{R_{\mathrm{m}}}\right)^2$$

从而可以推出电磁吸力 $F_{吸力}$ 与气隙 δ 间的关系为

$$F_{吸力}=\frac{1}{2}(IN)^2\mu_0S\frac{1}{\delta^2}[N] \tag{1-3}$$

从式(1-3)可以看出，对固定线圈通以恒定直流电流时，其电磁吸力 $F_{吸力}$ 仅与 δ^2 成反比，故电磁吸力特性为二次曲线形状，如图1-3中的曲线1。衔铁吸合前、后吸力很大，气隙越小，吸力越大，但衔铁吸合前、后吸引线圈的励磁电流不变，故直流电磁机构适用于运动频繁的场合且衔铁吸合后电磁吸力大，工作可靠。

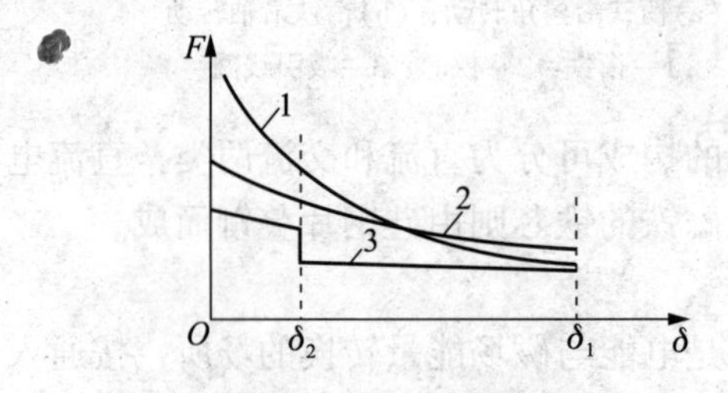

图1-3 电磁吸力特性

1—直流电磁机构；2—交流电磁机构；3—反力特性

2. 交流电磁机构的电磁吸力特性

与直流电磁机构相比，交流电磁机构的电磁吸力特性有较大的不同。交流电磁机构多与电路并联使用，当外加电压 U 及频率 f 为常数时，忽略线圈电阻压降，则

$$U(\approx E)=4.44f\Phi N \tag{1-4}$$

式中　U——线圈电压(V)；

E——线圈感应电动势(V)；

f——线圈电压的频率(Hz)；

N——线圈匝数；

Φ——气隙磁通(Wb)。

当外加电压 U、频率 f 和线圈匝数 N 为常数时，气隙磁通 Φ 也为常数。由式(1－4)可知，电磁吸力 $F_{吸力}$ 也为常数，即交流电磁机构的吸力与气隙无关。实际上，考虑衔铁吸合前、后漏磁的变化时，$F_{吸力}$ 随 δ 的减小而略有增加，如图 1－3 中的曲线 2。

对于交流并联电磁机构，在线圈通电而衔铁尚未吸合的瞬间，吸合电流随 δ 的变化成正比变化，为衔铁吸合后的额定电流的很多倍，U 形电磁机构可达 5～6 倍，E 形电磁机构可达 10～15 倍。若衔铁卡住不能吸合或衔铁频繁动作，交流励磁线圈很可能因电流过大而烧毁。所以，在可靠性要求较高或要求频繁动作的控制系统中，一般采用直流电磁机构，而不采用交流电磁机构。

3. 电磁吸力特性与反力特性的配合

电磁铁中的衔铁除受电磁吸力作用外，同时还受到与电磁力方向相反的作用力。这些反作用力包括弹簧力、衔铁自身重力、摩擦阻力等。电磁系统的反作用力与气隙的关系曲线称为反力特性曲线，如图 1－3 中的曲线 3 即反力特性曲线。

为了使电磁铁能正常工作，在整个吸合过程中，电磁吸力必须始终大于反力，即电磁吸力特性曲线始终处于反力特性曲线的上方，如图 1－3 所示。但电磁吸力不能过大或过小，电磁吸力过大，动、静触头接触时以及衔铁与铁芯接触时的冲击力也大，会使触头和衔铁发生弹跳，导致触头熔焊或烧毁，影响电器的机械寿命。电磁吸力过小，会使衔铁运动速度降低，难以满足高操作频率的要求。因此，电磁吸力特性与反力特性必须配合得当。在实际应用中，可调整反力弹簧或触头初压力以改变反力特性，使之与电磁吸力特性有良好的配合。

4. 短路环

电磁机构在工作中，衔铁始终受到反作用弹簧、触头弹簧等反作用力 $F_{反力}$ 的作用。在电磁机构的使用过程中，尽管 $F_{吸力}$ 的平均值大于 $F_{反力}$，但在某些时候 $F_{吸力}$ 仍会小于 $F_{反力}$。当 $F_{吸力} < F_{反力}$ 时，衔铁开始释放，当 $F_{吸力} > F_{反力}$ 时，衔铁又被吸合，周而复始，从而使衔铁产生振动，发出噪声，还会造成电器结构松散、寿命降低，同时使触头接触不良，易于熔焊和烧损。因此，必须采取措施抑制振动和噪声。

解决该问题的具体办法是在铁芯端部开一个槽，在槽内嵌入铜环，称为短路环(或分磁环)，如图 1－4 所示。当励磁线圈通入交流电后，在短路环中就有感应电流产生，该感应电流又会产生一个磁通。短路环把铁芯中的磁通分为两部分，即不穿过短路环的 Φ_1 和穿过短路环的 Φ_2，短路环的作用使 Φ_1 和 Φ_2 产生相移，这两个磁通不会同时过零，而由这两个磁通产生的合成电磁吸力变化较为平坦，使合成电磁吸力始终大于反作用力，从而消除振动和噪声。

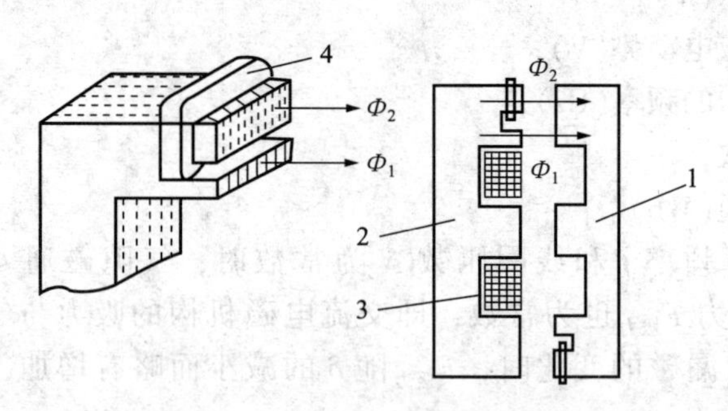

图 1-4 交流电磁铁的短路环

1—衔铁；2—铁芯；3—线圈；4—短路环

三、电接触

触头是电磁式电器的执行部分，起接通或断开电路的作用。在闭合状态下动、静触头完全接触，并有工作电流通过，称为电接触。电接触的好坏将影响触头的工作可靠性和使用寿命。影响电接触的主要因素是触头的接触电阻，接触电阻太大，容易使触头发热而温度升高，使触头产生熔焊现象，从而降低触头的使用寿命。

1. 触头的分类

触头的结构形式很多，按其所控制的电路可分为主触头和辅助触头。主触头用于接通或断开主电路，容许通过较大的电流。辅助触头用于接通或断开控制电路，只能通过较小的电流。

电磁式电器的触头在线圈未通电状态下有常开(或动合)和常闭(或动断)两种状态，分别称为常开(或动合)触头和常闭(或动断)触头。当电磁线圈中有电流通过，电磁机构动作时，触头改变原来的状态，常开(动合)触头将闭合，使与其相连的电路接通，常闭(动断)触头将断开，使与其相连的电路断开。能与机械联动的触头称为动触头，固定不动的触头称为静触头。触头的结构主要有图 1-5 所示的几种形式。

(1)桥式触头。图 1-5 中静触头的两个触头串接于同一条电路中，当衔铁被吸向铁芯时，与衔铁固连在一起的动触头也随之移动，当与静触头接触时，接通同静触头相连的电路。在常开触头闭合的同时，其常闭触头断开。

(2)指形触头。触头接通或分断时产生滚动摩擦，以利于去掉触头表面的氧化膜。指形触头适用于接电次数多、电流大的场合。

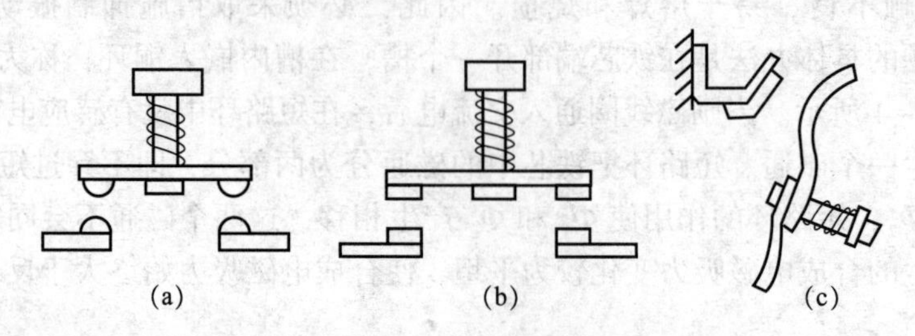

图 1-5 触头的结构形式

(a)；(b)桥式触头；(c)指形触头(线接触)

2. 触头的接触形式

触头的接触形式有点接触、线接触和面接触 3 种，如图 1-6 所示。点接触由两个半球或一个半球与一个平面形的触头构成，由于接触区域是一个点或面积很小的面，容许通过的电流很小，所以它常用于电流较小的电器中，如继电器的触头和接触器的辅助触头。线接触由两个圆柱面形的触头构成，由于这种接触形式在通断过程中是滑动接触，故可以自动清除触头表面的氧化膜，从而更好地保证触头的良好接触。其常用于中等容量接触器的主触头。面接触是两个平面形的触头相接触，由于接触区域有一定的面积，可以通过很大的电流，所以常用于大容量的接触器中，做主触头用。

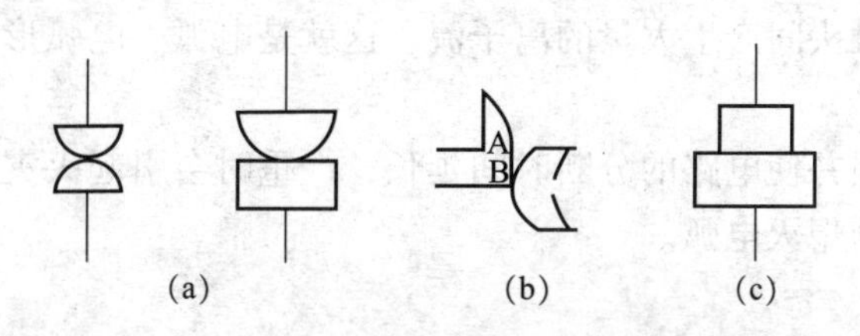

图 1-6　触头的接触形式

(a)点接触；(b)线接触；(c)面接触

3. 接触电阻

电接触时触头的接触电阻将影响其工作情况。在理想情况下，触头闭合时其接触电阻为零，触头断开时接触电阻为无穷大。在闭合过程中接触电阻瞬时由无穷大变为零，在断开过程中接触电阻瞬时由零变为无穷大。实际上，在闭合状态时耦合触头间有接触电阻存在，如果接触电阻太大，可能导致被控电路压降过大或不通。在断开状态时要求触头间有一定的绝缘电阻，绝缘电阻不足可能导致击穿放电，被控电路被接通。

接触电阻大时触头易发热，温度升高，从而使触头易产生熔焊现象，既影响工作的可靠性，又降低了触头的寿命。触头接触电阻的大小主要与触头的接触形式、接触压力，触头材料及触头的表面状况有关。

减小触头接触电阻的方法如下：

(1)增加接触压力，可以增加接触面积，使接触电阻减小，这可通过在动触头上安装一个触头弹簧来实现。

(2)材料的电阻系数越小，接触电阻也越小。在金属中银的电阻系数最小，但银比铜的价格高，实际中常在铜基触头上镀银或嵌银，以减小接触电阻。

(3)改善触头的表面状况，尽量避免或减少触头表面氧化物的形成。注意保持触头表面清洁，避免聚集尘埃。

四、电弧的产生和灭弧方法

1. 电弧的产生

在大气中断开电路时，如果被断开电路的电流超过某一数值，断开后加在触头间隙(或称弧隙)两端的电压超过某一数值时，触头间隙中就会产生电弧。电弧实际上是触头间气体在强电场作用下产生的放电现象，是一种带电质点(电子或离子)的急流，内部有很高的温度，其成因有两个：

(1)触头分断瞬间，由于间隙很小，电压几乎全部加在触头之间，在触头间形成很强的电场，阴极中的自由电子会逸出到间隙中并向阳极加速运动。前进中的自由电子中途碰撞中性粒子(气体或原子)，使其分裂为电子和正离子，电子在向阳极运动的过程中又碰撞其他粒子，这就是碰撞电离。

(2)经碰撞电离后产生的正离子向阴极运动，撞击阴极表面并使其温度逐渐升高，当温度达到一定值时，部分电子将从阴极表面逸出并参与碰撞电离，此时间隙内产生弧光并使温度继续升高，当弧温达到 8 000 ~ 10 000 K，触头间的中性粒子以很高的速度作不规则的运动并相互剧烈碰撞，也产生电离，这是高温作用使中性粒子碰撞产生的热电离。

这两种电离导致触头间产生大量的离子流，这就是电弧。电弧形成后，热电离占主导地位。

电弧会将触头烧损并使电路的分断时间延长，严重时会引起火灾或其他事故，因此在电器中应采取适当措施熄灭电弧。

2. 灭弧方法

(1)电动力灭弧。当触头打开时，在断口中产生两个彼此串联的电弧，根据左手定则，电弧电流要受到一个指向外侧的力 F 的作用，使其向外运动并拉长，在这一过程中电弧受到空气冷却而很快熄灭，如图 1 – 7 所示。这种灭弧方法多用于小容量交流接触器等交流电器中。

(2)灭弧栅灭弧。灭弧栅由多个镀铜薄钢片组成，彼此之间互相绝缘，片间距离为 2 ~ 3 mm，这些金属片称为栅片，安放在触头上方的灭弧罩内，如图 1 – 8 所示。当电弧进入栅片时被分割成一段段串联的短弧，栅片就是这些短弧的电极，栅片能导出电弧的热量。由于电弧被分割成许多段，每一栅片相当于一个电极，有许多个阳极压降和阴极压降，有利于电弧的熄灭。此外，栅片还能吸收电弧热量，使电弧迅速冷却，因此电弧进入栅片后就会很快熄灭。

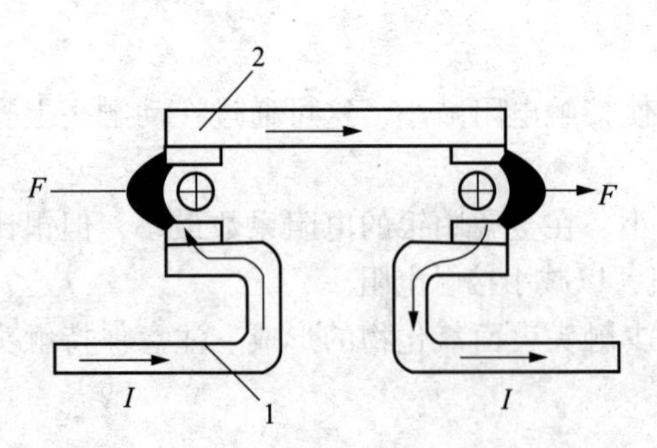

图 1 – 7 电动力灭弧示意

1—静触头；2—动触头

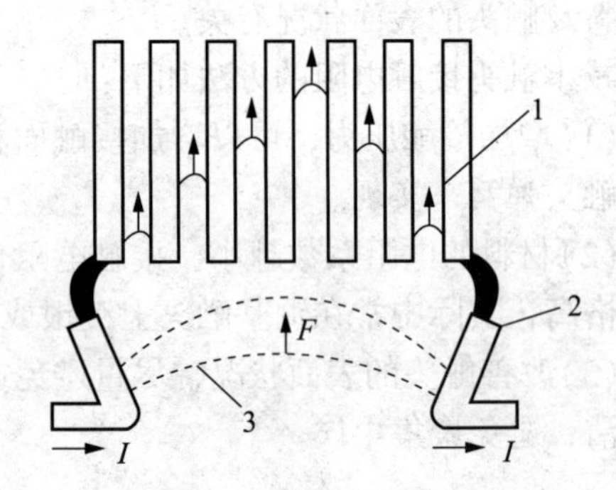

图 1 – 8 栅片灭弧示意

1—灭弧栅片；2—触头；3—电弧

由于栅片灭弧装置的灭弧效果在电流为交流时要比电流为直流时强得多，因此在交流电器中常采用栅片灭弧。

(3)灭弧罩灭弧。比灭弧栅更为简单的是采用一个陶土和石棉水泥做成的耐高温灭弧罩，灭弧罩可以降低弧温和隔弧。这种灭弧装置主要应用在直流接触器的主触头上。

(4)磁吹灭弧。在触头电路中串入一个具有铁芯的吹弧线圈 1，如图 1 – 9 所示。它产生的磁通通过磁导夹板5引向周围，其方向如图中"×"符号所示。电弧产生后，其磁通方向如图中"⊕"和"⊙"符号所示。产生的电弧可看作一个载流导体，电流方向由静触头流向动触头。根据左手定则可确定电弧在磁场中所受电磁力 F 的方向是向上的，电弧在向上运动的过程中，被拉长冷却，电弧很快熄灭。

磁吹线圈被串接在主电路中，作用于电弧的磁场力随电弧电流的大小而改变，电弧电流越大，灭弧能力越强，磁吹力的方向与电流方向无关。所以，磁吹灭弧装置广泛适用于交、直流控制电器中。

(5)窄缝灭弧。这种灭弧方法是利用灭弧罩的窄缝来实现的。灭弧罩内有一个或数个纵缝，缝的下部宽，上部窄，如图1-10所示，当触头断开时，电弧在电动力的作用下进入缝内，窄缝将电弧分成若干小的电弧，同时可将电弧直径压缩，使电弧同窄缝紧密接触，加强冷却作用，使电弧熄灭加快。窄缝灭弧罩通常用耐弧陶土、石棉水泥或耐弧塑料制成。

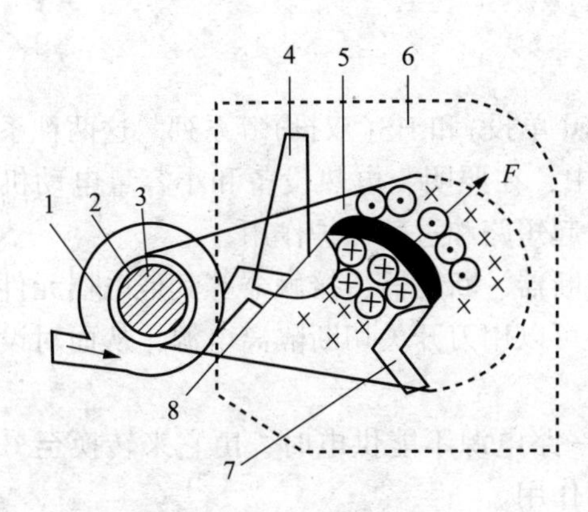

图1-9　磁吹灭弧示意

1—吹弧线圈；2—绝缘套；3—铁芯；4—引弧角
5—磁导夹板；6—灭弧罩；7—动触头；8—静触头

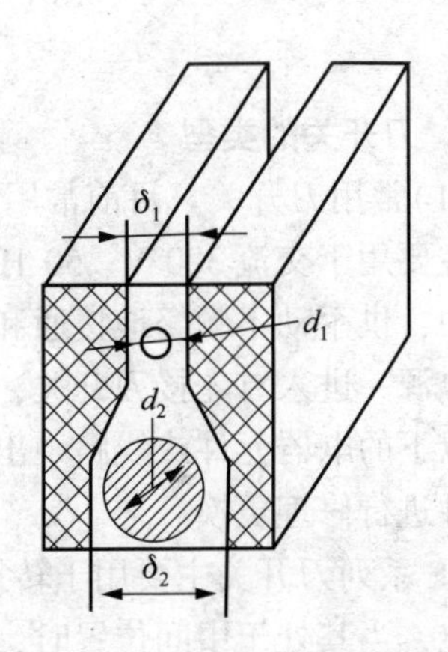

图1-10　窄缝灭弧罩的断面

知识训练三　常用低压电器

一、刀开关

1. 刀开关概述

刀开关是低压配电电器中结构最简单、应用最广泛的电器，主要用在低压成套配电装置中，作不频繁地手动接通和分断交直流电路或隔离开关用；也可以用于不频繁地接通与分断额定电流以下的负载，如小型电动机等。

刀开关由手柄、触刀、静插座和底板组成。

刀开关按极数分可分为单极、双极和三极；按操作方式分可分为直接手柄操作式、杠杆操作机构式和电动操作机构式；按刀开关转换方向分可分为单投和双投等。

刀开关型号的含义说明如图1-11所示。

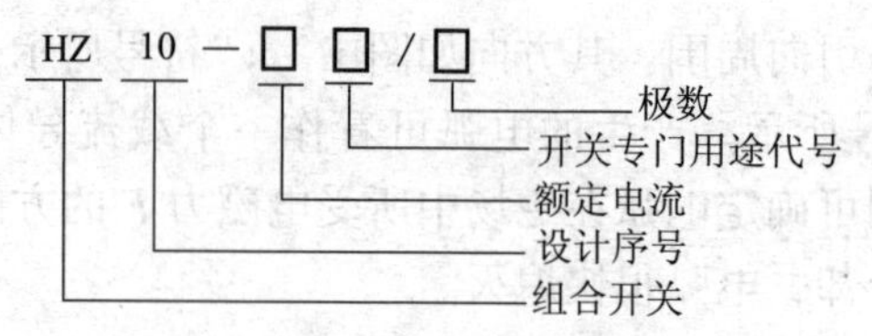

图 1-11 刀开关型号的含义说明

其图形符号和文字符号如图 1-12 所示。

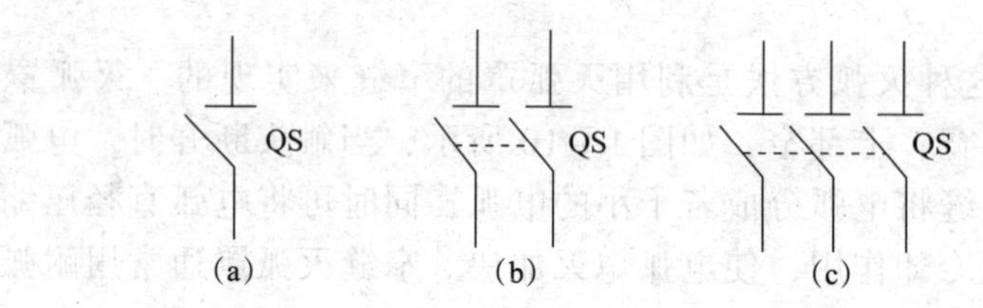

图 1-12 刀开关的图形符号和文字符号

(a)单极；(b)双极；(c)三极

2. 刀开关的类型

(1)常用刀开关。目前常用的型号有 HD(单投)和 HS(双投)等系列。这两种系列的刀开关主要用于交流 380 V、50 Hz 电力网路中，在照明、电热设备和小容量电动机等控制线路中，供手动不频繁地接通和分断电路并起短路和过载保护作用。

电源一进入首先接刀开关，之后再接熔断器、断路器、接触器等其他电器元件，当刀开关以下的电器元件或线路中出现故障时，可以用刀开关切断隔离电源，从而对设备和电器元件进行修理更换。

HS 系列刀开关主要用于转换电源，当一路电源不能供电时，由它来转换至另一路电源供电，当其处于中间位置时，可以起隔离作用。

(2)胶盖刀开关。胶盖刀开关又称为开启式负荷开关，适用于交流 50 Hz，额定电压单相 220 V、三相 380 V，额定电流 100 A 的电路，主要用于不频繁地接通和分断有负载电路与小容量线路的短路保护。其中三极开关适当降低容量后，可用于小型感应电动机手动不频繁操作的直接启动及分断。常用的有 HK1 和 HK2 系列，HK 系列刀开关的结构与外形如图 1-13 所示。

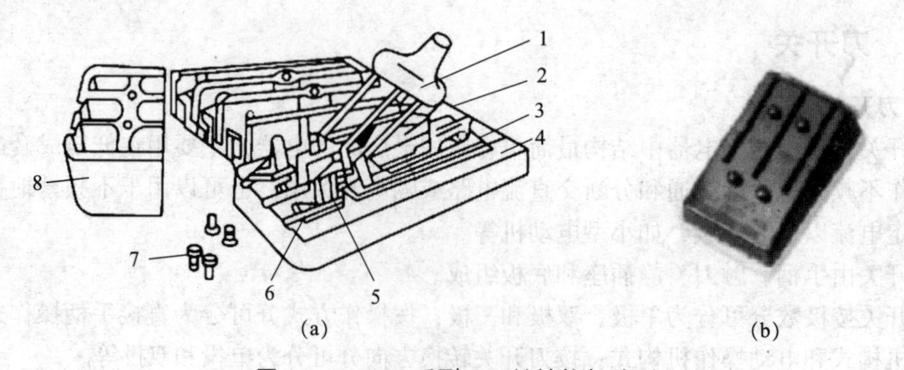

图 1-13 HK 系列刀开关结构与外形

(a)结构；(b)外形

1—瓷柄；2—动触头；3—出线座；4—瓷底座；5—静触头

6—进线座；7—胶盖紧固螺钉；8—胶盖

HK2系列刀开关的技术数据见表1－2。

表1－2　HK2系列刀开关的技术数据

型号规格	额定电压/V	额定电流/A	极数	型号规格	额定电压/V	额定电流/A	极数
HK2－100/3	380	100	3	HK2－60/2	220	60	2
HK2－60/3	380	60	3	HK2－30/2	220	30	2
HK2－30/3	380	30	3	HK2－15/2	220	15	2
HK2－15/3	380	15	3	HK2－10/2	220	10	2

(3)熔断器式刀开关。熔断器式刀开关又称为熔断器式隔离开关，是以熔断体或带有熔断体的载熔件作为动触头的一种隔离开关。其常用的型号有HR5、HR6系列，主要用于额定电压为AC 660 V、发热电流为630 A的具有高短路电流的配电电路和电动机电路，作为电源开关、隔离开关、应急开关并，用于保护电路，但一般不作为直接开、关单台电动机之用。

另外还有封闭式负荷开关，即铁壳开关，其适用于额定工作电压为380 V、额定工作电流为400 A、频率为50 Hz的交流电路，用于手动不频繁地接通、分断有负载的电路，并有过载和短路保护作用。常用的型号为HH3、HH4系列，其外形及图形符号如图1－14所示。

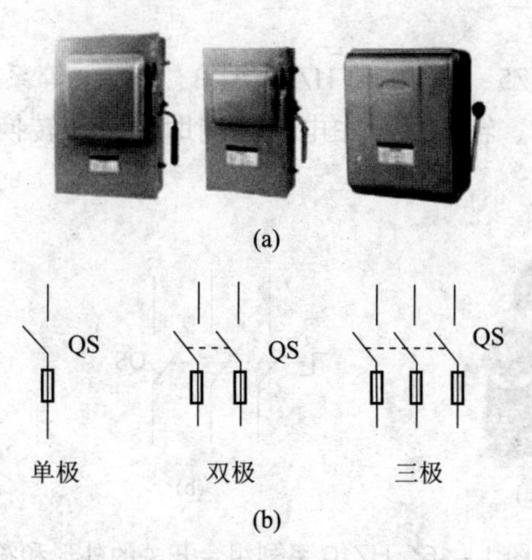

图1－14　HH3、HH4系列封闭式负荷开关

(a)外形；(b)图形符号

3. 刀开关的选用和安装

选用刀开关时首先根据刀开关的用途和安装位置选择合适的型号和操作方式，然后根据控制对象的类型和大小，计算出相应负载电流大小，选择相应级额定电流的刀开关。

刀开关的额定电压应等于或大于电路的额定电压，其额定电流一般应等于或大于所分断电路中各个负载电流的总和。对于电动机负载，应考虑其启动电流，所以应选额定电流大一级的刀开关。若考虑电路中出现的短路电流，还应选择额定电流更大一级的刀开关。

安装刀开关时，合上开关时手柄在上方，不得倒装或平装。倒装时手柄有可能因自重下滑而引起误合闸，造成安全事故。接线时，将电源线接在熔丝上端，负载线接在熔丝下端，拉闸后刀开关与电源隔离，便于更换熔丝。

二、组合开关

组合开关又称为转换开关，它也是一种刀开关。不过它的刀片（动触头）是转动式的，比刀开关轻巧而且组合性强，能组成各种不同的线路。

它体积小，触头对数多，接线方式灵活，操作方便，常用于交流 50 Hz、380 V 以下及直流 220 V 以下的电气线路中，供手动不频繁地接通和断开电路、换接电源和负载，以及启停和运转 5 kW 以下小容量异步电动机。

组合开关有单极、双极和三极之分，由若干个动触头及静触头分别装在数层绝缘件内组成，动触头随手柄旋转而变更其通断位置，常用的组合开关有 HZ10 系列。组合开关型号含义说明如图 1－15 所示。

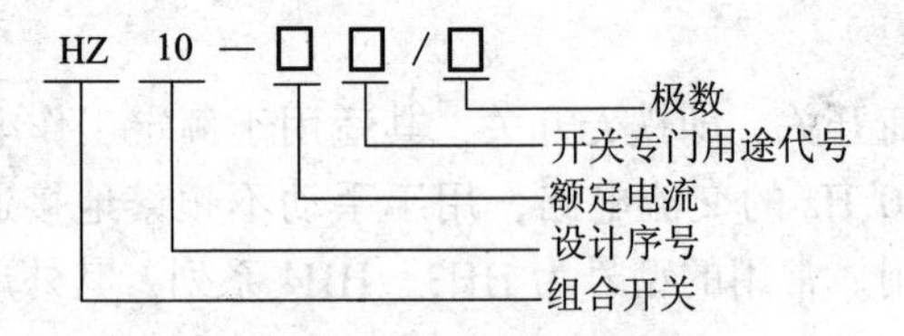

图 1－15　组合开关型号含义说明

常用的组合开关有 HZ5、HZ10 和 HZW（3LB、3ST1）等系列。其中 HZW 系列主要用于三相异步电动机的启动、转向以及主电路和辅助电路的转换。HZ10 系列组合开关的外形和符号如图 1－16 所示。

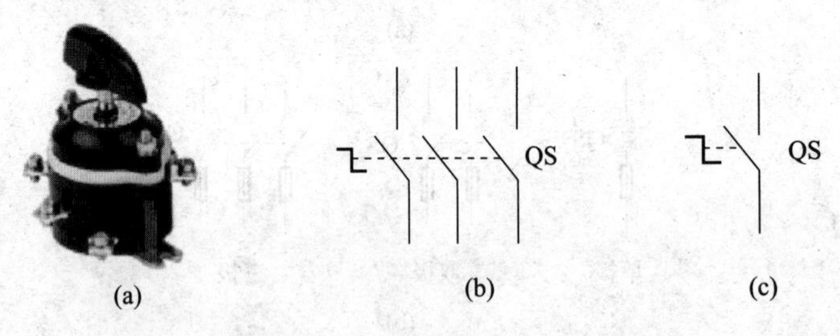

图 1－16　HZ10 系列组合开关的外形和符号

(a)外形；(b)单极；(c)三极

三、熔断器

熔断器是在控制系统中主要用于短路和过载保护的电器，使用时串联在被保护的电路中，当电路发生短路故障，通过熔断器的电流达到或超过某一规定值时，其以自身产生的热量使熔体熔断，从而自动分断电路，起到保护作用。

熔断器作为保护电器，具有结构简单、体积小、质量轻、使用和维护方便、价格低廉、可靠性高等优点。熔断器型号的含义说明如图 1－17 所示。

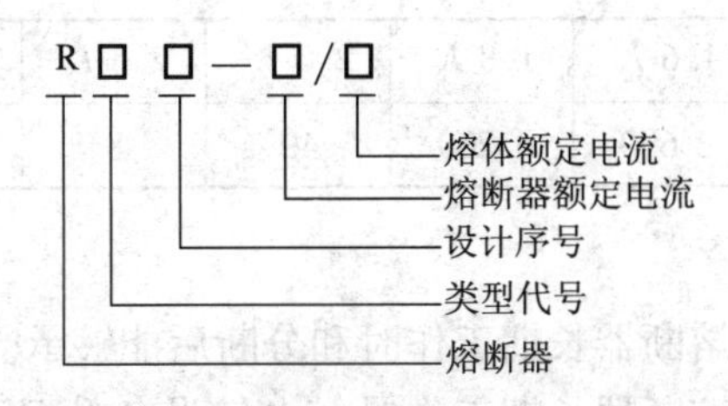

图 1-17　熔断器型号的含义说明

类型代号说明：C—插入式；M—无填料封闭管式；L—螺旋式；

T—有填料封闭管式；S—快速式；Z—自复式

常用熔断器型号有 RL1、RT0、RT15、RT16(NT)、RT18 等，在选用时可根据使用场合酌情选择，如图 1-18 所示。

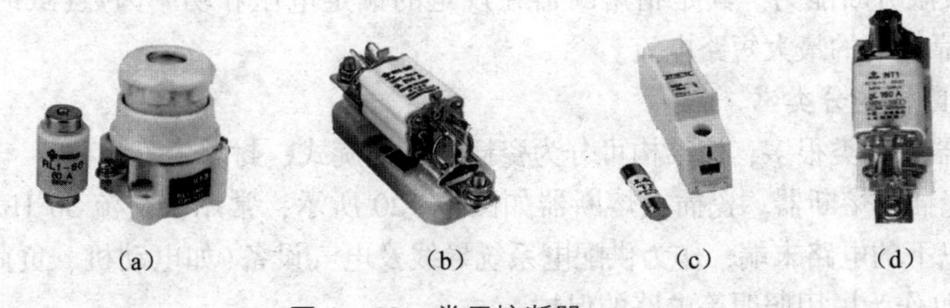

图 1-18　常用熔断器

(a)RL1 系列螺旋式熔断器；(b)RT0 系列有填料封闭管式熔断器；

(c)RT18 圆筒形帽熔断器；(d)RT16(NT)刀形触头熔断器

1. 熔断器的结构与特性

熔断器主要由熔体和安装熔体的熔管(或盖、座)等部分组成。其中熔体是主要部分，它既是感测元件又是执行元件。熔体由不同金属材料(铅锡合金、锌、铜或银)制成丝状、带状、片状或笼状，串接于被保护电路中。当电路发生短路或过载故障时，通过熔体的电流使其发热，当达到熔化温度时，熔体自行熔断，从而分断故障电路。熔管一般由硬质纤维或瓷质绝缘材料制成半封闭式或封闭式的管状外壳，熔体装于其中。熔管的作用是便于安装熔体和有利于熔体熔断时熄灭电弧。

熔断器的动作是靠熔体的熔断来实现的，当电流较大时，熔体熔断所需的时间较短；当电流较小时，熔体熔断所需用的时间较长，甚至不会熔断。这一特性称为熔断器的保护特性，可用时间-电流特性曲线来描述，如图 1-19 所示。I_N 为熔体额定电流，通常取 $2I_N$ 为熔断器的熔断电流，其熔断时间为 30～40 s。常用熔体的安秒特性见表 1-3。

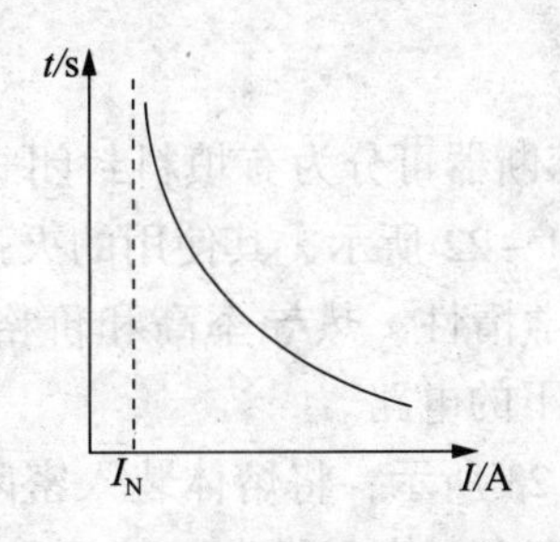

图 1-19　熔断器的保护特性

表 1-3 常用熔体的安秒特性

熔体通过电流/A	1.25 I_N	1.6 I_N	1.8 I_N	2.0 I_N	2.5 I_N	3 I_N	4 I_N	8 I_N
熔断时间/s	∞	3 600	1 200	40	8	4.5	2.5	1

2. 熔断器的主要参数

(1)额定电压。其是指熔断器长期工作时和分断后能够承受的压力。

(2)额定电流。其是指熔断器长期工作时，电气设备升温不超过规定值时所能承受的电流。熔断器的额定电流有两种：一种是熔管的额定电流，另一种是熔体的额定电流。厂家为减少熔断器额定电流的规格，熔管额定电流等级较少，而熔体电流等级较多，在一种电流规格的熔管内有适宜几种电流规格的熔体，但熔体的额定电流最大不能超过熔管的额定电流。

(3)极限分断能力。其是指熔断器在规定的额定电压和功率因数(或时间常数)条件下，能可靠分断的最大短路电流。

3. 熔断器的分类

熔断器的种类很多，按结构可分为瓷插式、螺旋式、封闭式等几种。

(1)瓷插式熔断器。瓷插式熔断器如图 1-20 所示，常用于交流 50 Hz，额定电压为 380 V 及以下的电路末端，作为供配电系统导线及电气设备(如电动机、负荷开关)的短路保护，也可作为民用照明等电路的保护。

(2)螺旋式熔断器。螺旋式熔断器如图 1-21 所示。熔体的上端盖有一熔断指示器，一旦熔体熔断，指示器马上弹出，可透过瓷帽上的玻璃孔观察到，它常用于机床电气控制设备。螺旋式熔断器分断电流较大，适用于电气线路中作配电设备、电缆、导线过载和短路保护元件。

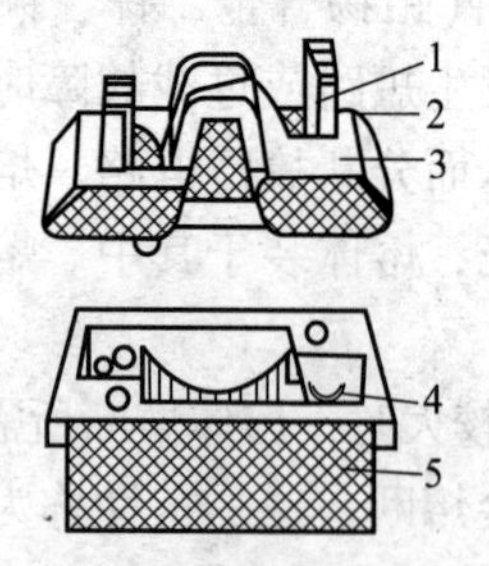

图 1-20 瓷插式熔断器

1—动触头；2—熔体；3—瓷插件；
4—静触头；5—瓷座

图 1-21 螺旋式熔断器

(3)封闭式熔断器。封闭式熔断器可分为有填料封闭式熔断器和无填料封闭式熔断器两种。有填料封闭式熔断器如图 1-22 所示，其使用的灭弧介质填料是石英砂，因为石英砂具有热稳定性好、熔点高、化学惰性、热导率高和价格低等优点。其用于电压等级在 500 V 以下、电流等级在 1 kA 以下的电路。

无填料封闭式熔断器如图 1-23 所示，将熔体装入密闭式圆筒中，分断能力稍小，其优点是更换熔体方便，使用比较安全，恢复供电也较快，适用于电压等级在 500 V 以下、电流等级在600 A以下的电力网或配电设备。

(4)半导体器件保护用熔断器。半导体器件保护用熔断器也称为快速熔断器，主要用于半导体整流元件或整流装置的短路保护。由于半导体元件的过载能力很低，只能在极短时间内承受较大的过载电流，因此要求短路保护具有快速熔断的能力。快速熔断器的结构和有填料封闭式熔断器基本相同，但熔体材料和形状不同，它是以银片冲制的有V形深槽的变截面熔体。

目前常用的有NGT型和RS0、RS3系列快速熔断器，以及RS21、RS22型螺旋式快速熔断器。NGT型熔断器具有分断能力强、限流特性好、周期性负载特性稳定、低功率损耗等优点，能可靠地保护半导体器件晶闸管及其成套装置。

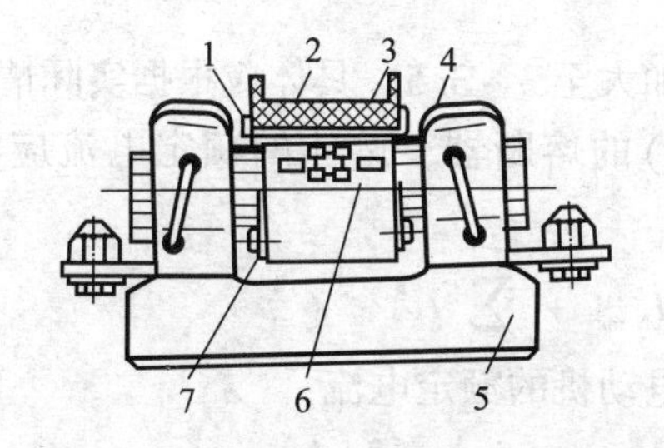

图1-22　有填料封闭式熔断器

1—熔断指示器；2—硅砂(石英砂)填料；3—熔丝；4—插刀；5—底座；6—熔体；7—熔管

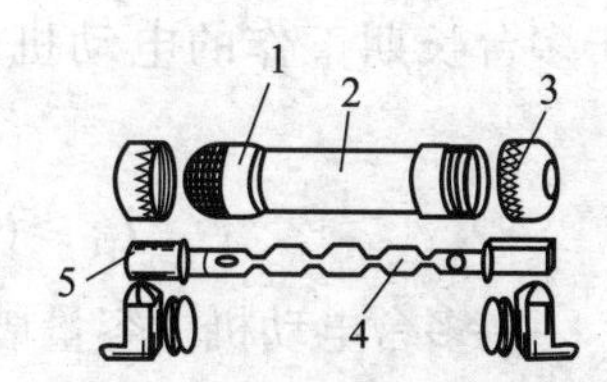

图1-23　无填料封闭式熔断器

1—铜圈；2—熔断管；3—管帽；4—熔体；5—熔片

(5)自复式熔断器。自复式熔断器是一种限流元件，它本身不能分断电路，而是与低压断路器串联使用，以提高分断能力。当故障消除后，它又能迅速复原，重新投入使用。

自复式熔断器采用金属钠做熔体，在常温下具有高电导率。当电路发生短路故障时，短路电流产生高温使钠迅速汽化，汽态钠呈现高阻态，从而限制了短路电流。当短路电流消失后，温度下降，金属钠恢复原来的良好导电性能。自复熔断器只能限制短路电流，不能真正分断电路。其优点是不必更换熔体，能重复使用。

自复式熔断器的工业产品有RZ1系列等，它用于交流380 V的电路，与断路器配合使用。自复式熔断器的额定电流有100 A、200 A、400 A、600 A四个等级。

4. 熔断器的选择

选择熔断器时主要要考虑熔断器的种类、额定电压、额定电流和熔体的额定电流等。

(1)熔断器类型的选择。熔断器的类型应根据线路的要求、使用场合及安装条件进行选择。对于容量小的电动机和照明支线，常采用熔断器作为过载及短路保护，因此熔体的熔化系数可适当小些。对于较大容量的电动机和照明干线，则应着重考虑短路保护和分断能力，通常选用具有较高分断能力的熔断器。当短路电流很大时，宜采用具有限流作用的熔断器。

(2)熔断器的额定电压的选择。熔断器的额定电压必须等于或高于熔断器工作点的电压。

(3)熔断器的额定电流的选择。熔断器的额定电流根据被保护的电路(支路)及设备的额定负载电流选择。熔断器的额定电流必须大于或等于所装熔体的额定电流。

(4)熔体的额定电流的选择。

①对于负载平稳无冲击的照明电路、电阻和电炉等，熔体额定电流应略大于或等于负荷电路中的工作电流，即

$$I_{FU} \geqslant I$$

式中 I_{FU}——熔体的额定电流；

I——电路的工作电流。

②对于单台长期工作的电动机，熔体电流可按最大启动电流选取，也可按下式选取：

$$I_{FU} \geqslant (1.5 \sim 2.5) I_N$$

式中 I_{FU}——熔体的额定电流；

I_N——电动机的额定电流。

如果电动机频繁启动，则式中系数可适当加大至3～3.5，具体应根据实际情况而定。

③对于多台长期工作的电动机(供电干线)的熔断器，熔体的额定电流应满足下列关系：

$$I_{FU} \geqslant (1.5 \sim 2.5) I_{N\,max} + \sum I_N$$

式中 $I_{N\,max}$——多台电动机中容量最大的一台电动机的额定电流；

$\sum I_N$——其余电动机的额定电流之和。

当熔体的额定电流确定后，根据熔断器的额定电流大于或等于熔体的额定电流来确定熔断器的额定电流。

④降压启动的电动机选用熔体的额定电流应略大于或等于电动机的额定电流。

5. 熔断器的使用与维护

(1)安装熔断器时除保证足够的电气距离外，还应保证足够的间距，以保证拆卸、更换熔体方便。

(2)安装熔断器前应检查熔断器的型号、额定电压、额定电流和额定分断能力等参数是否符合规定要求。

(3)安装熔断器时应注意熔断器与底座触刀接触应良好，以避免接触不良造成温升过高，引起熔断器误动作和周围电器元件损坏。

(4)插入式熔断器应垂直安装，螺旋式熔断器的电源线应接在瓷底座的下接线座上，负载线应接在螺纹壳的上接线座上，这样在更换熔管时，旋出螺帽后螺纹壳上不带电，保证了操作者的安全。

(5)更换熔体或熔管时，必须切断电源，尤其不容许带负荷操作，以免发生电弧灼伤。

(6)使用熔断器时应经常清除熔断器表面积有的尘埃，在定期检修设备时，如发现熔断器有损坏，应及时更换。

四、低压断路器

低压断路器又称为自动空气开关或自动空气断路器，主要用于低压动力线路。它是一种既有手动开关作用，又能进行自动失压、欠压、过载和短路保护的电器，应用极为广泛。

低压断路器可用来分配电能、不频繁地启动异步电动机、对电动机及电源线路进行保

护。当线路发生严重过载、短路或欠电压等故障时它能自动切断电源，它相当于刀开关、熔断器、热继电器和欠压继电器的组合。

低压断路器的外形、图形符号和文字符号如图 1－24 所示。

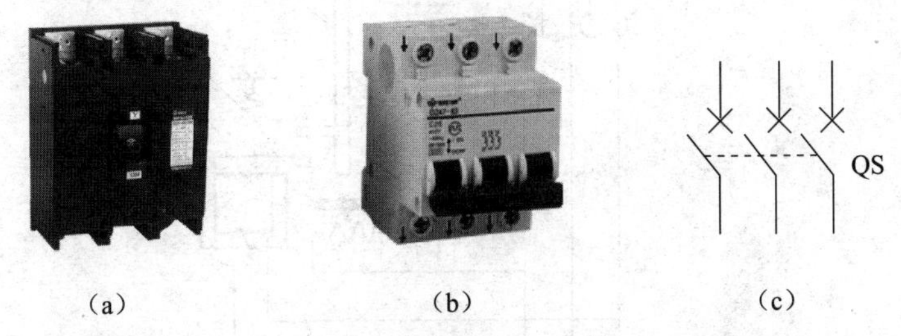

图 1－24　低压断路器的外形、图形符号和文字符号

(a) DZ20 系列低压断路器；(b) DZ47 系列低压断路器；(c) 图形符号和文字符号

低压断路器型号的含义说明如图 1－25 所示。

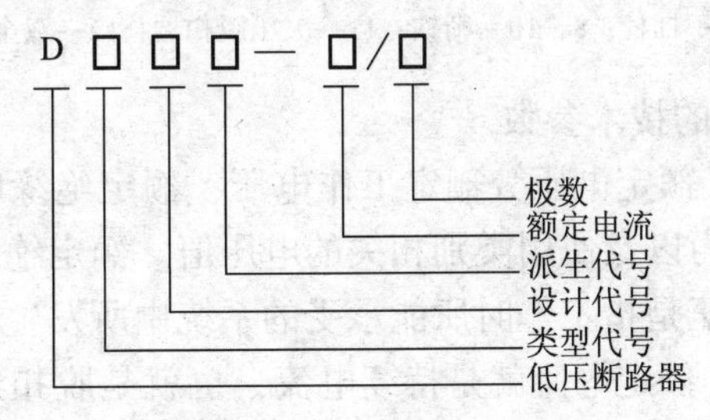

派生代号：L—漏电

图 1－25　低压断路器型号的含义说明

类型代号说明：W—万能式；WX—万能式限流型；Z—塑料外壳式；
ZL—漏电断路器；ZX—塑料外壳式限流型

1. 低压断路器的工作原理

图 1－26 所示是低压断路器的工作原理示意，图中触头有 3 对，串联在被保护的三相主电路中，它是靠操作机构手动或自动合闸的，并由自动脱扣器机构锁在合闸位置上。如果电路发生故障，自动脱扣机构在有关脱扣器的推动下动作，使钩子脱开，于是触头在弹簧的作用下迅速分断。

过流脱扣器 6 的线圈和主电路串联，电路正常工作时，产生的电磁吸力不能将衔铁 8 吸合，只有当电路发生短路或产生很大的过电流时，其电磁吸力才能将衔铁 8 吸合，撞击杠杆 7，顶开搭钩 4，使触头 2 断开，从而将电路分断。

欠压脱扣器 11 的线圈并联在主电路上，电路电压正常时，欠压脱扣器 11 产生的电磁吸力能够克服弹簧 9 的拉力而将衔铁 10 吸合，当电路电压降到一定值以下时，电磁吸力小于弹簧 9 的拉力，衔铁 10 被弹簧 9 拉开，衔铁撞击杠杆 7 使搭钩顶开，主触头 2 断开分断电路。

当电路发生过载时，过载电流通过热脱扣器的发热元件使双金属片 12 受热弯曲，于是杠杆 7 顶开搭钩 4，使触头 2 断开，起到过载保护的作用。脱扣器可以重复使用，不需要更换。

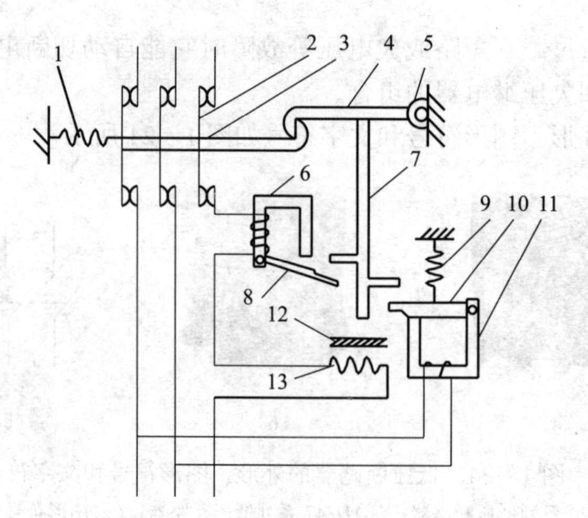

图 1-26 低压断路器的工作原理示意

1，9—弹簧；2—触头；3—锁键；4—搭钩；5—轴；6—过流脱扣器；
7—杠杆；8，10—衔铁；11—欠压脱扣器；12—双金属片；13—电阻丝

2. 低压断路器的技术参数

(1)额定电压。额定电压分额定工作电压、额定绝缘电压和额定脉冲电压。额定工作电压是指与通断能力以及使用类别相关的电压值。额定绝缘电压是断路器的最大额定工作电压。额定脉冲电压是指工作时所能承受的系统中所发生的开关动作过电压值。

(2)额定电流。额定电流就是持续电流，也就是脱扣器能长期通过的电流，对带有可调式脱扣器的断路器为可长期通过的最大工作电流。

(3)通断能力。其以开关电器在规定的条件下(电压、频率及交流电路的功率因数和直流电路的时间常数)能在给定的电压下接通和分断的最大电流值来衡量，也称为额定短路通断能力。

3. 低压断路器的类型

(1)万能式低压断路器(开启式低压断路器)。其主要用于 40～100 kW 电动机回路的不频繁全压启动，并起短路、过载、失压保护作用，容量较大，具有较高的短路分断能力和较高的动稳定性。其主要型号有 DW10 和 DW15 两个系列。

(2)装置式低压断路器(塑料外壳式低压断路器)。其一般用作配电线路的保护开关以及电动机和照明线路的控制开关等，内装触头系统、灭弧室及脱钩器等，有手动和电动合闸两种方式，主要型号有 DZ5、DZ10 和 DZ20 等系列。

(3)快速断路器。它具有快速电磁铁和强有力的灭弧装置，最快动作时间可在 0.02 s 以内，用于半导体整流元件和整流装置的保护，主要型号有 DS 系列。

(4)限流断路器。它利用短路电流产生的巨大吸力，使触头迅速断开，能在交流短路电流尚未达到峰值之前就把故障电路切断，用于短路电流相当大(高达 70 kA)的电路，主要型号有 DWX15 和 DZX10 两个系列。

(5)智能化断路器。目前国产的智能化断路器有框架式和塑料外壳式两种。前者主要用作智能化自动配电系统中的主断路器，后者主要用于配电网，进行电能分配和电路及电源设备的控制和保护。智能化断路器的控制核心采用了微处理器或单片机技术，它不仅具有普通断路器的各种保护功能，还具有实时显示电路中的电气参数(电流、电压、功率、

功率因数等)，对电路进行在线监视、自动调节、测量、试验、自诊断和通信等功能。它能够对各种保护功能的动作参数进行显示、设定和修改，保护电路动作时能够存储故障参数以便查询。

4. 低压断路器的选用

选择低压断路器时应注意以下几方面：

(1)低压断路器的额定电流和额定电压应大于或等于线路、设备的正常工作电压和工作电流。

(2)低压断路器的极限分断能力应大于或等于线路的最大短路电流。

(3)欠压脱扣器的额定电压应等于线路的额定电压。

(4)过电流脱扣器的额定电流应大于或等于线路的最大负载电流。

(5)应根据线路的额定电流及保护的要求选用低压断路器。

使用低压断路器应注意以下几方面：

(1)低压断路器应垂直安装，固定后应安装平整，不应有附加机械应力。

(2)电源进线应接在低压断路器的上母线上，而接往负载的出线则应接在下母线上。

(3)为防止发生飞弧，安装时应考虑低压断路器的飞弧距离，并注意在灭弧室上方接近飞弧距离处不跨接母线。如果是塑料外壳式产品，进线端的裸母线宜包上 200 mm 长的绝缘物，有时还要求在进线端的各相间装隔弧板。设有接地螺钉的产品均应可靠接地。

5. 低压断路器的维护

(1)使用前应将脱扣器电磁铁工作面的防锈油脂抹去，以免影响电磁机构的动作值。

(2)在使用一定次数后(一般为 1/4 机械寿命)，转动部分应加润滑油(小容量的塑料外壳式低压断路器不需要)。

(3)定期清除低压断路器上的灰尘，以保持绝缘良好。

(4)灭弧室在分断短路电流或较长时间使用后，应清除其内壁和栅片上的金属颗粒和黑烟。

(5)低压断路器的触头使用一定次数后，如果表面有毛刺和颗粒等应及时清理修整，以保证接触良好。

(6)定期检查各脱扣器的整定值。

五、热继电器

热继电器是一种具有反时限(延时)过载保护特性的过电流继电器，广泛用于电动机及其他电气设备的过载保护。

电动机在运行过程中，长期过载、频繁启动、欠电压运行或者断相运行等都可能引起电动机过热，损坏绕组的绝缘，缩短电动机的使用寿命，严重时甚至会烧坏电动机。因此，常采用热继电器对电动机进行过载保护以及断相保护。

1. 热继电器的分类与型号

热继电器有多种形式，其中双金属片式应用最多，按极数可分为单极、两极和三极热继电器 3 种，其中三极热继电器又包括带断相保护装置和不带断相保护装置两种。按复位方式分，有自动复位式和手动复位式。JRS1 系列和 JR20 系列热继电器的型号及含义说明如图 1 - 27 所示。

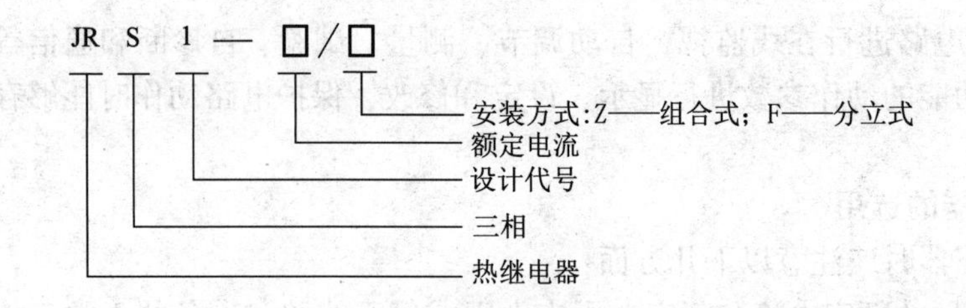

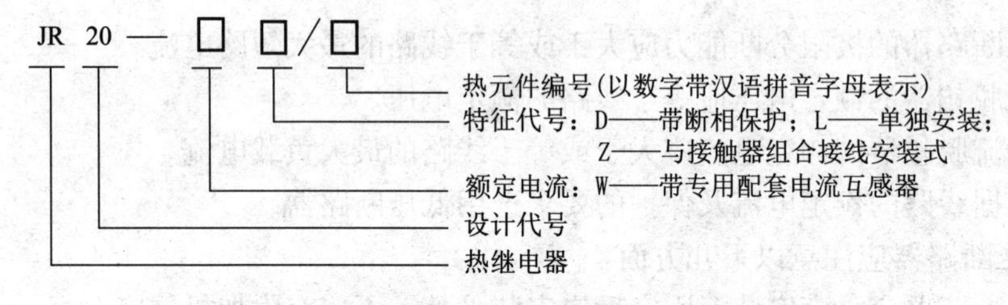

图 1-27　JRS1 系列和 JR20 系列热继电器的型号及含义

在电气原理图中，热继电器的发热元件和触头的图形符号和文字符号如图 1-28 所示。

FR　FR　FR

(a)　(b)　(c)

图 1-28　热继电器的图形符号和文字符号

(a)发热元件；(b)常闭触头；(c)常开触头

我国常用的热继电器主要有 JR20、JRS1 和 JR16 等系列。引进产品有 T 系列(德国 BBC 公司)、3UA 系列(德国西门子)、LR1-D 系列(法国 TE 公司)。JRS1 和 JR20 系列具有断电保护、温度补偿、整定电流可调、能手动脱扣及手动断开动断触头等功能。三相交流电动机的过载保护均采用三相式热继电器，尤其是 JR16 和 JR20 系列三相式热继电器得到广泛应用。

常用的 JR16 系列热继电器的技术参数见表 1-4。

2. 热继电器的结构与工作原理

热继电器主要由加热元件、动作机构和复位机构三大部分组成。动作系统常设有温度补偿装置，保证在一定的温度范围内热继电器的动作特性基本不变。

表 1-4　常用的 JR16 系列热继电器的技术参数

型号	额定电流/A	发热元件规格			连接导线规格
		编号	额定电流/A	刻度电流调整范围/A	
JR16—20/3 JR16—20/3D	20	1	0.35	0.25~0.3~0.35	4 mm^2 单股塑料铜线
		2	0.5	0.32~0.4~0.5	
		3	0.72	0.45~0.6~0.72	
		4	1.1	0.68~0.9~1.1	
		5	1.6	1.0~1.3~1.6	

续表

型号	额定电流/A	发热元件规格			连接导线规格
		编号	额定电流/A	刻度电流调整范围/A	
		6	2.4	1.5～2.0～2.4	
		7	3.5	2.2～2.8～3.5	
		8	5.0	3.2～4.0～5.0	
		9	7.2	4.5～6.0～7.2	
		10	11.0	6.8～9.0～11.0	
		11	16.0	10.0～13.0～16.0	
		12	22.0	14.0～18.0～22.0	
JR16－60/3 JR16－60/3D	60	13	22.0	14.0～18.0～22.0	16 mm^2 多股铜芯橡皮软线
		14	32.0	22.0～26.0～32.0	
		15	45.0	28.0～36.0～45.0	
		16	63.0	40.0～50.0～63.0	
JR16－150/3 JR16－150/3D	150	17	63.0	40.0～50.0～63.0	35 mm^2 多股铜芯橡皮软线
		18	85.0	53.0～70.0～85.0	
		19	120.0	75.0～100.0～120.0	
		20	160.0	100.0～130.0～160.0	

热继电器的加热元件是双金属片，双金属片是将两种线膨胀系数不同的金属片以机械辗压方式使之形成一体。线膨胀系数大的称为主动片，线膨胀系数小的称为被动片。双金属片受热后产生线膨胀，由于两层金属的线膨胀系数不同，且两层金属又紧紧地黏合在一起，因此双金属片向被动片一侧弯曲，如图 1－29 所示。由双金属片弯曲产生的机械力带动触头动作。

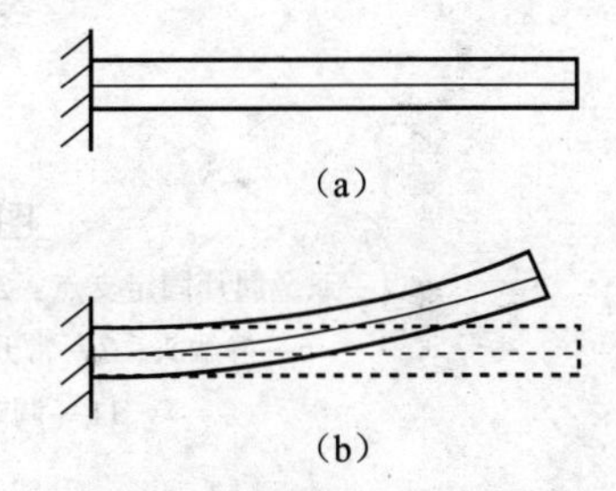

图 1－29　双金属片受热前、后状态

(a)受热前；(b)受热后

双金属片的受热方式如图 1－30 所示，有直接式、间接式、复合式和电流互感器式 4 种。电流互感器式的发热元件不直接串接在电动机电路中，而是接在电流互感器的二次侧，这种方式多用于电动机电流比较大的场合，以减少通过发热元件的电流。

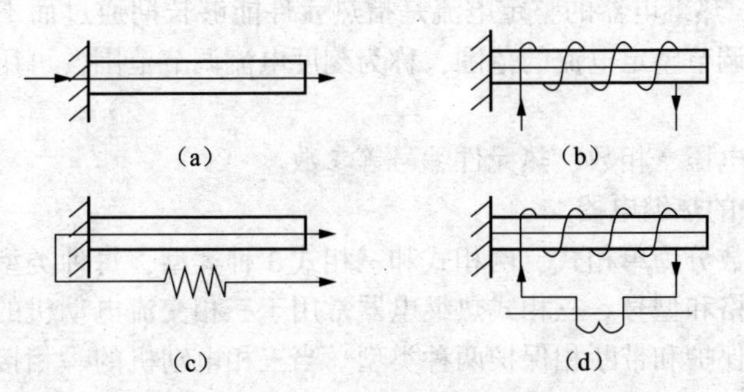

图 1－30　双金属片的受热方式

(a)直接式；(b)间接式；(c)复合式；(d)电流互感器式

典型的热继电器结构如图 1－31 所示。在图中，主双金属片 2 与发热元件 3 串接在接触器负载(电动机电源端)的主回路中，当电动机过载时，主双金属片受热弯曲推动导板 4，并通过补偿双金属片 5 与推杆将触头 9 和 6(即串接在接触器线圈回路中的热继电器常闭触头)分开，以切断电路保护电动机。调节旋钮 11 是一个偏心轮，改变它的半径即可改变补偿双金属片 5 与导板 4 的接触距离，从而达到调节整定动作电流值的目的。此外，靠调节复位螺钉 8 改变常开静触头 7 的位置，使热继电器能动作在自动复位或手动复位两种状态。调成手动复位时，在排除故障后要按下复位按钮 10 才能使动触头 9 恢复与静触头 6 相接触的位置。

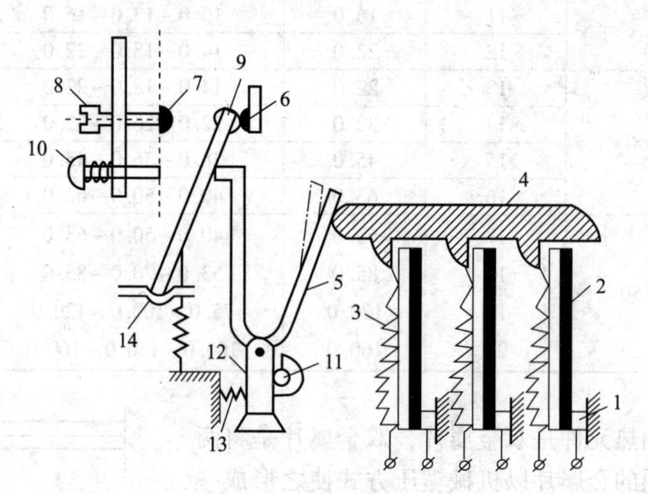

图 1－31　典型的热继电器结构

1—双金属片固定支点；2—双金属片；3—发热元件；4—导板；5—补偿双金属片；6—静触头；7—常开静触头；8—复位螺钉；9—动触头；10—复位按钮；11—调节旋钮；12—支撑；13—压簧；14—推杆

热继电器的常闭触头常串入控制回路，常开触头可接入信号回路。

3. 热继电器的主要技术参数

(1)额定电流。热继电器的额定电流是指可装入的热元件的最大额定电流值。每种额定电流的热继电器可装入几种不同整定电流的热元件。为了便于用户选择，某些型号中的不同整定电流的热元件是用不同编号表示的。

(2)整定电流。热继电器的整定电流是指热元件能够长期通过而不致引起热继电器动作的电流值。手动调节整定电流的范围，称为刻度电流调节范围，可用来使热继电器更好地实现过载保护。

此外还有额定电压、相数、热元件编号等参数。

4. 带断相保护的热继电器

热继电器按相数分为单相式、两相式和三相式 3 种类型，每种类型按发热元件的额定电流又有不同的规格和型号。三相式热继电器常用于三相交流电动机的过载保护，可按其职能分为不带断相保护和带断相保护两种类型。当三相电动机的一相接线松开或一相熔丝熔断时，会造成电动机的缺相运行，这是三相异步电动机烧坏的主要原因之一。断相后，若外加负载不变，绕组中的电流就会增大，使电动机烧毁。如果需要缺相保护可选用带断相保护的热继电器。

用于保护电动机的热继电器的动作电流通常是按电动机的额定电流(线电流)进行整定的。如果热继电器所保护的电动机是Y接法，热继电器的整定电流与电动机绕组电流(相电流)相同，当线路发生一相断电时，另外两相电流便增大很多，由于线电流等于相电流，流过电动机绕组的电流和流过热继电器的电流增加比例相同，因此普通的两相或三相热继电器可以起到保护作用。

但是，如果电动机是△接法，当发生断相时，由于电动机的相电流与线电流不等，流过电动机绕组的电流和流过热继电器的电流增加比例不相同，而热元件又串联在电动机的电源进线中，按电动机的额定电流即线电流来整定，整定值较大。当故障线电流达到额定电流时，在电动机绕组内部，电流较大的那一相绕组的故障电流将超过额定相电流，这便有过热烧毁的危险，所以对△接法必须采用带断相保护的热继电器。

带断相保护的热继电器如图 1－32 所示，虚线表示动作位置。其中，图 1－32(a)所示为通电前机构各部件的位置。当电流为额定值时，3 个发热元件均正常发热，端部同时向左弯曲，推动上、下导板同时左移，但不到动作线热继电器不会动作，如图 1－32(b)所示。当三相电流过载达到整定值时，双金属片弯曲较大，把导板和杠杆推到动作位置，继电器动作，使动断触头断开，如图 1－32(c)所示。当一相(设 U 相)断路时，U 相热元件值逐渐冷却降温，其端部向右移动，推动上导板向右移动，同时 V 和 W 相电流较大，推动下导板向左移动，使杠杆扭转，继电器动作，起到断相保护的作用，如图 1－32(d)所示。

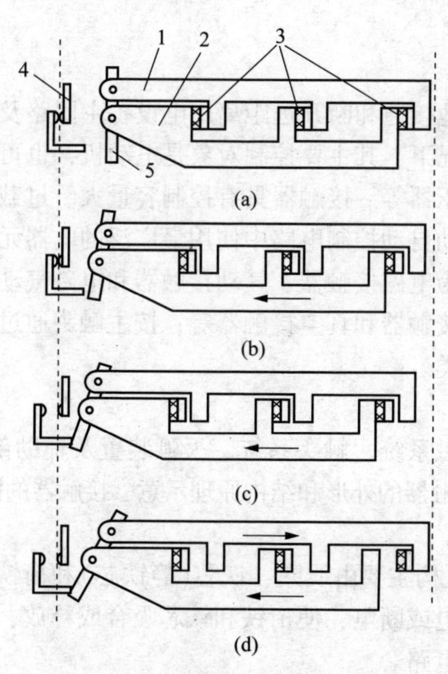

图 1－32　带断相保护的热继电器

(a)通电前；(b)三相正常通电；(c)三相均过载；(d)U 相断线

1—上导板；2—下导板；3—双金属片；4—动断触头；5—杠杆

5. 热继电器的选用

通常选用热继电器时从电动机形式、工作环境、启动情况及负荷情况等几方面综合考虑。

(1)原则上热继电器的额定电流应按电动机的额定电流选择。对于过载能力较差的电动机，其配用的热继电器(主要是发热元件)的额定电流可适当小些。一般选取热继电器的额定电流(实际上是选取发热元件的额定电流)为电动机额定电流的60%～80%。

(2)在不频繁启动电动机的场合，要保证热继电器在电动机的启动过程中不产生误动作。通常，当电动机启动电流为其额定电流的6倍以及启动时间不超过6 s时，若很少连续启动，就可按电动机的额定电流选取热继电器。

(3)对于工作时间较短、间歇时间较长的电动机以及虽然长期工作但过载的可能性很小的电动机，可以不设过载保护。

(4)在三相异步电动机电路中，定子绕组为Y连接的电动机应选用两相或三相结构的热继电器，定子绕组为△连接的电动机必须采用带断相保护的热继电器。

6. 热继电器的维护

热继电器在使用过程中应定期通电校验。在设备发生事故而引起巨大短路电流后，应检查热元件和双金属片有无显著变形。若已变形，则需通电试验。双金属片变形或其他原因致使动作不准确时，只能调整其可调部件，绝不容许弯折双金属片。

热继电器在使用中需定期用布擦净尘埃和污垢，双金属片要保持原有光泽，如果上面有锈迹，可用布蘸汽油轻轻擦除，但不得用砂纸磨光。

六、接触器

接触器是一种能频繁地接通和断开远距离用电设备主回路及其他大容量用电回路的自动控制电器。在大多数情况下，其主要控制对象是电动机，也可用于其他电力负载，如电热设备、电焊机、电炉变压器等。接触器具有控制容量大、过载能力强、寿命长、设备简单经济等特点，是电力拖动自动控制电路中使用最广泛的电器元件之一。

接触器按操作方式分为电磁接触器、气动接触器和电磁气动接触器；按灭弧介质分为空气电磁接触器、油浸式接触器和真空接触器等；按主触头通过电流的种类可以分为交流接触器和直流接触器两大类。

1. 接触器的结构

交流接触器主要由电磁系统、触头系统、灭弧装置及辅助部件等部分组成。图1－33所示为CJ－20系列交流接触器的外形和结构原理示意，接触器的图形和文字符号如图1－34所示。

(1)电磁机构。电磁机构主要由线圈、铁芯(静铁芯)和衔铁(动铁芯)3部分组成，其作用是利用电磁线圈的通电或断电，使衔铁和铁芯吸合或释放，带动动触头与静触头闭合或分断，从而接通或断开电路。

(2)触头系统。触头系统包括主触头和辅助触头，主触头用来控制电流较大的主电路，一般由3对接触面较大的常开触头组成。辅助触头用来控制电流较小的控制电路，一般由两对常开触头和两对常闭触头组成。工作时常开和常闭触头是联动的，两种触头在改变工作状态时存在时间差，当线圈通电时，常闭触头先断开，常开触头随后闭合，而线圈断电时，常开触头先恢复断开，随后常闭触头恢复闭合。

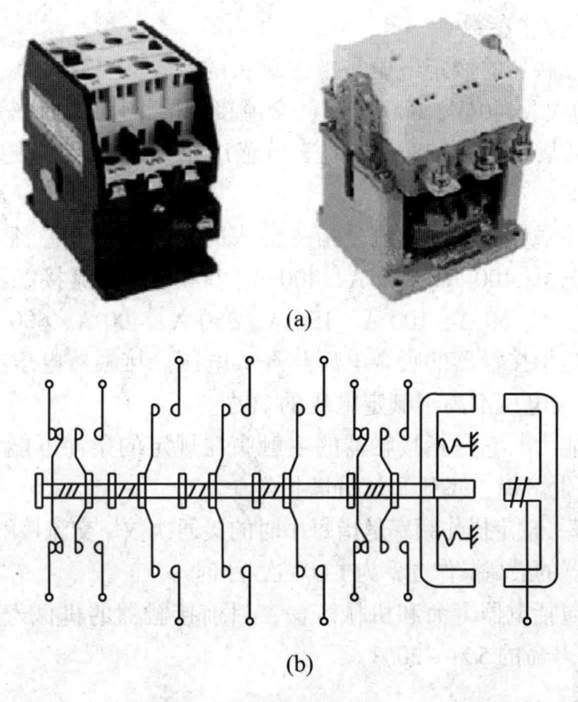

图 1-33　CJ-20 系列交流接触器外形和结构原理示意

(a)外形；(b)结构原理示意

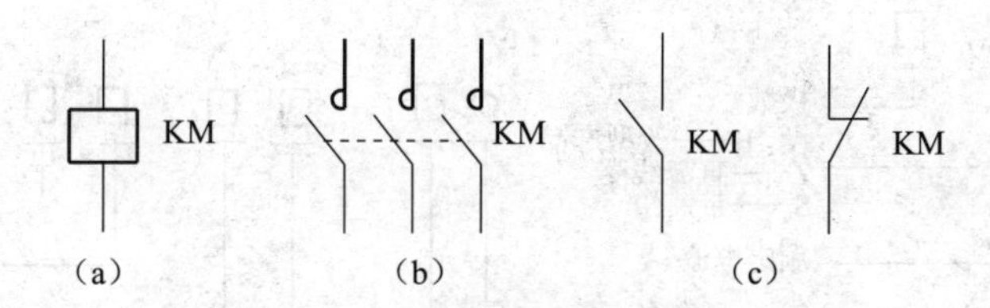

图 1-34　接触器的图形和文字符号

(a)线圈；(b)主常开触头；(c)辅助常开、常闭触头

(3)灭弧装置。容量在 10 A 以上的接触器都有灭弧装置，对于小容量的接触器，常采用双断口触头灭弧、电动力灭弧、相间弧板隔弧及陶土灭弧罩灭弧。对于大容量的接触器，采用窄缝灭弧及栅片灭弧。

(4)其他辅助部件。其包括反作用弹簧、缓冲弹簧、触头压力弹簧、传动机构、支架及外壳等。

直流接触器的结构和工作原理基本上与交流接触器相同，结构上也是由电磁机构、触头系统和灭弧装置等部分组成，但在电磁机构方面有所不同，其铁芯采用整块铸铁或铸钢制成，不需要安装短路环。

由于直流电弧比交流电弧难以熄灭，直流接触器常采用磁吹灭弧装置灭弧。

2. 接触器的工作原理

当线圈得电后，在铁芯中产生磁通及电磁吸力，衔铁在电磁吸力的作用下吸向铁芯，同时带动动触头移动，使常闭触头打开，常开触头闭合。当线圈失电或线圈两端电压显著降低时，电磁吸力小于弹簧反力，使衔铁释放，触头机构复位，断开电路或解除互锁。

3. 接触器的主要技术参数

(1)额定电压。接触器的额定电压是指主触头的额定工作电压。直流接触器常用的电压等级为 110 V、220 V、440 V、660 V 等。交流接触器常用的电压等级为 127 V、220 V、380 V、500 V 等。如某负载是 380 V 的三相感应电动机，则应选用 380 V 的交流接触器。

(2)额定电流。接触器的额定电流是指主触头的额定电流。直流接触器常用的电流等级为 25 A、40 A、60 A、100 A、250 A、400 A、600 A。交流接触器常用的电流等级为 5 A、10 A、20 A、40 A、60 A、100 A、150 A、250 A、400 A、600 A。

(3)动作值。它是指接触器的吸合电压与释放电压。接触器电压在额定电压 85% 以上时，应可靠吸合，释放电压不高于额定电压的 70%。

(4)接通与分断能力。它是指接触器的主触头在规定的条件下能可靠地接通和分断的电流值，而不应该发生熔焊、飞弧和过分磨损等。

(5)额定操作频率。额定操作频率是指每小时的接通次数。交流接触器的最高操作频率为 600 次/时，直流接触器的最高操作频率为 1 200 次/小时。

(6)寿命。寿命包括电器寿命和机械寿命。目前接触器的机械寿命已达 1 000 万次以上，电器寿命是机械寿命的 5% ~20%。

4. 接触器的型号

交流接触器型号的含义说明如图 1－35 所示。

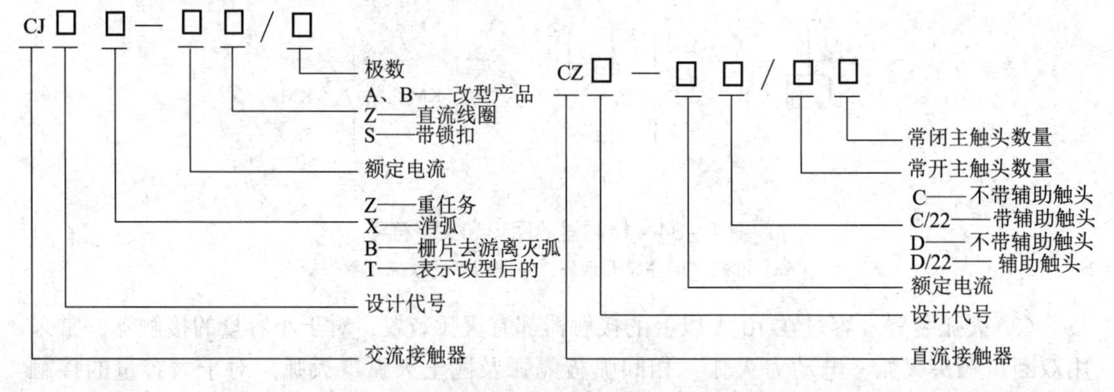

图 1－35 交流接触器型号的含义说明

如 CJ12T－250，该型号的意义为 CJ12T 系列接触器，额定电流为 250 A，主触头为三极。CZ0－100/20 表示 CZ0 系列直流接触器，额定电流为 100 A，具有双极常开主触头。

我国常用的交流接触器主要有 CJ10、CJ12、CJXI、CJ20 等系列及其派生产品。直流接触器有 CZ18、CZ21、CZ22、CZ10 和 CZ2 等系列。引进的产品中应用较多的有德国西门子公司的 3TB 系列、BBC 公司的 B 系列、法国 TE 公司的 LC1 系列等，主要供远距离接通和分断电路，并适用于频繁启动及控制交流电动机。

5. 接触器的选用

为保证满足控制要求，提高系统性价比，选用接触器时一般应按以下原则进行：

(1)接触器极数与电流种类的确定。由主电路电流种类来决定选择直流接触器还是交流接触器，一般交流负载用交流接触器，直流负载用直流接触器，当直流负载容量较小时，也可选用交流接触器，但交流接触器的额定电流应适当选大一些。一般场合选用电磁式接触器，易燃易爆场合应选用防爆型及真空接触器。

三相交流系统中一般选用三极接触器，当需要同时控制中性线时则选用四极交流接触器。单相交流和直流系统中常选用两极或三级触器并联。

(2)根据接触器所控制的负载的类型选择相应类别的接触器。如负载是一般任务则选用 AC3 类别；负载为重任务则选用 AC4 类别；在负载是一般任务与重任务混合时，则可根据实际情况选用 AC3 或 AC4 类别，如选 AC3 类别，应降级使用。

(3)应根据控制对象类型和使用场合，合理选择接触器主触头的额定电流。控制电阻性负载时，主触头的额定电流应等于负载的额定电流。控制电动机时，主触头的额定电流应大于或稍大于电动机的额定电流。当接触器使用在频繁启动、制动及正反转的场合时，应将主触头的额定电流降低一个等级使用。

(4)所选接触器主触头的额定电压应大于或等于控制线路的额定电压。

(5)接触器吸引线圈的额定电压应由所连接的控制电路确定。

(6)根据控制线路的要求，合理选择接触器的触头数(主触头和辅助触头)和种类(常开或常闭触头)。

知识训练四　低压电器的常见故障及维修

各种低压电器在正常状态下使用或运行，都有各自的机械寿命和电气寿命，即自然磨损。操作不当、过载运行、日常失修等都会加速电器元件的老化，缩短使用寿命。一般电磁式电器，通常由触头系统、电磁机构和灭弧装置等组成，这部分元件经过长期使用或不当使用，可能会发生故障而影响正常工作。

一、触头的故障及维修

触头是低压电器的主要部件，起接通和分断电路的作用，也是电器中比较容易损坏的部件。触头的常见故障有触头过热、触头磨损、触头烧毛或熔焊等。

1. 触头过热

(1)通过动、静触头间的电流过大。任何电器的触头都必须在其额定电流下运行，否则触头就会因电流过大而发热。造成触头间电流过大的原因有：系统电压过高或过低、用电设备超负荷运行、触头容量选择不当、触头故障运行等。

(2)动、静触头间的接触电阻变大。接触电阻是所有电接触形式的一个重要参数，只有低值而稳定的接触电阻才能保证电接触工作的可靠性。动、静触头闭合时，接触电阻的大小关系到触头间的发热程度。造成触头间接触电阻变大的原因有：触头压力不足、触头表面接触不良。为保持电阻的低值和稳定，应加强对运行中触头的维护和保养并及时清除触头表面的氧化物，增加其光洁度。

2. 触头磨损

触头在使用过程中，其厚度越来越小，这就是触头的磨损。触头的磨损有两种：一种是电磨损，是触头间电弧或电火花的高温使触头金属汽化和蒸发所造成的；另一种是机械磨损，是触头闭合时的撞击及触头接触面的相对滑动摩擦所造成的。

当触头接触部分磨损至原有厚度的2/3或3/4时，应更换新触头。另外触头超行程不符合规定，也应更换新触头。若发现触头磨损过快，应查明原因。

3. 触头烧毛或熔焊

触头在闭合或分断时产生电弧，在电弧的作用下，在触头表面形成许多凸出的小点，而后小点面积扩大，这就是烧毛。若触头烧毛，则须用整形锉整修。

动、静触头接触面熔化后被焊在一起而断不开的现象，称为触头熔焊。发生触头熔焊的常见原因为：选用不当、触头容量太小、负载电流过大、操作频率过高、触头弹簧损坏、初压力减小。触头熔焊后，只能更新触头，同时还要找出触头熔焊的原因并予以排除。

二、电磁机构的故障及维修

1. 衔铁噪声大

(1)动、静铁芯上的端面接触不良或有污垢。前者要在细纱布上磨平端面，使之接触面在80%以上，后者要用汽油或四氯化碳清洗。

(2)铁芯上的短路环断裂。应按原样更换或将断裂处焊接上。

(3)电源电压太低。应提高电源电压到额定值。

(4)铁芯卡住不能完全吸合。此时不仅噪声大，而且线圈中电流增大、温度升高，如不及时处理，将会烧毁线圈。应找出铁芯卡住的原因，使铁芯完全吸合，即可消除噪声。

2. 线圈的故障及其处理

(1)线圈匝间短路，更换新的线圈即可。

(2)动、静铁芯不能完全吸合，处理方法同铁芯卡住不能完全吸合的情况。

(3)电源电压低，吸力不足而使衔铁振动，此时应调整电压到额定值。

(4)操作频繁。要降低接触器闭合和断开的频率，以免产生频繁的大电流冲击。

3. 衔铁吸不上

当交流线圈接通电源后，衔铁不能被铁芯吸合时，应立即切断电源，以免线圈被烧毁。衔铁吸不上的主要原因是动铁芯被卡住、反作用力弹簧反力过大、电源电压太低等。

4. 衔铁不释放

当线圈断电后，衔铁不释放，此时应立即断开电源开关，以免发生意外事故。

衔铁不释放的主要原因有：触头弹簧压力过小、触头熔焊、机械可动部分被卡阻、转轴锈蚀或歪斜、反作用力弹簧损坏、铁芯端面有油污和尘垢、E形铁芯的剩磁增大等。

三、灭弧装置的故障及维修

(1)灭弧罩受潮，可设法烘干。

(2)灭弧罩破碎，可更换新的灭弧罩。

(3)灭弧线圈匝间短路，可更换新线圈。

(4)灭弧栅片脱落或损坏，可用铁板制作予以更换。

知识训练五　常用电工工具及电工仪表的使用

一、测电笔

测电笔又称电笔，是电工常用的工具，有钢笔式和螺丝刀式两种。测电笔由氖管、电阻、弹簧和探头等组成，如图 1－36 所示。

使用时，手指必须触及笔尾的金属部分并使氖管小窗背光且朝向自己，以便观测氖管的亮暗程度，防止因光线太强造成误判断，其使用方法如图 1－36 所示。

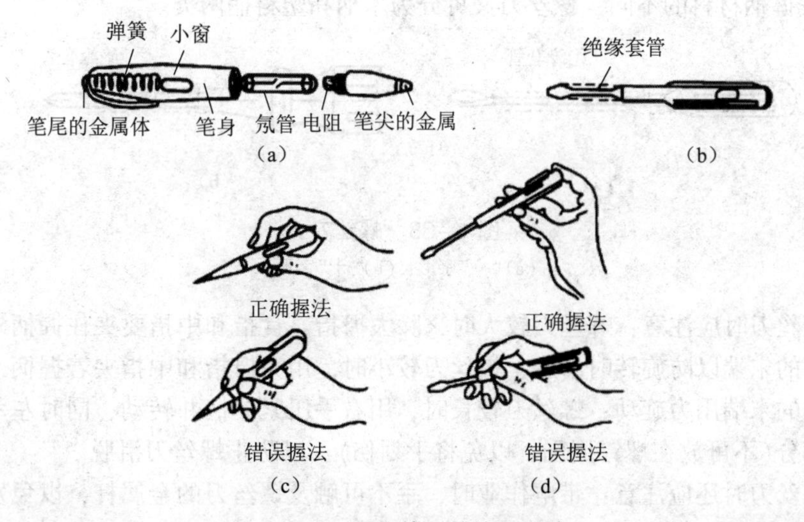

图 1－36　测电笔及其使用方法

(a)钢笔式测电笔；(b)螺丝刀式测电笔；(c)钢笔式测电笔的用法；(d)螺丝刀式测电笔的用法

当用测电笔测试带电体时，电流经带电体、测电笔、人体及大地形成通电回路，只要带电体与大地之间的电位差超过 60 V，测电笔中的氖管就会发光。测电笔检测的电压范围为60～500 V。

注意事项如下：

(1)使用前，必须在有电源处对测电笔进行测试，证明该测电笔确实良好，方可使用。

(2)验电时，应使电笔逐渐靠近被测物体，直至氖管发亮，不可直接接触被测物体。

(3)验电时，手指必须触及笔尾的金属体，否则带电体也会被误判为非带电体。

(4)验电时，要防止手指触及笔尖的金属部分，以免造成触电事故。

二、电工刀

电工刀是用来剖削电线线头、切割木台缺口、削制木槽的专用工具，其外形如图 1－37 所示。

在使用电工刀时应注意：不得用于带电作业，以免触电；应将刀口朝外剖削，以避免伤及手指；剖削导线绝缘层时，应使刀面与导线成较小的锐角，以免割伤导线；使用完毕，应立即将刀身折进刀柄。

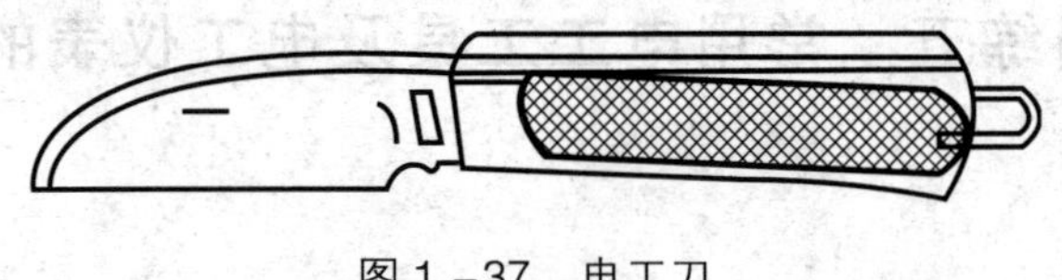

图 1-37 电工刀

三、螺丝刀

螺丝刀又名“起子”，按照功能和头部形状可以分为“一”字形和“十”字形，如图 1-38 所示。按握柄材料的不同，螺丝刀又可分为木柄和塑料柄两类。

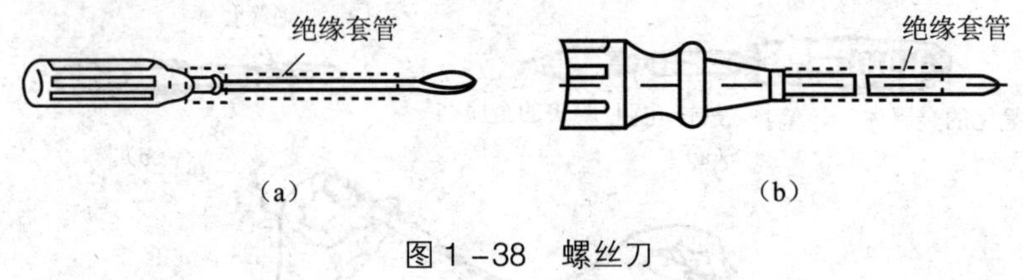

图 1-38 螺丝刀

(a)“一”字形；(b)“十”字形

使用螺丝刀时应注意：螺丝刀较大时，除大拇指、食指和中指要夹住握柄外，手掌还要顶住握柄的末端以防旋转时滑脱；螺丝刀较小时，用大拇指和中指夹着握柄，同时用食指顶住握柄的末端用力旋动；螺丝刀较长时，用右手压紧握柄并转动，同时左手握住螺丝刀的中间部分(不可放在螺钉周围，以免将手划伤)，以防止螺丝刀滑脱。

使用螺丝刀时还应注意：带电作业时，手不可触及螺丝刀的金属杆，以免发生触电事故；作为电工，不应使用金属杆直通握柄顶部的螺丝刀；为防止金属杆触及人体或邻近带电体，金属杆应套上绝缘管。

四、钢丝钳

钢丝钳在电工作业中用途广泛。钳口可用来弯绞或钳夹导线线头，齿口可用来紧固或起松螺母，刀口可用来剪切导线或钳削导线绝缘层，侧口可用来铡切导线线芯、钢丝等较硬线材。钢丝钳的构造和使用方法如图 1-39 所示。

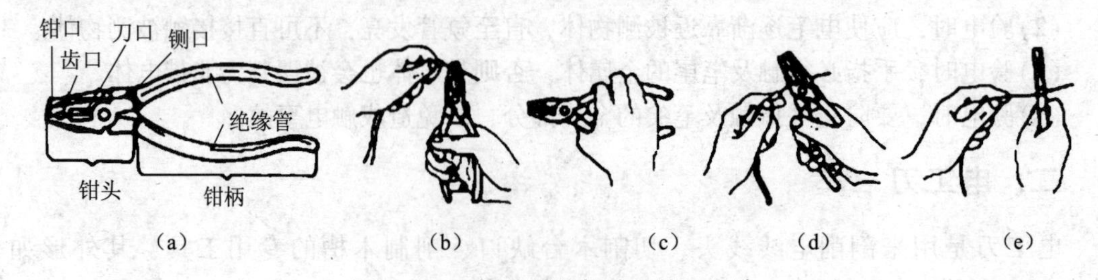

图 1-39 钢丝钳的构造和使用方法

(a)构造；(b)弯绞导线；(c)紧固螺母；(d)剪切导线；(e)侧切钢丝

使用钢丝钳时应注意：使用前，应检查钢丝钳绝缘是否良好，以免带电作业时造成触电事故；在带电剪切导线时，不得用刀口同时剪切不同电位的两根线(如相线与零线、相线与相线等)，以免发生短路事故。

五、尖嘴钳和斜口钳

尖嘴钳因其头部尖细，适用于在狭小的工作空间中操作，如图1－40(a)所示。

尖嘴钳可用来剪断较细小的导线，也可用来夹持较小的螺钉、螺帽、垫圈、导线等，还可用来对单股导线整形(如平直、弯曲等)。若使用尖嘴钳带电作业，应检查其绝缘是否良好，并保证在作业时金属部分不会触及人体或邻近的带电体。

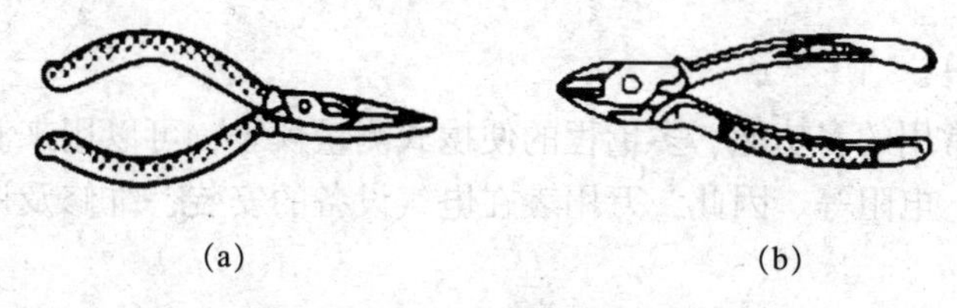

图1－40　尖嘴钳和斜口钳

(a)尖嘴钳；(b)斜口钳

斜口钳又叫断线钳，其头部偏斜，专用于剪断较粗的金属丝、线材及电线电缆等。对粗细不同、硬度不同的材料，应选用大小合适的斜口钳。

六、剥线钳

剥线钳是专用于剥削较细小导线绝缘层的工具，其外形如图1－41所示。

使用剥线钳剥削导线绝缘层时，先将要剥削的绝缘长度用标尺定好，然后将导线放入相应的刃口中(比导线直径稍大)，再用手将钳柄一握，导线的绝缘层即被剥离。

使用剥线钳时，不容许用小咬口剥大直径导线，以免咬伤导线芯，也不容许将其当钢丝钳使用。

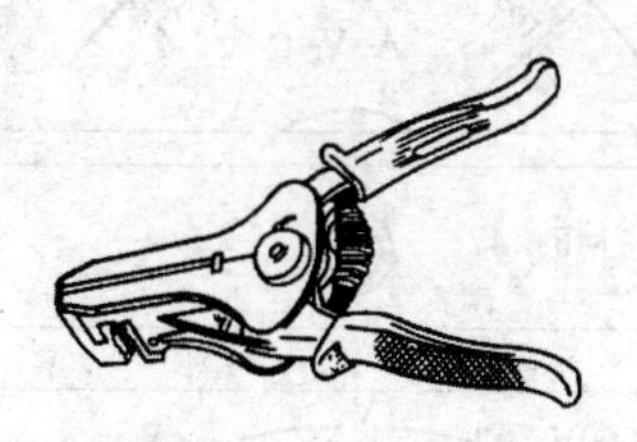

图1－41　剥线钳

七、活络扳手

活络扳手的钳口可在规格所定范围内任意调整大小，用于旋动螺杆螺母，其构造和使用方法如图1－42所示。

使用活络扳手时，不能反方向用力，否则容易扳裂活络扳唇，也不准用钢管套在手柄上作加力杠使用，更不准用作撬棍撬重物或当手锤敲打。旋动螺杆、螺母时，必须把工件的两侧平面夹牢，以免损坏螺杆或螺母的棱角。

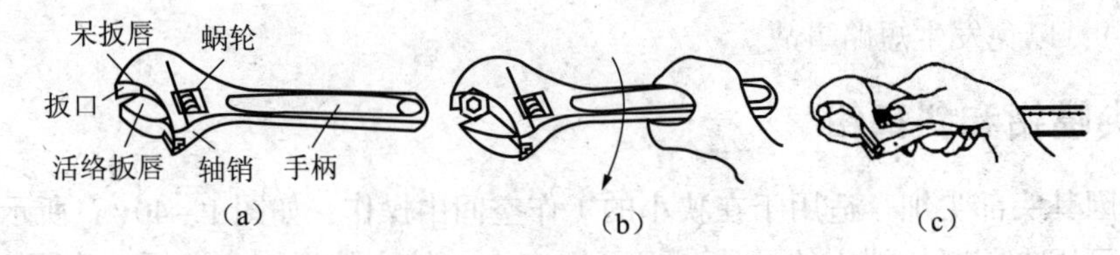

图 1-42 活络扳手的构造和使用方法

(a)构造；(b)扳大螺母握法；(c)扳小螺母握法

八、万用表

万用表是一种常用的多功能、多量程的便携式测量仪表，可以用来测量直流电压、直流电流、交流电压、电阻等。因此，万用表在电气设备的安装、维修及调试等工作中的应用十分广泛。

万用表的型号繁多，图 1-43 所示为常用万用表的外形。万用表主要由表头、测量线路和转换开关组成。表头是万用表进行各种测量的公用部分。测量线路是万用表的关键部分，其作用是将各种不同的被测电量转换成磁电系表头能直接测量的直流电流，一般万用表包括多量程直流电流表、多量程直流电压表、多量程交流电压表、多量程欧姆表等几种测量线路。转换开关是为了配合万用表中测量不同电量和量程的要求，对测量线路进行变换，用于选择万用表的测量对象及量程。

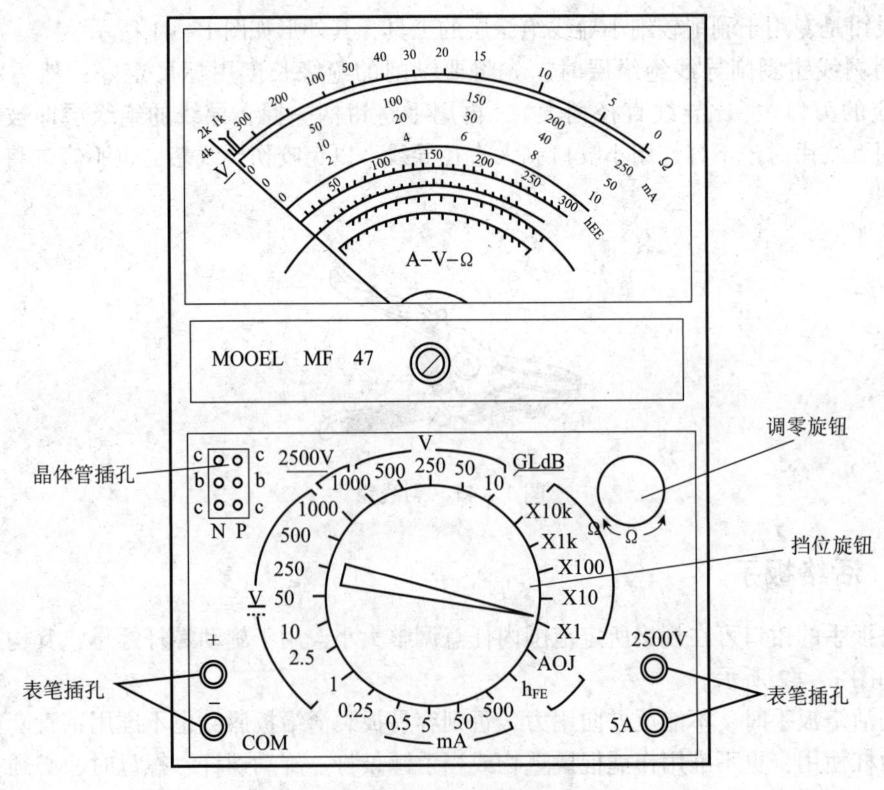

图 1-43 常用万用表的外形

1. 使用前的检查与调整

在使用万用表进行测量前，应进行下列检查和调整：

(1)外观应完好无破损，当轻轻摇晃时，指针应摆动自如。

(2)旋动转换开关，应切换灵活无卡阻，挡位应准确。

(3)水平放置万用表，转动表盘指针下面的机械调零螺丝，使指针对准标度尺左边的0位线。

(4)测量电阻前应进行电调零(每换挡一次，都应重新进行电调零)，即将转换开关置于欧姆挡的适当位置，两支表笔短接，旋动欧姆调零旋钮，使指针对准欧姆标度尺右边的0位线。如指针始终不能指向0位线，则应更换电池。

(5)检查表笔插接是否正确，黑表笔应接"－"极或"*"插孔，红表笔应接"+"极。

(6)检查测量机构是否有效，即用欧姆挡短时碰触两表笔，指针应偏转灵敏。

2. 直流电阻的测量

(1)首先应断开被测电路的电源及连接导线。若连在电路中测量，将损坏仪表；若在路测量，将影响测量结果。

(2)合理选择量程挡位，以指针居中或偏右为最佳。测量半导体器件时，不应选用R×1挡和R×10 k挡。

(3)测量时，表笔与被测电路应接触良好。双手不得同时触及表笔的金属部分，以防将人体电阻并入被测电路造成误差。

(4)正确读数并计算出实测值。切不可用欧姆挡直接测量微安表头、检流计和电池内阻。

3. 电压的测量

(1)测量电压时，表笔应与被测电路并联。

(2)测量直流电压时，应注意极性。若无法区分正、负极，则先将量程选在较高挡位，用表笔轻触电路；若指针反偏，则调换表笔。

(3)合理选择量程。若被测电压无法估计，先应选择最大量程，视指针偏摆情况再作调整。

(4)测量时应与带电体保持安全间距，手不得触及表笔的金属部分。测量高电压时(500~2 500 V)，应戴绝缘手套且站在绝缘垫上使用高压测试笔进行测量。

4. 电流的测量

(1)测量电流时，应与被测电路串联，切不可并联。

(2)测量直流电流时，应注意极性。

(3)合理选择量程。

(4)测量较大电流时，应先断开电源然后再撤表笔。

5. 注意事项

(1)测量过程中不得换挡。

(2)读数时，应三点成一线(眼睛、指针、指针在刻度中的影子)。

(3)根据被测对象，正确读取标度尺上的数据。

(4)测量完毕后应将转换开关置空挡或OFF挡或电压最高挡。若长时间不用，应取出内部电池。

(5)应在干燥、无震动、无强磁场及环境温度适宜的条件下使用和保存万用表。

九、钳形电流表

钳形电流表是一种不需断开电路就可直接测量电路交流电流的携带式仪表，在电气检修中使用非常方便，应用相当广泛，其外形如图1-44(a)所示。

1. 使用方法

钳形电流表最基本的功能是测量交流电流，虽然准确度较低(通常为2.5级或5级)，但因在测量时无须切断电路，因此使用很广泛。如需进行直流电流的测量，则应选用交直流两用钳形表。

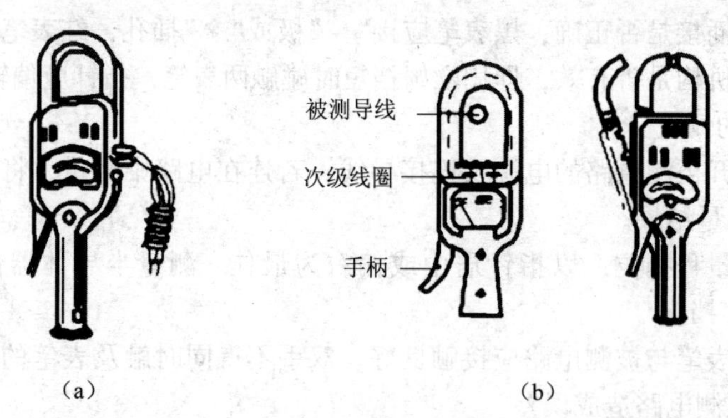

图1-44 钳形电流表

(a)外形；(b)使用方法

使用钳形表测量前，应先估计被测电流的大小以合理选择量程。使用钳形表时，被测载流导线应放在钳口内的中心位置，以减小误差。钳口的结合面应保持接触良好，若有明显噪声或表针振动厉害，可将钳口重新开合几次或转动手柄。在测量较大电流后，为减小剩磁对测量结果的影响，应立即测量较小电流并把钳口开合数次。测量较小电流时，为使读数较准确，在条件容许的情况下，可将被测导线多绕几圈后再放进钳口进行测量(此时的实际电流值应为仪表的读数除以导线的圈数)。

使用时，将量程开关转到合适位置，手持胶木手柄，用食指勾紧铁芯开关，以便于打开铁芯。将被测导线从铁芯缺口引入铁芯中央，然后放松食指，铁芯即自动闭合。被测导线的电流在铁芯中产生交变磁通，表内感应出电流时即可直接读数。

在较小空间内(如配电箱等)测量时，要防止钳口的张开引起相间短路。

2. 注意事项

(1)使用前应检查外观是否良好，绝缘有无破损，手柄是否清洁、干燥。

(2)测量时应戴绝缘手套或干净的线手套并注意保持安全间距。

(3)在测量过程中不得切换挡位。

(4)钳形电流表只能用来测量低压系统的电流，被测线路的电压不能超过钳形表所规定的使用电压。

(5)每次测量只能钳入一根导线。

(6)若不是特别必要，一般不测量裸导线的电流。

(7)测量完毕应将量程开关置于最大挡位，以防下次使用时疏忽大意造成仪表的意外损坏。

十、兆欧表

兆欧表又叫摇表、绝缘电阻测量仪等，是一种测量电气设备和电路绝缘电阻的仪表，其外形如图 1－45 所示。

兆欧表主要由 3 个部分组成：手摇直流发电机、磁电式流比计及接线桩(L、E、G)。

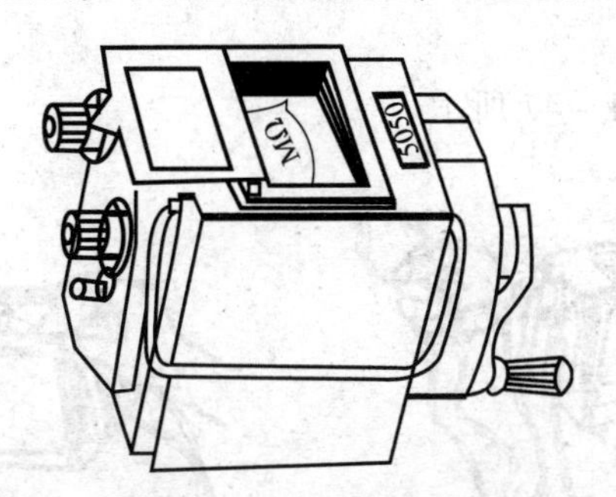

图 1－45　兆欧表的外形

1. 兆欧表的选用

兆欧表的选用主要考虑两个方面：一是电压等级，二是测量范围。

测量额定电压在 500 V 以下的设备或线路的绝缘电阻时，可选用 500 V 或 1 000 V 的兆欧表。测量额定电压在 500 V 以上的设备或线路的绝缘电阻时，可选用 1 000～2 500 V 的兆欧表。测量瓷瓶时，应选 2 500～5 000 V 的兆欧表。

兆欧表测量范围的选择主要考虑两点：一方面，测量低压电气设备的绝缘电阻时可选用 0～200 MΩ 的兆欧表，测量高压电气设备或电缆时可选用 0～2 000 MΩ 兆欧表。另一方面，因为有些兆欧表的起始刻度不是零，而是 1 MΩ 或 2 MΩ，这种仪表不宜用来测量处于潮湿环境中的低压电气设备的绝缘电阻，因其绝缘电阻可能小于 1 MΩ，以致仪表无法读数或读数不准确。

2. 兆欧表的使用

兆欧表上有 3 个接线柱，两个较大的接线柱上分别标有 E(接地)、L(线路)，另一个较小的接线柱上标有 G(屏蔽)。其中，L 接被测设备或线路的导体部分；E 接被测设备或线路的外壳或大地；G 接被测对象的屏蔽环(如电缆壳芯之间的绝缘层)或不需测量的部分。兆欧表的常见接线方法如图 1－46 所示。

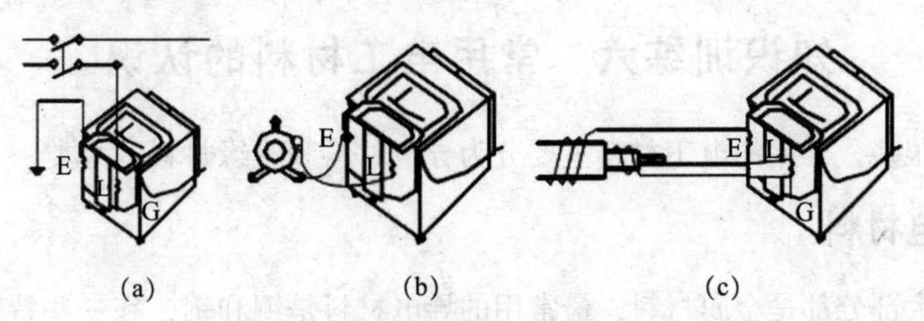

图 1－46　兆欧表的常见接线方法

(a)测线路绝缘电阻；(b)测电动机绝缘电阻；(c)测电缆绝缘电阻

(1)测量前，要先切断被测设备或线路的电源，并将其导电部分对地进行充分放电。用兆欧表测量过的电气设备也须进行接地放电，才可再次测量或使用。

(2)测量前，要先检查仪表是否完好。将接线柱 L、E 分开，由慢到快摇动手柄约 1 min，使兆欧表内发电机转速稳定(约 120 r/min)，指针应指在“∞”处。再将 L、E 短接，缓慢摇动手柄，指针应指在“0”处。

(3)测量时，兆欧表应水平放置平稳。在测量过程中，不可用手触及被测物体的测量部分，以防触电。

兆欧表的操作方法如图 1－47 所示。

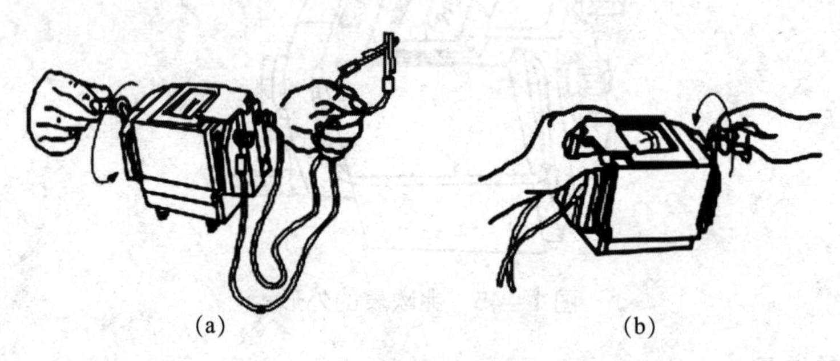

图 1－47 兆欧表的操作方法

(a)校试的兆欧表的操作方法；(b)测量时的兆欧表的操作方法

3. 使用注意事项

(1)仪表与被测物体间的连接导线应采用绝缘良好的多股铜芯软线，而不能用双股绝缘线或绞线，且连接线间不得绞在一起，以免测量数据不准。

(2)摇动手柄的转速要均匀，不可使指针忽快忽慢地不停摆动。

(3)在测量过程中，若发现指针为零，说明被测物体的绝缘层可能击穿短路，此时应停止继续摇动手柄。

(4)测量具有大电容的设备时，读数后不得立即停止摇动手柄，否则已充电的电容将对兆欧表放电，有可能烧坏仪表。

(5)温度、湿度、被测物体的有关状况等对绝缘电阻的影响较大，为便于分析比较，记录数据时应反映上述情况。

(6)兆欧表要定期检验，检验时直接测量有确定值的标准电阻，检查其测量误差是否在规定范围以内。

知识训练六 常用电工材料的认识

材料种类很多，常用的电工材料主要分为导电材料和绝缘材料两大类。

一、导电材料

导电材料大部分都是金属材料，最常用的导电材料是铜和铝，在一些特殊场合也可采用其他金属或合金。

1. 导线

导线又称为电线，常用的导线分为裸导线和绝缘导线两大类。

(1)裸导线。裸导线是指导体外表无绝缘层的导线，一般材料有铜、铜锡合金、铝合金和钢，主要包括圆单线、裸绞线、软接线等。

(2)绝缘导线。绝缘导线是指导体外表有绝缘层的导线，绝缘层的主要作用是隔离带电的或电位不同的导线。按作用可将绝缘导线分为电气设备用绝缘导线和电磁线两大类。

①电气设备用绝缘导线。多由铜、铝制成，可采用单股或多股，其绝缘层可采用橡胶、塑料、棉纱、纤维等。其主要用作各种电气设备内部、各电气设备之间的电信号连接线。

②电磁线。多由铜或铝制成，其绝缘层主要是各种绝缘的漆和胶及纤维制品。其主要用在电机、电器及电工仪表中作为绕组元件的绝缘导线。

2. 电缆

电缆是将一根或数根导线绞合成线芯，裹以相应的绝缘层加以封闭而构成。电缆按用途可分为电气设备用电缆、电力电缆、通信电线电缆。

二、绝缘材料

绝缘材料的主要作用是隔离带电的或电位不同的导体，使电流按指定的方向流动。绝缘材料在使用中，会发生化学变化和物理变化，进而老化。影响绝缘材料老化的因素有很多，其中最主要的是热因素。因此，对各种绝缘材料都规定了它们在使用过程中的极限温度，以延缓绝缘材料的老化过程，保证电工设备的使用寿命。

常用的绝缘材料主要有漆、胶、浸渍纤维制品，层压制品，压塑料，云母制品，薄膜制品及其复合制品，电磁材料及其他辅助绝缘材料。

知识训练七　导线的连接

一、导线的剥削

1. 塑料硬线绝缘层的剖削

(1)芯线截面为4 mm^2 及以下的塑料硬线，一般用钢丝钳进行剖削，其剖削方法如下：

①用左手捏住电线，根据线头所需长度用钢丝钳刀口切割绝缘层，但不可切入芯线。

②用右手握住钢丝钳头部用力向外勒去塑料绝缘层，如图1－48所示。

③剖削出的芯线应保持完整无损，如损伤较大应重新剖削。

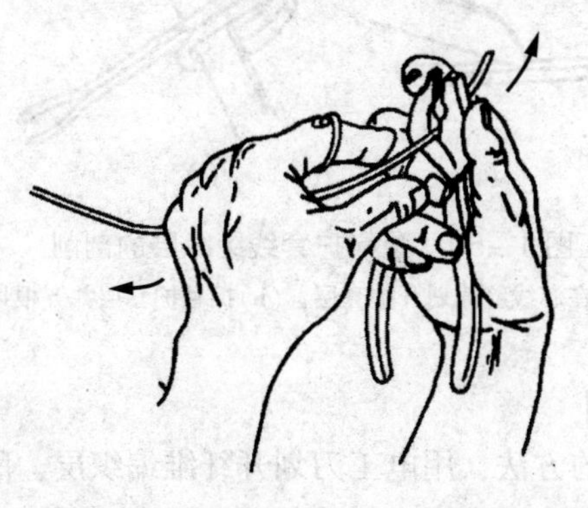

图1－48　用钢丝钳剖削塑料硬线绝缘层

(2)芯线截面大于4 mm^2 的塑料硬线，可用电工刀进行剖削，其剖削方法如下：

①根据所需的长度用电工刀以45°角斜切入塑料绝缘层，如图1-49(b)所示。

②刀面与芯线保持25°角左右，用力向线端推削，不可切入芯线，削去上面一层塑料绝缘，如图1-49(c)所示。

③将下面的塑料绝缘层向后扳翻，如图1-49(d)所示，最后用电工刀齐根切去。

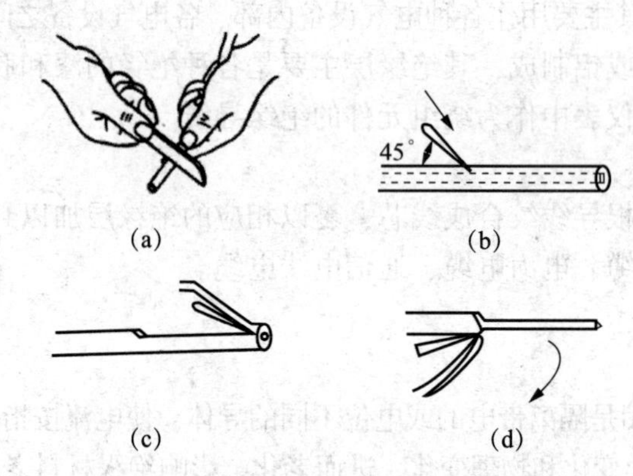

图1-49 用电工刀剖削塑料硬线绝缘层

(a)握刀姿势；(b)刀以45°角切入；(c)刀以25°角倾斜推削；
(d)扳翻塑料层并在根部切去

2. 塑料软线绝缘层的剖削

塑料软线绝缘层只能用剥线钳或钢丝钳剖削，不可用电工刀剖削，其剖削方法同塑料硬线绝缘层的剖削。

3. 塑料护套线绝缘层的剖削

塑料护套线绝缘层必须用电工刀剖削，其剖削方法如下：

(1)按所需长度用电工刀刀尖对准芯线缝隙划开护套层，如图1-50(a)所示。

(2)向后扳翻护套层，用刀齐根切去，如图1-50(b)所示。

(3)在离护套层5~10 mm处，用电工刀以45°角斜切入绝缘层，其他剖削方法同塑料硬线。

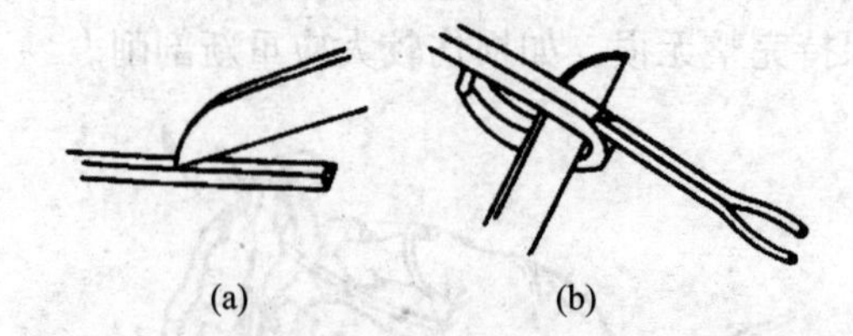

图1-50 塑料护套线绝缘层的剖削

(a)刀在芯线缝隙划开护套层；(b)扳翻护套层并齐根切去

4. 橡皮线绝缘层的剖削

(1)用剥除塑料护套线的方法，用电工刀划开纤维编织层，削出绝缘层。

(2)用塑料硬线的剥除方法剥去橡皮线绝缘层。有的芯线上还包有棉纱，应将其齐根切去。

5. 花线绝缘层的剖削

花线绝缘层有两层，在剥除棉纱层时，可用电工刀将其切割一圈后除去。内层为橡胶绝缘层，可用钢丝钳按剥除塑料软线绝缘层的方法剥除，其剖削方法如图1－51所示。

若橡套软线(橡套电缆)外包有较厚的护套层，可用剥除塑料护套层的方法剥除，若内部每根芯线又包有各自的橡皮绝缘层，可用剥除花线绝缘层的方法剥除。

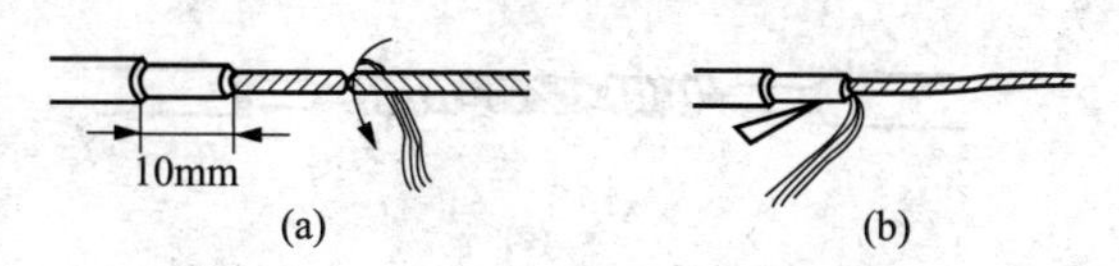

图1－51　花线绝缘层的剖削

(a)将棉纱层剥除；(b)割断棉纱层

6. 铅包线绝缘层的剖削

铅包线的铅包层要用电工刀剥除，其操作方法如图1－52所示。

(1)确定好线头长度，用电工刀将铅包层切割一刀。

(2)用双手在切口两侧左、右、上、下扳折，使铅包层由切口处折断。

(3)将其抽出后露出芯线内层绝缘层，其剥除方法同塑料硬线。

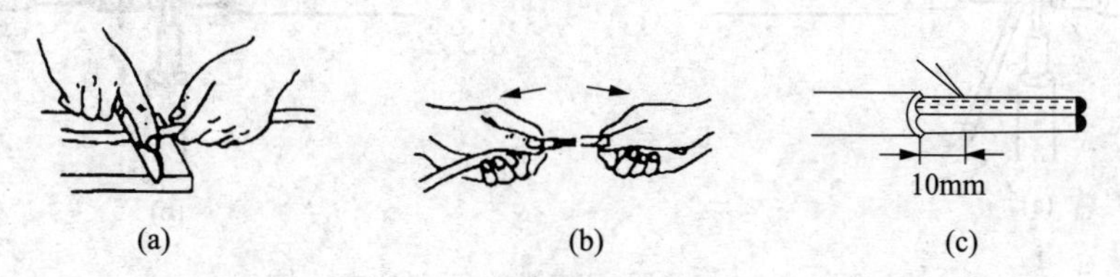

图1－52　铅包层的剖削

(a)按所需长度切入；(b)扳折切口拉出铅包层；(c)剖削绝缘层

二、导线的连接

1. 铜芯导线的连接

当导线不够长或要分接支路时，就要将导线与导线连接。常用导线的线芯有单股、7股和9股多种，连接方法随芯线的股数不同而异。

1)单服铜芯线的连接方法

(1)单股铜芯线直接连接——铰接法。

①把两线头的芯线成X形相交，互相绞线2～3圈，如图1－53(a)所示。

②扳直两线头，如图1－53(b)所示。

③将每个线头在芯线上紧贴并绕6圈，用钢丝钳切去余下的芯线并钳平芯线的末端，如图1－53(c)所示。

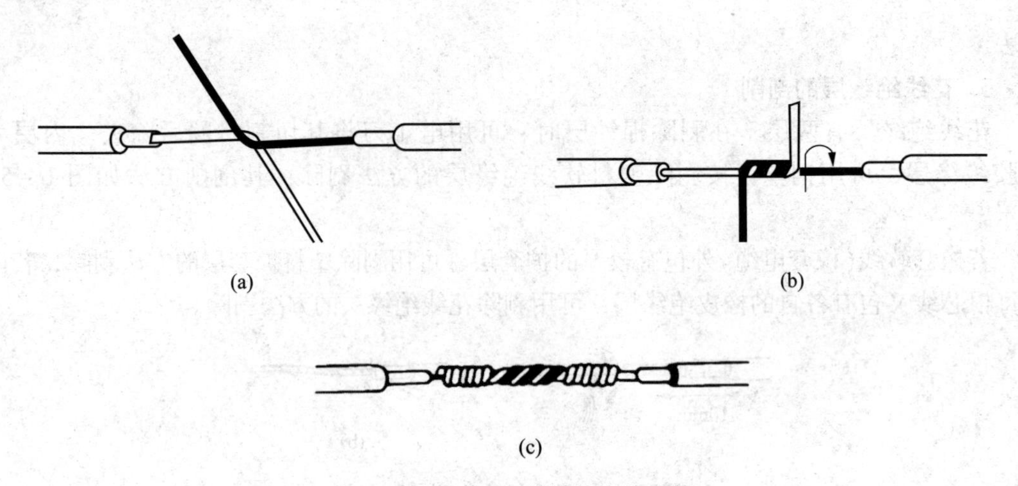

图 1-53 单股铜芯线的直接连接

(a)两线成 X 形相交；(b)互绞 2~3 圈；(c)每端密绕并绕至芯线直径 10 倍以上

(2)单股铜芯线的 T 字分支连接。

①将支路芯线的线头与干线芯线十字相交，使支路芯线根部留出 3~5 mm，然后按顺时针方向缠绕支路芯线，缠绕 6~8 圈后，用钢丝钳切去余下的芯线并钳平芯线末端，如图 1-54(a)所示。

图 1-54 单股铜芯线的 T 字分支连接

②较小截面芯线可按图 1-54(b)所示方法，环绕后结状，然后再把支路芯线头抽紧扳直，紧密地缠绕 6~8 圈，剪去多余芯线，钳平切口毛刺。

2)7 股铜芯线的连接方法

(1)7 股铜芯线的直接连接。

①将割去绝缘层的芯线头散开并拉直，接着把近绝缘层 1/3 线段的芯线绞紧，然后把余下的 2/3 芯线头按图 1-55(a)所示方法分散成伞状，并将每根芯线拉直。

②把两个伞状芯线线头隔根对叉，并捏平两根芯线，如图 1-55(b)所示。

③把一端的 7 股芯线按 2、2、3 根分成 3 组，接着把第一组 2 根芯线扳直，垂直于芯线，并按顺时针方向缠绕，如图 1-55(c)所示。

④缠绕 2 圈后，将余下的芯线向右扳直，再把下边第二组的 2 根芯线扳直，也按顺时针方向紧紧压住前 2 根扳直的芯线缠绕，如图 1-55(d)所示。

⑤缠绕两圈后，将余下的芯线向右扳直，再把下边第三组的 3 根芯线扳直，按顺时针方向紧压前 4 根扳直的芯线向右缠绕，如图 1-55(e)所示。

⑥缠绕 3 圈后，切去每组多余的芯线，钳平线端，如图 1-55(f)所示。

⑦用同样方法再缠绕另一端的芯线。

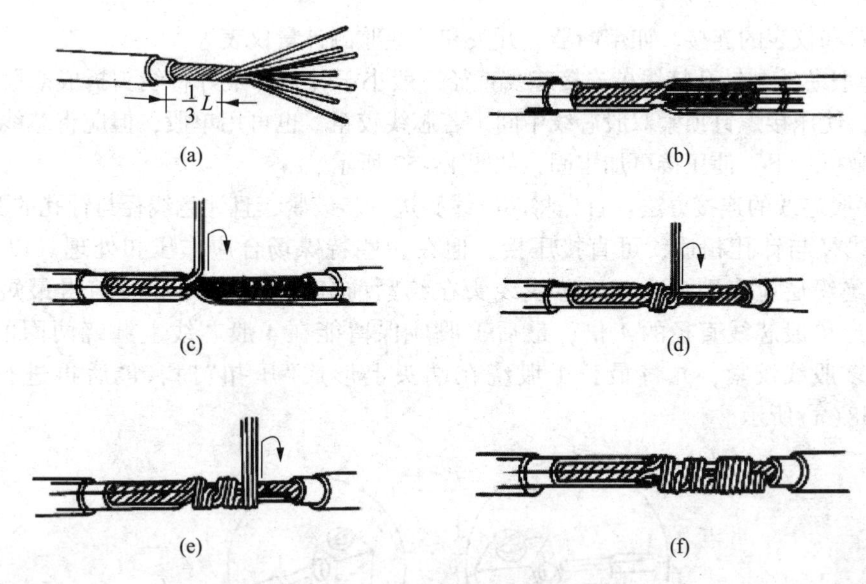

图 1－55　7 股铜芯线的直线连接

(2)7 股铜芯线的 T 字分支连接。

①把分支芯线散开钳直，接着把近绝缘层 1/8 的芯线绞紧，如图 1－56(a)所示。

②把支路线头 7/8 的芯线分成两组，一组 4 根，另一组 3 根，排齐，然后用旋凿把干线的芯线撬分 2 组，再把支线中 4 根芯线的一组插入干线两组芯线中间，而把 3 根芯线的一组支线放在干芯线的前面，如图 1－56(b)所示。

③把右边 3 根芯线的一组往干线一边按顺时针紧紧缠绕 3～4 圈，钳平线端，再把左边 4 根芯线的一组芯线按逆时针方向缠绕，如图 1－56(c)所示。

④逆时针缠绕 4～5 圈后，钳平线段，如图 1－56(d)所示。

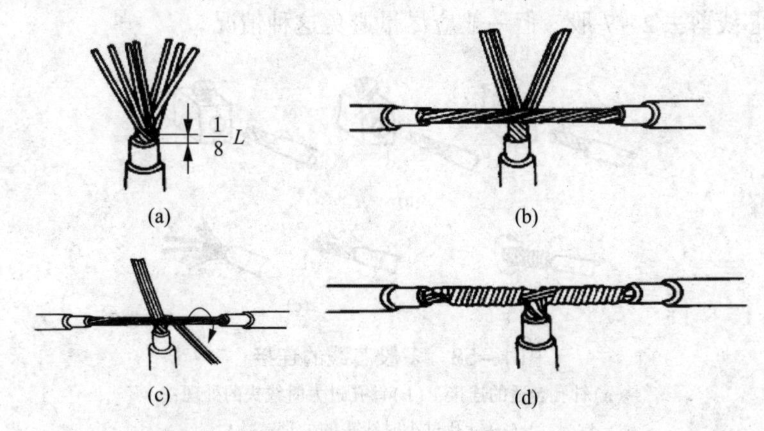

图 1－56　7 股铜芯线的 T 字分支连接

3)9 股铜芯线的连接方法

9 股铜芯线的连接方法与 7 股铜芯线的连接方法基本相同。

2. 线头与接线桩的连接

1)线头与针孔接线桩的连接

这种接线桩是靠针孔顶部的压线螺钉压住线头来完成电路连接的，主要用于室内线路中某些仪器和仪表的连接，如熔断器、开关和某些监测计量仪表等。

(1)单股芯线与针孔接线桩连接芯线直径一般小于针孔，最好将线头折成双股并排插入针孔内，使压接螺钉顶紧双股芯线中间。若芯线较粗，也可用单股，但应将芯线线头向针孔上方微折一下，使压接更加牢固，如图 1－57 所示。

(2)多股芯线的连接方法：首先将芯线线头进一步绞紧，且注意线径与针孔的配合。

①若线径与针孔相适，可直接压接，但在一些特殊场合应作压扣处理。以 7 股芯线为例，绝缘层应多剥去一些，芯线线头在绞紧前分三级剪除，2 股剪得最短，4 股稍长，长出单股芯线直径的 4 倍，最后 1 股应保留能在 4 股芯线上缠绕两圈的长度，然后将其多股线绞紧，并将最长 1 股绕在端头上形成“压扣”时，最后再进行压接，如图 1－58(a)所示。

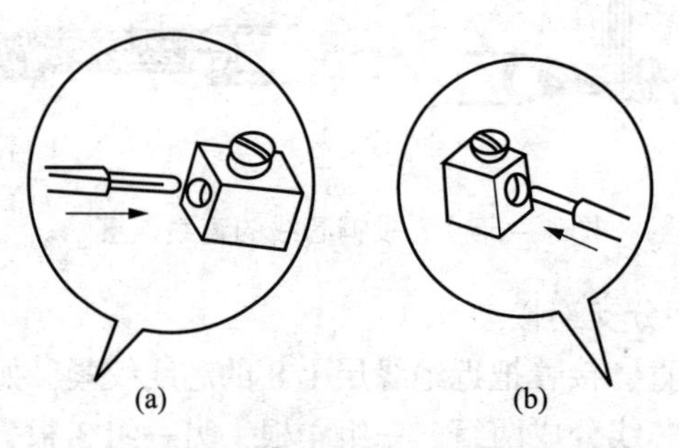

图 1－57　单股芯线与针孔接线桩的连接

(a)芯线折成双股连接；(b)单股芯线插入连接

②若针孔过大可用一单股芯线在端头上密绕一层，以增大端头直径，如图 1－58(b)所示。

③若针孔过小可剪去芯线线头中间几股，如图 1－58(c)所示。一般 7 股芯线剪去 1～2 股，9 股芯线剪去 2～7 股，但一般应尽量避免这种情况。

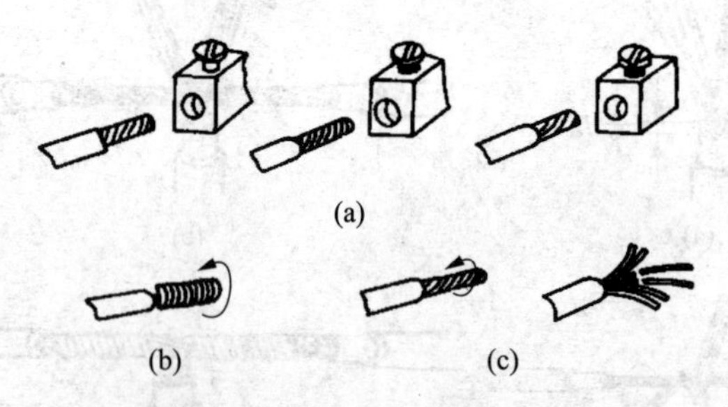

图 1－58　多股芯线的连接

(a)针孔合适的连接；(b)针孔过大时线头的处理；

(c)针孔过小时线头的处理

2)线头与平压式接线桩的连接

在螺钉平压式接线柱头上接线时，如果是较小截面单股芯线，则必须把线头弯成羊眼圈，羊眼圈弯曲的方向应与螺钉拧紧的方向一致，如图 1－59 所示。较大截面单股芯线与螺钉平压式接线柱头连接时，线头须装上接线耳，由接线耳与接线柱连接。对于横截面不超过 10 mm^2、股数为 7 股及以下的多股芯线，应按图 1－60 所示的步骤制作压接圈。

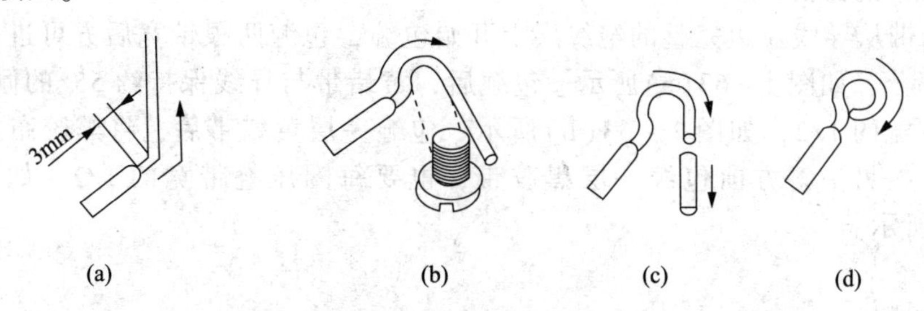

图 1－59　单股芯线压接圈的弯法

(a)离绝缘侧根部约 3 mm 处向外侧折角；(b)按略大于螺钉直径弯曲圆弧；(c)剪去芯线余端；(d)修正圆圈致圆

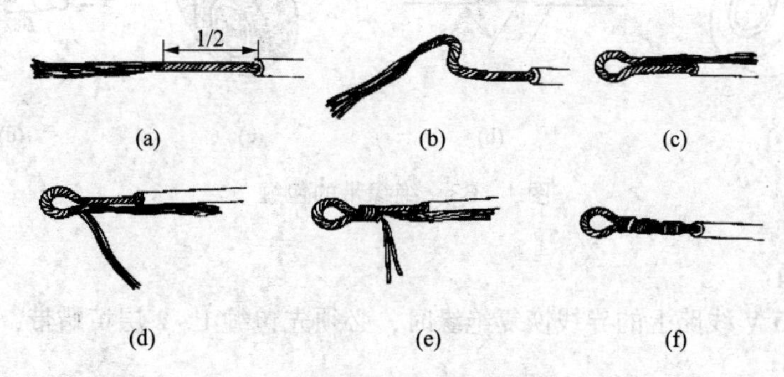

图 1－60　7 股芯线压接圈的弯法

软线线头的连接也可用平压式接线桩，如图 1－61 所示。

这是一种利用瓦形垫圈进行平压式连接的方式。连接时，为防止线头脱落，应将芯线线头除去氧化层后弯成 U 形，再用瓦形垫圈进行压接，如图 1－62 所示。

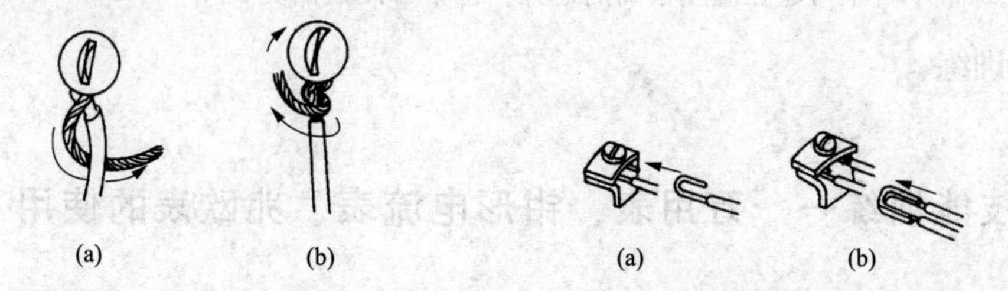

图 1－61　软线线头的连接

图 1－62　单股芯线与瓦形接线桩的连接

(a)一个线头连接；(b)两个线头连接

三、线头绝缘层的恢复

在线头连接完工后，连接导线前所破坏的绝缘层必须恢复且恢复后的绝缘强度不应低于剖削前的绝缘强度，方能保证用电安全。电力线上恢复线头绝缘层常用黄蜡带、涤纶薄膜带和黑胶带(黑胶布)3 种材料。黄蜡带和黑胶带一般选用 20 mm 宽较适中，包缠也方便。

1. 绝缘带的包缠方法

将黄蜡带从导线左边完整的绝缘层上开始包缠，包缠两根带宽后方可进入无绝缘层的芯线部分，如图1－63(a)所示。包缠后，黄蜡带与导线保持约55°的倾斜角度，每圈压叠带宽的1/2，如图1－63(b)所示。包缠一层黄蜡带后，将黑胶布接在黄蜡带的尾端，按另一斜方向包缠一层黑胶带，也要每圈压叠带宽的1/2，如图1－63(c)、(d)所示。

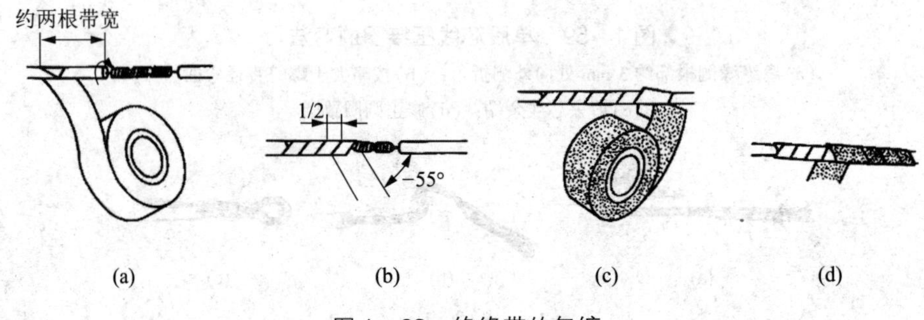

图1－63　绝缘带的包缠

2. 注意事项

(1)用在380 V线路上的导线恢复绝缘时，必须先包缠1～2层黄蜡带，然后再包缠一层黑胶带。

(2)用在220 V线路上的导线恢复绝缘时，先包缠一层黄蜡带，然后再包缠一层黑胶带，也可只包缠两层黑胶带。

(3)绝缘带包缠时，不能过疏，更不许露出芯线，以免造成触电或短路事故。

(4)绝缘带包缠完毕的末端应用纱线绑扎牢固。

(5)绝缘带平时不可放在温度很高的地方，也不可浸染油类。

技能训练

技能训练一　万用表、钳形电流表、兆欧表的使用

一、训练目的

(1)能正确使用万用表测量电阻、交流电压、直流电压和直流电流。

(2)能正确使用钳形电流表测量交流电流。

(3)能正确使用兆欧表测量电气设备的绝缘电阻。

二、训练器材

训练器材清单见表1－5。

表1-5　训练器材清单

序　号	设　备	数　量
1	1.5 kW 三相异步电动机	1台
2	2.5 mm^2 导线	若干
3	单相调压器	1台
4	电阻	若干
5	万用表	1块
6	钳形电流表	1块
7	500 V 兆欧表	1块
8	电工工具	1套

三、训练前的准备

(1)观察万用表、兆欧表、钳形电流表的面板，明确各部分的名称与作用。

(2)选择万用表、钳形电流表的转换开关，明确转换开关各挡位的功能。

(3)调节万用表、钳形电流表的机械调零旋钮，将指针调准在零位。

(4)观察万用表、兆欧表、钳形电流表的表盘，明确各标度尺的意义和最大量程。

(5)学会指针在不同位置时的读数方法。

四、训练步骤

1. 用万用表测量电阻

(1)取3个不同的电阻，分别测量单个电阻的电阻值，并将测量数据记录在表1-6中。注意在测量时要根据阻值大小调整电阻挡量程，并且每次转换量程后都要重新欧姆调零。

(2)将电动机接线盒内的绕组各线头连接片拆开，分别测量 U_1U_2、V_1V_2、W_1W_2 3对绕组的直流电阻值，并将测量数据记录在表1-6中。

表1-6　电阻值记录表

电阻的测量				电动机定子绕组直流电阻值的测量		
测量项目	R_1	R_2	R_3	$R_{U_1U_2}$	$R_{V_1V_2}$	$R_{W_1W_2}$
电阻标称值						
万用表量程						
测量值						

2. 用钳形电流表测量电流

(1)将钳形电流表拨到合适的挡位，然后将电动机的一相电源线放入钳形电流表钳口中央，在电动机合上电源开关启动的同时观察钳形电流表的读数变化，将测量结果填入表1-7。

(2)将电动机的电源开关合上，电动机空载运转，用万用表的交流电压挡检测电压是否达到电动机的额定工作电压。将钳形电流表拨到合适的挡位，将电动机电源线逐根放入钳形电流表钳口中，分别测量电动机的三相空载电流，将测量结果填入表1-7。

表1-7　电动机的三相空载电流值记录表

电动机		钳形电流表		启动电流		空载电流	
型号	功率	型号	规格	量程	读数	量程	读数

3. 用兆欧表测量绝缘电阻

(1)切断电动机电源，拆除电源线，将电动机接线盒内接线柱上的连接片拆除。

(2)用兆欧表测量电动机三相绕组相间绝缘电阻值和对地绝缘电阻值，将测量数据填入表1-8并判断绝缘电阻是否合格。

表1-8　电动机三相绕组相间绝缘电阻值和对地绝缘电阻值记录表

电动机	型　号		接法	额定功率/kW	额定电压/V	额定电流/A
绝缘电阻/MΩ	U-V	U-W	V-W	U相对地	V相对地	W相对地
绝缘是否合格						

五、注意事项

(1)用兆欧表测量低压电动机绝缘电阻，测得数值在0.5 MΩ及以上为合格，否则需干燥处理。

(2)电动机底座应固定好，合上电源开关后应进行安全检查，运行中若电动机声音不正常或有过大的颤动，应立即将电动机电源关闭。

(3)电动机短时间内多次连续启动会使电动机发热，因此应集中注意力观察启动瞬间的电流值，尽量一次试验成功，测量完毕应立即将电源关断。

技能训练二　常用导线的连接与绝缘恢复

一、训练目的

学会常用导线接头的连接并恢复其绝缘层。

二、训练器材

(1)工具：尖嘴钳、钢丝钳、平口及十字电工用螺钉旋具、剥线钳、电工刀。

(2)材料：2.5 mm^2 单股铜芯线(或铝芯线)0.5 m、10 mm^2 七股铜芯线(或铝芯线)

1 m、黄蜡带和绝缘黑胶带。

三、训练步骤

(1)将单股铜芯线、7股铜芯线按要求进行连接，将连接情况填入表1-9。

表1-9　芯线连接情况记录表

导线种类	导线规格	连接方式	接头长度	绞合圈数	密缠长度
单股芯线		直线连接			
		T字形连接			
7股芯线		直线连接			
		T字形连接			

(2)将连接好的导线接头交指导教师检查后，再用符合要求的绝缘材料包缠导线绝缘层。

技能训练三　常用低压电器的识别与检测

一、训练目的

(1)了解交流接触器的结构，学习交流接触器的一般测量方法。

(2)了解热继电器的结构，学习热继电器复位方式和动作电流的调整。

(3)了解熔断器的结构。

二、训练器材

交流接触器、热继电器、熔断器、螺丝刀、尖嘴钳、万用表。

三、训练步骤

1. 交流接触器

(1)记录本次实验的交流接触器型号：________________。

(2)观察静铁芯、动铁芯、分磁环、交流线圈等的结构，记录线圈电压，观察接触器的灭弧装置和触头系统、主触头、辅助触头、触头弹簧、灭弧罩的结构。

(3)用万用表的电阻挡测量、判断接触器的线圈电阻、触头。

观察结论：________________________________。

________________________________。

2. 热继电器

(1)记录本次实验的热继电器型号：________________。

(2)拆开热继电器的盖板，观察热元件、导板、复位装置、触头等的结构。

(3)恢复器件原状，观察动作电流调整旋钮的调整方法。

观察结论：________________________________。

3. 熔断器

(1)记录本次实验的熔断器型号：________________。

(2)观察熔断器中的熔座、熔芯的结构，观察熔座、熔芯的正确安装位置。

(3)用万用表进行测量(或观察熔芯的信号片)以判断熔芯的通断情况。

观察结论：________________________。

技能训练四 常用低压电器的拆装与检修

一、训练目的

了解常用低压电器的内部结构，掌握其拆装与检修的方法。

二、训练器材

工具：测电笔、钢丝钳、偏口钳、尖嘴钳、螺丝刀、镊子、旋具、小锉刀等。

仪表：万用表、兆欧表。

器材：待修各类器件、细砂纸、可利用的各类废旧器件、少量的器件专用部件(如触头、压线垫片、开口销、弹簧、螺钉、螺帽、微动开关、电磁线圈、灭弧装置等)、带短路保护的电源试验板等。

三、训练步骤

1. 断路器、螺旋熔断器的拆装及检测

(1)内容和步骤。

①了解和观察、试验待修器件的故障现象或整定不正常现象。

②拆卸待修器件。

③更换或修复已损坏的零部件。

④重新装配和初步整定修后器件。

⑤对已修复的器件进行通电实验(或表测)并检测其绝缘及工作性能是否符合要求。

(2)工艺要求及注意事项。

①初次拆卸结构较复杂的器件时宜做笔录，防止遗忘零件的拆装顺序及安装位置。

②注意保管好拆下的零件(尤其是弹簧宜放在专用盒里)，防止丢失。

③作修复处理时，应注意不能降低绝缘强度的问题。

④更换电磁线圈，要注意与原线圈的工作电压等级相符。

⑤研磨触头时要注意符合粗糙度要求。

⑥养成认真、细致、耐心的拆修习惯，杜绝粗心大意和野蛮拆装，防止损坏器件的塑料骨架。

2. 热继电器的拆装及检测

(1)操作要求。

①拆卸前应保持操作台整洁无杂物并准备好放零件的盒子。

②拆卸时不要强行操作，要注意方法，并记住每一零件的位置及相互间的关系，做好

记录。

③装配时要小心紧固螺钉，以免损坏继电器，在装配辅助触头时，应先按下触头支架，防止将辅助触头弹簧推向支架。

(2)拆卸。热继电器的拆卸比较简单，只要旋下后盖板上的固定螺钉，取下盖板，就可以看到热继电器的内部结构。

(3)检测。观察热继电器各部分的组成，并结合动作原理进一步熟悉和理解其工作程序。

①推动绝缘牵引板，看动触头机构能否正确动作，按复位按钮，看触头能否回到初始状态。

②旋动调整整定电流装置旋钮，看触头的动作范围是否随之改变。

③检测常态下常闭触头间电阻 $R_1=0$，常开触头间的电阻 $R_2=\infty$。

④当热继电器动作后，测量结果是否是 $R_1=\infty$，$R_2=0$。

(4)装配。检测结束后，将内部各器件复位，再按与拆卸相反的次序装上盖板，注意不要漏装、错装，将继电器回复原状。结合上面的检测内容及方法进行性能检测，看各状态是否都正确无误。

3. 交流接触器的拆装及检测

(1)拆卸。

①旋下灭弧罩固定螺钉，卸下灭弧罩。

②拆下三组桥形主触头，一手拎起桥形主触头弹簧夹，另一只手将压力弹簧片推出主触头横向旋转45°后取出，再取出两组辅助常开和常闭的桥形动触头。

③将接触器底部朝上，一手按住底板，一手旋下接触器底座盖板上的两只小螺钉，取出弹起的盖板。

④取下静铁芯及其缓冲垫，取出静铁芯支架和线包、静铁芯间的缓冲弹簧。

⑤小心地将线圈的两个引线端接线卡从两侧的卡槽中取出，再拿出线圈。

⑥取出动铁芯、动铁芯与底座盖板间的两根反作用力弹簧、与动铁芯相连的动触头结构支架中的各个触头压力弹簧及其垫片，旋下外壳上的静触头固定螺钉并取下静触头。

(2)检修与装配。

①用万用表欧姆挡测量电磁线圈的静态电阻值。若 $R=\infty$，则表示开路；若 $R=0$，则表示短路，需要检修或更换。

②观察各弹簧有无变形，弹性是否降低。若不正常，则需要更换。

③观察各接线柱、接线孔表面是否有氧化物、污物。若有，则需要清除。

④观察各动、静触头表面是否光洁平整，若有氧化物、污物，可用纱布蘸少量酒精擦除。若氧化严重或表面有颗粒，可用0号砂纸擦除氧化物或颗粒，使表面光洁平整。若损伤严重则需要更换触头。

经检修无误后，按照与拆卸相反的步骤进行装配。

(3)检测。

①进行外观检查，检查各部分安装是否到位，有无破损，螺钉有无松动。

②用万用表欧姆挡进行静态功能测量，检测其是否处于正常值范围内。

③通电检测，将接触器的电磁线圈通 380 V 的交流电压，观察各常开触头是否正常闭合，各常闭触头是否均正常断开且各触头合、断动作是否一致。

④触头压力的测量与调整一般用纸条凭经验判断。将一张厚约 0.1 mm、比触头稍宽的纸条夹在触头间，使触头处于闭合位置，用手拉动纸条，若触头压力合适，稍用力纸条即可被拉出。若纸条很容易被拉出，说明触头压力不够；若纸条被拉断，说明触头压力太大。可调整触头弹簧或更换弹簧，直至其符合要求。

知识拓展

安全用电

一、有关人体触电的知识

1. 人体触电的种类

触电是指人体触及带电体后，电流流过人体。电流对人体造成的伤害，有电击和电伤两种主要类型。

(1)电击。其是指电流流过人体时，对人体内部组织系统所造成的伤害。电击可使肌肉抽搐，内部组织损伤，造成发热、发麻、神经麻痹等。严重时将引起昏迷、窒息，甚至心跳停止跳动等现象，直接危及人的生命。

(2)电伤。其是指电流的热效应、化学效应、机械效应以及电流本身作用所造成的人体外部伤害。常见的电伤有灼伤、烙伤和皮肤金属化等。

2. 人体触电的方式

人体任何部位直接触及处于正常运行条件下的电气设备的带电部分(包括中性导体)而形成的触电，称为直接接触触电。它又可分为单相触电和两相触电两种情况，如图 1-64 所示。

1)直接触电

(1)单相触电。单相触电是指人体的一部分触及一根相线或者漏电的电气设备的外壳，而另一部分触及大地(或中线)时，电流从相线经人体流到大地(或中线)形成回路，此时人体承受的电压为相电压(220 V)。单相触电常见于家庭用电，因为家用电器如电灯、电视机、电风扇、洗衣机等使用的都是单相交流电。

(2)两相触电。两相触电是指人体的两个部分同时触及两根带电的不同相的相线，电流流经人体形成回路。此时，加在人体上的电压是线电压(380 V)。两相触电的后果比单相触电更为严重，两相触电常见于电工电杆上带电作业时发生的触电事故。

2)间接触电

电气设备在故障情况下，使正常工作时本来不带电的金属外壳处于带电状态，人体任何部位触及带电设备的外壳所造成的触电，称为间接触电。

(1)跨步电压触电。当架空电力线路的一根带电导线断落在地上时，电流就会经落地点流入地中并向周围扩散。导线的落地点电位越高，距离落地点越远，电位越低，在落地点 20 m 以外，地面的电位近似为零。当人走近落地点附近时，两脚踩在不同的电位上，两脚之间就会有电位差，此电位差称为跨步电压。当人体受到跨步电压的作用时，电流就会从一脚经胯部流到另一脚形成回路，造成跨步电压触电，如图 1 - 65 所示。

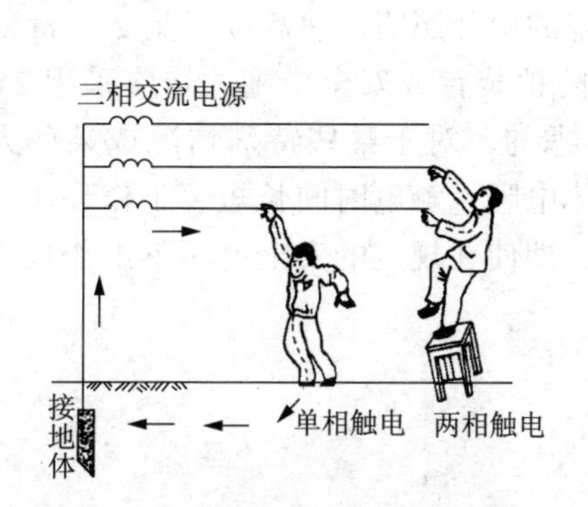

图 1 - 64　单相触电和两相触电

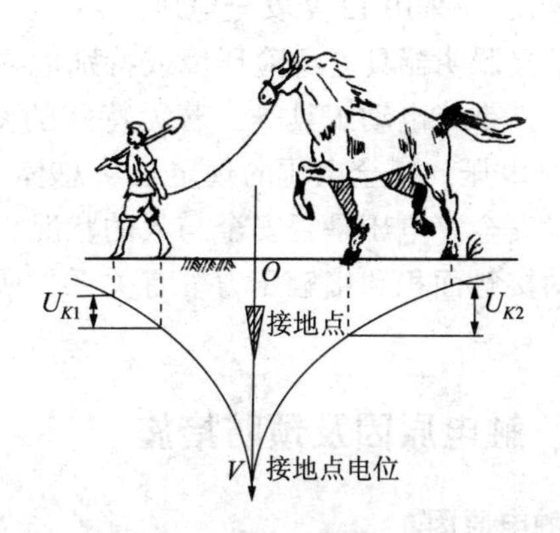

图 1 - 65　跨步电压触电

(2) 接触电压触电。用电设备因一相电源线绝缘损坏碰壳时，有接地电流自设备的金属外壳通过接地体向四周大地形成半球状流散。此时，当人体触及漏电设备的外壳时，因人体与脚处于不同的电位点，故有电位差 ΔU 作用于人体，此电位差称为接触电压。接触电所引起的触电称为接触电压触电。

3) 其余类型触电

(1) 静电电击。当物体在空气中运动时，因摩擦而使物体带有一定数量的静止电荷，静止电荷的堆积会形成电压很高的静电场，当人体接触此类物体时，静电场通过人体放电，使人体受到电击。

(2) 残余电荷电击。电气设备由于电容效应，在刚断开电源的一段时间里还可能残留一些电荷，当人体接触这类电气设备时，设备上的残余电荷通过人体释放，使人体受到电击。

(3) 雷电电击。雷电多数发生在雷云云块之间，但也有少数发生在雷云与大地或建筑物之间。在这种剧烈的雷电活动中，如果人体靠近或正处在雷电的活动范围内，将会受到雷电的电击。

(4) 感应电压电击。在邻近的电气设备或金属导体上，由于带电设备的电磁感应或静电感应而产生一定的电压，人体受到此类电压的电击，称为感应电压电击。在超高压双回路及多回路线路中，感应电压产生的电击时常发生。

3. 安全电压

(1) 人体容许电流。人体容许电流是指发生触电后触电者能自行摆脱电源，解除触电危害的最大电流。在通常情况下，人体容许电流男性为 9 mA，女性为 6 mA。一般情况下，人体容许电流应以不引起强烈痉挛的 5 mA 为准。在设备和线路装有触电保护设施的条件下，人体容许电流可达 30 mA。在容器中，在高空、水面上等场所，可以因电击造成二次事故(再次触电、摔死、溺死)，应尤为注意。

必须指出，这里所说的人体容许电流不是人体长时间能承受的电流。

(2)安全电压值。有关标准规定，12 V、24 V 和 36 V 3 个电压等级为安全电压级别，不同场所应选用不同的安全电压等级。

在湿度大、狭窄、行动不便、周围有大面积接地导体的场所(如金属容器内、矿井内、隧道内等)，应采用 12 V 安全电压。

凡手提照明器具、危险环境或特别危险环境的局部照明灯、高度不足 2.5 m 的一般照明灯、携带式电动工具等，若无特殊的安全防护装置或安全措施，均应采用 24 V 或 36 V 安全电压。安全电压的规定是从总体上考虑的，对于某些特殊情况或某些人也不一定绝对安全。电压是否安全与人的状况、人体电阻、触电时间长短、工作环境、人与带电体的接触面积和接触压力等有关系，所以，即使在规定的安全电压下工作也不可粗心大意。

二、触电原因及预防措施

1. 触电原因

触电的场合不同，触电的原因也不同，下面根据在工农业生产、日常生活中所发生的不同触电事例，将常见触电原因归纳如下：

(1)线路架设不合规格：室内、外线路对地距离及导线之间的距离小于容许值；通信线、广播线与电力线距离过近或同杆架设；线路绝缘破损；有的地区为节省电线而采用一线一地制送电等。

(2)电气操作制度不严格、不健全：带电操作时，不采取可靠的保护措施；不熟悉电路和电器而盲目修理；救护已触电的人时，自身不采取安全保护措施；停电检修时，不挂警告牌；检修电路和电器时，使用不合格的保护工具；人体与带电体过分接近而又无绝缘措施或保护措施；在架空线上操作时，不在相线上加临时接地线(零线)；无可靠的防高空跌落措施等。

(3)用电设备不合要求：电气设备内部绝缘损坏，金属外壳未加保护接地措施或保护接地线太短、接地电阻太大；开关、闸刀、灯具、携带式电器绝缘外壳破损，失去保护作用；开关、熔断器误装在中性线上，一旦断开，就使整个线路带电。

(4)用电不谨慎：违反布线规程，在室内乱拉电线；随意加大熔断器熔丝规格；在电线上或电线附近晾晒衣物；在电线杆上拴牲口；在电线(特别是高压线)附近打鸟、放风筝；未断电源就移动家用电器；打扫卫生时，用水冲洗或用湿布擦拭带电电器或线路等。

2. 预防措施

在电气工程中保护接地和保护接零是常见的预防触电的措施。

(1)保护接地。电气设备的任何部分与土壤间做良好的电气连接叫作接地。在电气设备的外壳上，用导线与地面的接地装置连接起来。此时，当人体接触电气设备时，人体与接点装置是并联的，由于人体的电阻很大，电流则流经接地装置形成回路，避免了人体触电。在正常情况下，电机、变压器以及移动式电器等具有较大功率的电气设备的外壳(或底座)都应接地，图 1-66 所示为保护接地原理。

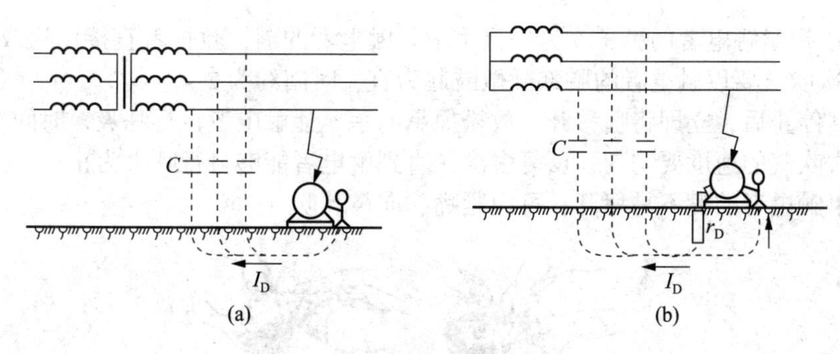

图 1－66　保护接地原理

(a)未保护接地；(b)有保护接地

(2)保护接零。保护接零之所以能够确保人身安全，是因为当电气设备发生漏电后，相电压经过机壳到零线形成回路，从而产生短路电流，使电路中的保护电器动作，切断电源。由于人体的电阻远远大于短路回路电阻，在未解除故障前，单相短路电流几乎全部通过接零电路。图 1－67 所示为保护接零原理。

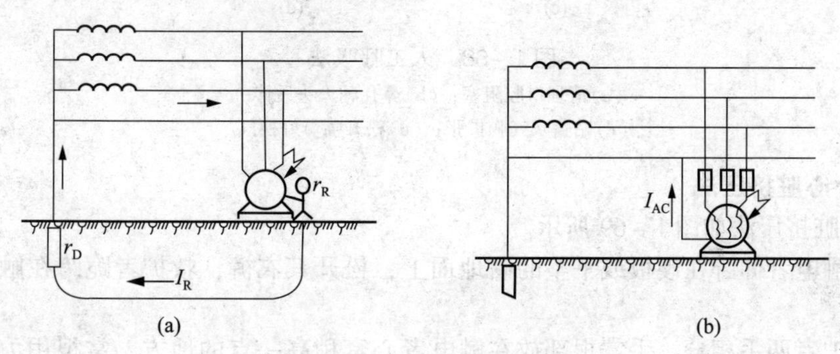

图 1－67　保护接零原理

(a)未保护接零；(b)有保护接零

(3)采用保护接零时，应注意：

①在三相四线制供电系统中，中性线必须有良好的接地。

②零线不能装熔丝和开关，以防止零线断开时造成人身和设备事故。

③在同一电源上，不容许将一部分电气设备接地，而另一部分电气设备接零。

④在安装单相三孔插座时，正确的接法是将插座上接中性线的孔分别用导线并联到中性线上。

⑤三孔插头的接地端要高于相线和中性线接地端，以保证在插入和拔出时，接地端首先接触和最后离开插座。

三、触电急救方法

当发现有人触电后，应立即拉断电源开关或拔掉电源插头。救护人员应及时根据现场条件，采取适当的方法和措施，使触电人员迅速脱离电源，进行积极抢救。抢救的方法主要有人工呼吸法和胸外心脏挤压法。

1. 人工呼吸法

对呼吸渐弱或已经停止的触电者，人工呼吸法是行之有效的，如图 1－68 所示。

(1)使触电者仰卧，松开其衣裤，以免影响呼吸时胸廓及腹部的自由扩张。打开气道，救护者一只手捏紧触电者的鼻子，另一只手掰开触电者的嘴，救护者直接用嘴或隔一层薄布吹气，每次吹气要以触电者的胸部微微鼓起为宜，时间约为 2 s。

(2)吹气停止后，立即将嘴移开，放松捏鼻的手，让触电者自行呼吸，时间约为 3 s。

(3)每次吹气的速度要均匀，反复多次，直到触电者能够自行呼吸为止。

(4)如果触电者的嘴不易掰开，可捏紧嘴，向鼻孔吹气。

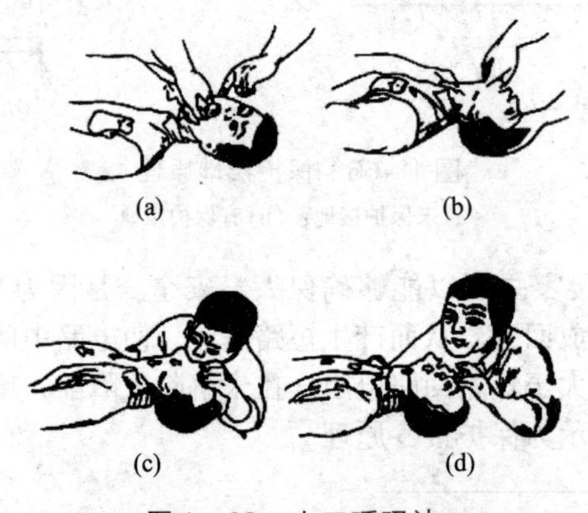

图 1-68 人工呼吸法

(a)清理口腔阻塞；(b)鼻孔朝天头后伸；
(c)贴嘴吹气胸扩张；(d)松开嘴鼻好换气

2. 胸外心脏挤压法

胸外心脏挤压法如图 1-69 所示。

(1)使触电者仰卧在硬板或平整的硬地面上，松开其衣裤，救护者跪跨在触电者腰部两侧。

(2)救护者两手相叠，手掌根部放在触电者心窝稍高一点的地方，掌根用力垂直向下挤压，压出心脏里的血液。对成人应压陷 3 ~ 4 cm，以每分钟挤压 60 次为宜；对于儿童，压胸时应仅用一只手，压陷深度较成人浅，以每分钟大约 90 次为宜。

(3)挤压后，掌根迅速放松，让触电者的胸部自动复原，让血液充满心脏。

心脏挤压有效果时，会摸到颈动脉的搏动，如果挤压时摸不到脉搏，应加大挤压力量，减缓挤压速度，再观察脉搏是否跳动。挤压时要十分注意压胸的位置和用力的大小，以免触电者肋骨骨折。

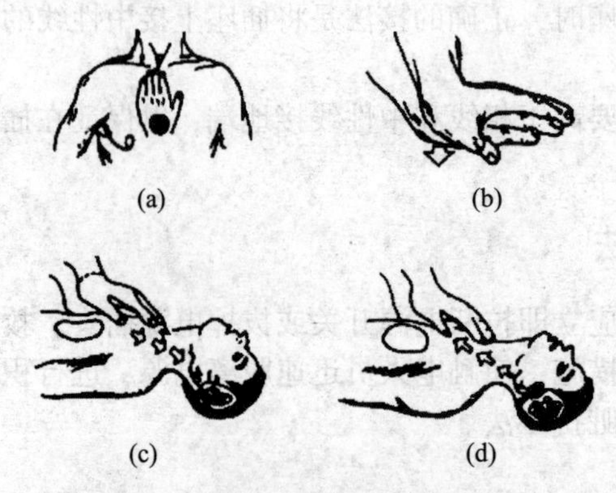

图 1-69 胸外心脏压挤法

(a)中指对凹膛，手掌按在胸骨上；(b)掌根用力向下压；
(c)慢慢向下；(d)突然放松

思考题与习题

1－1　什么是低压电器？常用的低压电器有哪些？

1－2　简述电磁式低压电器的一般工作原理。

1－3　电磁式低压电器由哪几部分组成？说明各部分的作用。

1－4　说明触头分断时电弧产生的原因及常用的灭弧方法。

1－5　两台电动机不同时启动，一台电动机的额定电流为14.8 A，另一台电动机的额定电流为6.47 A，试选择用作短路保护熔断器的额定电流及熔体的额定电流。

1－6　低压断路器可以起到哪些保护作用？说明其工作原理。

1－7　在电动机的主电路中装有熔断器，为什么还要装热继电器？装了热继电器是否可以不装熔断器？为什么？

1－8　交流接触器的主要用途和工作原理是什么？交流接触器的结构可分为哪几大部分？

1－9　交流接触器能否串联使用？为什么？

1－10　交流接触器的铁芯端面上为什么要安装短路环？

1－11　从接触器的结构上，如何区分是交流接触器还是直流接触器？

1－12　交流接触器频繁操作后线圈为什么会发热？其衔铁卡住后会出现什么后果？

1－13　交流接触器在运行中有时线圈断电后，衔铁仍掉不下来，电动机不能停止，这时应如何处理？故障原因在哪里？应如何排除？

1－14　使用试电笔时应注意哪些问题？

1－15　用万用表测量直流电流和交、直流电压时应注意哪些问题？怎么读取数据？

1－16　测量电阻时，为什么不能带电测量？

1－17　如果被测电流较小，如何使钳形电流表的测量准确些？

1－18　选择兆欧表时应注意哪些问题？

1－19　简述单股电力线线头的连接方法。

1－20　7股铜芯线T字形连接的工艺特点是什么？

1－21　导线连接中常用的接线桩有哪三种？

1－22　恢复导线绝缘层应掌握哪些基本方法？380 V导线绝缘层怎样恢复？

项目二

车床的电气控制

知识要求

(1)熟悉按钮、继电器的工作原理和结构。

(2)掌握电气控制线路的基本规律。

(3)了解车床的基本结构、运动情况、加工工艺。

(4)掌握车床电气控制的特点，深刻理解电路中各电器元件、触头的作用，学会分析的方法。

技能要求

(1)学会按钮、继电器的识别与检测。

(2)训练在配电板上对电路元器件进行布局和接线，掌握基本的电工工艺。

(3)掌握继电器-接触器控制电路常见故障的分析与排除方法。

(4)掌握车床的基本操作与检修方法。

知识训练

知识训练一 低压电器介绍

一、控制按钮

控制按钮简称按钮，是一种结构简单，使用广泛的手动主令电器。按钮的触头允许通过的电流较小，一般不超过5 A，因此一般情况下它不直接控制主电路的通断，而是在电气控制电路中发出指令或信号去控制接触器、继电器等电器，再由它们控制主电路的通断、功能转换或电气联锁。

1. 控制按钮的结构与符号

控制按钮一般由按钮帽、复位弹簧、触头和外壳等部分组成，其结构如图2-1所示。它既有常开触头，也有常闭触头。常态时在复位弹簧的作用下，由桥式动触头将静触头1、2闭合，静触头3、4断开。当按下按钮时，桥式动触头将静触头1、2断开，静触头3、4闭合。触头1、2称为常闭触头或动断触头，触头3、4称为常开触头或动合触头。控制按钮的图形符号和文字符号如图2-2所示。

2. 控制按钮的分类

控制按钮按结构形式可分为旋钮式、指示灯式和紧急式3种。旋钮式是用手动旋钮进行操作的；指示灯式是在按钮内装入信号灯显示信号；紧急式装有蘑菇形按钮帽，以示紧急动作。

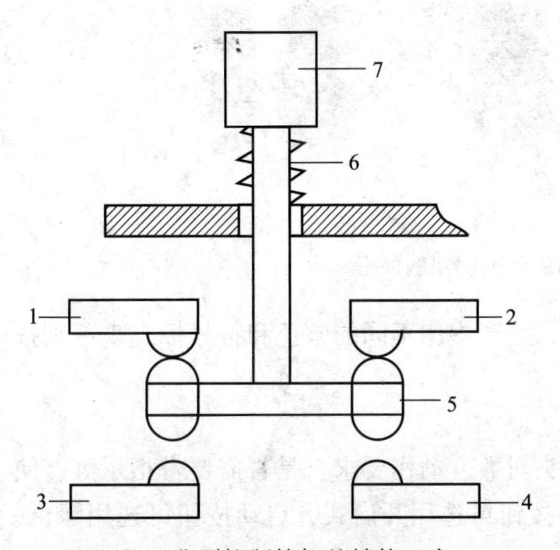

图2－1 典型控制按钮的结构示意

1，2—常闭触头；3，4—常开触头；

5—桥式动触头；6—复位弹簧；7—按钮帽

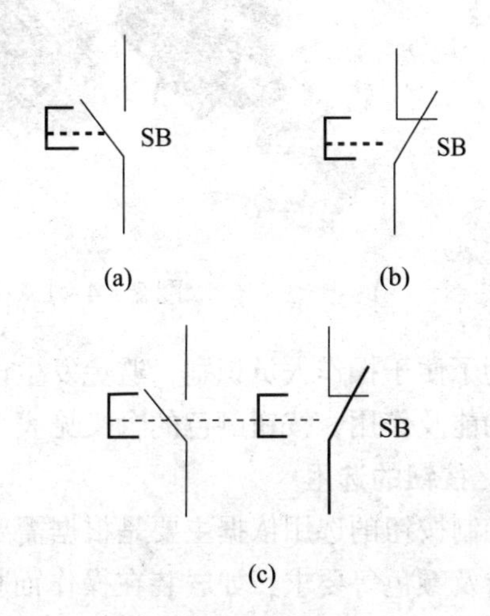

图2－2 控制按钮的图形符号和文字符号

(a)常开触头；(b)常闭触头；(c)复式按钮

控制按钮按触头形式可分为动合按钮、动断按钮和复合按钮。手未按下时，触头断开，外力作用时，触头闭合，外力消失后，在复位弹簧的作用下能自动恢复到原来的断开状态的为动合按钮。手未按下，触头闭合，外力作用时，触头断开，外力消失后，在复位弹簧的作用下能自动恢复到原来的闭合状态的为动断按钮。既有动合按钮，又有动断按钮的按钮组，称为复合按钮。按下复合按钮时，所有的触头都改变状态，即动合触头要闭合，动断触头要断开。

3. 按钮的型号

按钮的型号说明如图2－3所示。

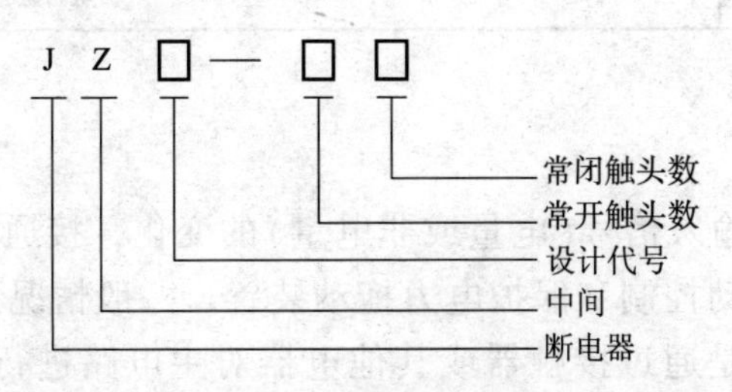

图2－3 按钮的型号说明

其中，结构形式代号的含义为：K表示开启式，H表示保护式，S表示防水式，F表示防腐式，J表示紧急式，X表示旋钮式，Y表示钥匙式，D表示带灯按钮。

按钮的规格很多，目前使用较多的有LA18、LA19、LA10、LA25、LAY3、LAY4系列等，其中LA25系列是通用型按钮的更新换代产品。在选用时可根据使用场合酌情选择，图2－4所示为LA18、LA19系列按钮的外形。

图 2 -4 LA18、LA19 系列按钮的外形

为了便于操作人员识别，避免发生误操作，生产中用不同的颜色和符号标志来区别按钮的功能及作用，按钮颜色的含义见表 2 -1。

4. 按钮的选用

控制按钮的选用依据主要是根据需要的触头对数、动作要求、是否需要带指示灯、使用场合及颜色等要求，如嵌装在操作面板上的按钮可选用开启式，启动按钮可选用绿色、白色或黑色。

表 2 -1 按钮颜色的含义

颜色	含义	说明	应用示例
红	紧急	危险或紧急情况时操作	急停
黄	异常	异常情况时操作	干预、制止异常情况
绿	安全	安全情况或为正常情况准备时操作	启动/接通
蓝	强制性的	要求强制动作情况时操作	复位功能
白	未赋予特定含义	除急停以外的一般功能的启动	启动/接通(优先) 停止/断开
灰			启动/接通 停止/断开
黑			启动/接通 停止/断开(优先)

二、继电器

继电器是一类根据输入信号(电量或非电量)的变化，接通或断开小电流控制电路的电器，广泛运用于自动控制和保护电力拖动装置。一般情况下，继电器不直接控制电流较大的主电路，而是通过接触器或其他电器对主电路进行控制。与接触器相比，继电器具有触头分断能力小、结构简单、体积小、质量轻、反应灵敏、动作准确、工作可靠等优点。

一般来说，继电器通过测量环节输入外部信号(如电压、电流等电量或温度、压力、速度等非电量)并传递给中间机构，将它与整定值(即设定值)进行比较，当达到整定值时(过量或欠量)，中间机构就使执行机构产生输出动作，从而闭合或分断电路，达到控制电路的目的。

继电器的种类很多，主要有以下分类：

(1)按用途分可分为控制继电器和保护继电器。

(2)按动作原理分可分为电磁式继电器、感应式继电器、热继电器、机械式继电器、电动式继电器和电子继电器。

(3)按输入信号分可分为电压继电器、电流继电器、时间继电器、速度继电器、压力继电器、温度继电器。

(4)按动作时间分可分为瞬时继电器、延时继电器。

在控制系统中，使用最多的是电磁式继电器，本节主要介绍电磁式电压、电流继电器，时间继电器和中间继电器。

继电器的主要技术参数包括额定参数、吸合时间和释放时间、整定参数(继电器的动作值，大部分控制继电器的动作值是可调的)、灵敏度(一般指继电器对信号的反应能力)、触头的接通和分断能力、使用寿命等。

电磁式继电器是应用得最早、最广泛的一种继电器，其结构和工作原理与接触器大体相同，也由铁芯、衔铁、线圈、复位弹簧和触头等部分组成。其典型结构如图2-5所示。

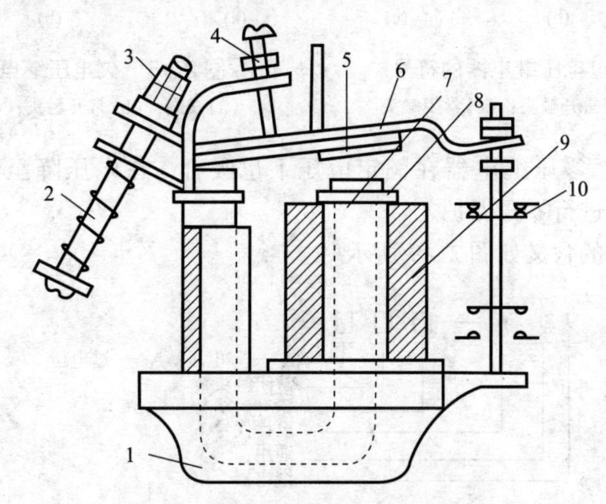

图2-5 电磁式继电器的典型结构

1—底座；2—反力弹簧；3，4—调节螺钉；5—非磁性垫片；6—衔铁；7—铁芯；8—极靴；9—电磁线圈；10—触头系统

1. 电压继电器

电压继电器是根据线圈两端电压大小而接通或断开电路的继电器。电压继电器的线圈并接在电路上，对所接电路上的电压高低作出反应，用于控制系统的电压保护和控制。电压继电器有过电压、欠电压和零电压继电器之分。

(1)过电压继电器。过电压继电器用于电路的过电压保护，其吸合整定值为被保护电路额定电压的110%~120%。在额定电压工作时，衔铁不动作，当被保护电路的电压高于额定值，达到过电压继电器的整定值时，衔铁吸合，触头机构动作，控制电路失电，控制接触器及时分断被保护电路。由于直流电路中不会产生波动较大的过电压现象，所以在产品中没有直流过电压继电器。

(2)欠电压继电器。欠电压继电器用于电路的欠电压保护，其释放整定值为电路额定电压的40%~70%。在额定电压下工作时，衔铁可靠吸合，当被保护电路的电压降至欠电压继电器的释放整定值时，衔铁释放，触头机构复位，控制接触器及时分断被保护电路。

电压继电器的外形及其在电路图中的图形符号和文字符号如图 2－6～图 2－8 所示。

图 2－6 电压继电器的外形

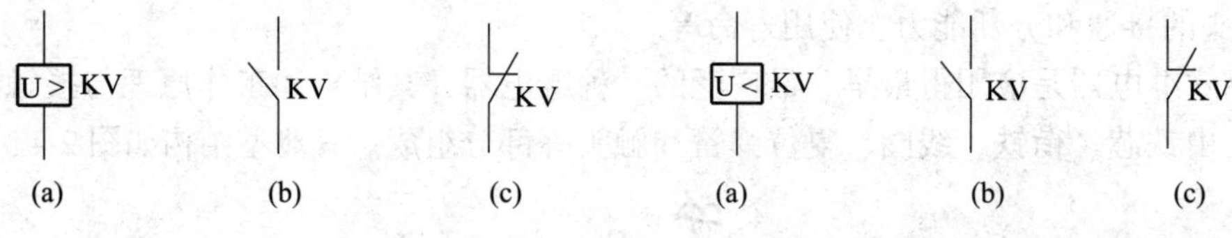

图 2－7 过电压继电器的符号
(a)线圈；(b)常开触头；(c)常闭触头

图 2－8 欠电压继电器的符号
(a)线圈；(b)常开触头；(c)常闭触头

(3)零压继电器。零压继电器在额定电压下也吸合，在电压降至额定电压的 5%～25%时动作，对电路进行零压保护。

电压继电器型号的含义如图 2－9 所示。

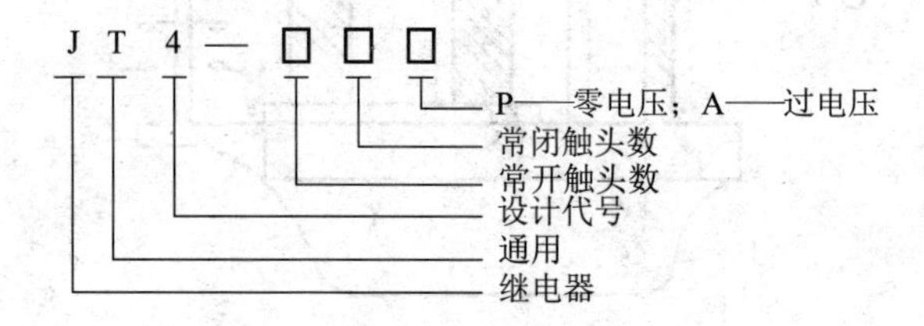

图 2－9 电压继电器型号的含义

2. 中间继电器

中间继电器在结构上是一个电压继电器，但它的触头数多、触头容量大(额定电流为 5～10 A)，是用来转换控制信号的中间元件。中间继电器的主要用途是当其他继电器的触头数或触头容量不够时，可借助中间继电器来扩大它们的触头数或触头容量。其结构及工作原理与接触器相同，但中间继电器的触头数多且没有主辅之分。

JZ 系列中间继电器适用于在交流电压 500 V(频率为 50 Hz 或 60 Hz)、直流电压 220 V 以下的控制电路中用于控制各种电磁线圈。如 JZC4、JZC1、JZ7、DZ 系列，该系列中间继电器主要用于各种继电保护线路，以增加主保护继电器的触头数量或容量，其线圈只用在直流操作的继电保护回路中。

中间继电器的选用主要依据被控制电路的电压等级，所需触头的数量、种类和容量等要求来进行。

中间继电器的外形及其符号的含义如图 2－10 和图 2－11 所示。

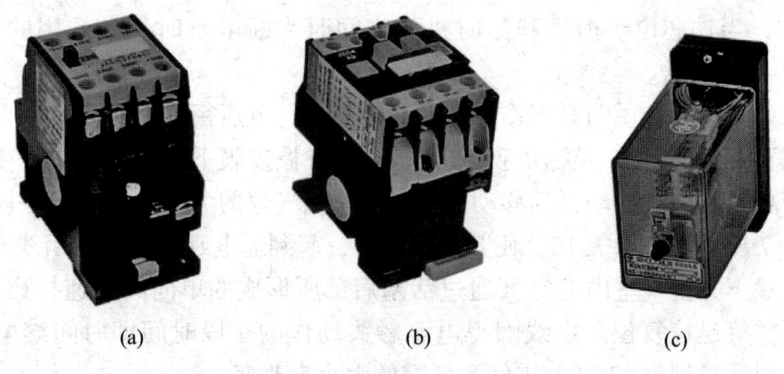
(a)　(b)　(c)

图 2-10　中间继电器的外形

(a)JZC1 系列；(b)JZC4 系列；(c)DZ-50/60 系列

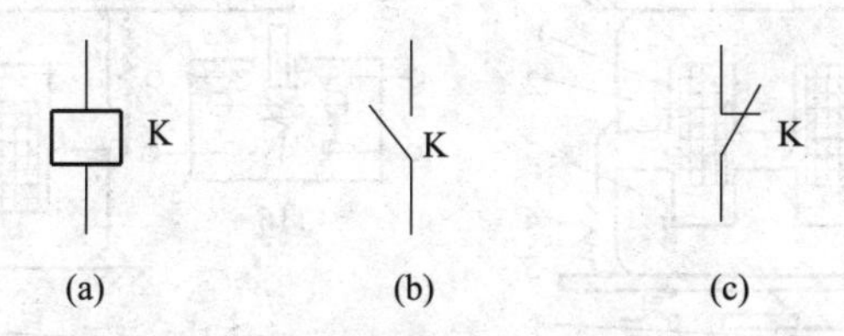

图 2-11　中间继电器的图形符号和文字符号

(a)线圈；(b)常开触头；(c)常闭触头

中间继电器型号的含义如图 2-12 所示。

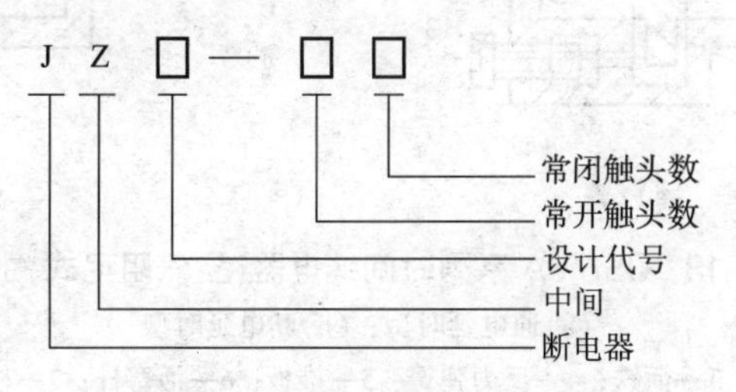

图 2-12　中间继电器型号的含义

3. 时间继电器

时间继电器是一种利用电磁原理或机械动作原理实现触头延时接通或断开的自动控制电器，它广泛用于需要按时间顺序进行控制的电气控制线路中。时间继电器可分为通电延时型和断电延时型。通电延时型是接收输入信号后延迟一定时间，输出信号才发生变化，当输入信号消失后，输出信号瞬时复原。断电延时型是当接收输入信号时，瞬时产生相应的输出信号，当输入信号消失后，延迟一定的时间，输出信号才复原。

时间继电器的种类很多，常用的有电磁式、空气阻尼式、电动式和晶体管式等，这里主要介绍空气阻尼式时间继电器。

空气阻尼式时间继电器是利用空气阻尼原理获得延时的，它由电磁机构、延时机构、触头 3 部分组成，有通电延时型和断电延时型两种，两者结构相同，区别在于电磁机构安装的方向不同(其电磁机构翻转 180°安装)。当衔铁位于铁芯和延时机构之间时为通电延时型，当铁芯位于衔铁和延时机构之间时为断电延时型。常用的有 JS7 系列，其结构如图 2－13 所示。

现以通电延时型为例说明其工作原理。当线圈 1 得电后衔铁 3 吸合，活塞杆 6 在塔形弹簧 8 的作用下带动活塞 12 及橡皮膜 10 向上移动，橡皮膜下方空气室空气变得稀薄，形成负压，活塞杆只能缓慢移动，其移动速度由进气孔气隙的大小决定。经一段延时后，活塞杆通过杠杆 7 压动微动开关 15，使其触头动作，起到通电延时作用。当线圈断电时，衔铁释放，橡皮膜下方空气室内的空气通过活塞肩部所形成的单向阀迅速排出，使活塞杆、杠杆、微动开关等迅速复位。由线圈得电至触头动作的一段时间即时间继电器的延时时间，其大小可以通过螺钉 13 调节进气孔气隙的大小来改变。

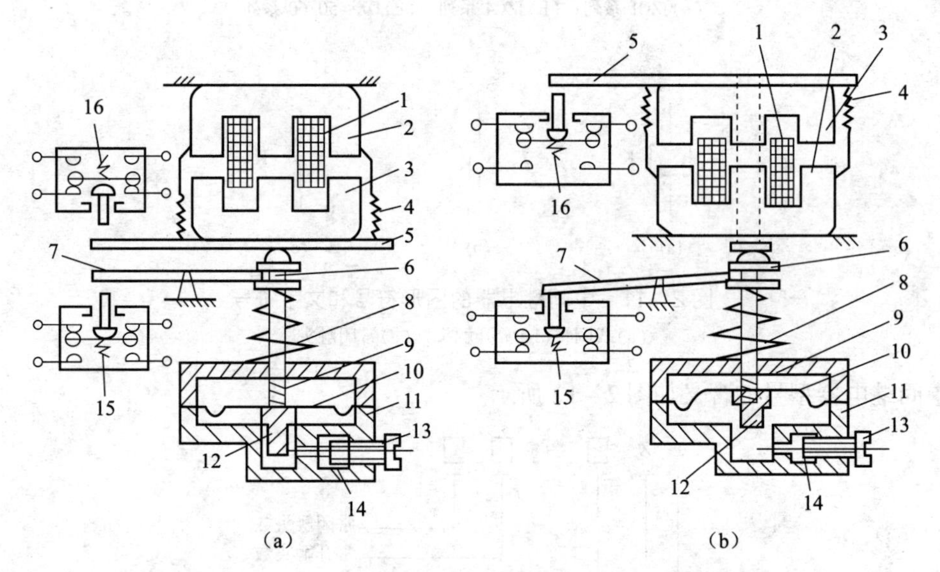

图 2－13 JS7－A 系列时间继电器(空气阻尼式)的结构

(a)通电延时型；(b)断电延时型

1—线圈；2—铁芯；3—衔铁；4—反力弹簧；5—推板；6—活塞杆；7—杠杆；8—塔形弹簧；9—弱弹簧；10—橡皮膜；11—空气室壁；12—活塞；13—调节螺钉；14—进气孔；15，16—微动开关

在线圈通电和断电时，微动开关 16 在推板 5 的作用下都能瞬时动作，其触头即时间继电器的瞬动触头。

由于空气阻尼式时间继电器具有结构简单、易构成通电延时和断电延时型、调整简便、价格较低等优点，因此广泛应用于电动机控制电路。其缺点是延时误差大，没有调节指示，很难精确地整定延时值，在延时精度要求高的场合不宜使用。当要求延时精度较高、控制回路相互协调且需要无触头输出时，则应该采用电动式时间继电器。目前全国统一设计的空气阻尼式时间继电器有 JS23 系列，用于取代 JS7、JS16 系列。

空气阻尼式时间继电器的外形、图形符号和文字符号如图 2－14 和图 2－15 的示。

图2－14　JS7 系列时间继电器(空气阻尼式)的外形

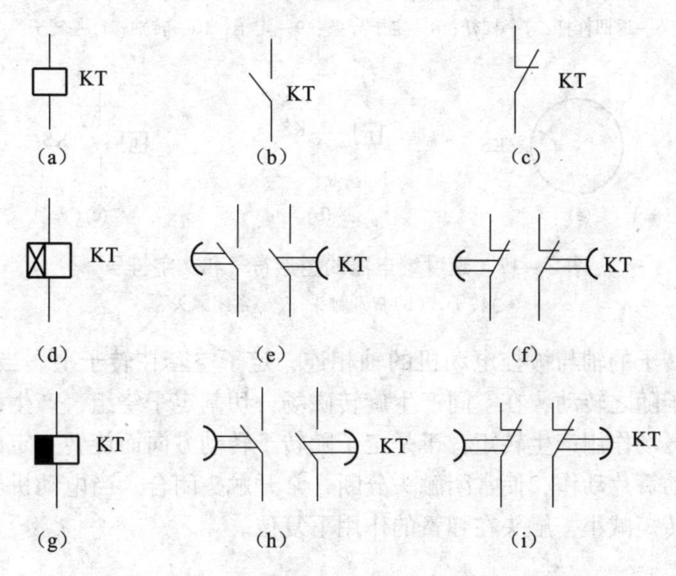

图2－15　时间继电器的图形符号和文字符号

(a)线圈一般符号；(b)瞬动常开触头；(c)瞬动常闭触头；
(d)通电延时线圈；(e)通电延时闭合的常开触头；(f)通电延时断开的常闭触头；
(g)断电延时线圈；(h)断电延时断开的常开触头；(i)断电延时闭合的常闭触头

4. 速度继电器

速度继电器主要用于笼型异步电动机的反接制动控制，所以也称为反接制动继电器。当速度上升达到规定值时，继电器动作，当速度下降到接近0时，触头复位能自动及时切断电源。它主要由定子、转子和触头3部分组成，转子是一个圆柱形永久磁铁，定子是一个笼形空心圆环，由硅钢片叠成，并装有笼型绕组。图2－16所示为速度继电器的外形及其结构原理示意，速度继电器的图形符号和文字符号如图2－17所示。

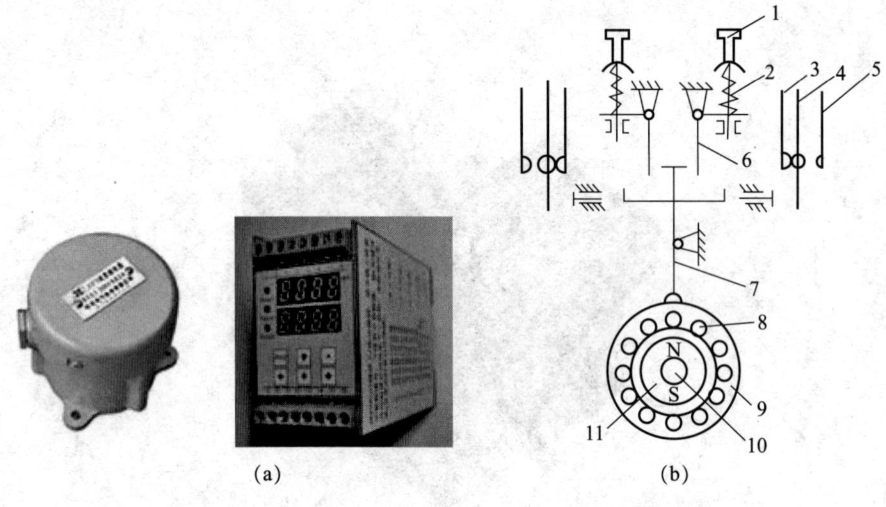

(a) (b)

图 2－16 速度继电器的外形及其结构原理示意

(a)外形；(b)结构原理示意

1—调节螺钉；2—反力弹簧；3—常闭触头；4—动触头；5—常开触头；
6—返回杠杆；7—杠杆；8—定子导条；9—定子；10—转轴；11—转子

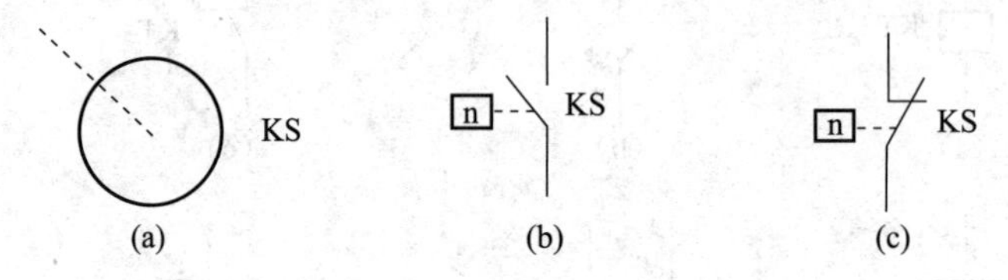

(a) (b) (c)

图 2－17 速度继电器的图形符号和文字符号

(a)转子；(b)常开触头；(c)常闭触头

速度继电器转子的轴与被控电动机的轴相连，定子空套在转子上。当电动机转动时，速度继电器的转子随之转动，在空间产生旋转磁场，切割定子绕组，产生感应电流。此电流与旋转的转子磁场作用产生转矩，于是定子随转子转动方向而旋转一定的角度，装在定子轴上的摆锤推动簧片动作，使常闭触头分断，常开触头闭合。当电动机转速低于某一值时，定子产生的转矩减小，触头在弹簧的作用下复位。

知识训练二 电气原理图的绘制

一、电气控制系统图的分类

电气控制系统由若干电器元件按照一定要求连接而成，完成生产过程控制的特定功能。为了表达生产机械电气控制系统的组成及工作原理，便于安装、调试和维修，而将系统中各电器元件及连接关系用一定的图样反映出来，在图样上用规定的图形符号表示各电器元件并用文字符号说明各电器元件，这样的图样叫作电气图。电气图一般分为电气系统图和框图、电气原理图、电器布置图、电气安装接线图等。

1. 电气系统图和框图

电气系统图和框图是用符号或带注释的框概略地表示系统或分系统的基本组成、相互关系及其主要特征的一种电气图，它比较集中地反映了所描述工程对象的规模。

2. 电气原理图

电气原理图又称为电路图，它是用图形符号和项目代号表示电路中各个电器元件连接关系和电气工作原理的。由于结构简单、层次分明，电气原理图适用于研究和分析电路工作原理。其特点是考虑各元件在电气方面的联系，但并不按照电器元件的实际布置位置绘制，也不反应电器元件的大小。

3. 电器布置图

电器布置图主要用来表明电气设备上所有电器元件的实际位置，为生产机械电气控制设备的制造、安装提供必要的资料。通常电器布置图与电器安装接线图组合在一起，既起到电器安装接线图的作用，又能清晰地表示电器的布置情况。

4. 电气安装接线图

电气安装接线图是用规定的图形符号，按各电器元件相对应位置绘制的实际接线图，它清楚地表示了各电器元件的相对位置和它们之间的电路连接，是实际安装接线的依据，在具体施工和检修中能够起到电气原理图所起不到的作用，因此在生产现场中得到了广泛应用。

二、电气原理图的绘制特点

电气原理图是一种简图，不是严格按照几何尺寸和绝对位置测绘的，而是用规定的图形符号、文字符号和图线来表示系统的组成及连接关系。

电气原理图的主要描述对象是电器元件和连接线。连接线可用单线法或多线法表示，两种表示法在同一张图上可以混用。电器元件在图中可以采用集中表示法、半集中表示法、分开表示法来表示。集中表示法是将同一个电器元件的各组成部分的图形符号绘在一起的方法。分开表示法是将同一个电器元件的各组成部分的图形符号分开布置，有些部分绘在主电路中，有些部分则绘在控制电路中。半集中表示法介于以上两种方法之间，在图中将一个电器元件的某些部分的图形符号分开绘制，并用虚线表示其相互关系。

绘制电气原理图时一般采用机械制图规定的基本线条中的4种，线条的粗细应一致，有时为了区别某些电路功能，可以采用不同粗细的线条，如主电路用粗实线表示，而辅助电路用细实线表示。

电气原理图在保证图面布置紧凑、清晰和使用方便的前提下，图样幅面应按照国家标准推荐的两种尺寸系列，即基本幅面尺寸或优选幅面尺寸系列和加长幅面尺寸系列来选取。

电气原理图中的图形符号和文字符号必须符合最新的国家标准。图形符号在同一张图中，同一符号的尺寸应保持一致，各符号间及符号本身比例应保持不变。符号方位可根据图面布置的需要旋转或成镜像位置。文字符号在图中不得倒置，基本文字符号不得超过两位字母，辅助文字符号不得超过三位字母，文字符号采用拉丁字母大写正体字。

电气图中各电器接线端子用字母数字符号标记。三相交流电源引入线 L1、L2、L3、N、PE 标记(L1、L2、L3 为相线，N 为中性线，PE 为接地线)。直流系统的电源正、负、中间线分别用 L+、L−与 M 标记。三相动力电气引出线分别以 U、V、W 顺序标记。控制电路采用阿拉伯数字编号标记，标记按“等电位”原则进行，在垂直绘制的电路时，标记顺序一般由上而下编号，凡是被线圈、绕组、触头或电阻、电容等元件所隔开的线段都标以不同的电路标号。

三、电气原理图的绘制原则

(1)电器控制线路根据电路通过的电流大小可分为主电路和控制电路。主电路包括从电源到电动机的电路，是强电流通过的部分，一般画在原理图的左边。控制电路是通过弱电流的电路，一般由按钮、电器元件的线圈、接触器的辅助触头、继电器的触头等组成，一般画在电气原理图的右边。

(2)电气原理图中各电器元件不画实际的外形图，所有电器元件的图形、文字符号必须采用国家统一标准。

(3)电气原理图中，各个电器元件和部件在控制线路中的位置，应根据便于阅读的原则安排。同一电气元件的各个部件可以不画在一起，例如接触器、继电器的线圈和触头可以不画在一起。

(4)所有按钮、触头均按没有外力作用和没有通电时的原始状态画出。

(5)电气原理图的绘制应布局合理，排列均匀。为了便于看图，可以水平布置，也可以垂直布置。

(6)电器元件应按功能布置，并尽可能按工作顺序排列，其布局顺序应该是从上到下，从左到右。表示导线、信号通路、连接线等的图线都应是交叉或折弯最少的直线，可以水平布置，也可以垂直布置。

(7)控制电路的分支线路原则上按照动作先后顺序排列，两线交叉连接时的电器连接点须用黑点标出。

(8)画面分区时，竖边从上到下用拉丁字母，横边从左到右用阿拉伯数字分别编号，并用文字注明各分区中元件或电路的功能。

例如，图2－18所示为CW6132型普通车床电气原理图。

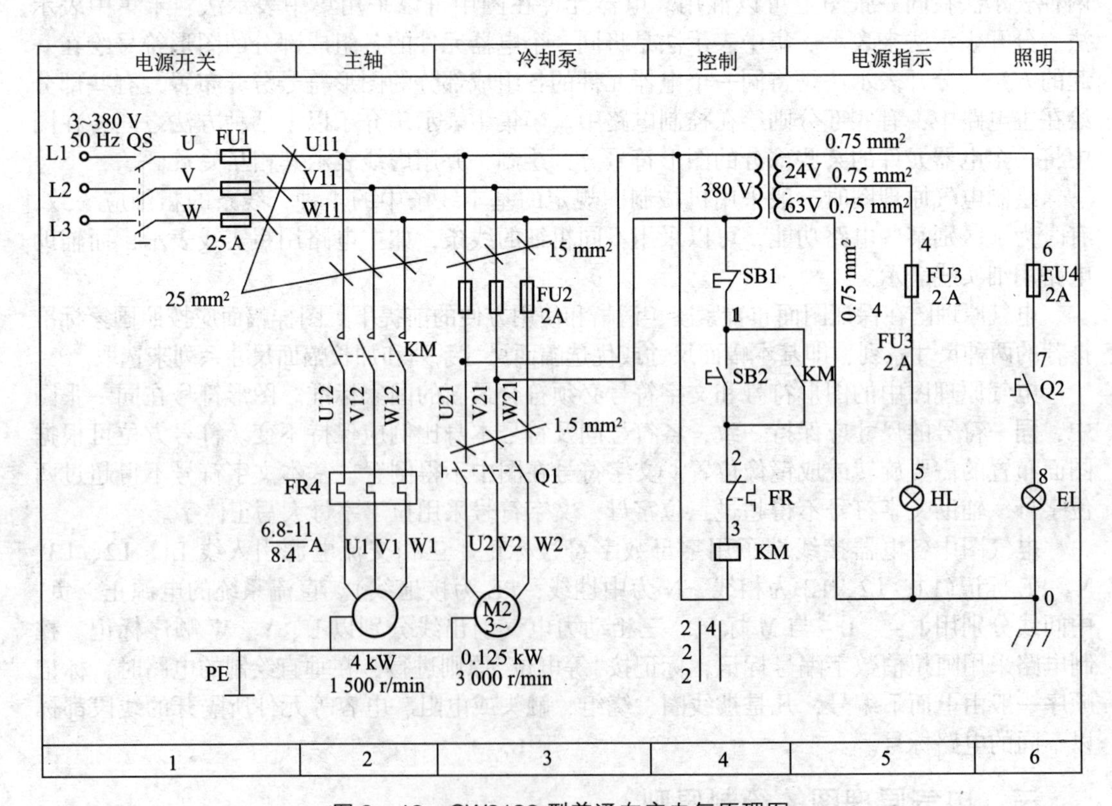

图2－18　CW6132型普通车床电气原理图

知识训练三　电气控制线路的基本规律

一、点动控制

所谓点动，即按下按钮时，电动机运行工作，松开按钮时，电动机停止工作。某些生产机械如张紧器、电动葫芦等常要求此类实时控制，它能实现电动机短时控制，整个运行过程完全由操作人员决定。其控制线路如图 2－19 所示。

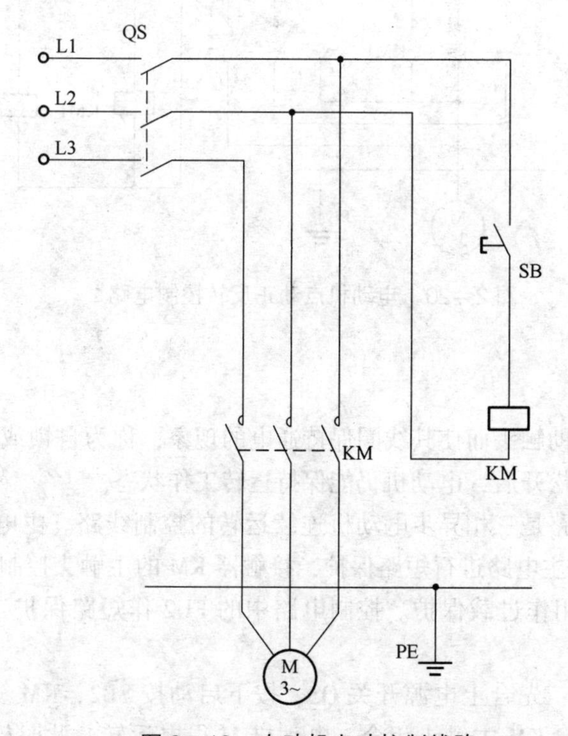

图 2－19　电动机点动控制线路

主电路由开关 QS、交流接触器 KM 的主触头和笼型电动机 M 组成，控制电路由启动按钮 SB 和交流接触器线圈 KM 组成。

线路的工作原理为：合上开关 QS，按下启动按钮 SB，接触器 KM 线圈通电，主触头闭合，电动机 M 通电直接启动。松开 SB，KM 线圈断电，主触头断开，电动机 M 停止运行。

点动运行的另一典型电路一般为控制电动机正反转的电路，如图 2－20 所示。以张紧类机构为例，其工作过程一般为：如果毛布较松弛，需要张紧时按下 SB1，电动机正转进行张紧，根据张紧程度，适时松开按钮停止张紧；若希望停机检修或更换毛布时，需要松弛毛布，按下 SB2，电动机反转，毛布松弛。此类电路应用灵活，可根据实际需要随时调整装置状态。

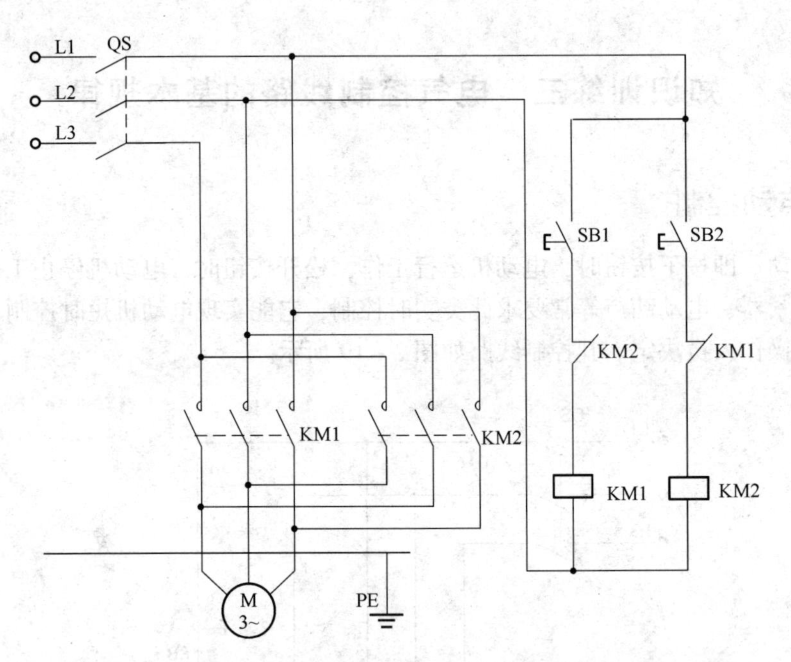

图 2 -20 电动机点动正反转控制电路

二、自锁控制

依靠接触器自身辅助触头而使其线圈保持通电的现象，称为自锁或自保持，即电动机控制回路启动按钮按下松开后，电动机仍能保持运转工作状态。

图 2 - 18 所示的电路是三相异步电动机连续运转的控制线路。主电路刀开关 QS 起隔离作用，熔断器 FU1 对主电路进行短路保护，接触器 KM 的主触头控制电动机启动、运行和停车，热继电器 FR 用作过载保护。控制电路中的 FU2 作短路保护，SB2 为启动按钮，SB1 为停止按钮。

电路工作原理如下：先合上电源开关 QS，按下启动按 SB2，KM 线圈通电吸合，KM 常开辅助触头闭合自锁，KM 主触头闭合，电动机 M 得电运转。此时松开 SB2，由于 KM 的常开辅助触头闭合，控制电路仍然保持接通，所以 KM 线圈继续得电，电动机 M 实现连续运转。这种利用接触器 KM 本身常开辅助触头而使其线圈保持得电的控制方式叫作自锁，与启动按钮 SB1 并联起自锁作用的常开辅助触头也叫作自锁触头。按下停止按钮 SB1，KM 线圈断电释放，KM 主触头、常开辅助触头断开，电动机 M 失电停止运行。当松开 SB1，其常闭触头恢复闭合，因接触器 KM 的自锁触头在切断控制电路时已断开，解除了自锁，SB2 也是断开的，所以接触器 KM 不能得电，电动机 M 也不会工作。

在电动机运行过程中，当电动机出现长期过载而使热继电器 FR 动作时，其动断触头断开，KM 线圈断电，电动机停止运转，实现电动机的过载保护。

自锁控制并不局限在接触器上，在控制线路中电磁式中间继电器也常用自锁控制。自锁控制的另一个作用是实现欠压保护和失压保护。在图 2 - 21 中，当电网电压消失后又重新恢复供电时，如不重新按启动按钮，电动机及其拖动的机构不能自行启动，这就构成了失压保护。它可防止在电源电压恢复时，电动机突然启动而造成设备和人身事故。当电网电压降低到接触器的释放电压时，接触器的衔铁释放，主触头和辅助触头均断开，电动机停止运行，它可以防止电动机在低压下运行，实现欠压保护。

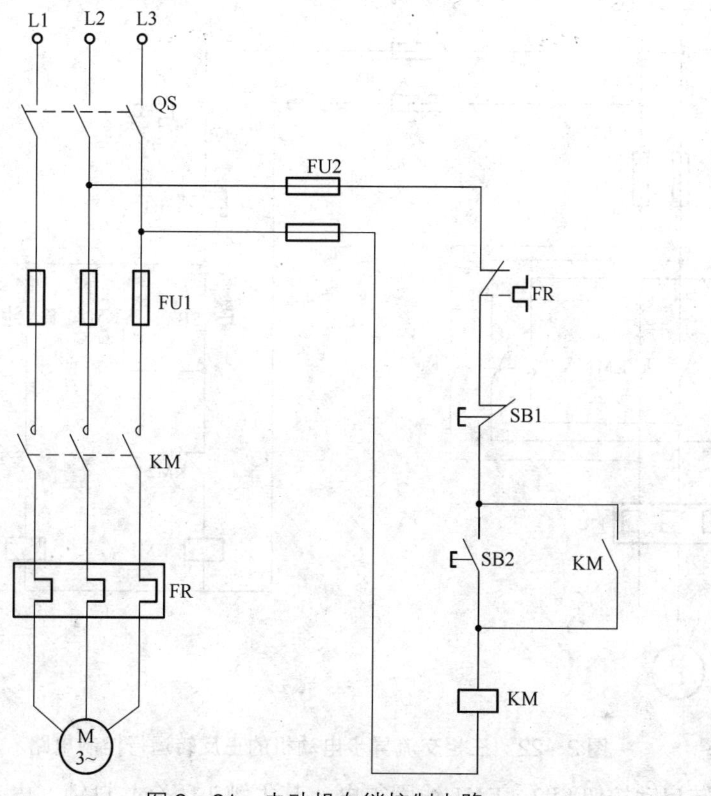

图 2－21　电动机自锁控制电路

三、互锁控制

在生产加工过程中，生产机械的运动部件往往要求实现上、下、左、右、前、后等相反方向的运动，如机床工作台的前进与后退、主轴的正转与反转等，这就要求拖动电动机可以正反转运行。对于三相交流异步电动机而言，可以把三相电源中的任意两相对调接线来实现正反转运行。

如图 2－22 所示，KM1、KM2 分别为正、反转用接触器，分别由 SB2 和 SB3 控制。这两个接触器的主触头接线的相序不同：KM1 按 U－V－W 相序接线；KM2 按 V－U－W 相序接线，即将 U、V 两相对调，两个接触器分别工作时，电动机的旋转方向不一样，实现了电动机的可逆运转。

合上电源开关 QS，按下正转启动按钮 SB2，KM1 线圈得电，其触头闭合并自锁，电动机得电正转。先按下停止按钮 SB1，KM1 线圈失电，其主触头断开，电动机断电停止运转，再按下反转启动按钮 SB3，KM2 线圈得电，主触头闭合并自锁，电动机反向运转。

该电路虽然可以完成电动机的正反转控制，但有缺陷。在按下正转按钮 SB2 时，KM1 线圈通电并且自锁，接通正序电源，电动机正转。若操作有误，在按下 SB2 的同时又按下反转按钮 SB3，KM2 线圈通电并自锁，此时在电路中将发生 U、V 两相电源短路事故。为了避免上述事故的发生，要求保证两个接触器不能同时工作，在同一时间里两个接触器只允许其中一个工作，如图 2－23(a)所示。其原理如下：

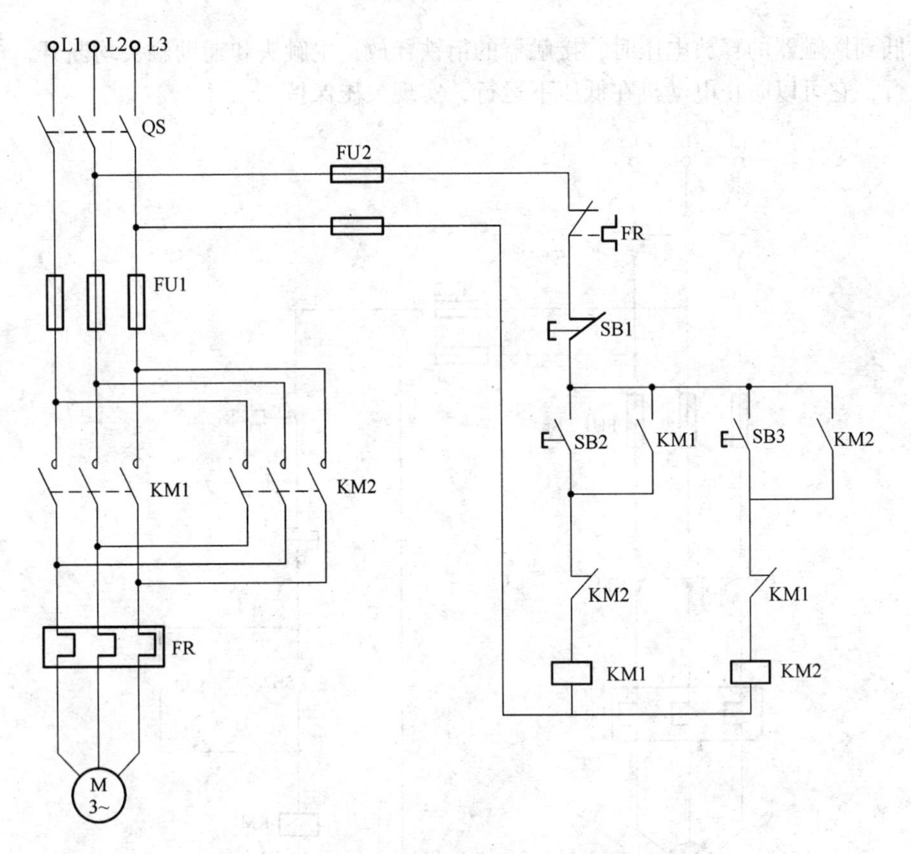

图 2-22 三相交流异步电动机的正反转运行控制电路

按下正转启动按钮 SB2，KM1 线圈得电，其主触头闭合并自锁，电动机接通正向电源开始正转，KM1 的辅助常闭触头断开，切断了反转接触器 KM2 的线圈电路。此时，即使按下反转启动按钮 SB3，也不会使 KM2 的线圈通电工作。

由以上分析可以得出如下规律：当要求甲接触器工作时，乙接触器不能工作；而乙接触器工作时甲接触器不能工作，只需在两个接触器线圈电路中互串对方的动断触头。

图 2-23(a)所示的接触器互锁控制电路也有个缺点，即在正转过程中要求反转时必须先按下停止按钮 SB1，让 KM1 线圈断电，联锁触头 KM1 闭合，这样才能按反转按钮使电动机反转，这给操作带来了不方便。为了解决这个问题，可采用复式按钮和触头互锁控制线路，如图 2-23(b)所示。

图 2-23(b)所示电路在接触器动断触头组成的互锁电气联锁的基础上添加了由按钮 SB2 和 SB3 动断触头组成的机械联锁。这样，当电动机需要反转时，只需按下反转按钮 SB3，SB3 的动断触头便会断开 KM1 电路，KM1 起互锁作用的触头闭合，接通 KM2 线圈控制电路，电动机反转。

复式按钮不能代替联锁触头的作用，如图 2-23(c)所示。当主电路中正转接触器 KM1 的触头发生熔焊时，由于相同的机械连接，KM1 的辅助动合触头在线圈断电时不能复位，这时按下反转启动按钮 SB3，使 KM2 得电，会造成电源短路故障。因此这种保护作用仅采用复式按钮是无法实现的。

三相异步电动机的全压启动控制线路

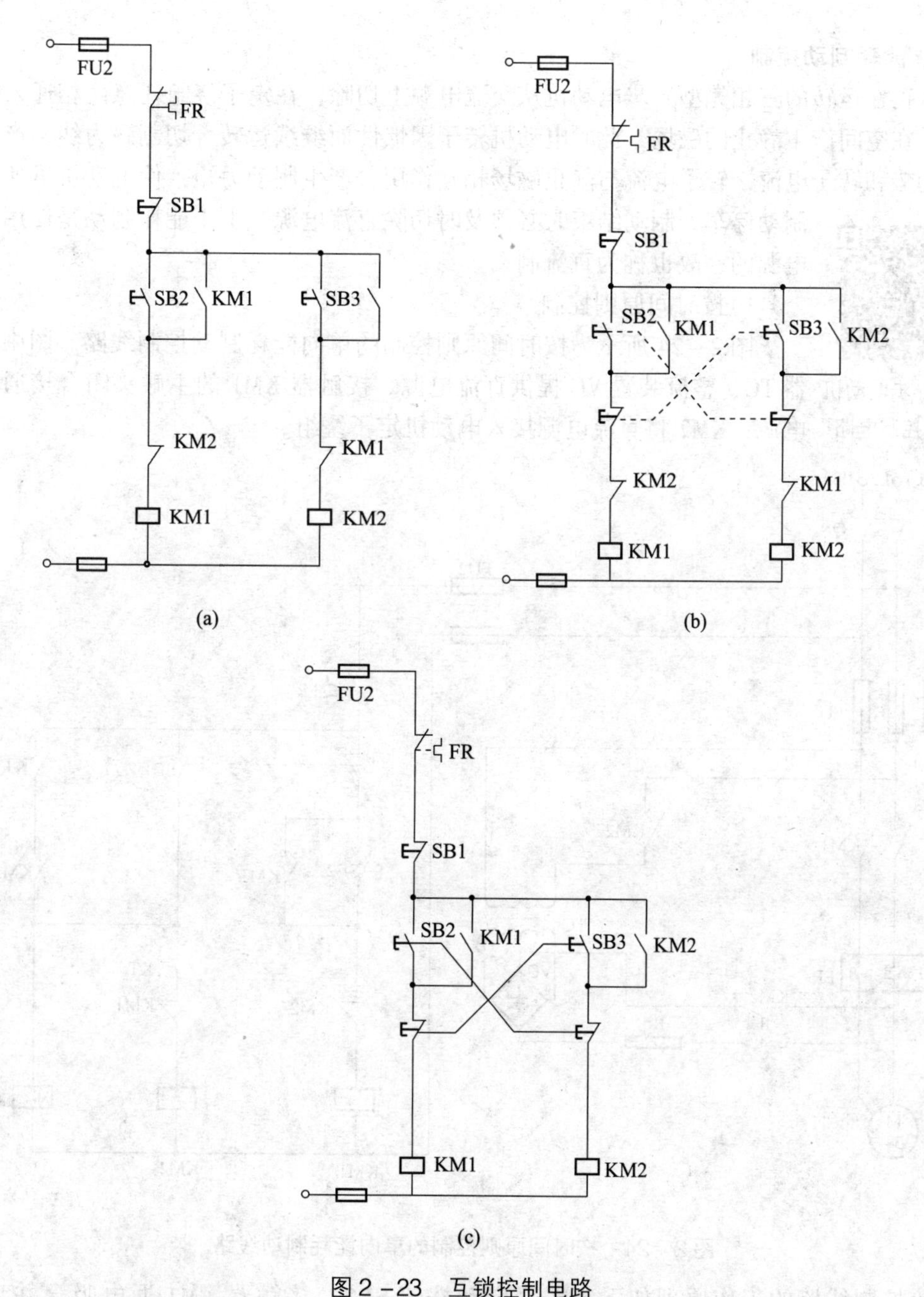

图2-23　互锁控制电路

(a)接触器互锁控制电路；(b)复式按钮和触头互锁控制电路；(c)联锁触头控制电路

四、制动控制

三相感应电动机断电后，由于惯性作用，停车时间较长，这往往不能满足某些生产机械的工艺要求，也影响生产率的提高并会造成运动部件停位不准确、工作不安全，这就要求对电动机进行强迫制动。制动控制的方式有机械制动和电气制动两种，机械制动是采用机械抱闸制动，电气制动是产生一个与原来转动方向相反的制动力矩。电气制动有能耗和反接两种方式。

1. 能耗制动控制

将正在运转的三相笼型异步电动机从交流电源上切除，在定子绕组任意两相通入直流电流，在空间产生静止的磁场，此时电动机转子因惯性而继续运转，切割磁力线，产生感应电动势和转子电流，转子电流与静止磁场相互作用，产生制动力矩，使电动机迅速减速制动停车，制动结束时必须及时切除直流电源。由于能耗制动是使用直流电源的，故也称为直流制动。

三相异步电动机制动控制电路

1）按时间原则控制

图 2－24 所示为按时间原则控制的单向能耗制动控制线路。图中变压器 TC、整流装置 VC 提供直流电源。接触器 KM1 的主触头闭合接通三相电源，KM2 将直流电源接入电动机定子绕组。

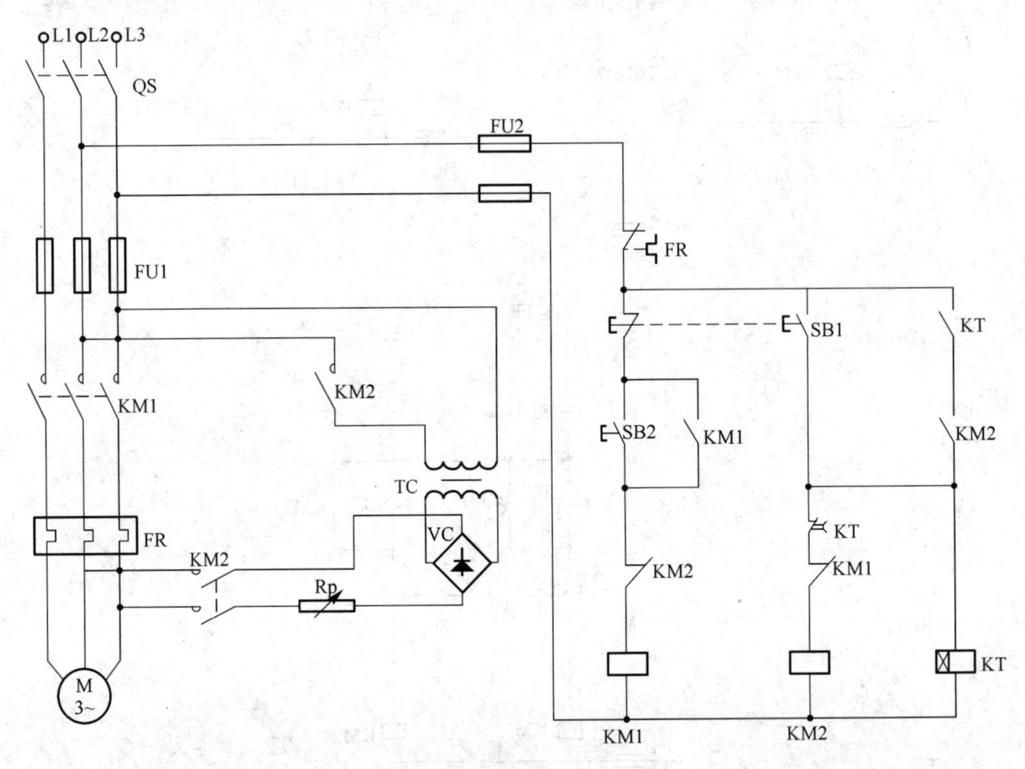

图 2－24 按时间原则控制的单向能耗制动线路

该控制线路的工作原理如下：按下启动按钮 SB2，接触器 KM1 通电吸合并自锁，其主触头闭合，电动机启动运行。停车时，按下停止按钮 SB1，其动断触头断开使 KM1 线圈断电，切断三相交流电源。同时，接触器 KM2 和 KT 的线圈通电并自锁，KM2 的主触头闭合，直流电源被引入定子绕组，电动机进行能耗制动。KT 延时结束时，其延时常闭触头断开 KM2 的线圈回路，切断直流电源，并且将 KT 线圈断电，为下次制动做准备。图中 KT 的瞬时常开触头主要用于 KT 线圈断线或发生机械故障卡死的情况，按下 SB1，电动机能迅速制动，防止两相的定子绕组长期接入能耗制动的直流电流，这就相当于手动控制能耗制动。

能耗制动的制动转矩大小与通入直流电流的大小以及电动机的转速 n 有关，转速越大，制动作用越强。一般接入的直流电流为电动机空载电流的 3～5 倍，直流电流过大会烧坏电动机的定子绕组。电路采用在直流电源回路中串接可调电阻的方法，从而调节制动电流的大小。

2) 按速度原则控制

图 2－25 所示为按速度原则控制的单向能耗制动控制线路。图中 KM1 为正常运行时的接触器，KM2 为制动接触器，KS 为速度继电器。

线路的工作原理为：启动时，合上电源开关 QS，按下正转启动按钮 SB2，接触器 KM1 线圈得电并自锁，电动机启动运行，当速度上升到一定值时，速度继电器 KS 闭合。

停车时，按下停止按钮 SB1，KM1 线圈断电，SB1 的动合触头闭合，接触器 KM2 通电并自锁，电动机定子绕组接入直流电源进行能耗制动，转速迅速下降。当转速下降到一定值时，速度继电器 KS 的动合触头断开，KM2 线圈失电，能耗制动结束，此后电动机自由停车。

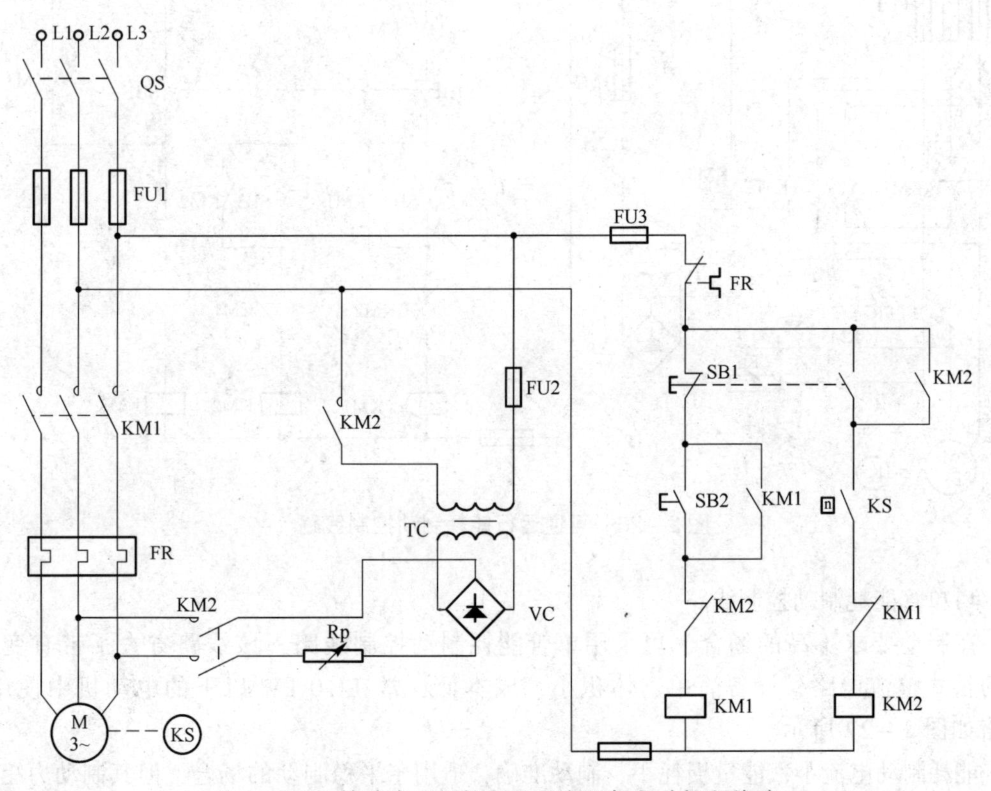

图 2－25　按速度原则控制的单向能耗制动控制线路

3) 可逆运行能耗制动控制线路

图 2－26 所示为电动机按速度原则控制的可逆运行能耗制动控制线路。KM1、KM2 分别为正、反转接触器，KM3 为制动接触器，SB2 为正向启动按钮，SB3 为反向启动按钮，SB1 为停止按钮。

启动时，合上电源开关 QS，根据需要按下正转启动按钮 SB2 或反转启动按钮 SB3，相应的接触器 KM2 或 KM1 线圈通电并自锁，电动机正转或反转，此时速度继电器 KS1 或 KS2 闭合。

在正向运转过程中，需要停止时，按下 SB1，KM1 或 KM2 断电，KM3 线圈通电并自锁，KM3 常闭触头断开并锁住电动机启动电路；KM3 常开主触头闭合，电动机定子绕组接入直流电源进行正向能耗制动，转速迅速下降，当转速接近零时，KS 延时常闭触头断开，KM3 线圈断电，电动机正向能耗制动结束。反向能耗制动的过程与上述正向情况相同。

电动机可逆运行能耗制动也可以按时间原则，用时间继电器取代速度继电器，同样能达到制动的目的。

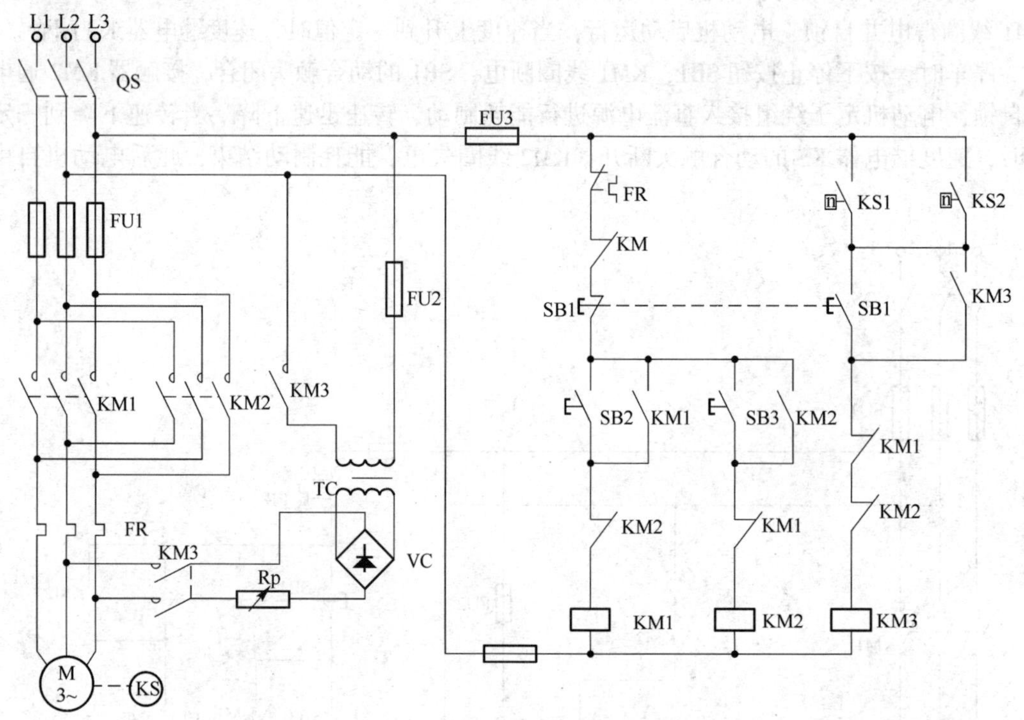

图 2 -26 可逆运行能耗制动控制线路

4) 单管能耗制动控制线路

在制动要求不高的场合，可采用单管能耗制动控制线路，该线路省去了带有变压器的桥式整流电路，设备简单、体积小、成本低，常在 10 kW 以下的电动机中使用，电路如图 2 - 27 所示。

能耗制动电流小，能量损耗小，制动准确，适用于平稳制动的场合，但其制动力矩较弱，特别在低速时制动效果差，并且还需提供直流电源。

2. 反接制动控制

反接制动是改变异步电动机定子绕组中的三相电源相序，使定子绕组旋转磁场反向，从而产生制动转矩，实现制动。反接制动要求在电动机转速接近零时及时切断反相序的电源，以防止电动机反向启动。

反接制动的优点是制动能力强、制动时间短，缺点是能量损耗大、制动时冲击力大、制动准确度差。一般采用以转速为变化参量，用速度继电器检测转速信号，能够准确地反映转速，达到很好的制动效果。反接制动适用于生产机械的迅速停车与反向。

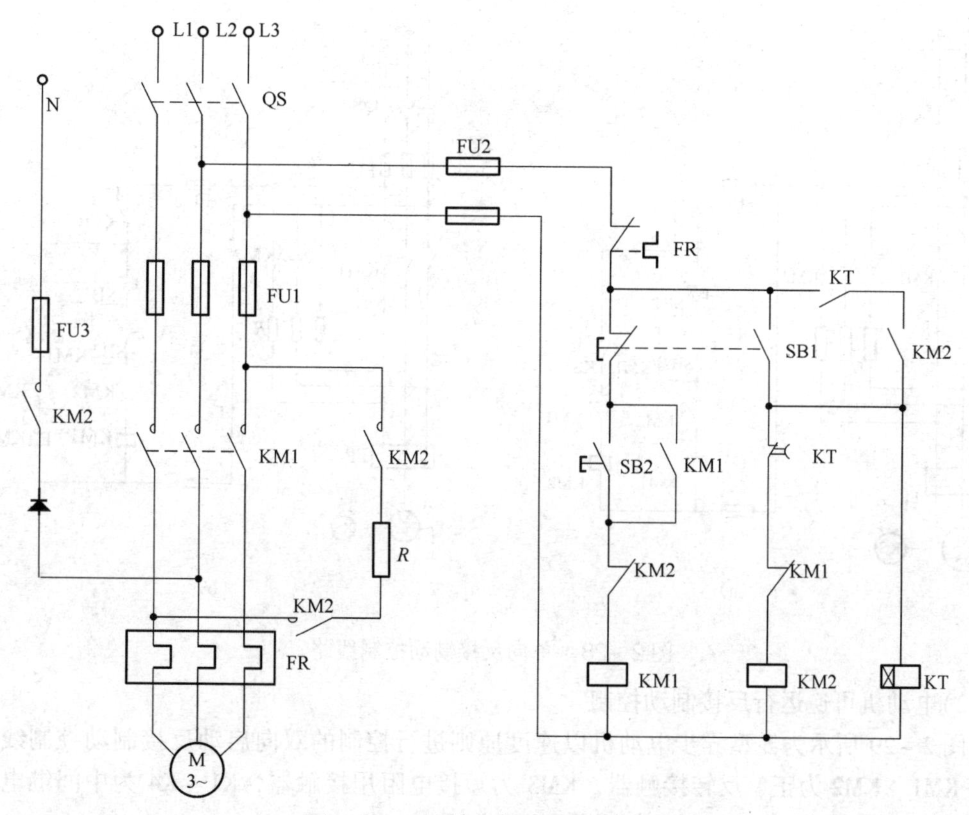

图 2－27　单管能耗制动控制线路

反接制动时，电动机定子绕组流过的电流相当于全电压直接启动时电流的两倍，为了防止制动电流对电动机转轴的机械冲击力，必须在定子电路中串入制动电阻。

1)单向反接制动控制

主电路中，接触器 KM1 的主触头用来提供电动机的工作电源，接触器 KM2 的主触头用来提供电动机停车时的制动电源。

图 2－28(a)所示的控制线路的工作原理为：启动时，合上电源开关 QS，按下启动按钮 SB2，接触器 KM1 线圈通电吸合且自锁，其主触头闭合，电动机启动运行。当电动机转速上升到一定值时，速度继电器 KS 的常开触头闭合，为反接制动作准备。

制动时，按下停止按钮 SB1，KM1 线圈断电，其主触头断开电动机的工作电源，接触器 KM2 线圈通电吸合，其主触头闭合，串入电阻 *R* 进行反接制动，电动机转速下降，当转速降至 100 r/min 以下时，KS 的常开触头复位断开，使 KM2 线圈断电释放，切断电动机的电源，防止电动机反向启动。

图 2－28(a)所示产线路存在一个问题，即停车期间，为了调整工件，需要用手转动机床主轴，此时速度继电器会发生误动作而闭合，KM2 得电，电动机接通反向电源进行制动，这样不利于调整工作。图 2－28(b)所示的反接制动控制线路便解决了这个问题，控制线路中停止按钮采用复合按钮 SB1，并在其常开触头上并联 KM2 的常开触头，使 KM2 能自锁。这样在用手转动电动机时，虽然 KS 的常开触头闭合，但只要不按复合按钮 SB1，KM2 就不会通电，电动机也就不会反接，只有按下 SB1，KM2 通电后制动电路才能接通。

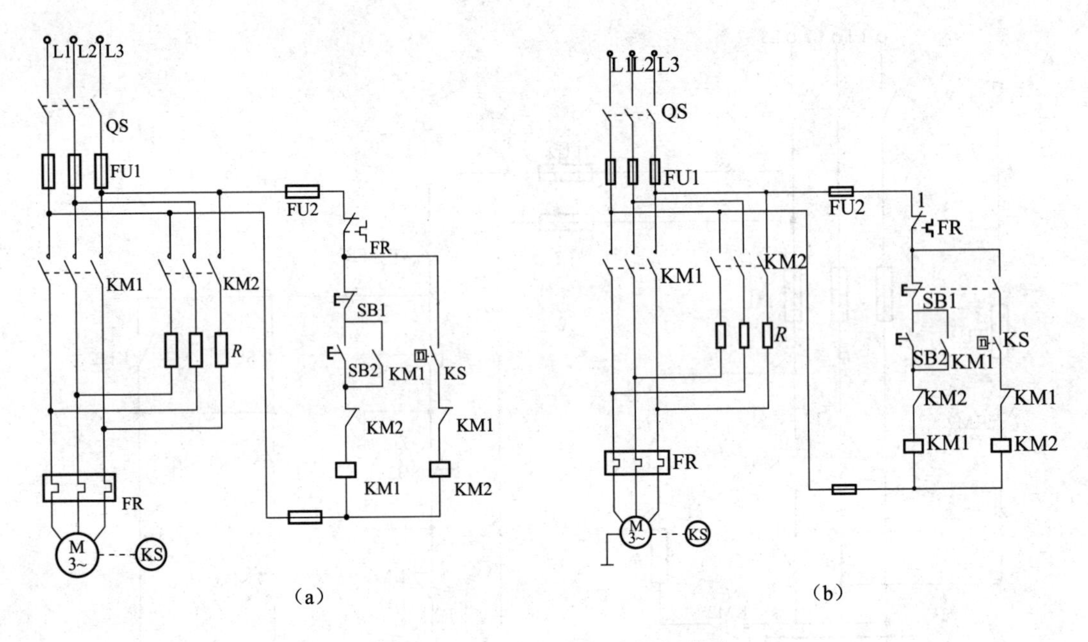

图 2－28　单向反接制动控制线路

2）电动机可逆运行反接制动控制

图 2－29 所示为笼型异步电动机以速度原则进行控制的双向启动反接制动控制线路。图中 KM1、KM2 为正、反转接触器，KM3 为短接电阻用接触器，K1～K4 为中间继电器，电阻 R 既能限制反接制动电流，又能限制启动电流。

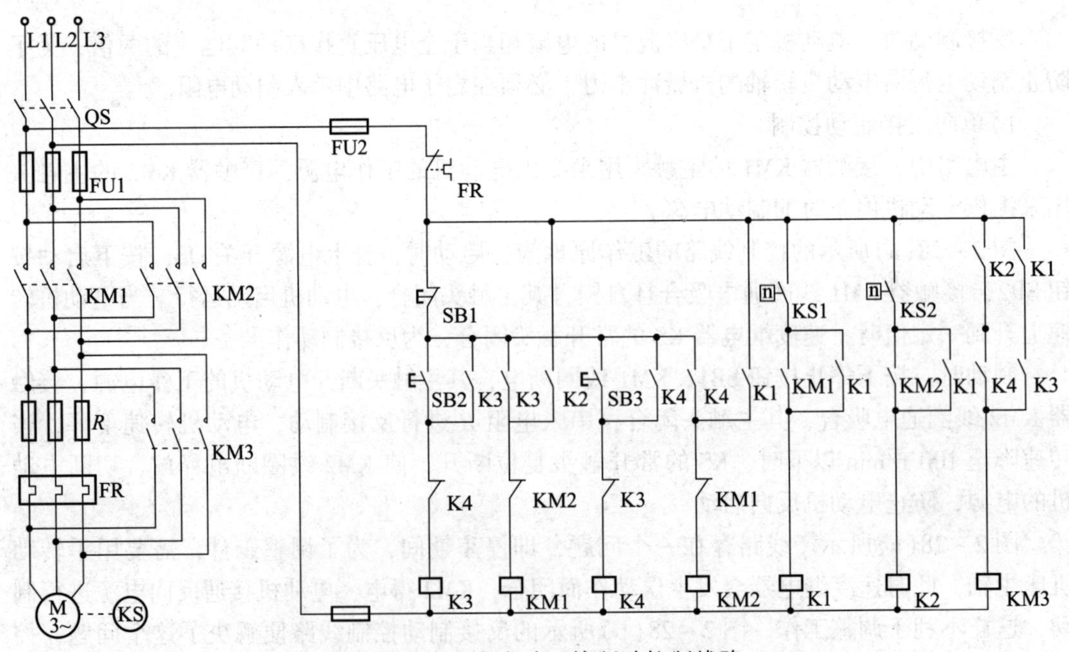

图 2－29　双向启动反接制动控制线路

该线路的工作原理如下：按下启动按钮 SB2，中间继电器 K3 线圈通电并自锁，其动合触头闭合使接触器 KM1 线圈通电，KM1 的主触头闭合，电动机串接电阻 R 降压启动，限制启动电流。当转速上升到一定值时，速度继电器 KS 动作，动合触头 KS1 闭合，中间继电器 K1 线圈通电动作并自锁，K1 的动合触头闭合，KM3 线圈得电，其主触头闭合，切除电阻 *R*，电动机在全压下正转运行。

停车时，按停止按钮 SB1，K3 及 KM1 线圈断电，触头复位，电动机正向电源被断开，此时电动机转速还较高，速度继电器的动合触头 KS1 仍保持闭合，中间继电器 K1 线圈保持通电状态。KM1 断电后，动断触头的闭合使反转接触器 KM2 线圈通电，接通电动机反向电源，进行反接制动。同时，由于中间继电器 K3 线圈断电，接触器 KM3 断电，电阻 *R* 被串入主电路，起限制制动电流的作用。电动机转速迅速下降，当转速下降到一定值时，KS 的动合触头 KS1 断开，K1、KM2 线圈断电，反接制动结束。

按反向启动按钮 SB3，其启动和制动过程与正转时相似，这里不再分析。

热继电器发热元件接于图中位置，可避免启动电流和制动电流对过载保护的不利影响。

知识训练四 普通车床的电气控制线路

一、普通车床概述

1. 普通车床的结构及运动形式

车床是一种应用最为广泛的金属切削机床，它能够完成车削外圆、内圆、端面、螺纹和螺杆，能够车削定型表面，并可以用钻头、铰刀等刀具进行钻孔、镗孔、倒角、割槽及切断等加工工作。卧式车床主要由床身、主轴变速箱、尾座进给箱、丝杠、光杠、刀架和溜板箱等几部分组成，图 2－30 所示为其结构示意。

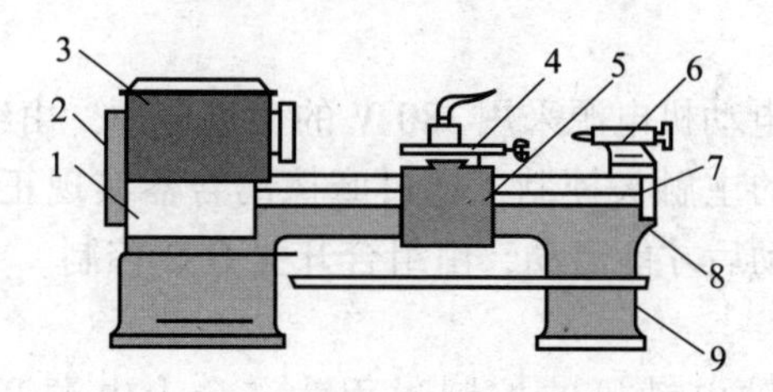

图 2－30 普通车床的结构示意

1—尾座进给箱；2—挂轮箱；3—主轴变速箱；4—溜板与刀架；
5—溜板箱；6—尾架；7—丝杠；8—光杠；9—床身

常用车床有 C6132、C6136 和 C6140 等几个型号，型号含义如图 2－31 所示。

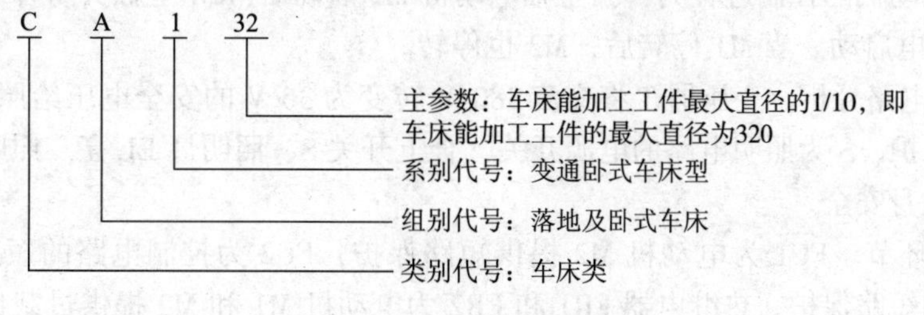

图 2－31 常用车床型号的含义

车削加工的主运动是主轴通过卡盘或顶尖带动工件的旋转运动。进给运动是溜板带动刀架作纵向或横向的直线运动。辅助运动包括刀架的快速进给与快速退回、尾座的移动与工件的夹紧与松开等。

2. 普通车床的电力拖动特点及控制要求

(1)车削加工时，应根据工件材料、刀具种类、工件尺寸、工艺要求等选择不同的切削速度，这就要求主轴能在相当大的范围内调速。目前大多数中小型车床采用三相笼型感应电动机拖动，主轴的变速是靠齿轮箱的机械有级调速来实现的，该电动机属长期工作制运行。

(2)车削加工时，一般不要求反转，但在加工螺纹时，为避免乱扣，要反转退刀。同时，加工螺纹时，要求工件旋转速度与刀具的移动速度有严格的比例关系。为此，车床溜板箱与主轴箱之间通过齿轮传动来连接，而主运动与进给运动由一台电动机拖动。为了提高工作效率，有的车床刀架的快速移动由一台单独的进给电动机拖动。

(3)车削加工时，刀具的温度高，需要冷却液来进行冷却。在此，车床备有一台冷却泵电动机，为车削工件时输送冷却液，冷却泵电动机也采用笼型异步电动机，它只需单方向旋转，而且不需要调速，属长期工作制，且与主轴电动机有着联锁关系。

(4)主轴电动机的启动、停止应能实现自动控制。一般中小型车床均采用直接启动，当电机容量较大时，常用Y-△降压启动。

(5)车床的电力拖动必须有过载、短路、失压保护。照明装置须使用安全电压。

二、C620-1型普通车床的电气控制

图2-32所示为C620-1型普通车床的电气控制原理示意。

1. 主电路分析

C620-1型卧式车床电动机电源采用380 V的交流电源，由组合开关QS1引入。主轴电动机M1的启停由KM的主触头控制，通过摩擦离合器实现正反转。冷却泵电动机M2必须在主轴电动机M1启动后才能启动，由组合开关QS2控制。

2. 控制电路分析

(1)电动机控制。主轴电动机的控制过程为：合上电源开关QS1，按下启动按钮SB2，接触器KM线圈通电，主触头闭合接通电源，使电动机得电运转，同时并联在SB2两端的KM辅助常开触头闭合，实现自锁。按下停止按钮SB1，接触器KM断电释放，M1停转。

冷却泵电动机的控制过程为：当主轴电动机M1启动后(KM主触头闭合)，合上QS2，电动机M2得电启动。当M1停转后，M2也停转。

(2)照明电路分析。变压器T将交流380 V转变为36 V的安全电压给照明电路供电，FU3为短路保护，S为照明电路的电源开关，合上开关S，照明灯EL亮。照明电路必须接地，以确保人身安全。

(3)保护环节。FU1为电动机M2提供短路保护，FU2为控制电路的短路保护，FU3为照明电路的短路保护。热继电器FR1和FR2为电动机M1和M2提供过载保护，它们的动断触头串联在控制电路中，只要电动机M1和M2中有一台过载，相对应的热继电器的

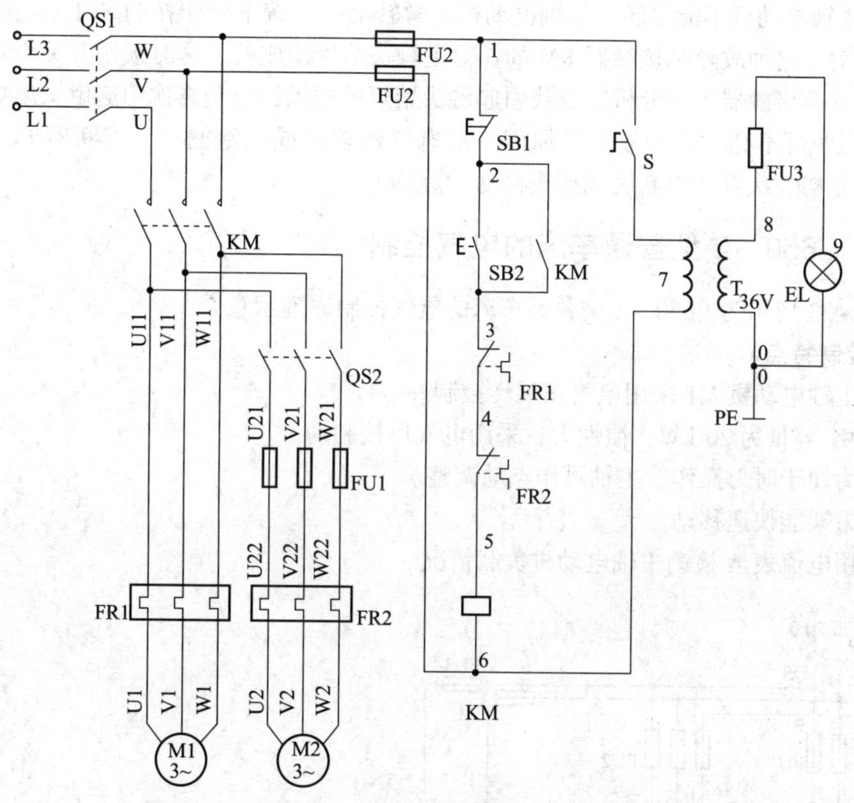

图 2－32　C620－1 型普通车床的电气控制原理示意

动断触头断开，从而使控制电路失电，接触器 KM 断电释放，所有电动机停转，起到了保护作用。接触器 KM 还具有欠压和失压保护作用。

3. 常见故障分析

(1) 主轴电动机不能启动。发生此类故障时，首先应重点检查 M1 主电路熔断器是否完好，然后检查热继电器 FR1、FR2 是否动作，若热继电器动作，必须找出引起热继电器动作的原因。热继电器动作可能是由于热继电器规格不当，也可能是由于电动机频繁动作。其次，检查接触器是否正常，线圈引线是否松动，3 对主触头是否接触良好，是否有机械机构卡住现象。

(2) 主轴电动机断相运行。按下启动按钮 SB2 后，主轴电动机不能启动或转动很慢，且发出"嗡嗡"声，或在运行中忽然发出"嗡嗡"响声，这种现象是电动机三相电源有一相断路所致。引起这类故障的原因可能是：转换开关某一相接头处接触不良、三相熔断器有一相熔断、接触器的 3 对主触头中有 1 对接触不良、电动机定子绕组的某一相导线接线端接触不良等。

遇到这种故障时，应立即切断电源，否则电动机会被烧坏。

(3) 主轴电动机能启动但不能自锁。当按下启动按钮 SB2 时，主轴电动机能启动运转，但松开按钮 SB2 后，主轴电动机便停止运行。造成这种故障的原因是接触器 KM 不能自锁，其原因是自锁触头连接导线松动或接触不良、自锁触头表面不洁、有油污等。

(4)主轴电动机不能停转。主轴电动机正常转动时，按下停止按钮 SB1 后，电动机不能停止转动。这种故障是接触器 KM 的 3 对主触头熔焊造成的。这时须用开关 QS1 切断电源，然后更换接触器，并分析、查找引起触头熔焊的原因，以免再次引起触头熔焊。

(5)照明灯不亮。这种故障的原因一般有灯丝熔断或气泡漏气，熔断器 FU3 熔丝熔断，变压器初、次级绕组断线或接头松动、短路等。

三、C650 -2 型普通车床的电气控制

图 2 -33 所示为 C650 -2 型普通车床的电气控制原理示意。

1. 控制特点

(1)主轴电动机 M1 采用电气正反转控制。

(2)M1 容量为 20 kW，惯性大，采用电气反接制动。

(3)为便于对刀操作，主轴可作点动调整。

(4)刀架能快速移动。

(5)用电流表 A 检测主轴电动机负载情况。

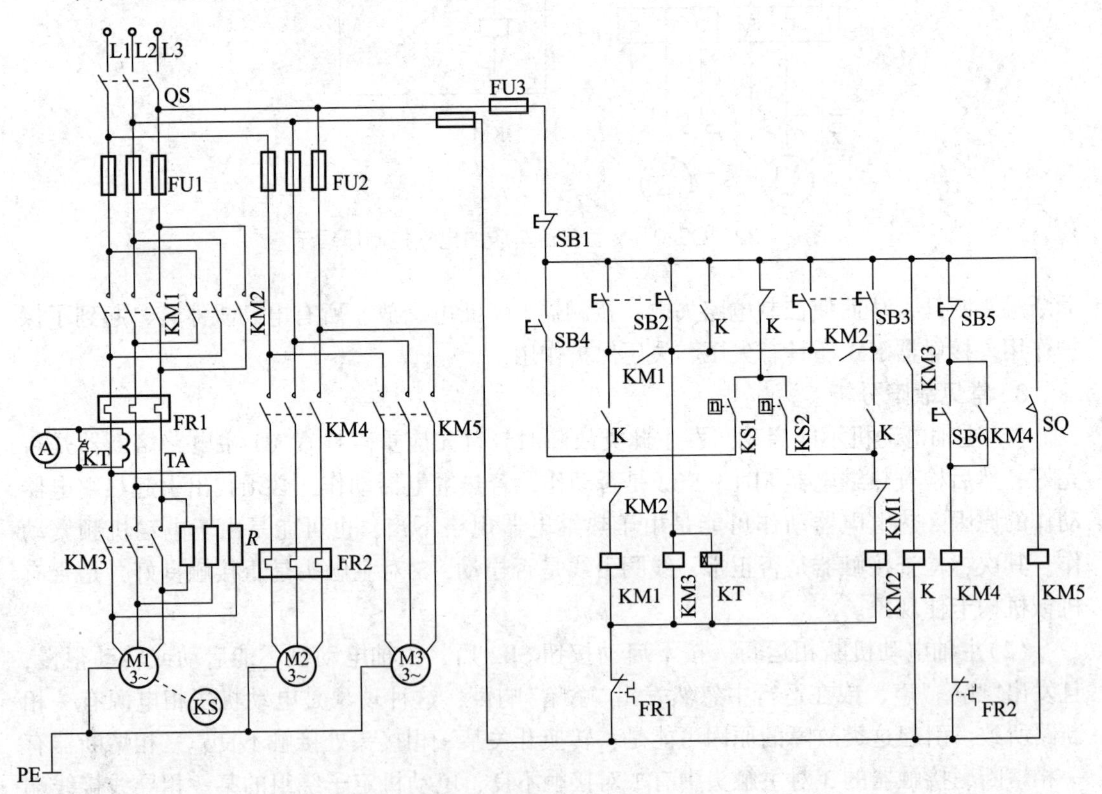

图 2 -33 C650 -2 型普通车床的电气控制原理示意

2. 控制电路分析

(1)主轴点动调整控制。点动操作时，按下点动控制按钮 SB4，接触器 KM1 得电，主触头闭合，使电动机串限流电阻 R 低速启动运行。K 不通电，因此 KM1 不会自锁，松开按钮 SB4 后，电动机停转。由于点动操作是为了便于调整工具，因此电动机只需单方向

旋转。

(2)主轴正、反转控制。主轴正转启动操作时，按下正转启动按钮 SB2，这时 KM3 和 KT 线圈通电，KM3 的主触头将限流电阻 *R* 短接，辅助触头闭合使中间继电器 K 通电。K 线圈通电后，其常开触头闭合，使 KM1 线圈通电，电动机正转启动。由于中间继电器 K 常开触头闭合，启动按钮 SB2 在松开后，KM1、KM3、KT、K 4 个线圈仍能保持通电，起到了自锁作用。

主轴反转启动按钮为 SB3，反转接触器为 KM2，反转时电路的动作过程与正转时相似。

(3)主轴电动机反接制动停车控制。主轴电动机运行时，中间继电器 K 的常闭触头断开，速度继电器相应的触头为闭合状态，正转时 KS2 闭合，反转时 KS1 闭合，为反接制动做好准备。停车时按下停止按钮 SB1，电动机断电。松开 SB1 后，因为控制电路中的所有常闭触头都已闭合，所以 KM2(若电动机原为正转)通电，进行反接制动。

反接制动时，由于 KT 和 KM3 都不得电，因此电流表被短接，限流电阻被串入。

(4)刀架快速移动控制。刀架快速移动由电动机 M3 拖动。当刀架快速移动操作手柄压合行程开关 SQ 时，接触器 KM5 线圈得电，其主触头闭合，使 M3 直接启动。手柄移开时，SQ 复位分断，KM5 线圈断电，M3 停止转动，刀架快速移动结束。

(5)冷却泵控制。按下启动按钮 SB6，接触器 KM4 线圈得电，其主触头闭合，冷却泵电动机 M2 得电运行，需要停止时按下停止按钮 SB5。

(6)主轴电动机负载检测及保护环节。主回路采用电流表监视主电动机负载情况，电流表通过互感器 TA 接入。为了防止启动电流冲击电流表，线路用了一个时间继电器 KT。启动时，KT 线圈得电，由于延时时间未到，KT 的延时断开的常闭触头闭合，电流表被短接，没有电流通过。启动完成后，时间继电器 KT 延时时间到，常闭触头断开，此时电流才流过电流表，因此时间继电器的延时时间应稍长于电动机 M1 的启动时间。反接制动时，KT 线圈不得电，电流也不流经电流表。因此，电动机启动和反接制动时的冲击电流不会流经电流表而对其有所损害。

3. 常见故障分析

(1)主轴电动机不能点动。可能的原因是：点动按钮 SB4 的常开触头损坏或接线脱落。

(2)主轴电动机不能进行反接制动。可能的原因是：速度继电器损坏或接线脱落、电阻 *R* 损坏或接线脱落。

(3)不能检测主轴电动机负载。可能的原因是：电流表损坏、时间继电器设定时间太短或损坏、电流互感器损坏。

知识训练五　电气装配的工艺要求

电气装配工艺包括安装工艺和(按原理图或接线图的)配线工艺。

一、电器安装的工艺要求

这里主要介绍电器箱内或电器板上的安装工艺要求。

对于定型产品必须按电器布置图、电气安装接线图和工艺的技术要求去安装电器，须符合国家或企业的标准化要求。

对于只有电气原理图的安装项目或现场安装工程项目，决定电器的安装、布局的过程，其实也就是电气工艺设计和施工作业同时进行的过程，因此布局安排是否合理，在很大程度上影响着整个电路的工艺水平及安全性和可靠性。电器安装时要注意以下几点：

(1) 仔细检查所用器件是否良好，规格型号等是否合乎图纸要求。

(2) 刀开关应垂直安装。合闸后，应手柄向上指，分闸后应手柄向下指，不允许平装或倒装；受电端应在开关的上方，负荷侧应在开关的下方，保证分闸后闸刀不带电。自动开关也应垂直安装，受电端应在开关的上方，负荷侧应在开关的下方。安装组合开关时应使手柄旋转在水平位置为分断状态。

(3) RL 系列熔断器的受电端应为其底座的中心端。RT0、RM 等系列熔断器应垂直安装，其上端为受电端。

(4) 带电磁吸引线圈的时间继电器应垂直安装。保证使继电器断电后，动铁芯释放后的运动方向符合重力垂直向下的方向。

(5) 各器件安装位置要合理、间距适当，以便于维修查线和更换器件。要整齐、匀称、平正，使整体布局科学、美观、合理，为配线工艺提供良好的基础条件。

(6) 器件的安装紧固要松紧适度，保证既不松动，也不因过紧而损坏器件。

(7) 安装器件要使用适当的工具，禁止用不适当的工具安装或进行敲打式的安装。

二、板前配线的工艺要求

板前配线是指在电器板正面明线敷设，完成整个电路连接的一种配线方法。这种配线方式的优点是便于维护检修和查找故障，讲究整齐美观，因此配线速度稍慢，是一种基本的配线方式。一般应注意以下几点：

(1) 导线尽可能靠近元器件走线，尽量用导线颜色分相，必须符合平直、整齐、走线合理等要求。导线的颜色标志为：保护导线采用黄绿双色；动力电路的中性线和中间线采用浅蓝色；交、直流动力线路采用黑色；交流控制电路采用红色；直流控制电路采用蓝色等。

(2) 对明露导线要求横平竖直，导线之间避免直接交叉。导线转弯应成 90°带圆弧的直角，在接线时可借助螺丝刀刀杆进行弯线，避免用尖嘴钳等直接弯线，以免损坏导线绝缘。

(3) 控制线应紧贴控制板面布线，主回路线相邻元件间距短时可“空中走线”。

(4) 板前明线布线时，布线通道应尽可能少，同路并行导线按主、控电路分类集中。

(5) 排线要求横平竖直，整齐美观。变换走向应垂直变向，杜绝行线歪斜。

(6) 可移动控制按钮连接线必须用软线，与配电板上元器件连接时必须通过接线端，并加以编号。

(7) 所有导线从一个端子到另一个端子的走线必须是连续的，中间不得有接头。

(8) 压线必须可靠、不松动。不能压到绝缘皮上，露铜不能超过 3 mm，导线与端子的接线一般是一个端子只连接一根导线，最多不得超过两根。

(9) 线端剥皮的长短要适当，并且保证不伤芯线。

(10) 主、控回路的线端均应穿套线头码(回路编号)，以便于装配和维修。

(11) 装接线路的顺序一般以接触器为中心由里向外，由低向高，先控制电路后主电路，先接的导线不能妨碍后继的布线。电器元件的进出线则必须按照上面为进线、下面为出线、左边为进线、右边为出线的原则接线。

(12) 主、控线路在空间的平面层次，不宜多于 3 层。同一类导线，要尽量同层密排或间隔均匀。除过短的行线外，一般要紧贴敷设面走线。同一平面层次的导线应高、低一致，前、后一致，避免交叉。

(13) 器件的接线端子，应该直压线的必须用直压法，该做圈压线的必须围圈压线，并要避免反圈压线。一个接(压)线端子上要避免“一点压三线”。

三、槽板配线的工艺要求

槽板配线是采用线槽板做行线通道，除器件接线端子处一段引线暴露外，其余行线隐藏于槽板内的一种配线方法。它的特点是配线工艺相对简单、配线速度较快，适用于某些定型产品批量生产的配线，但线材和槽板消耗较多。

配线作业中除了在剥线、压线、端子使用等方面与板前配线有相同的工艺要求外，还应注意以下几点：

(1) 根据行线数量和导线截面来估算和确定槽板的规格型号。配线后，导线约占槽板内空间容积的 70%。

(2) 规划槽板的走向，并按合理尺寸裁割槽板。

(3) 槽板换向应拐直角弯，衔接方式宜用横、竖各 45°对插方式。

(4) 槽板与器件的间隔要适当，以方便压线和换件。

(5) 槽板安装要紧固可靠，避免敲打引起破裂。

(6) 所有行线的两端应无一遗漏地、正确地套装与原理图一致编号的线头码。这一点比板前配线的要求得更为严格。

(7) 应避免槽板内的行线过短而拉紧，应留有少量的裕度。槽板内的行线也应尽量减少交叉。

(8) 穿出槽板的行线要尽量保持横平竖直、间隔均匀、高低一致，避免交叉。

知识训练六 控制线路中的故障检修方法

一、检修步骤

电气设备在运行过程中，如果发生故障，应立即切断电源，停车进行检修。

1. 故障判断

(1) 电气设备出现故障后，首先应向操作者了解故障发生前、后电气设备的详细运行情况，如故障经常发生还是偶然发生，有哪些现象(有无异常的响声、冒烟、冒火和气味等，故障发生前有无频繁启动、停止和过载)，是否经过保养检修等。

(2) 根据故障的现象，分析故障可能在电路中哪些电器上发生，应重点查看热继电器等保护类电器是否已动作、熔断器的熔丝是否熔断、各个触头和接线处是否松动或脱落、导线的绝缘是否破损或短路。

(3) 判断电动机、变压器和其他电器元件在正常运行时的声音和发生故障时的声音有无明线差异，有利于寻找故障部位。

(4) 切断电源，用手触摸电动机、电容、电阻、继电器等电器的表面有无过热现象。

2. 故障分析

机床设备发生故障后，为了能迅速找到故障位置，必须熟悉机床的电气线路，在弄清楚控制线路原理的基础上，对照机床电气控制箱内的电器，熟悉每台电动机各自所用的控制电器和保护电器。然后，根据故障现象结合电气原理图进行分析，仔细检查，逐个排查故障发生的原因，缩小故障范围。

断电检查的一般顺序如下：

首先从主电路着手，看主电路中的几个电动机是否正常，然后检查主电路的触头系统、热元件、熔断器、隔离开关及线路本身是否有故障；接着检查控制回路的线路接头、自锁或联锁触头、电磁线圈是否正常，检查制动装置、传动机构中工作不正常的范围，从而找出故障部位。

其次进行通电检查。通电检查的一般方法是：操作某一局部功能的按钮或开关，观察与其相关的接触器、继电器等是否正常动作，若动作顺序与控制线路的工作原理不相符，即说明与此相关的电器存在故障。

有些设备元件的故障是由于机械部分的联锁机构、传动装置等发生问题，应请各工种的机修人员共同进行检查。

排查故障后，要做好维修记录，以便当今后遇到这样的情况时可以迅速处理。

二、检查方法

1. 电阻测量法

按图 2-34(a)所示线路接线。将万用表旋到电阻挡的适当量程上，断开电源以及被测电路与其他电路并联的接线。

(1) 测量端点 1、3 之间的电阻值，若数值为无穷大，说明热继电器已经动作或接线松脱。

(2)测量端点3、4之间的电阻值，若数值为无穷大，说明按钮SB1接线松脱。

(3)测量端点4、5之间的电阻值，当按下按钮SB2时，万用表显示应为零；松开SB2，阻值应为无穷大。

对于接触器线圈这类耗能元件，两端的电阻值应与铭牌上所标注的值相符，若阻值偏大，说明内部接触不良，若阻值偏小或为零，说明内部绝缘损坏或被击穿。

2. 电压测量法

电压测量法是根据电压值判断电器元件和电路的故障，如图2－34(b)所示。检查时把万用表旋到交流电压500 V挡位上，用黑表笔接地，红表笔一次测量一个端点电压。一般主令电器(如按钮)常开触头的出线端在正常情况下无电压，常闭触头的出线端所测电压与电源电压相符，若有外力作用使触头动作，则现象刚好相反。对于耗能元件(如电磁线圈)不能用该方法确定其故障原因。电压测量法的操作步骤如下：

(1)断开主电路，接通控制电路电源。

(2)将黑表笔接到端点2上，即接地，用红表笔测量端点1。若电压表读数为零，说明电源部分有故障，可以检查电源电压变压器和熔断器等；若显示为正常，则继续以下步骤。

(3)按下SB2，若KM得电吸合并自锁，则说明控制电路正常，可以检查其主电路；若KM不能正常工作，则继续下一步。

(4)用红表笔测量端点3。若电压表显示值与正常电压不相符，则有可能是触头或引线接触不良；若显示为零，则可以检查热继电器是否动作。

(5)用红表笔测量端点4，若电压表显示为零，则检查按钮SB1是否接触不良或复位。

(6)按下SB2，测量端点5，若电压表显示为零，则有可能是触头接触不良或接线松脱；若电压表显示正常，则有可能是KM内部开路故障。

实际检查线路故障时，往往将两种方法结合运用，再结合前面的故障分析方法，迅速查明故障原因维检修。

技能训练

技能训练一　按钮、时间继电器的检测

一、训练目的

(1)了解时间继电器、按钮的结构。

(2)熟悉按钮的测量方法。

(3)掌握时间继电器延时时间的调整方法。

二、训练器材

按钮、时间继电器、螺丝刀、尖嘴钳和万用表。

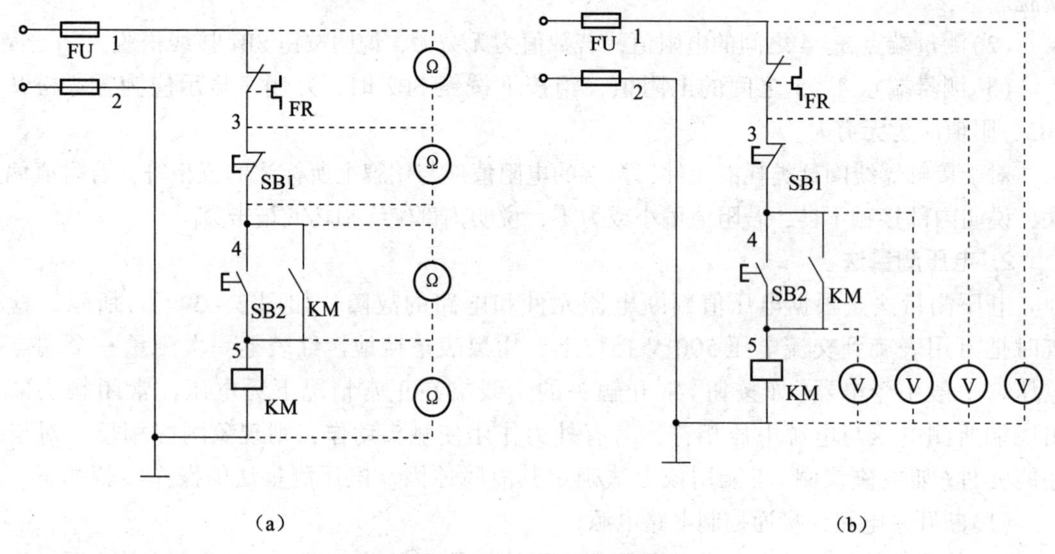

图2-34 故障检查线路

(a)电阻检测法；(b)电压测量法

三、训练步骤

1. 按钮

(1)观察其结构。

(2)用万用表的电阻挡判断按钮各触头的通断情况。

观察结论：________________________________。

2. 时间继电器

(1)记录本次实验的时间继电器型号：________________。

(2)观察时间继电器的延时触头和瞬动触头，用万用表的电阻挡测量。分离时间继电器的电磁机构部分和气囊部分，观察其结构(注意：不要将气囊部分拆开)。

(3)将电磁机构部分旋转180°后，再将继电器装好，比较电磁机构部分旋转前、后延时触头的动作有何区别。

(4)调节延时转轴，观察顺时针方向旋转时，延时时间有何变化。

观察结论：________________________________。

技能训练二 交、直流电压继电器动作电压的整定

一、训练目的

(1)熟悉交、直流电压继电器的结构、型号规格及使用方法。

(2)掌握交、直流电压继电器的吸合电压和释放电压的整定方法。

二、训练器材

交、直流电压继电器，指示灯，滑动变阻器和闸刀开关各1个。

三、训练步骤

(1)记录所选交、直流电压继电器的型号与参数。

(2)按图2-35所示电路接线。指示灯亮，就表示衔铁已经动作。

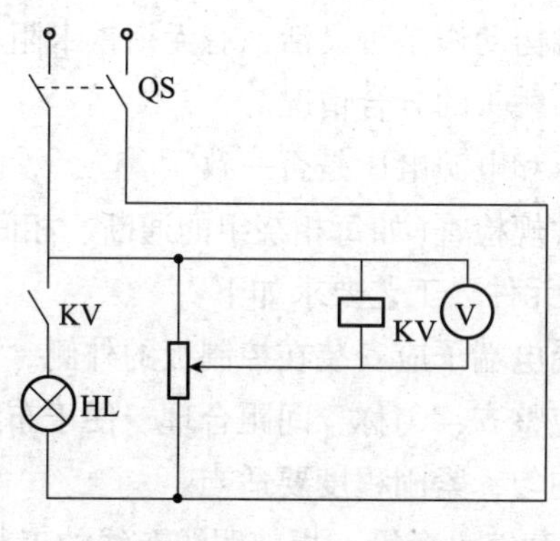

图2-35　实验电路

(3)吸合电压的整定：合上闸刀开关QS，接通电源，移动滑动端点，将电压调节到所要求的吸合电压值。吸合电压值调好后，滑动端点就不再改变。这时，改变释放弹簧的松紧，直到衔铁刚好产生吸合动作即指示灯亮为止。

(4)释放电压的整定：合上闸刀开关QS，接通电源使衔铁吸合。移动滑动端点，将线圈电压减小到释放电压位置。若衔铁不释放，则拉开刀闸QS，在衔铁内侧面加装非磁性垫片。重新合刀闸，若衔铁还不释放，则再打开刀闸QS，增加非磁性垫片的厚度，直至衔铁刚好产生释放动作时为止。指示灯熄灭则表示衔铁进入释放状态。

技能训练三　三相异步电动机单向运行控制线路板的制作

一、训练目的

(1)明确线路中的所有电器元件及其作用，熟悉电路的工作原理。

(2)掌握电气线路布线的基本要求及导线的各种处理工艺。

二、训练器材

(1)工具：螺钉旋具、斜口钳、尖嘴钳、剥线钳、电工刀等。

(2)仪表：万用表。

(3)器材：

①控制板1块(木、铁制均可，参考尺寸为600 mm×500 mm)。

②导线及规格：单芯绝缘塑料导线(主回路线BLV-500-2.5 mm^2，控制回路线1.0～1.5 mm^2，按钮线RV-500-0.75 mm^2或BV-500-1.0 mm^2均可)，其颜色要求主电路与控

制电路必须有明显的区别。

③备好编码套管。

三、训练步骤

(1)按图 2－36 所示配齐所有电器元件，并进行检验。

①电器元件的技术数据(如型号、规格、额定电压和额定电流)应完整并符合要求，外观无损伤。

②检查电器元件的电磁机构动作是否灵活，有无衔铁卡阻等不正常现象，用万用表检测电磁线圈的通断情况以及各触头的分合情况。

③检查接触器的线圈电压和电源电压是否一致。

④对电动机的质量进行常规检查(如每相绕组的通断、相间绝缘和相对地绝缘)。

(2)在控制板上安装电器元件，工艺要求如下：

①组合开关、熔断器的受电端子应安装在控制板的外侧。

②每个元件的安装位置应整齐、匀称、间距合理、便于布线及元件的更换。

③紧固各元件时用力要均匀，紧固程度要适当。

(3)进行板前明线布线和套编码套管，板前明线布线的工艺要求如下：

①布线通道尽可能少，同路并行导线按主电路和控制电路分类集中，单层密排，紧贴安装面布线。

②同一平面上的导线应高低一致或前后一致，不能交叉。非交叉不可时，应水平架空跨越，但必须走线合理。

③布线应横平竖直、分布均匀。变换走向时应垂直。

④布线时严禁损伤线芯和导线绝缘。

⑤在每根剥去绝缘层导线的两端套上编码套管。所有从一个接线端子(或线桩)到另一个接线端子(或接线桩)的导线必须连接，中间无接头。

⑥导线与接线端子或接线桩连接时，不得压绝缘层、不反圈及不露铜过长。

⑦一个电器元件接线端子上的连接导线不得多于两根。

(4)根据电气安装接线图检查控制板布线是否正确。

(5)安装电动机。

(6)连接电动机和按钮金属外壳的保护接地线(若按钮采用塑料外壳，则按钮外壳不需接地线)。

(7)连接电源、电动机等控制板外部的导线。

(8)自检。

①按电路原理图或电气安装接线图从电源端开始，逐段核对接线及接线端子处是否正确，有无漏接、错接之处。检查导线节点是否符合要求，压接是否牢固。接触应良好，以免带负载运行时产生闪弧现象。

②用万用表检查线路的通断情况。检查时，应选用倍率适当的电阻挡，并进行校零，以防短路故障发生。对控制电路的检查(可断开主电路)，可将表笔分别搭在 V11、W11 线

端上，读数应为“∞”。按下 SB 时，读数应为接触器线圈的电阻值，然后断开控制电路再检查主电路有无开路或短路现象，此时可用手动操作代替接触器通电进行检查。

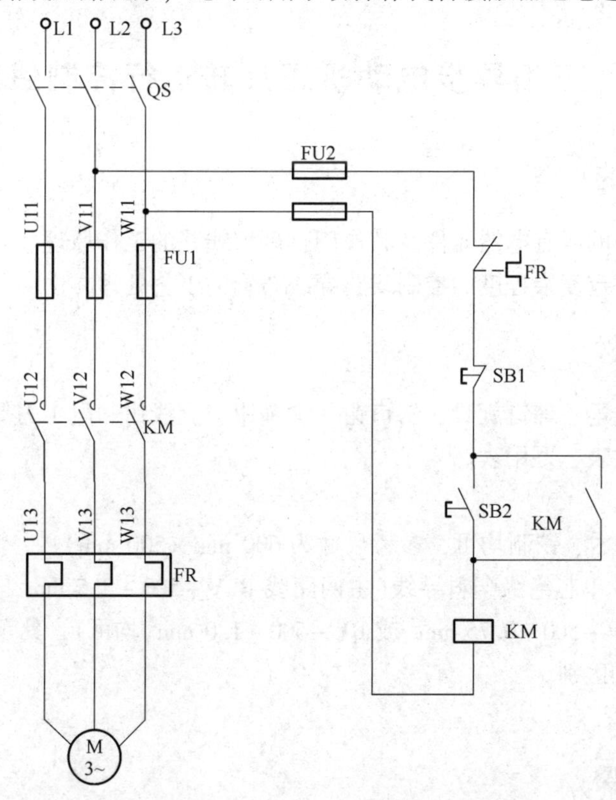

图 2-36　三相异步电动机单向连续运行控制线路原理示意

③用兆欧表检查线路的绝缘电阻，应不小于 0.5 MΩ。

(9)通电试车，排查故障。

四、注意事项

(1)电动机及按钮的金属外壳必须可靠接地(若按钮采用塑料外壳，则按钮外壳不需要接地线)。

(2)按钮内接线时，用力不可过猛，以防螺钉打滑。

(3)按钮内部的接线不要接错，启动按钮必须接常开按钮(可用万用表的欧姆挡判别)。

(4)触头接线必须可靠、正确，否则会造成主电路中两相电源短路事故。

(5)接触器的自锁触头应并接在启动按钮的两端，停止按钮应串接在控制电路中。

(6)热继电器的热元件应串接在主电路中，其常闭触头应串接在控制电路中，两者缺一不可，否则不能起到过载保护作用。

(7)继电器的整定电流应按电动机的额定电流自行整定。

(8)热继电器因电动机过载动作后，若再次启动电动机，必须等热元件冷却后才能使热元件复位(自动复位时应在动作后 5 min 内完成；手动复位时，在动作 2 min 后按下手动复位按钮，热继电器应复位)。

(9)编码套管套装要正确。

技能训练四　三相异步电动机正反转运行控制线路板的制作

一、训练目的

(1)明确线路中的所有电器元件及其作用，理解线路的工作原理。

(2)掌握具有一定复杂程度的控制线路导线布置的工艺处理方法。

二、训练器材

(1)工具：测电笔、螺钉旋具、斜口钳、尖嘴钳、剥线钳和电工刀等。

(2)仪表：兆欧表、万用表。

(3)器材：

①控制板1块(木、铁制均可，参考尺寸为600 mm×500 mm)；

②导线及规格：单芯绝缘塑料导线(主回路线BLV－500－2.5 mm^2，控制回路线1.0～1.5 mm^2，按钮线RV－500－0.75 mm^2 或BV－500－1.0 mm^2 均可)，其颜色要求主电路与控制电路必须有明显的区别。

③备好编码套管。

三、训练步骤

(1)按图2－37所示配齐所有电器元件，并进行检验。

①电器元件的技术数据(如型号、规格、额定电压、额定电流)应完整并符合要求，外观无损伤。

②检查电器元件的电磁机构动作是否灵活，有无衔铁卡阻等不正常现象，用万用表检测电磁线圈的通断情况以及各触头的分合情况。

③检查接触器的线圈电压和电源电压是否一致。

④对电动机的质量进行常规检查(如每相绕组的通断、相间绝缘和相对地绝缘)。

(2)在控制板上安装电器元件，工艺要求如下：

①组合开关、熔断器的受电端子应安装在控制板的外侧。

②每个元件的安装位置应整齐、匀称、间距合理，便于布线及元件的更换。

③紧固各元件时用力要均匀，紧固程度要适当。

(3)进行板前明线布线和套编码套管，板前明线布线的工艺要求如下：

①布线通道尽可能少，同路并行导线按主、控制电路分类集中，单层密排，紧贴安装面布线。

②同一平面上的导线应高低一致或前后一致，不能交叉。非交叉不可时，应水平架空跨越，但必须走线合理。

③布线应横平竖直、分布均匀；变换走向时应垂直。

④布线时严禁损伤线芯和导线绝缘。

⑤在每根剥去绝缘层导线的两端套上编码套管。所有从一个接线端子(或线桩)到另一个接线端子(或接线桩)的导线必须连接，中间无接头。

⑥导线与接线端子或接线桩连接时，不得压绝缘层、不反圈及不露铜过长。

⑦一个电器元件接线端子上的连接导线不得多于两根。

(4)根据电气安装接线图检查控制板布线是否正确。

(5)安装电动机。

(6)连接电动机和按钮金属外壳的保护接地线(若按钮采用塑料外壳，则按钮外壳不需接地线)。

(7)连接电源、电动机等控制板外部的导线。

(8)检查线路，确保接线正确。

(9)通电试车，排查故障。

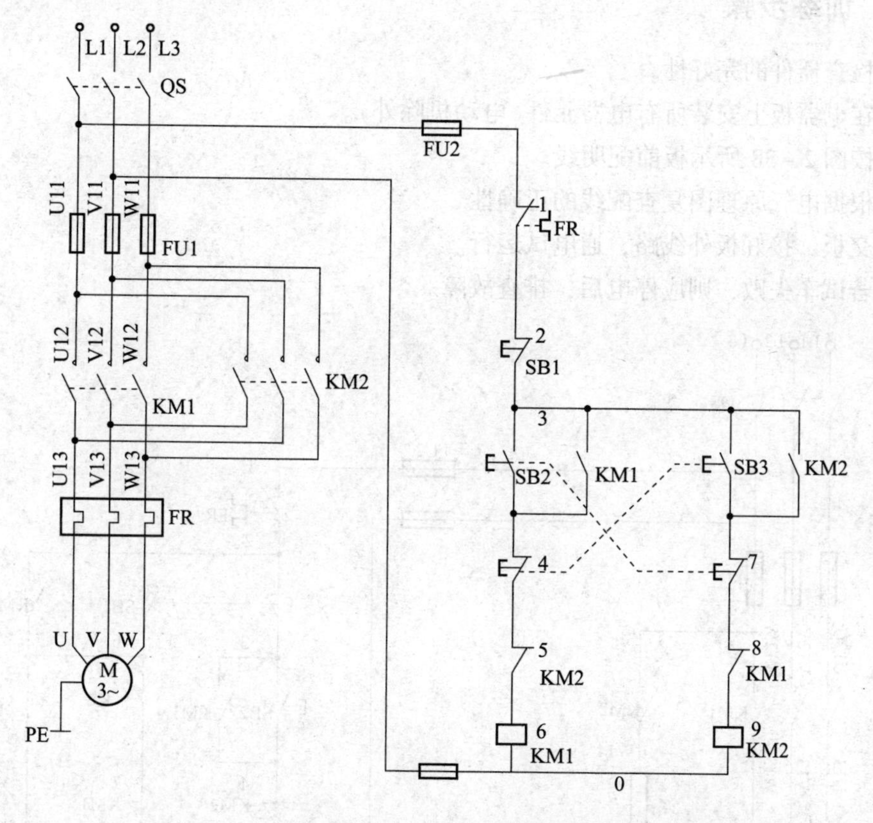

图2－37　三相异步电动机正反转控制线路原理示意

技能训练五　三相异步电动机能耗制动控制线路的安装

一、训练目的

(1)明确线路中的所有电器元件及其作用，理解能耗制动控制线路的工作原理。

(2)掌握能耗制动控制线路的接线方法、布线及工艺要求。

二、训练器材

(1)工具：测电笔、螺钉旋具、斜口钳、尖嘴钳、剥线钳和电工刀等。

(2)仪表：兆欧表和万用表。

(3)器材：

①控制板 1 块(木、铁制均可，参考尺寸为 600 mm×500 mm)。

②导线及规格：单芯绝缘塑料导线(主回路线 BLV－500－2.5 mm^2，控制回路线1.0～1.5 mm^2，按钮线 RV－500－0.75 mm^2 或 BV－500－1.0 mm^2 均可)，其颜色要求主电路与控制电路必须有明显的区别。

③备好编码套管。

三、训练步骤

(1)检查器件的完好性。

(2)在电器板上安装所有电器元件(电动机除外)。

(3)按图 2－38 所示板前配明线。

(4)根据电气原理图复查配线的正确性。

(5)交板，接好板外线路，通电试运行。

(6)若试车失败，则应停电后，排查故障。

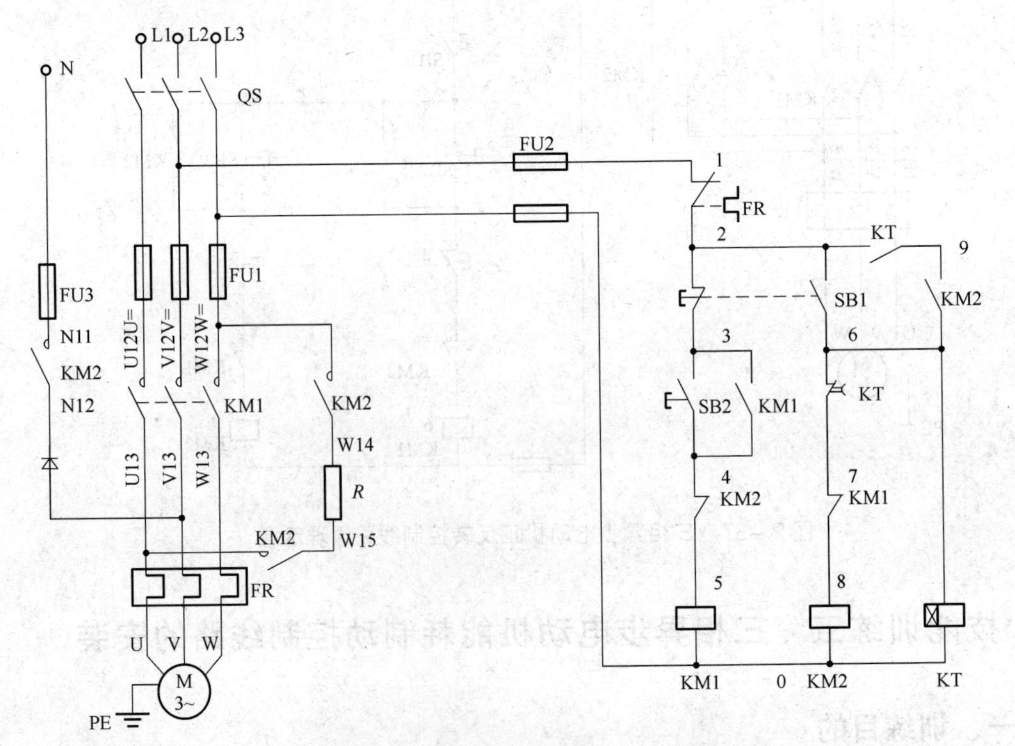

图 2－38 三相异步电动机能耗制动控制线路

技能训练六　三相异步电动机反接制动控制线路的安装

一、训练目的

(1)明确线路中的所有电器元件及其作用，理解反接制动控制线路的工作原理。

(2)掌握反接制动控制线路的接线方法、布线及工艺要求。

二、训练器材

小容量三相异步电动机1台、转换开关1只、CJ0－10交流接触器2只、热继电器1只、JFZ0型速度继电器1只、转速计1只、电阻器5只、复式按钮2只、接线板1块、导线若干。

三、训练步骤

(1)按图2－39所示手动反接制动线路接线，经指导教师检查后方可通电实验。

①将SA开关扳向正转启动位置使电动机运转。

②电动机稳定运行后，再将SA开关扳至0位切断电源，让电动机自行停车，记录从断电至完全停转的时间。

③再次接通开关SA使电动机启动至稳定运行。

④将转速计与电动机相接，将开关SA由“正转”扳向“反接制动”，待电动机转速接近100 r/min时再将开关SA扳向0位，记录制动时间。

⑤比较两次的停转时间。

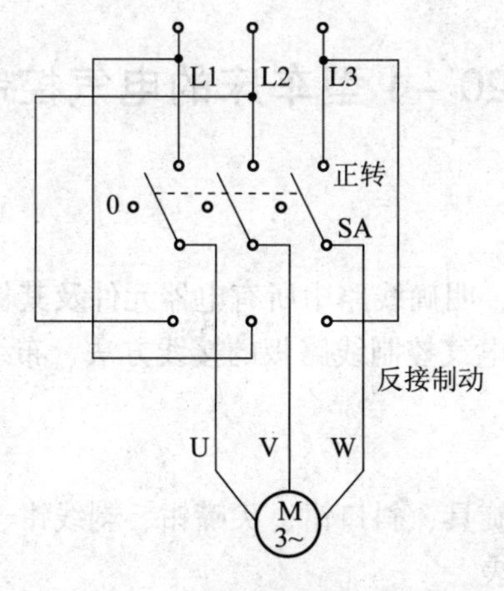

图2－39　手动反接制动控制线路

(2)按图2－40所示线路接线，完成单向运行反接制动线路的安装，经指导教师检查后方可通电。

①合上电源开关QS。

②按启动按钮SB1，使电动机启动并进入稳定运行状态。

③将停止按钮SB2按到底，直到电动机完全停车，实行自动控制的反接制动。

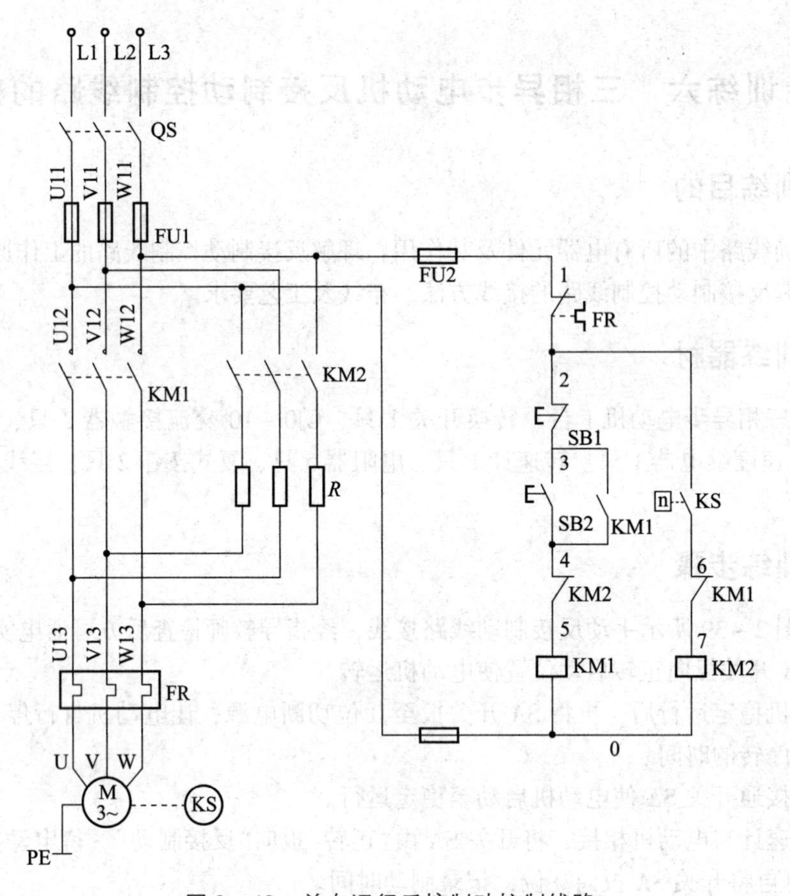

图 2－40　单向运行反接制动控制线路

技能训练七　C620－1 型车床的电气控制线路板的制作

一、训练目的

(1)熟悉线路的工作原理，明确线路中所有电器元件及其作用。

(2)掌握 C620－1 型车床电气控制线路板的接线方法、布线及工艺要求。

二、训练器材

(1)工具：测电笔、螺钉旋具、斜口钳、尖嘴钳、剥线钳、电工刀等。

(2)仪表：兆欧表、万用表。

(3)器材：

①控制板 1 块(包括所用的低压电器)。

②导线及规格：主电路导线由电动机容量确定；控制电路一般采用截面面积为 1 mm^2 的铜芯导线(BV)；按钮线一般采用截面面积为 0.75 mm^2 的铜芯线(RV)；导线的颜色要求主电路与控制电路必须有明显的区别。

③备好编码套管。

三、训练步骤

(1)按图2－32所示线路配齐所有电器元件，并进行检验。

(2)在控制板上安装电器元件。

(3)进行板前明线布线和套编码套管，注意板前明线布线的工艺要求。

(4)根据电气安装接线图检查控制板布线是否正确。

(5)安装电动机。

(6)连接电动机和按钮金属外壳的保护接地线(若按钮采用塑料外壳，则按钮外壳不需接地线)。

(7)接电源、电动机等控制板外部的导线。

(8)检查线路，确保接线正确。

(9)通电试车，排查故障。

四、注意事项

(1)电动机及按钮的金属外壳必须可靠接地(若按钮采用塑料外壳，则按钮外壳不需接地线)。

(2)按钮内接线时，用力不可过猛，以防螺钉打滑。

(3)按钮内部的接线不要接错，启动按钮必须接常开按钮(可用万用表的欧姆挡判别)。

技能训练八　C620－1型普通车床电气控制线路的检修

一、训练目的

掌握C620－1型普通车床电气控制线路的故障分析和检修方法。

二、训练器材

(1)工具：电工绝缘鞋、低压验电笔、电工尖嘴钳、电工钢丝钳、平口及十字电工用螺钉旋具、剥线钳、电工刀。

(2)仪表：万用表、兆欧表、钳形电流表。

三、训练步骤

(1)参照电气原理图、电器布置图和机床接线图，熟悉车床电器元件的分布位置和走线情况。

(2)在指导教师的指导下对车床进行操作，了解车床的各种工作状态及操作方法。

(3)检修步骤如下：

①用通电试验法观察故障现象。

②根据故障现象，依据电路图用逻辑分析法确定故障范围。

③采取正确的检查方法查找故障点，并排查故障。

④检修完毕进行通电试验，并做好维修记录。

四、注意事项

(1)熟悉 C620－1 型车床电气控制线路的基本环节及控制要求。

(2)检修所用工具、仪表应符合使用要求。

(3)排查故障时，必须修复故障点，但不得用元件替换法。

(4)检修时严禁扩大故障范围而产生新的故障。

(5)带点检修时要注意安全，必须有指导老师进行现场监护。

(6)检修完毕进行通电试验，并将故障排查过程填入表 2－2。

表 2－2 故障排查过程记录

故障现象	可能原因	处理方法

知识拓展

其他类型的时间继电器。

一、直流电磁式时间继电器

图 2－41 所示是带有阻尼铜套的直流电磁式时间继电器的结构示意，铁芯上装有一个阻尼铜套。由电磁感应定律可知，在继电器线圈通断电时，铜套内将产生感应电动势，从而产生感应电流，该电流产生的磁通阻碍穿过铜套内的磁通变化，对原磁通起了阻尼作用。

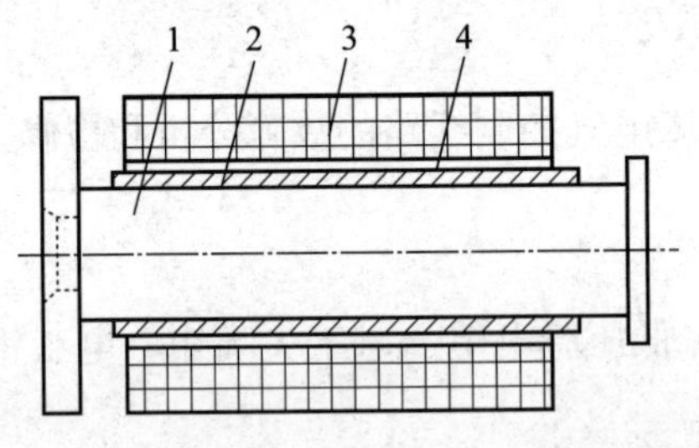

图 2－41 带有阻尼铜套的直流电磁式时间继电器的结构示意

1—铁芯；2—阻尼铜套；3—线圈；4—绝缘层

当继电器通电吸合时，由于衔铁处于释放位置，气隙大，磁阻大，磁通小，铜套阻尼作用也小，因此当铁芯吸合时的延时时间较短，一般可忽略不计。当继电器断电时，磁通变化大，铜套的阻尼作用也大，对衔铁释放起到延时的作用。因此，这种继电器仅用于断电延时。这种时间继电器的延时时间较短，JT3 系列最长不超过 5 s，而且准确度较低，一般只用于延时精度要求不高的场合。

直流电磁式时间继电器延时时间的长短可通过改变铁芯与衔铁间非磁性垫片的厚薄(粗调)或改变释放弹簧的松紧(细调)来调节。垫片厚则延时短，垫片薄则延时长；释放弹簧紧则延时短，释放弹簧松则延时长。

二、晶体管式时间继电器

晶体管式时间继电器除了执行继电器外，均由电子元件组成，没有机械部件，因此具有寿命和精度较高、体积小、延时范围大、调节范围宽、控制功率小等优点。常用晶体管式时间继电器的外形如图 2－42 所示，其型号及含义如图 2－43 所示。

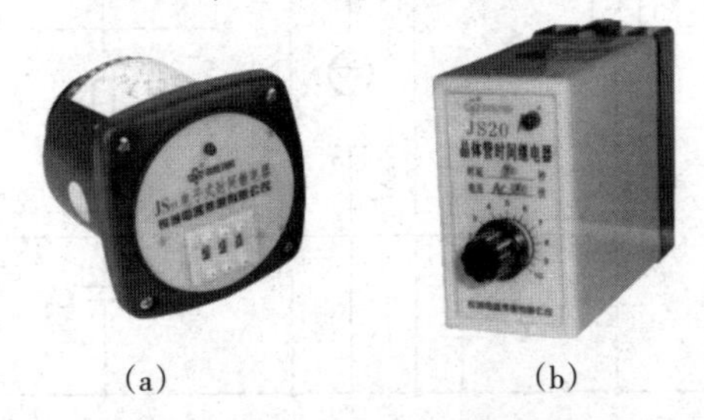

图 2－42　常用晶体管式时间继电器的外形

(a) JSII 系列；(b) IS20 系列

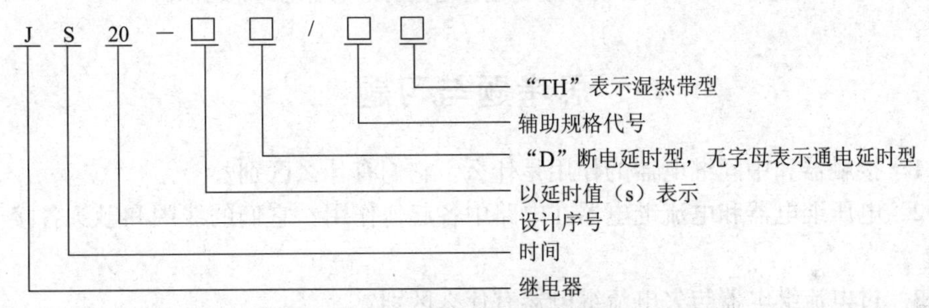

图 2－43　常用晶体管式时间继电器型号的及含义

晶体管式时间继电器有延时吸合和延时释放两种，它们大多利用电容充放电原理来达到延时目的。下面以 JS20 系列单结晶体管通电延时电路为例进行说明。图 2－44 所示为单结晶体管通电延时电路结构框图，全部电路由延时环节、鉴幅器、输出电路、电源和指示灯 5 部分组成。

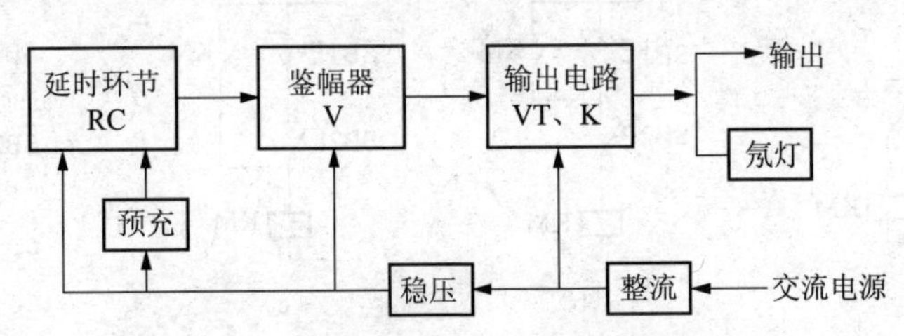

图 2－44　单结晶体管通电延时电路结构框图

JS20 系列单结晶体管延时继电器电路原理示意如图 2－45 所示，电路的工作原理为：电源电压经二极管 VD1 整流、电容 C_1 滤波以及稳压管 VD3 稳压后，通过 R_{w2}、R_4、VD2 向电容 C_2 以极短的时间常数快速充电。电容 C_2 上的电压在相当于 U_{R5} 预充电压的基础上按指数规律逐渐升高。当此电压大于单结晶体管的峰点电压 U_P 时，单结晶体管导通，输出电压脉冲触发晶闸管 VS。VS 导通后使继电器 K 吸合，其常开触头接通或分断外电路，另一常开触头将 C_2 短路，使之迅速放电，为下次使用做准备，此时氖指示灯 N 起辉。当切断电源时，K 释放，电路恢复原始状态，等待下次动作。

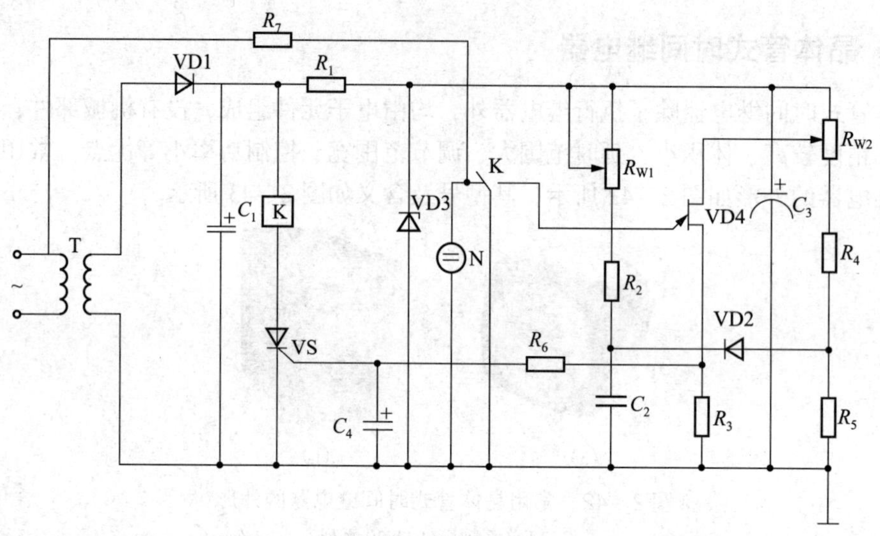

图 2-45 JS20 系列单结晶体管延时继电器电路原理示意

思考题与习题

2-1 接触器和中间继电器的作用是什么？它们有什么区别？

2-2 电压继电器和电流继电器在电路中各起何作用？它们的线圈和触头各接于什么电路中？

2-3 过电流继电器与欠电流继电器有什么区别？

2-4 中间继电器有何用途？

2-5 简述空气阻尼式时间继电器的延时原理，如何调整其延时时间长短，怎样将通电延时的时间继电器改为断电延时的时间继电器？

2-6 试分析判断图 2-46 所示的主电路或控制电路有什么错误，并简述如何改正。

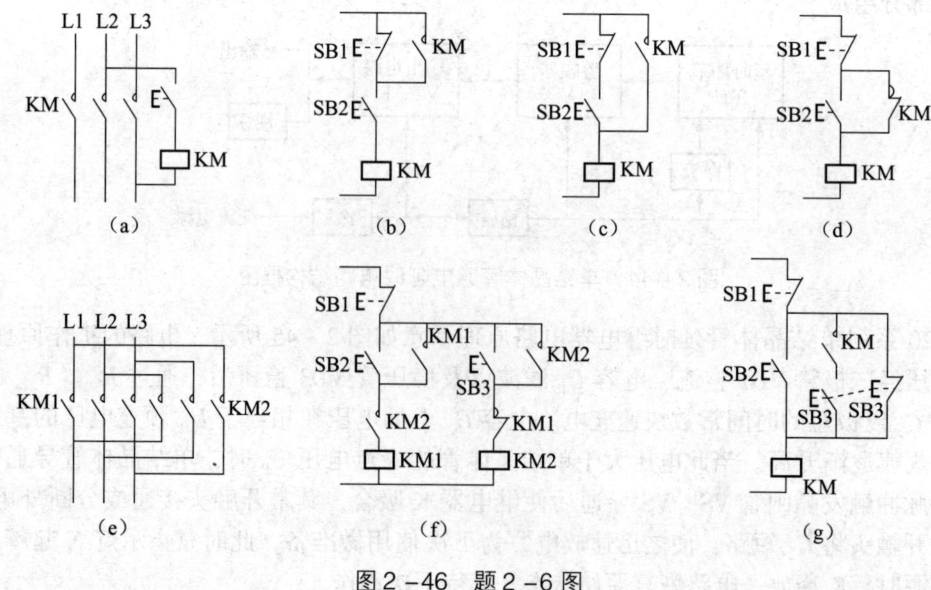

图 2-46 题 2-6 图

2－7　“点动”与“自锁”在电路结构上有何区别？它们各适用于什么场合？

2－8　画出具有“点动”和“连续运转”的混合控制电路。

2－9　“自锁”与“互锁”有什么区别？分别画出具有自锁的控制电路和具有“互锁”的控制电路。

2－10　试用一只接触器设计一台电动机的正、反转控制电路。用操作开关选择电动机旋转方向(应有短路保护和过载保护)。

2－11　试分析图2－47所示控制线路的区别。

2－12　什么叫反接制动？什么叫能耗制动？它们各有什么特点？适用于哪些场合？

2－13　试根据下述要求画出三相笼型异步电动机的控制线路：

(1)能正、反转运行；

(2)采用能耗制动停车；

(3)有过载、短路、失压及欠压保护。

2－14　简述直流电磁式时间继电器的延时原理。如何整定其动作值？

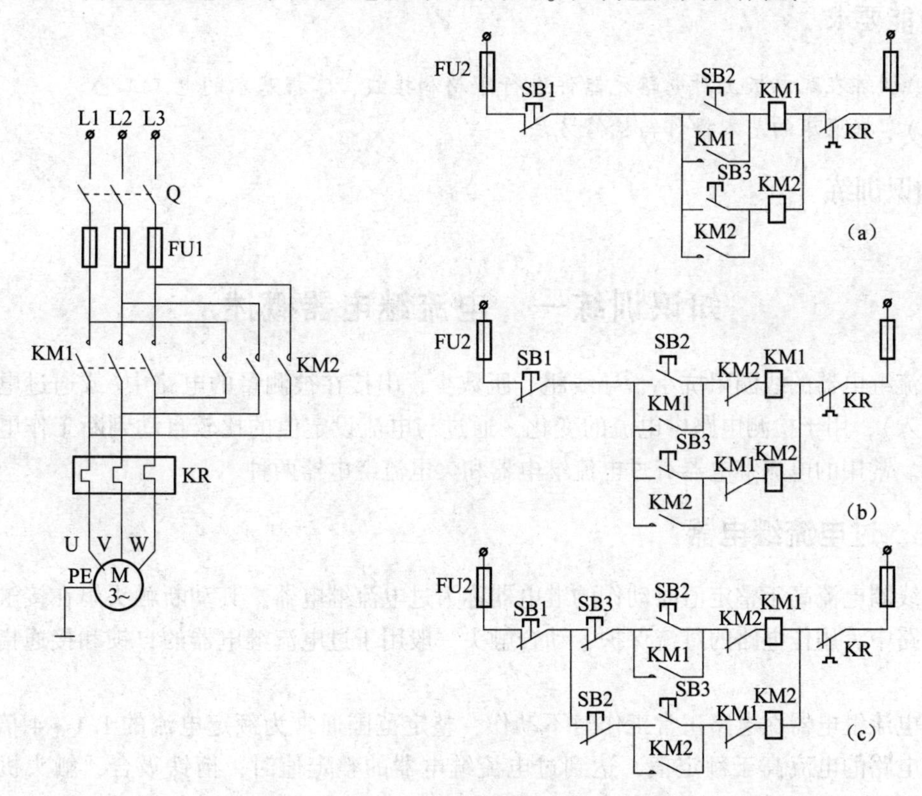

图2－47　题2－11图

项目三 磨床的电气控制

知识要求

(1)熟悉继电器的基本工作原理和结构。

(2)了解磨床的基本结构、运动情况和加工工艺。

(3)掌握磨床电气控制的特点，深刻理解电路中各电器元件、各触头的作用，学会分析的方法。

技能要求

(1)训练在配电板上对电路元器件进行布局和接线，掌握基本的电工工艺。

(2)掌握磨床的基本操作与检修方法。

知识训练

知识训练一　电流继电器概述

电流继电器的线圈阻抗小、导线粗、匝数少，串接在被测量的电路中(或通过电流互感器接入)，用于检测电路中电流的变化，通过与电流设定值的比较自动判断工作电流是否越限。常用的电流继电器有过电流继电器和欠电流继电器两种。

一、过电流继电器

在线圈电流高于整定值时动作的继电器称为过电流继电器，其动断触头串在接触器的线圈电路中，用作电路的过流保护，动合触头一般用于过电流继电器的自锁和接通指示灯线路。

过电流继电器在电路正常工作时不动作，整定范围通常为额定电流的1.1～4倍，当被保护电路的电流高于额定值，达到过电流继电器的整定值时，衔铁吸合，触头机构动作，控制电路失电，从而控制接触器及时分断电路，对电路起过电流保护作用。

二、欠电流继电器

在线圈电流低于整定值时动作的继电器称为欠电流继电器，其动合触头串在接触器的线圈电路中，用于电路的欠电流保护。

欠电流继电器的吸引电流为线圈额定电流的30%～65%，释放电流为额定电流的10%～20%，因此，在电路正常工作时，衔铁是吸合的。当电流降低到某一整定值时，继电器释放，控制电路失电，从而控制接触器及时分断电路。

常用的交直流电流继电器有 JT4、JL14 系列等。电流继电器的外形及图形符号如图 3－1 所示，其型号的含义如图 3－2 所示。

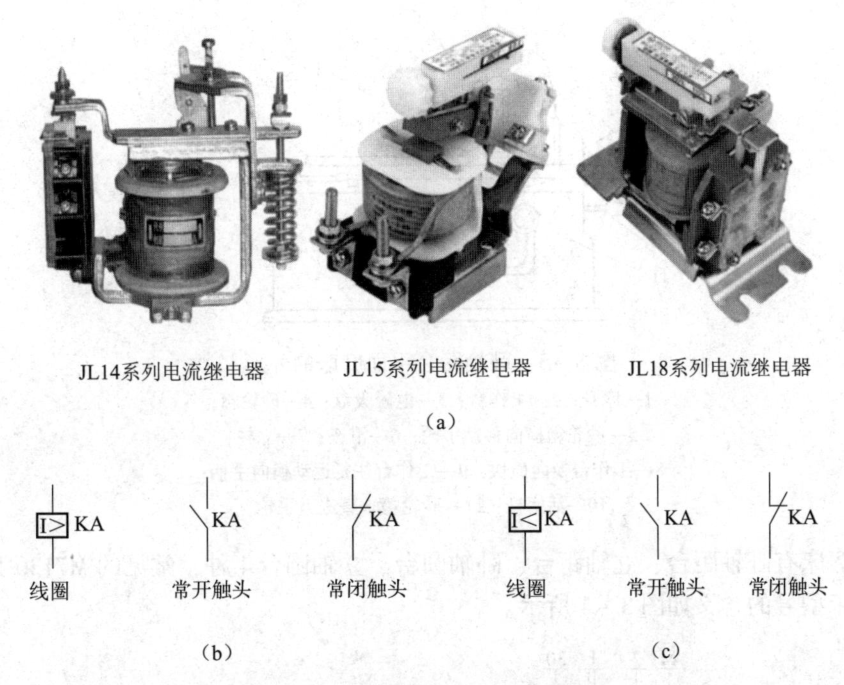

图 3－1　电流继电器的外形及图形符号

(a)电流继电器的外形；(b)过电流继电器的图形符号；(c)欠电流继电器的图形符号

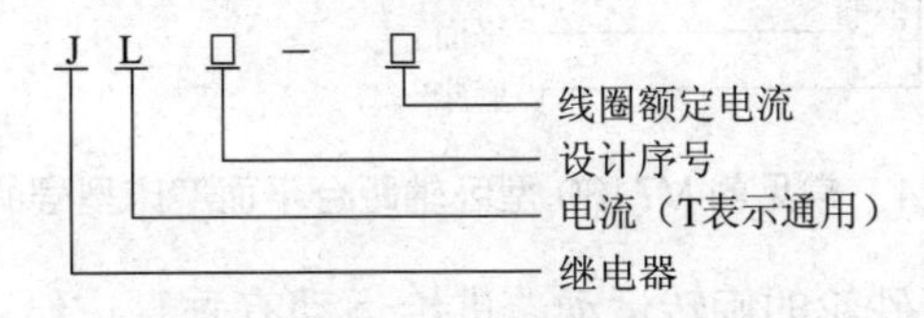

图 3－2　电流继电器型号的含义

在选用过电流继电器时，对于小容量电动机和绕线式异步电动机，继电器线圈的额定电流按电动机长期的额定电流选择；对于启动频繁的电动机，继电器线圈的额定电流应选大一些。

知识训练二　平面磨床的电气控制线路

一、平面磨床概述

1. 平面磨床的主要结构及运动形式

磨床是一种用砂轮的周边或端面进行磨削加工的精密机床，用于加工金属零件外圆、内圆、平面或特种型面。磨床的种类很多，常见的有外圆磨床、内圆磨床、平面磨床、工具磨床，另外还有一些专用磨床，如螺纹磨床、齿轮磨床、球面磨床等。本项目主要介绍平面磨床。

平面磨床主要由床身、工作台、电磁吸盘、砂轮箱(又称磨头)、滑座和立柱等部分组成。其外形如图 3-3 所示。

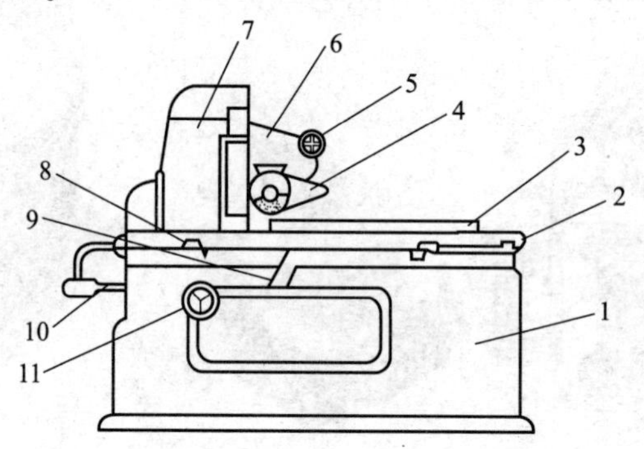

图 3-3 卧轴距台平面磨床的外形

1—床身；2—工作台；3—电磁吸盘；4—砂轮箱；5—砂轮箱横向移动手轮；6—滑座；7—立柱；8—工作台换向撞块；9—工作台往复运动换向手柄；10—活塞杆；11—砂轮箱垂直进刀手轮

平面磨床有卧轴距台、立轴距台、卧轴圆台、立轴圆台 4 种，常见的 M7130 型卧轴距台平面磨床型号的含义如图 3-4 所示。

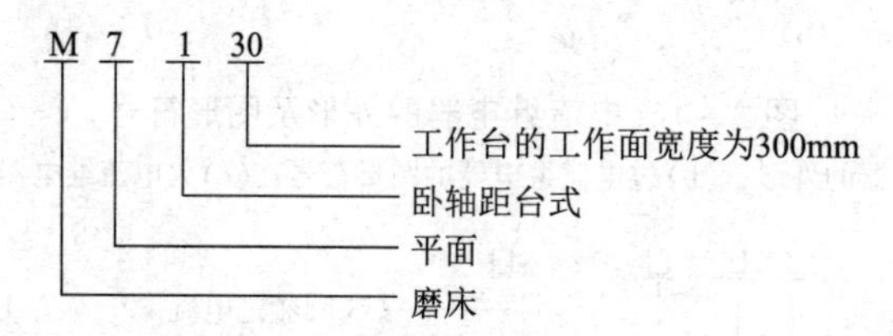

图 3-4 常见的 M7130 型卧轴距台平面磨床型号的含义

平面磨床的主运动是砂轮的旋转运动，进给运动有垂直进给(滑座在立柱上的上、下运动)、横向进给(砂轮箱在滑座上的水平移动)和纵向进给(工作台沿床身的往复运动)，如图 3-5 所示。

工作时，砂轮旋转，并沿其轴向作定期的横向进给运动。工件固定在工作台上，工作台带动工件作直线往返运动。矩形工作台每完成一纵向行程时，砂轮作横向进给运动，当加工整个平面后，砂轮作垂直进给运动，从而完成整个平面的加工。

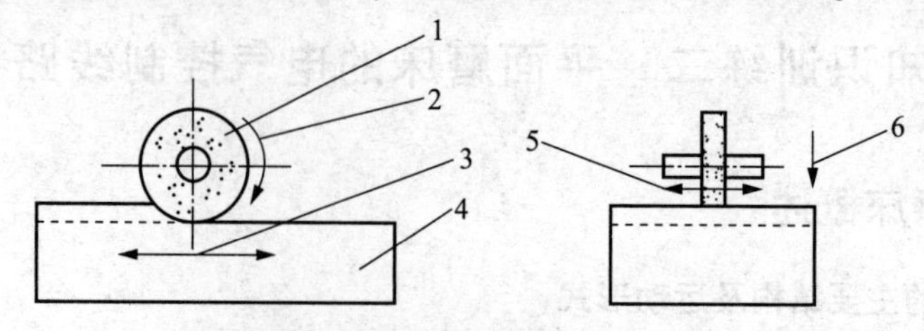

图 3-5 矩形工作台平面磨床的外形

1—砂轮；2—主运动；3—纵向进给运动；4—工作台；5—横向进给运动；6—垂直进给运动

2. 平面磨床的电力拖动特点及控制要求

磨床的砂轮一般不要求调速，所以通常采用笼型异步电动机拖动。为缩小体积、简化结构、提高机床精度及减少中间传动，可采用嵌入式异步电动机直接拖动砂轮。这种电动机的转轴就是砂轮轴。

平面磨床是一种精密机床，为保证加工精度，可采用液压传动系统。由一台液压泵电动机拖动液压泵，通过液压装置以实现工作台的往复运动和砂轮横向的连续与断续进给。

为避免工件在磨削加工时发热变形，需采用冷却液冷却，并由冷却泵电动机拖动。

基于上述拖动特点，对平面磨床的控制有如下要求：

(1)砂轮电动机、液压泵电动机和冷却泵电动机都只要求单方向旋转。

(2)冷却泵电动机随砂轮电动机运转而运转，但冷却泵电动机不需要时，可单独断开冷却泵电动机。

(3)具有完善的保护环节。其包括各电路的短路保护、电动机的长期过载保护、零压保护、电磁吸盘的欠电流保护、电磁吸盘断开时产生高电压而危及电路中其他电气设备的保护等。

(4)正常工作使用电磁吸盘时，能开动机床各电动机；调整机床不使用电磁吸盘时，也能开动机床各电动机。但在使用电磁吸盘的工作状态时，必须在电磁吸盘吸力足够大时，才能开动机床各电动机。

(5)具有电磁吸盘吸持工件、松开工件，并有工件去磁的控制环节。

(6)具有必要的照明与指示信号。

二、M7130 型卧轴距台平面磨床

图 3－6 所示为 M7130 型卧轴距台平面磨床的电气控制线路。

1. 电气控制线路分析

(1)主电路分析。主电路有 3 台电动机，M1 为砂轮电动机，M2 为冷却泵电动机，M3 为液压泵电动机。M1 由接触器 KM1 控制，插上插销 XS1 后，M2 将与 M1 同时启动和停止，不用冷却液时，可将插销 XS1 拔掉。M3 由接触器 KM2 控制。

(2)控制电路分析。按钮 SB1、SB2 与接触器 KM1 控制砂轮电动机 M1 的单向直接启动。按钮 SB3、SB4 与接触器 KM2 控制液压泵电动机 M3 的单向旋转直接启动。这两台电动机可以单独控制，在磨床调整时，此时电磁吸盘不工作，欠电流继电器 KA 常开触头断开时，插入 XS3 可以使各台电动机动作。

(3)电磁吸盘控制电路的分析。电磁吸盘又称电磁工作台，是平面磨床的重要组成部分。它用来吸持工件，代替装夹工件，便于砂轮进行磨削。电磁吸盘的外形有长方形和圆形两种，矩形平面磨床采用长方形电磁吸盘，圆台平面磨床采用圆形电磁吸盘。

电磁吸盘的结构示意如图 3－7 所示，它由盘体、线圈和盖板 3 部分组成。盘体由铸钢制成，在其中部凸起的芯体上绕有线圈。钢制盖板中有非磁性材料制成的隔磁层，当线圈通电时，磁力线不能通过隔磁层，而只能通过放在盖板上面的工件构成闭合回路，从而使工件被吸牢在盖板上。

电磁吸盘线圈不能通交流电，只能通直流电。交流电会使工件产生振动和涡流：振动会影响加工的正确性；涡流会导致工件发热。

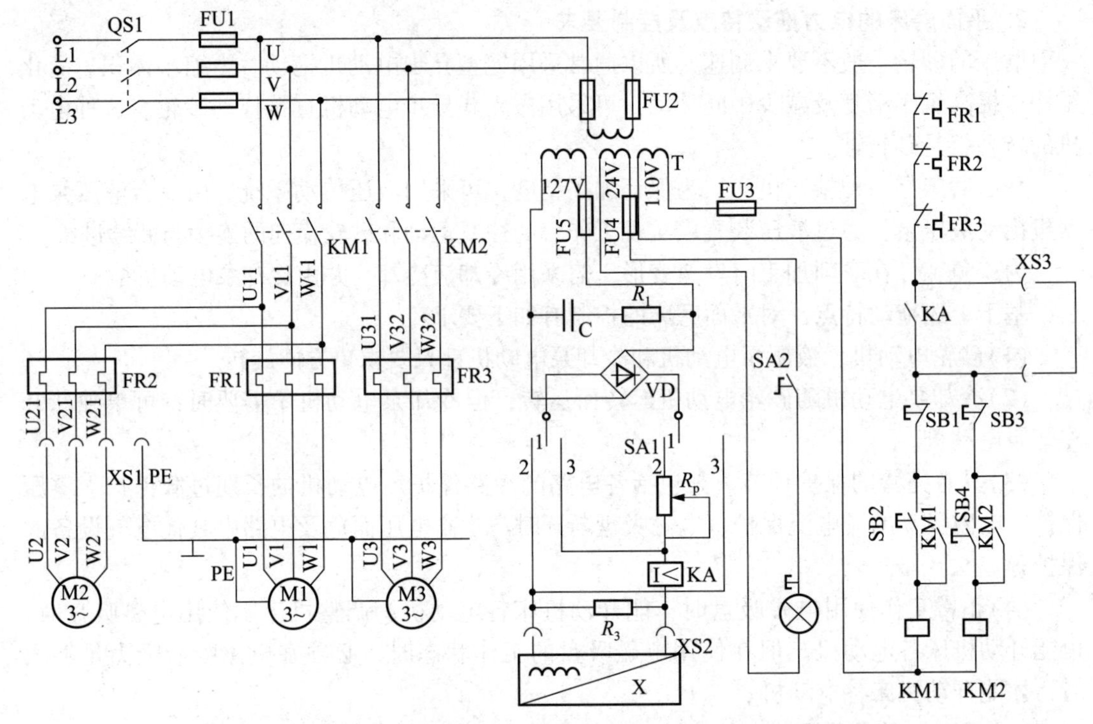

图 3-6 M7130 型卧轴距台平面磨床的电气控制线路

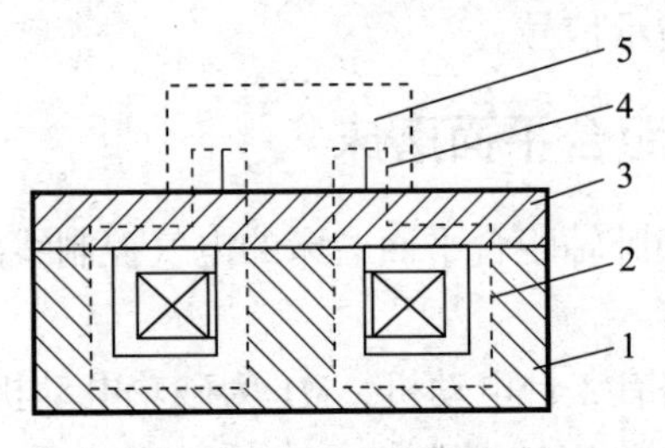

图 3-7 电磁吸盘的结构示意

1—钢制吸盘体；2—线圈；3—钢制盖板；

4—隔磁层；5—工件

当工件加工完毕后，吸盘和工件有剩磁，工件难以取下。为了消除剩磁，在取下工件前，应将工作台和工件去磁。去磁方法是在吸盘线圈中通入反向电流，但电流的大小和通电时间必须适当，否则会使工件反向磁化。若工件对去磁要求严格，在取下工件后，还要用交流去磁器进行处理。

电磁吸盘控制电路可分为整流装置、控制装置和保护装置 3 部分。整流装置由整流变压器 T 和桥式全波整流器 VD 组成，输出 110V 直流电压对电磁吸盘供电。

①工件吸持。换开关 SA1 的 1、3 点接通，电磁吸盘线圈通电，电流足够大，KA 的常开触头闭合，容许电动机控制电路工作。

②去工件。转换开关 SA1 的 1、2 点接通，电磁吸盘经 R_2（限流）通入反向电流，吸盘及工件去磁，然后将转换开关 SA1 扳回中间。搬去工件后，必要时，还可以用交流去磁器对工件进一步去磁。

③保护环节。电磁吸盘线圈电流过小（吸力下降），KA 复位，其常开触头断开，KM1、

KM2 线圈断电，砂轮及液压泵停止工作。R_2、C 作为整流装置的过电压保护，用于吸收交、直侧通断时所产生的浪涌电压。R_3 作为电磁吸盘线圈的过电压保护，用于释放线圈中所储存的磁场能量。

(4) 照明电路。照明电路由变压器提供 24V 安全电压，由开关 SA2 控制照明灯 EL。

2. M7130 型平面磨床电气线路的故障与维修

(1) 电磁吸盘没有吸力。首先检查三相交流电源是否正常，然后检查 FU1、FU2、FU5 是否完好，接触是否正常，再检查插销 XS2 接触是否正常。如上述检查都没问题，再进一步检查电磁吸盘电路，包括 KA 线圈是否断开、吸盘线圈是否短路等。

(2) 电磁吸盘吸力不足。常见原因有交流电源电压低，导致吸盘吸力不足，以及 XS2 接触不良。另外也有可能是桥式整流电路的故障引起的，如整流桥某一桥臂发生开路，导致直流输出电压下降一半左右，使吸力减小，或者一桥臂的整流元件击穿形成短路，与它相邻的另一桥臂的整流元件会因过流而损坏，变压器会因为电路短路而过电流，致使吸力很小甚至没有吸力。

(3) 电磁吸盘退磁效果差，使工件难以取下。其原因可能是退磁电压过高或去磁回路断开，无法去磁或去磁时间没掌握好等。

三、M7120 型卧轴距台平面磨床

图 3－8 所示为 M7120 型卧轴距台平面磨床电气控制线路示意。与 M7130 型相比，它增加了一台砂轮升降电动机。线路由主电路、控制电路、电磁吸盘控制电路和辅助电路 4 部分组成。

(1) 主电路分析。主电路中有 4 台电动机，M1 为液压泵电动机，由 KM1 控制；M2 为砂轮电动机，M3 为冷却泵电动机，它们都由 KM2 控制。M4 为砂轮箱升降电动机，分别由 KM3、KM4 控制其正反转。FU1 对电路进行短路保护，FR1、FR2、FR3 分别对 M1、M2、M3 进行过载保护。因砂轮升降电动机短时运行，所以不设置过载保护。

(2) 控制电路分析。合上电源开关 QS1，电压继电器 KV 线圈得电，其常开触头闭合，可进行操作。

①液压泵电动机 M1 的控制。按下启动按钮 SB3，KM1 得电并吸合自锁，M1 启动。按下停止按钮 SB2，KM1 失电释放，M1 停转。

②砂轮电动机 M2 的控制。按下启动按钮 SB5，KM2 得电并吸合自锁，M2 启动。按下停止按钮 SB4，KM2 失电释放，M2 停转。

③冷却泵电动机 M3 的控制。冷却泵电动机通过插销 XS2 与接触器 KM2 主触头相连，因此 M3 与砂轮电动机 M2 是联动控制的，按下 SB5 时 M3 与 M2 同时启动，按下 SB4 时同时停止。FR2 与 FR3 的常闭触头串联在 KM2 线圈回路中，M2、M3 中任一台过载时，相应的热继电器动作，都将使 KM2 线圈失电，M2、M3 同时停止。

④砂轮箱升降电动机 M4 的控制。砂轮箱的升、降均采用点动控制。按下 SB6，KM3 得电吸合，M4 启动正转，砂轮箱上升，当砂轮箱上升到预定位置时，松开 SB6，KM3 失电，M4 停转，上升过程结束。按下 SB7，KM4 得电吸合，M4 启动反转，砂轮箱下降，当砂轮箱下降到预定位置时，松开 SB7，下降结束。

⑤电磁吸盘控制电路。SB8、SB9、SB10 和 KM5、KM6 组成电磁吸盘控制电路，其原理和 M7130 型电磁吸盘电路的工作原理相同。

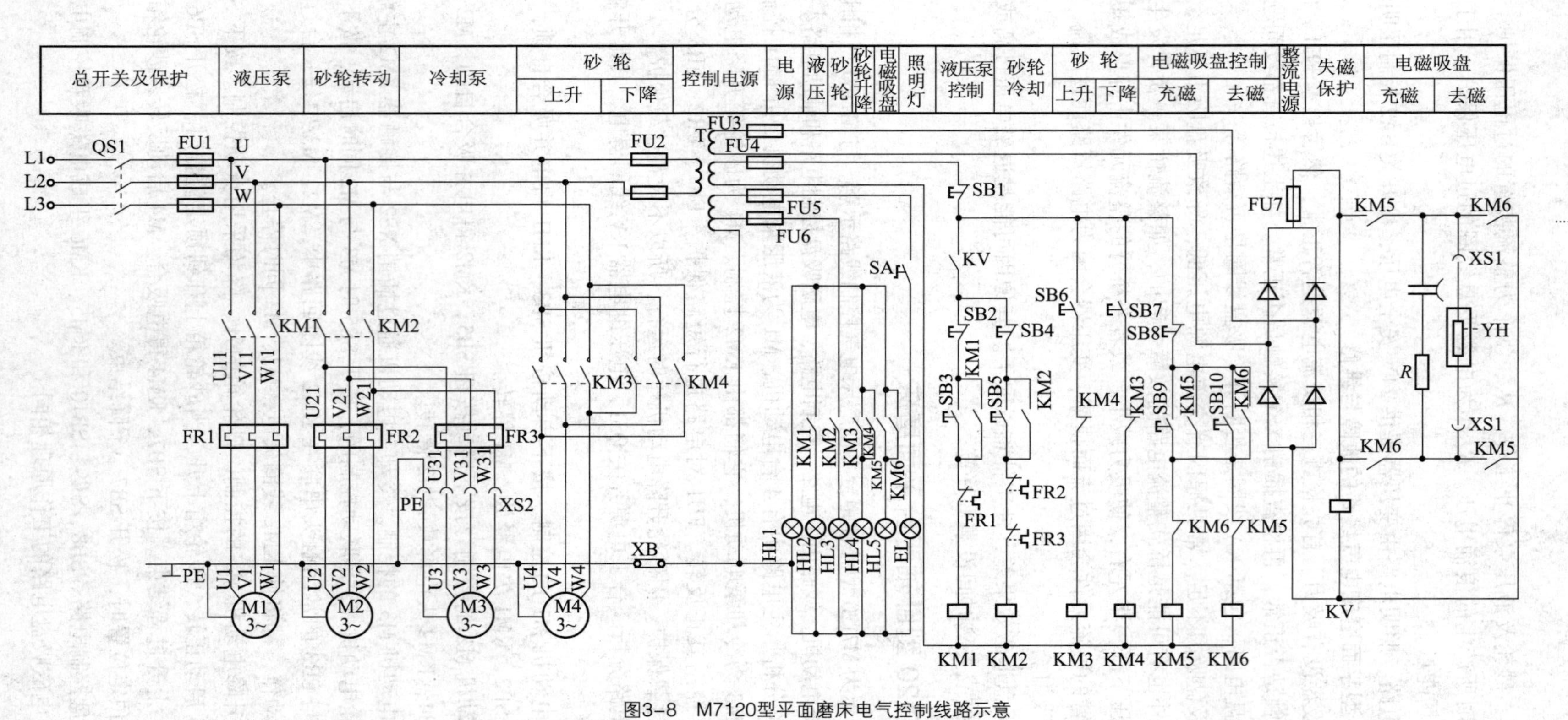

图3-8 M7120型平面磨床电气控制线路示意

技能训练

技能训练一　M7130 型卧轴距台平面磨床的操作

(1)深入现场，充分了解 M7130 型卧轴距台平面磨床的结构、操作和工作过程。了解 M7130 型卧轴距台平面磨床对拖动和控制的要求。

(2)分析主电路、控制电路、辅助电路及保护环节等，熟悉每个电器元件的作用。

(3)认真观察电器元件的布局，每个电器元件的安装位置、安装和接线方法，画出电器布置图和电气安装接线图。

技能训练二　M7130 型卧轴距台平面磨床电气控制线路的检修

一、训练目的

掌握 M7130 型卧轴距台平面磨床电气控制线路的故障分析和检修方法。

二、训练器材

(1)工具：电工绝缘鞋、低压测电笔、电工尖嘴钳、电工钢丝钳、平口及十字电工用螺钉旋具、剥线钳、电工刀。

(2)仪表：万用表、兆欧表、钳形电流表。

三、训练步骤

(1)参照电气原理图、电器布置图和机床接线图，熟悉电器元件的分布位置和走线情况。

(2)在教师的指导下对 M7130 型卧轴距台平面磨床进行操作，了解磨床的各种工作状态及操作方法。

(3)检修步骤如下：

①用通电试验法观察故障现象。

②根据故障现象，依据电路图用逻辑分析法确定故障范围。

③采取正确的检查方法查找故障点，并排查故障。

④检修完毕进行通电试验，并做好维修记录。

四、注意事项

(1)熟悉 M7130 型卧轴距台平面磨床电气控制线路的基本环节及控制要求。

(2)检修所有工具、仪表，应符合使用要求。

(3)排查故障时，必须修复故障点，但不得用元件替换法。

(4)检修时严禁扩大故障范围而产生新的故障。

(5)带电检修时要注意安全，必须有指导老师进行现场监护。

(6)检修完毕进行通电试验，并将故障排查过程填入表 3－1。

表3－1　故障排查过程记录表

故障现象	可能原因	处理方法

知识拓展

其他类型的继电器。

一、固态继电器

固态继电器(SSR)是采用固体半导体元件组装而成的一种新颖的无触头开关。由于它的接通和断开没有机械接触，因此具有开关速度快、工作频率高、质量轻、使用寿命长、噪声低和动作可靠等优点，不仅在许多自动化装置中代替了常规电磁式继电器，而且还广泛应用于数字程控装置、调温装置、数据处理系统及计算机输入/输出接口等电路，尤其适用于动作频繁、防爆耐潮和耐腐蚀等特殊场合。

固态继电器是四端器件，有两个输入端、两个输出端，中间采用光电器件，以实现输入与输出之间的电气隔离。常见的固态继电器如图3－9所示。

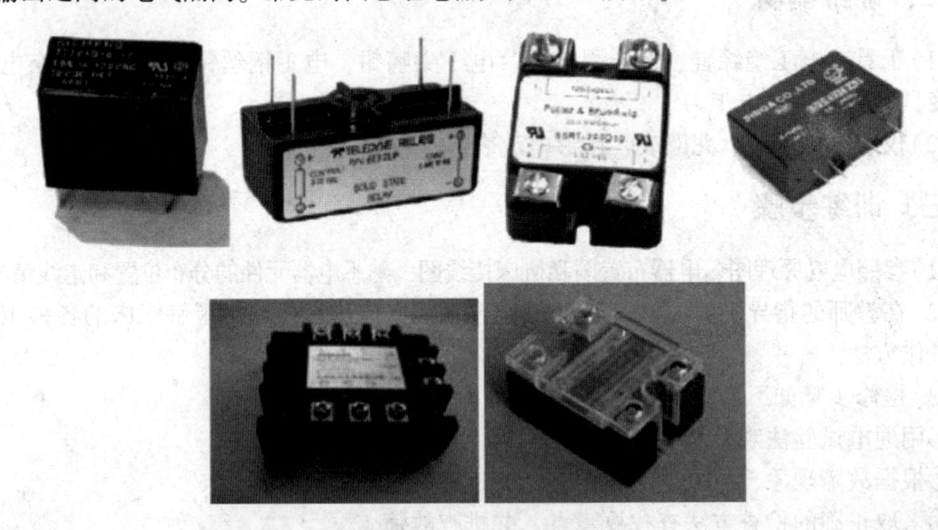

图3－9　常见的固态继电器

按负载电源类型分类，固态继电器可分为交流型固态继电器(AC－SSR)和直流型固态继电器(DC－SSR)两种。交流型以双向可控硅作为开关元件，而直流型一般以功率晶体管作为开关元件，分别用来接通或关断交流或直流负载电源。交流型固态继电器按输入、输出之间的隔离形式可分为光耦合隔离和磁隔离型，以控制触发的信号可分为过零型和非过零型、有源触发型和无源触发型。

若以安装形式来分类，固态继电器又可分为装配式固态继电器、焊接型固态继电器和插座型固态继电器。

图 3－10 所示为光耦合式交流固态继电器的原理示意。固态继电器包括输入电路、驱动电路和输出电路 3 部分，其工作原理为：当无信号输入时，发光二极管 VD2 不发光，光敏三极管 VT1 截止，三极管 VT2 导通，晶闸管 VS1 控制门极被钳在低电位而关断，双向晶闸管 VS2 无触发脉冲，固态继电器两个输出端处于断开状态。

若在该电路的输入端输入很小的信号电压，就可以使发光二极管 VD2 导通发光，光敏三极管 VT1 导通，三极管 VT2 截止。VS1 控制门极为高电位，VS1 导通，双向晶闸管 VS2 可以经 R_8、R_9、VD3、VD4、VD5、VD6、VS1 对称电路获得正负两个半周的触发信号，保持两个输出端处于接通状态。

固态继电器的输入电压、电流均不大，但能控制强电压、大电流。它与晶体管、TTL/COMS电子线路有较好的兼容性，可直接与弱电控制回路(如计算机接口电路)连接。

使用固态继电器时要注意以下事项：

(1)应根据负载类型选择固态继电器时，并且要采用有效的过压吸收保护。

(2)过电流保护应采用专门保护半导体器件的熔断器或动作时间小于 10 ms 的自动开关。

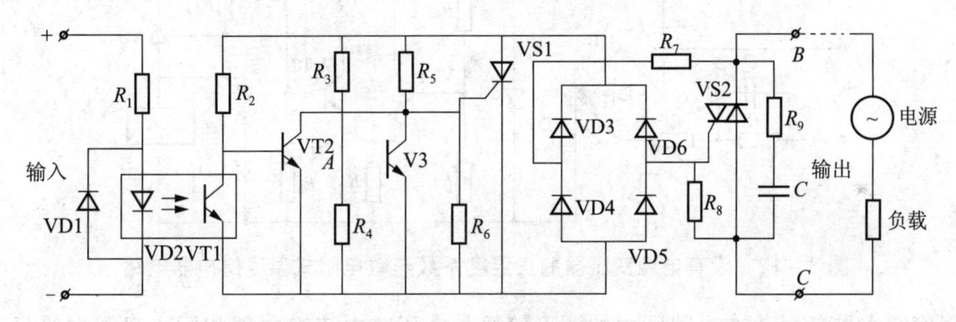

图 3－10　光耦合式交流固态继电器的原理示意

二、温度继电器

在温度自动控制或报警装置中，常采用由带电触头的汞温度计或热敏电阻、热电偶等制成的各种形式的温度继电器，如图 3－11 所示。

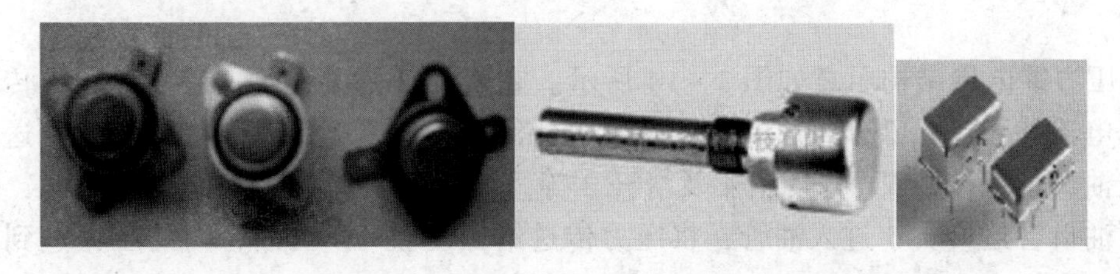

图 3－11　温度继电器的外形

温度继电器大体上有两种类型，一种是双金属片式温度继电器，另一种是热敏电阻式温度继电器。双金属片式温度继电器的工作原理与热继电器相似，在此不重复。热敏电阻式温度继电器的外形同一般晶体管式时间继电器相似，但作为温度检测元件的热敏电阻不装在继电器中，而是装在电动机定子槽内或绕组的端部。热敏电阻是一种半导体器件，根据材料性质可分为正温度系数和负温度系数两种热敏电阻。正温度系数热敏电阻因为具有明显的开关特性、电阻温度系数大、体积小、灵敏度高而得到广泛应用和迅速发展。

没有电源变压器的正温度系数热敏电阻式温度继电器电路如图 3－12 所示。图中 R_T 表示各绕组内埋设的热敏电阻串联后的总电阻，它同电阻 R_3、R_4、R_6 构成一电桥。由晶体管 V1、V2 构成的开关接在电桥的对角线上。当温度在 65℃以下时，R_T 大体为一恒值且比较小，电桥处于平衡状态，V1 及 V2 截止，晶闸管 VS 不导通，执行继电器 KA 不动作。当温度上升到动作温度时，R_T 阻值剧增，电桥处于不平衡状态而使 V1 及 V2 导通，晶闸管 VS 获得门极触发电流而导通，执行继电器 KA 线圈有电而使衔铁吸合，其常闭触头分断接触器线圈从而使电动机断电，实现了电动机的过热保护。当电动机温度下降至返回温度时，R_T 阻值锐减，电桥恢复平衡，使 VS 关断，执行继电器线圈断电而使衔铁释放。

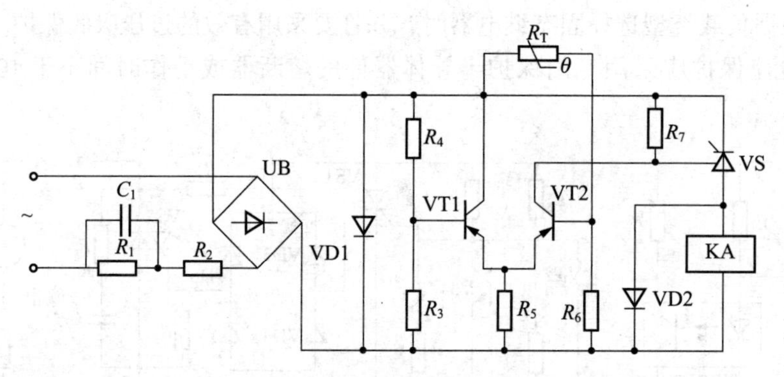

图 3－12　没有电源变压器的正温度系数热敏电阻式温度继电器电路

温度继电器的触头在电路图中的图形符号与电压或电流继电器相同，只需在符号旁标注字母“θ”即可。

三、压力继电器

压力继电器通过检测液压或气压的变化，发出动作信号，控制电动机的启停，从而起到保护作用，广泛应用于各种液压和气压控制系统。常见压力继电器的外形如图 3－13 所示。

压力继电器结构示意如图 3－14 所示。它由微动开关、给定装置、压力传送装置及继电器外壳等几部分组成。给定装置包括给定螺帽平衡弹簧 3 等；压力传送装置包括入油口管道接头 5、橡皮膜 4 及滑杆 2 等。当用于机床润滑油泵的控制时，润滑油经入油口管道接头 5 进入油管，将压力传送给橡皮膜 4，当油管内的压力达到某给定值时，橡皮膜 4 便受力向上凸起，推动滑杆 2 向上，压合微动开关并发出控制信号。旋转弹簧 3 上面的给定螺帽，便可调节弹簧的松紧程度，改变动作压力的大小，以适应控制系统的需要。

图3－13　常见压力继电器的外形

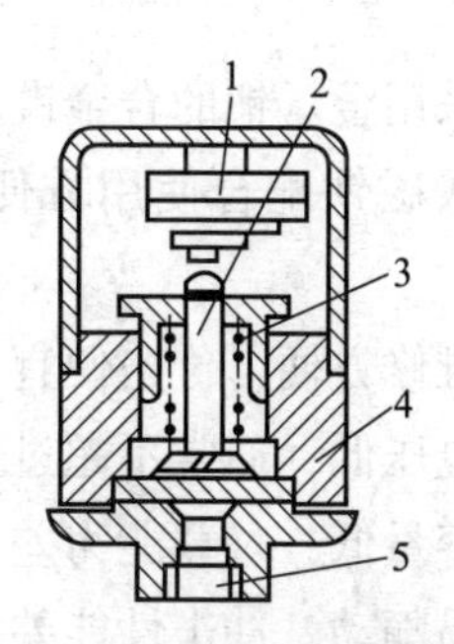

图3－14　压力继电器结构示意

1—微动开关；2—滑杆；3—给定螺帽平衡弹簧；4—橡皮膜；5—入油口管道接头

四、干簧继电器

干簧继电器是近年来发展起来的一种新型密封触头的继电器。其由于结构小巧、动作快速、高度灵敏、稳定可靠和功率消耗低等优点，近年来得到广泛应用。

干簧继电器是利用磁场作用来驱动继电器触头动作的，其主要部件是铁镍合金制成的干簧片，它既能导磁又能导电，兼有普通电磁继电器的触头和磁路系统的双重作用。干簧片装在密封的玻璃管内，管内充有纯净干燥的惰性气体，以防止触头表面氧化。为了提高触头的可靠性和减小接触电阻，通常在干簧片的触头表面镀有磁性。在干簧管外面套一励磁线圈就构成一只完整的干簧继电器。

图3－15所示为干簧继电器的结构原理，其中图3－15(a)所示为利用线圈内的磁场来驱动继电器动作。在磁场的作用下，干簧管中的两根簧片分别被磁化，它们相互吸引而闭合，接通电路。当切断线圈电流时，磁场消失后，簧片靠本身的弹性分开，使触头断开。

除了可以用通电线圈来作为干簧片的励磁之外，还可以直接用一块永久磁铁靠近干簧片来励磁，图3－15(b)所示为利用外磁场来驱动继电器动作。当永久磁铁靠近干簧片时，触头同样也被磁化而闭合，当永久磁铁离开干簧片时，触头断开。

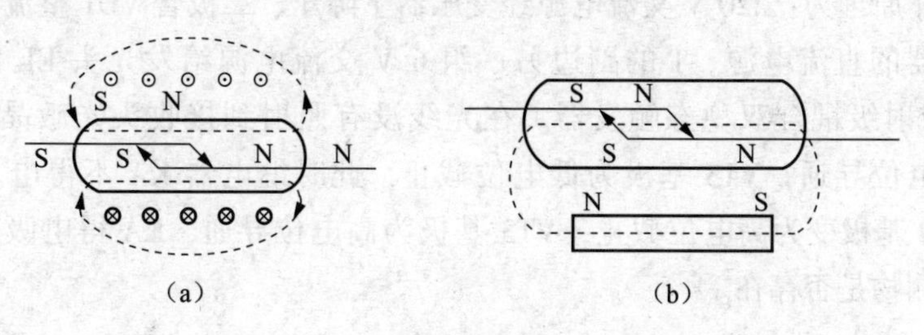

图3－15　干簧继电器的结构原理

干簧继电器有以下特点：

(1)触头与空气隔绝，有效地防止了老化、污染等侵蚀。

(2)动作速度快，一般吸合与释放时间均为0.5～2 ms，比一般继电器快5～10倍。

(3)触头采用金、钯的合金镀层，接触电阻稳定，寿命长，一般可达107次。

(4)与永久磁铁配合使用方便、灵活。可与晶体管电器配套使用，大大扩展了应用范围。

(5)使用维修方便，价格便宜。

(6)承受电压低，通常不超过250 V。

(7)切换容量低，过载能力差，易产生冷汗现象。

(8)簧片易颤动，冲击性能差。

五、光电继电器

光电继电器是利用光电元件把光信号转换成电信号的光电器材，广泛用于计数、测量和控制等方面。光电继电器分亮通和暗通两种类型，亮通是指光电元件受到光照射时，继电器KA吸合，暗通是指光电元件无光照射时，继电器KA吸合。图3－16所示为光电继电器的外形。

(a) (b) (c)

图3－16 光电继电器的外形

(a)RY12W－K；(b)NY16W－K；(c)COSMO光电继电器

图3－17所示为JG－D型光电继电器原理示意。此电路属亮通电路，适用于自动控制系统，指示工件是否存在或所在位置。发光头EL与接收头VT1的最大距离可达50 m。

电路的工作原理为：220 V交流电源经变压器T降压、二极管VD1整流、电容器C滤波后作为继电器的直流电源。T的副边另一组6 V交流电源给发光头EL供电。晶体管VT2、VT3组成射级耦合双稳态触发器。在光线没有照射到接收头光敏晶体管VT1时，VT2基极为低电位导通，VT3基极为低电位截止，此时继电器KA不得电。当光照射到VT1上时，VT2基极变为高电位截止，VT3基极为高电位导通，KA得电吸合。此过程准确地反应了被测物是否存在。

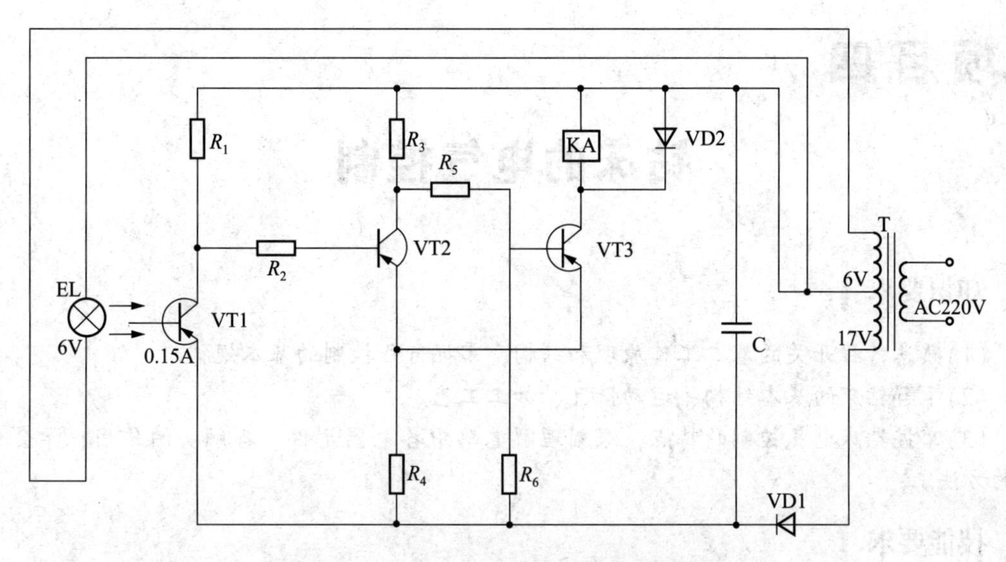

图 3－17　JG－D 型光电继电器原理示意

光电继电器在安装、使用时应防止振动，并且要避免阳光、灯光等其他光线的干扰。

思考题与习题

3－1　电磁式电压继电器和电流继电器在结构上有何不同？

3－2　电压和电流继电器在电路中各起什么作用？如何接入电路？

3－3　在 M7130 型平面磨床电气原理图中，若将热继电器 FR1、FR2 的保护触头分别串接在 KM1、KM2 线圈回路，有何缺点？

3－4　M7130 型平面磨床为什么采用电磁吸盘来吸持工件？电磁吸盘线圈为何要用直流供电而不用交流供电？

3－5　简述固态继电器的优点及应用场合。

钻床的电气控制

知识要求

(1)熟悉行程开关的基本工作原理和结构，掌握行程控制的基本规律。

(2)了解钻床的基本结构、运动情况、加工工艺。

(3)掌握钻床电气控制的特点，深刻理解电路中各电器元件、各触头的作用，学会分析的方法。

技能要求

(1)训练在配电板上对电路元器件进行布局和接线，掌握基本的电工工艺。

(2)掌握钻床的基本操作与检修方法。

知识训练

知识训练一 行程开关概述

行程开关也称为限位开关或位置开关，用于检测工作机械的位置，是一种利用生产机械某些运动部件的撞击来发出控制信号的主令电器。行程开关广泛用于各类机床和起重机械中以控制这些机械的行程。

行程开关的种类很多，按照操作方式可分为瞬动型和蠕动型，按结构可分为直动式(如 LX1、JLXK1 系列)、滚轮式(如 LX2、JLXK2 系列)和微动式(LXW－11、JLXK1－11 系列)3 种。

行程开关型号的含义如图 4－1 所示。

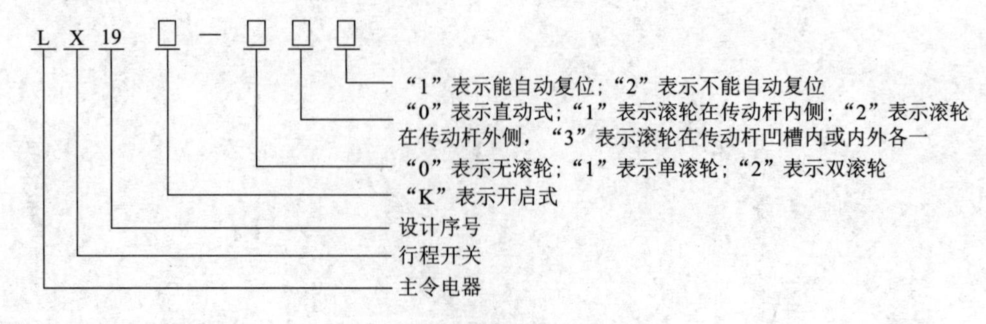

图 4－1 行程开关型号的含义

直动式行程开关的外形及结构示意如图 4-2 所示，它的动作原理与按钮相同。但其触头的分合速度取决于生产机械的运行速度，不宜用于速度低于 0.4 r/min 的场所。

滚轮式行程开关的结构示意如图 4-3 所示。当滚轮 1 受到向左的外力作用时，上转臂 2 向左下方转动，推杆 4 向右转动，并压缩右边弹簧 8，同时下面的小滚轮 5 也很快沿着擒纵杆 6 迅速转动，使动触头迅速地与右边的静触头分开，并与左边的静触头闭合。这样就减少了电弧对触头的损坏，并保证了动作的可靠性。这类行程开关适合于低速运动的机械。滚动式行程开关又分为单滚轮自动复位式和双滚轮（羊角式）非自动复位式，由于双滚轮式行程开关具有两个稳态位置，有"记忆"作用，在某些情况下可使控制电路简化。

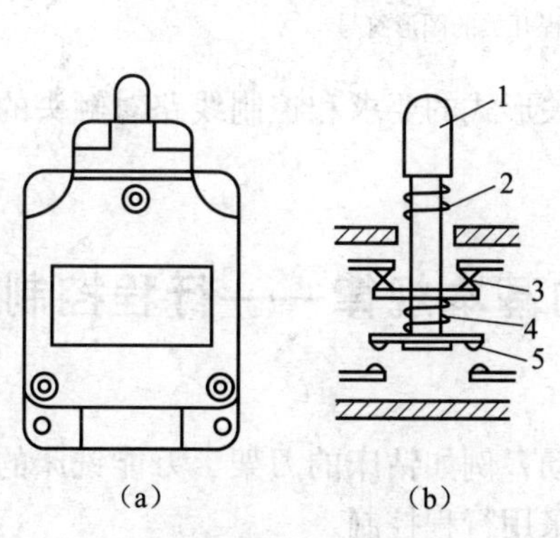

图 4-2　直动式行程开关的外形及结构示意

(a) 外形；(b) 结构示意

1—顶杆；2—弹簧；3—动断触头；4—触头弹簧；5—动合触头

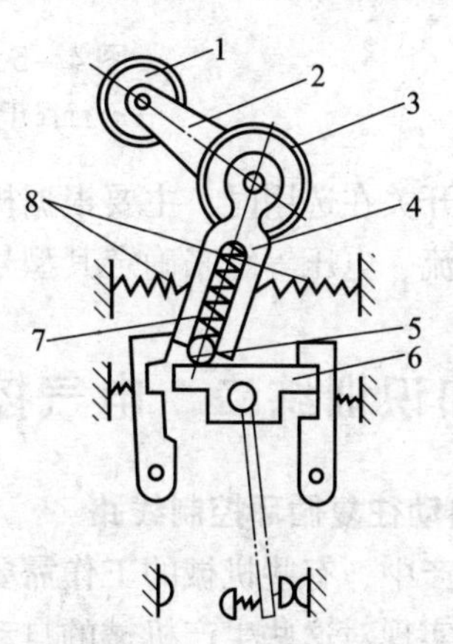

图 4-3　滚动式行程开关的结构示意

1—滚轮；2—上转臂；3—盘形弹簧；4—推杆；5—小滚轮；6—擒纵杆；7—压缩弹簧；8—左、右弹簧

LXW-11 系列微动式行程开关的内部结构如图 4-4 所示。它是行程非常小的瞬时动作开关，其特点是操作力小且操作行程短，常用于机械、纺织、轻工、电子仪器等各种机械设备和家用电器中，作限位保护和连锁。微动开关可看作尺寸甚小又非常灵敏的微动式行程开关。

行程开关的外形和图形符号如图 4-5 所示。

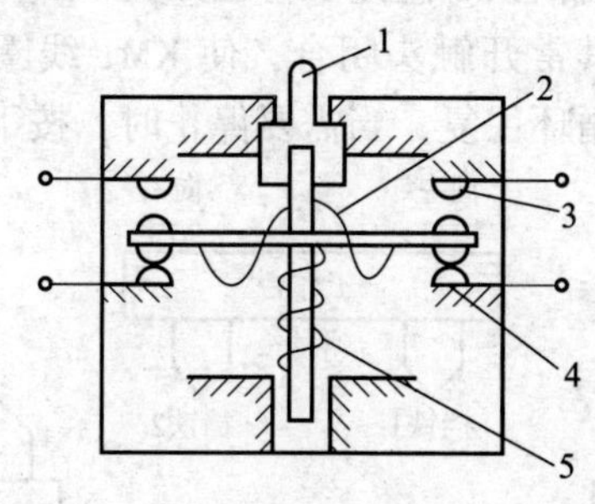

图 4-4　LXW-11 系列微动式行程开关的内部结构

1—推杆；2—弯形片状弹簧；3—常开触头；4—常闭触头；5—复位弹簧

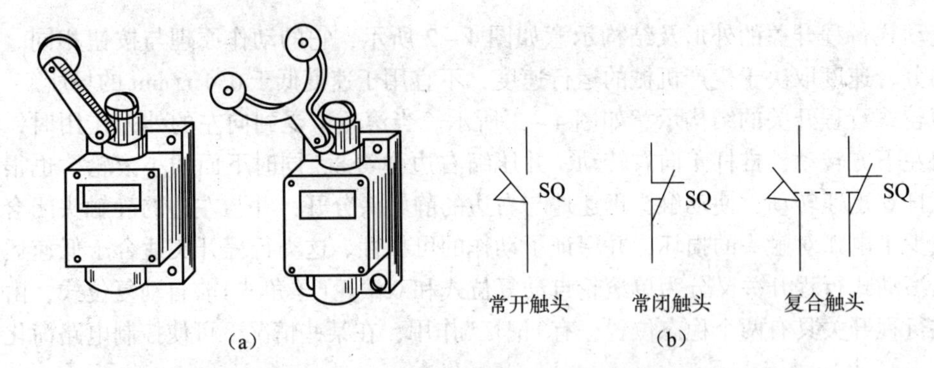

图4-5 行程开关的外形和图形符号

(a)行程开关的外形；(b)行程开关的图形符号

行程开关在选用时，主要根据机械位置对开关形式的要求和控制线路对触头的数量要求以及电流、电压等级来确定其型号。

知识训练二 电气控制线路的基本规律——行程控制

1. 自动往复循环控制线路

在生产中，有些机械的工作需要自动往复运动，例如钻床的刀架、万能铣床的工作台等。为了实现对这些生产机械的自动控制，通常采用行程控制。

图4-6所示为工作台自动往返移动示意，图4-7所示为铣床的自动往返控制线路。工作台的两端有挡铁1和挡铁2，机床床身上有行程开关SQ1和SQ2，当挡铁碰撞行程开关后，将自动换接电动机正反转控制线路，使工作台自动往返运行。SQ3和SQ4为正反向极限保护用行程开关，防止运动部件因超出极限位置而发生事故。

其工作原理为：先合上电源开关QS，按下启动按钮SB2，KM1线圈通电吸合并自锁，电动机正转，工作台向左运动。当工作台移动到一定位置时，挡铁1将碰撞行程开关SQ1，使其常闭触头断开，KM1线圈失电，电动机停转。随后，SQ1常开触头闭合，使KM2线圈通电吸合并自锁，电动机反转，工作台向右运动。此时SQ1复位，为下次正转运行作准备。在右行过程中，当挡铁2碰撞了行程开关SQ2时，其常闭触头断开，使KM2线圈失电，电动机停转。随后其常开触头闭合，使KM1线圈再次得电并自锁，电动机又开始正转，工作台左行。如此循环往复，当需要停止时，按下停止按钮SB1停止。

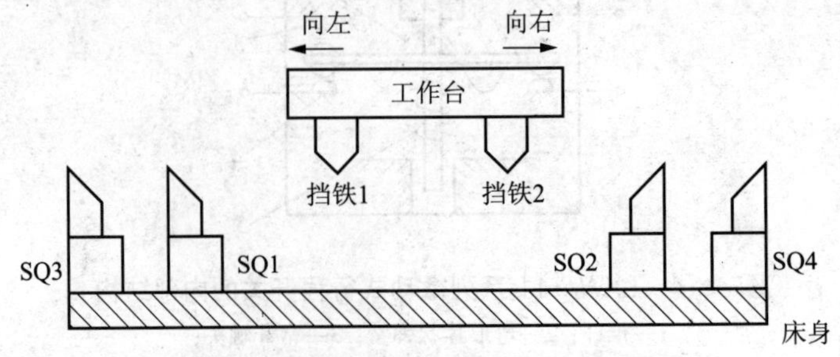

图4-6 工作台自动往返移动示意

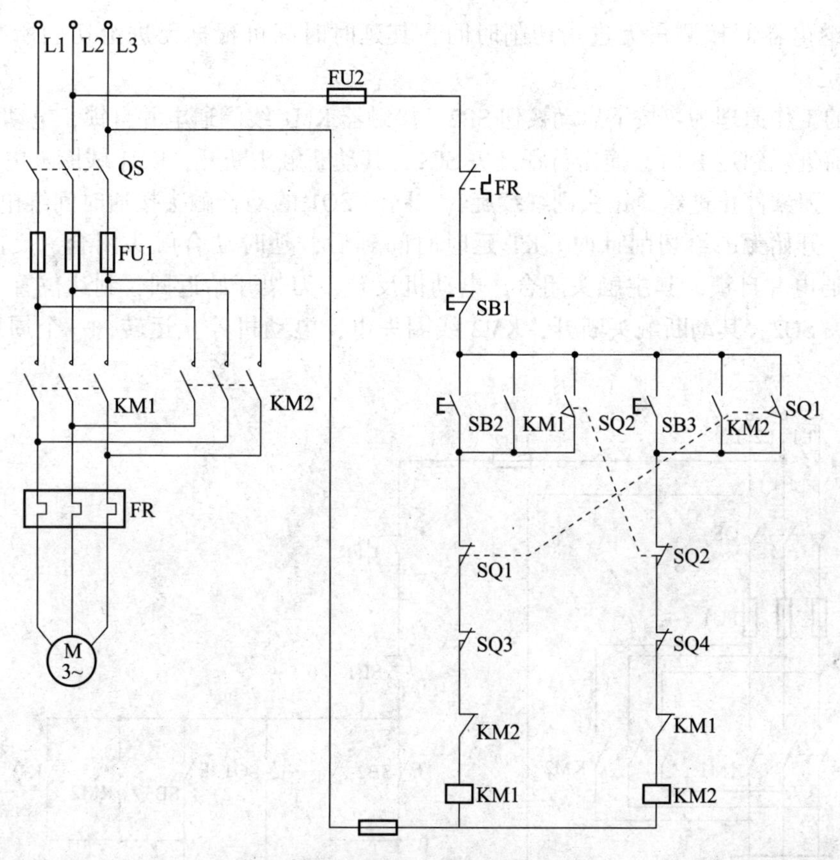

图 4 -7　铣床的自动往返控制线路

2. 钻孔加工过程自动控制

钻床的钻头和刀架分别由两台三相异步电动机拖动。图 4 - 8 所示为钻削加工钻头的工作示意，其工艺要求为：刀架能够由位置 A 移动到 B 后停车，进行无进给切削，当孔的内表面精度达到要求后，自动返回位置 A 后停车。

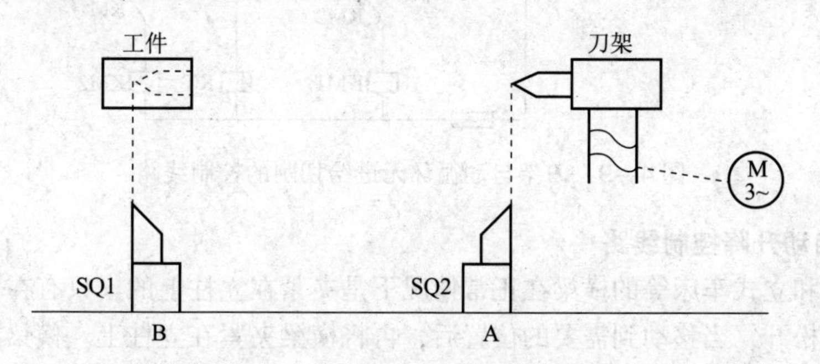

图 4 -8　钻削加工钻头的工作示意

图 4 - 9 所示为刀架自动循环无进给切削的控制线路，钻头由另一台电动机控制（图中没有画出来）。SQ1、SQ2 安装在 A、B 处，KM1、KM2 为电动机正、反转接触器。为了提高加工精度，当刀架移动到位置 B 时，要求在无进给情况下进行磨光，磨光后刀架退回位置 A 后停车。切削表面的光洁度不易直接测量，因此采用间接测量，

即用时间继电器间接测量无进给切削时间，其延时时间可根据无进给切削所需要的时间进行整定。

线路的工作原理为：按下启动按钮 SB2，接触器 KM1 线圈通电并自锁，电动机正向运转，刀架前进。到达 B 时，撞击行程开关 SQ1，其动断触头断开，KM1 线圈失电，电动机停止工作，刀架停止进给，钻头则继续旋转。同时 SQ1 的动合触头接通时间继电器 KT 的线圈电路，开始无进给切削计时。KT 延时时间到后，延时动合触头闭合，反向接触器 KM2 线圈通电并自锁，其主触头闭合，电动机反转，刀架开始返回，到达位置 A 时，撞击行程开关 SQ2，其动断触头断开，KM2 线圈失电，电动机停止运转，一个周期的工作结束。

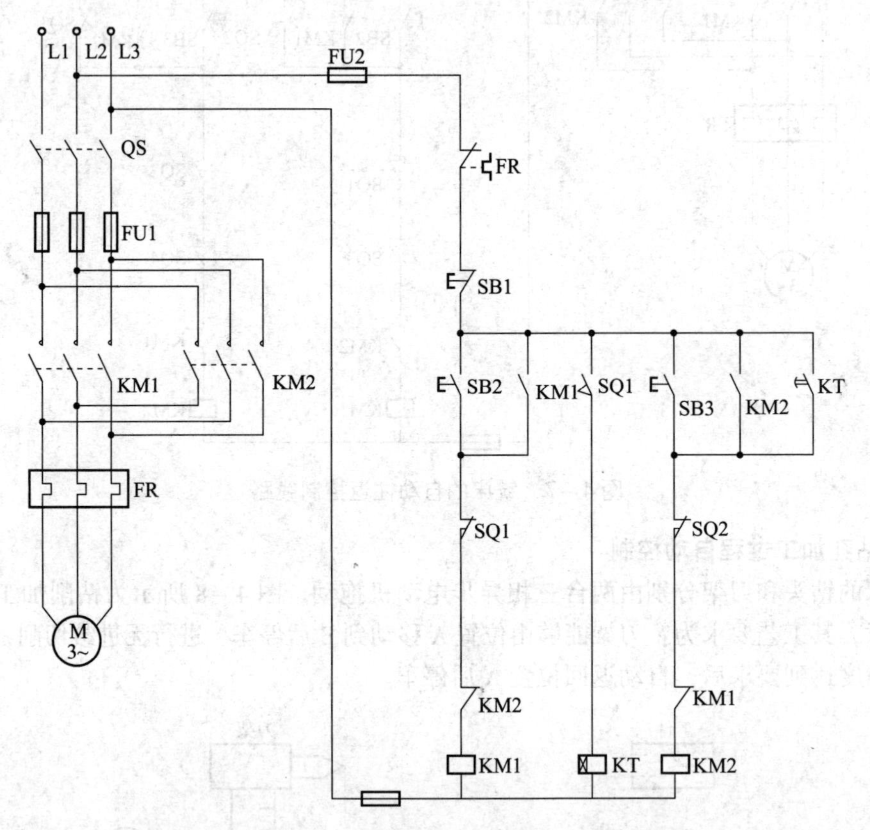

图 4－9 刀架自动循环无进给切削的控制线路

3. 横梁自动升降控制线路

龙门刨床和立式车床等的横梁在正常情况下是夹紧在立柱上的，只有在移动横梁时才将其从立柱上松开，当移动到需要的位置后，再将横梁夹紧在立柱上。横梁放松、夹紧可以采用电动机驱动的，也可以采用液压及压缩空气等方式驱动。如果用电动机驱动，需要两台电动机，一台控制夹紧装置实现横梁的夹紧与放松，另一台电动机控制横梁的上下移动。

图 4－10 所示为横梁自动升降控制线路。M1 为横梁升降电动机，M2 为横梁夹紧放松电动机，KM1、KM2 控制 M1 的正反转，从而控制横梁的升降，KM3、KM4 控制 M2 的正反转，从而控制横梁的夹紧与放松，K 为中间继电器，KA 为过电流继电器，SQ1、SQ2 为

夹紧与放松的限位开关，SQ3、SQ4 为横梁升降限位开关，KM5、KM6 的动断触头与 KM4 构成互锁，当工作台运动时，KM5 或 KM6 动断触头断开，KM4 线圈不能通电，确保只有在工作台停止时才容许横梁移动。

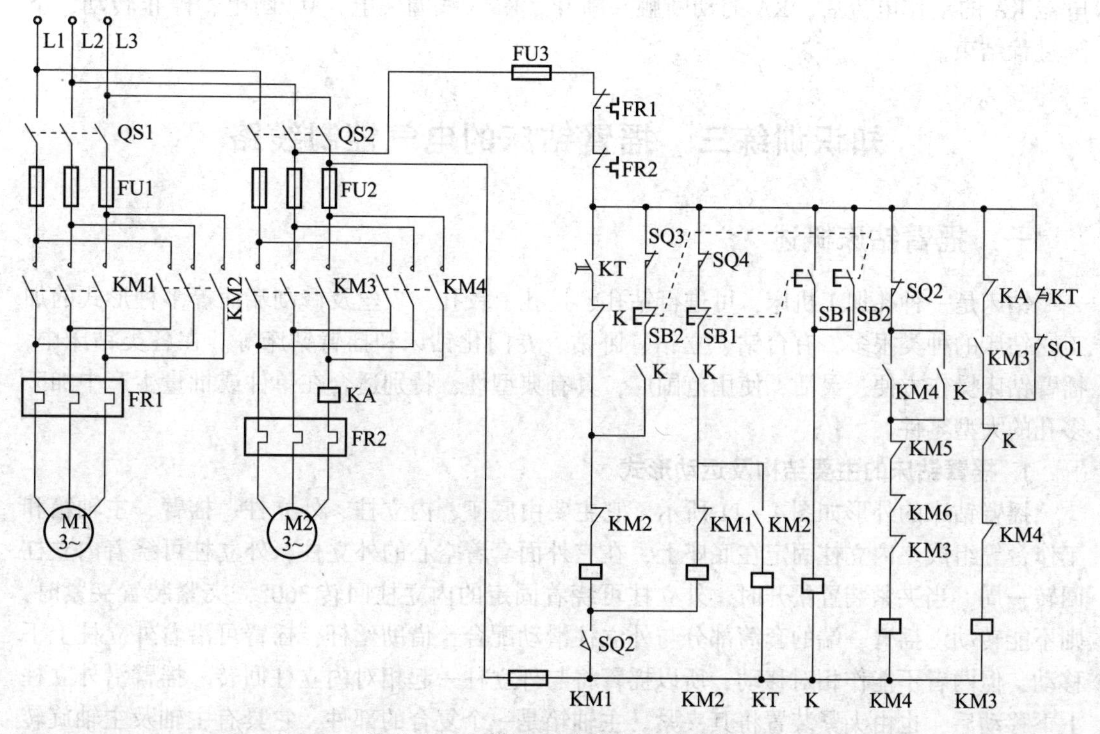

图 4－10　横梁自动升降控制线路

线路的工作原理为：横梁上升时，按下启动按钮 SB1，中间继电器 K 得电，其动合触头闭合，KM4 线圈得电，KM4 主触头闭合，使 M2 反转，横梁放松，当放松到压下下限位开关 SQ2 时，SQ2 动断触头断开，KM4 线圈失电，M2 反转停止，横梁放松动作完成。同时，SQ2 的动合触头闭合，使 KM1 线圈得电，其主触头闭合，M1 正转，横梁上升。

当横梁上升到位时，松开 SB1，K、KM1 线圈失电，M1 停转。此时 SQ2 仍处于被压下状态，因此其动合触头仍然闭合，横梁处于放松状态。线圈 K 失电，其动断触头闭合，KM3 线圈通电并自锁，M2 正转，拖动夹紧机构将横梁夹紧，SQ2 复位，为下次横梁上升做好准备。当夹紧到一定程度后，压下 SQ1，其动断触头断开。由于 KA 的动断触头和 KM3 的动合触头都闭合，KM3 继续得电，M3 继续旋转，横梁继续夹紧。随着夹紧力的增大，M2 定子电流增大，当达到 KA 的吸合值时，KA 动断触头断开，KM3 线圈失电，M2 停转，横梁夹紧动作完成，整个横梁上升过程结束。

横梁下降的动作过程与上升基本相同，只是在下降到位时，为了消除丝杠与螺母的间隙，要求横梁稍微回升。控制电路中采用断电延时型时间继电器 KT 作回升控制。按下 SB2，横梁放松后下降，同时时间继电器 KT 线圈得电，其动合延时常开触头瞬时闭合。当下降到位时，松开 SB2，K 线圈失电，其动合触头断开使 KM2 线圈失电，KM2 的动断触头闭合使 KM1 线圈得电，M1 正转带动横梁回升，KM2 动合触头断开，KT 线圈失电延时，当延时时间到后，其动合延时常开的触头断开，KM1 线圈失电，M1 停止运转，回升结束。同时 KT 的动断延时常闭触头闭合使 KM3 线圈通电，从而使 M2 正转，进行夹紧。到达位置后，限位开关 SQ1 被压下，SQ1 的动断触头断开，到达电流继电器 KA 的动作电流后，KA 的动断触头断开，KM3 线圈失电，M2 断电，停止转动，下降过程结束。

知识训练三 摇臂钻床的电气控制线路

一、摇臂钻床概述

钻床是一种孔加工机床，可进行钻孔、扩孔、铰孔、攻丝及修刮端面等多种形式的加工。钻床的种类很多，有台钻、立钻、卧钻、专门化钻床和摇臂钻床等。在各类钻床中，摇臂钻床操作方便、灵活，使用范围广，具有典型性，特别适合在单件或批量生产中加工多孔的大型零件。

1. 摇臂钻床的主要结构及运动形式

摇臂钻床的外形如图 4－11 所示。它主要由底座、内立柱、外立柱、摇臂、主轴箱和工作台等组成。内立柱固定在底座上，在它外面套着空心的外立柱，外立柱可绕着内立柱回转一周。当夹紧装置松开时，外立柱可绕着固定的内立柱回转 360°，夹紧装置夹紧时，则不能转动。摇臂一端的套筒部分与外立柱滑动配合，借助丝杆，摇臂可沿着外立柱上下移动，但两者不能作相对移动，所以摇臂将与外立柱一起相对内立柱回转。摇臂沿外立柱上下移动后，也由夹紧装置将其夹紧。主轴箱是一个复合的部件，它具有主轴及主轴旋转部件和主轴进给的全部变速和操纵机构。主轴箱可沿着摇臂上的水平导轨作径向移动。当进行加工时，可利用特殊的夹紧机构将外立柱紧固在内立柱上，摇臂紧固在外立柱上，主轴箱紧固在摇臂导轨上，然后进行钻削加工。

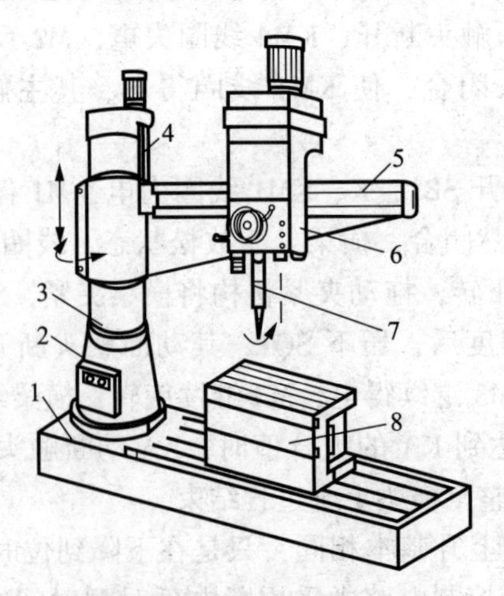

图 4－11 摇臂钻床的外形

1—底座；2—内立柱；3—外立柱；4—摇臂升降丝杠；
5—摇臂；6—主轴箱；7—主轴；8—工作台

摇臂钻床主轴的旋转为主运动，主轴轴向运动为进给运动，辅助运动包括摇臂沿外力柱的垂直运动，主轴箱沿摇臂径向水平移动，摇臂与外力柱一起相对于内立柱的回转运动。

外立柱、摇臂和主轴箱的运动，它们都有夹紧装置和固定位置。摇臂的升降及夹紧放松由一台异步电动机拖动，摇臂的回转和主轴箱的径向移动采用手动，立柱的夹紧松开由一台电动机拖动一台齿轮泵供给夹紧装置所用的压力油来实现，同时通过电气联锁来实现主轴箱的夹紧与放松。摇臂钻床的主轴旋转和摇臂升降不容许同时进行，以保证安全生产。

2. 摇臂钻床的电力拖动特点及其控制要求

(1)由于摇臂钻床的运动部件较多，为简化传动装置，使用多电机拖动，主电动机承担主钻削及进给任务；而摇臂升降及其夹紧放松、立柱夹紧放松和冷却泵各由一台电动机拖动。

(2)为了适应多种加工方式的要求，主轴及进给应在较大范围内调速。这些调速都是机械调速，用手柄操作变速箱调速，对电动机无任何调速要求。从结构上看，主轴变速机构与进给变速机构应该放在一个变速箱内，而且两种运动由一台电动机拖动是合理的。

(3)为了加工螺纹，主轴要求正反转。摇臂钻床的正反转一般用机械方法实现，即靠摩擦离合器实现，或由液压系统实现，电动机只需单方向旋转。

(4)摇臂沿外立柱的升降由电动机拖动，外立柱沿内力柱的回转运动则是由外力作用控制的，但必须先将外立柱放松。

(5)应具有相应的联锁与保护。

二、Z35 型摇臂钻床

Z35 型摇臂钻床是最常用的立式钻床，适用于成批生产时加工多孔的大型零件。Z35 型摇臂钻床型号的含义如图 4－12 所示。

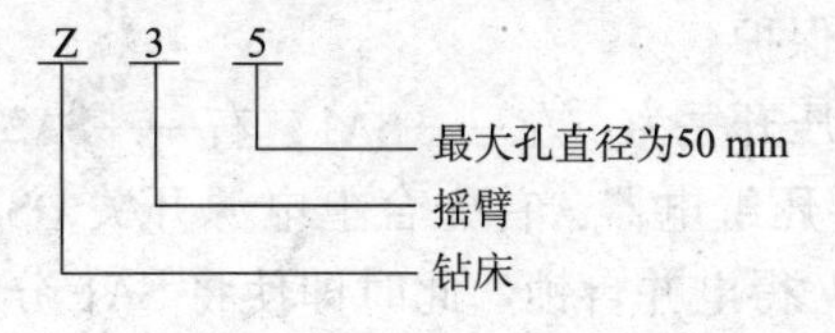

图 4－12　Z35 型摇臂钻床型号的含义

图 4－13 所示为 Z35 型摇臂钻床的电气控制线路示意。

1. 主电路分析

Z35 型摇臂钻床共有 4 台电动机。M1 为冷却泵电动机。M2 为主电动机，其由接触器 KM1 控制，只要求单向旋转，带动主轴及进给传动系统，主轴正反转由机械手柄操作。M3 为摇臂升降电动机，由接触器 KM2 和 KM3 控制其正反转，实现摇臂的升降。M4 是控制立柱的夹紧与放松，由接触器 KM4 和 KM5 控制其正反转，实现立柱的夹紧或放松。

由于摇臂要绕立柱转动，因此安装在回旋部件上的电动机 M2、M3、M4 及其他电气设备的电源，是通过装在摇臂升降机体壳上的汇流环 W 来供电和接地的(M2 装在主轴箱顶部，M3 和 M4 安装在立柱顶部)。

2. 控制线路分析

变压器 TC 将 380 V 交流电变成 220 V 作为控制电源，另一个副边绕组为局部照明灯提供 36 V 电源。

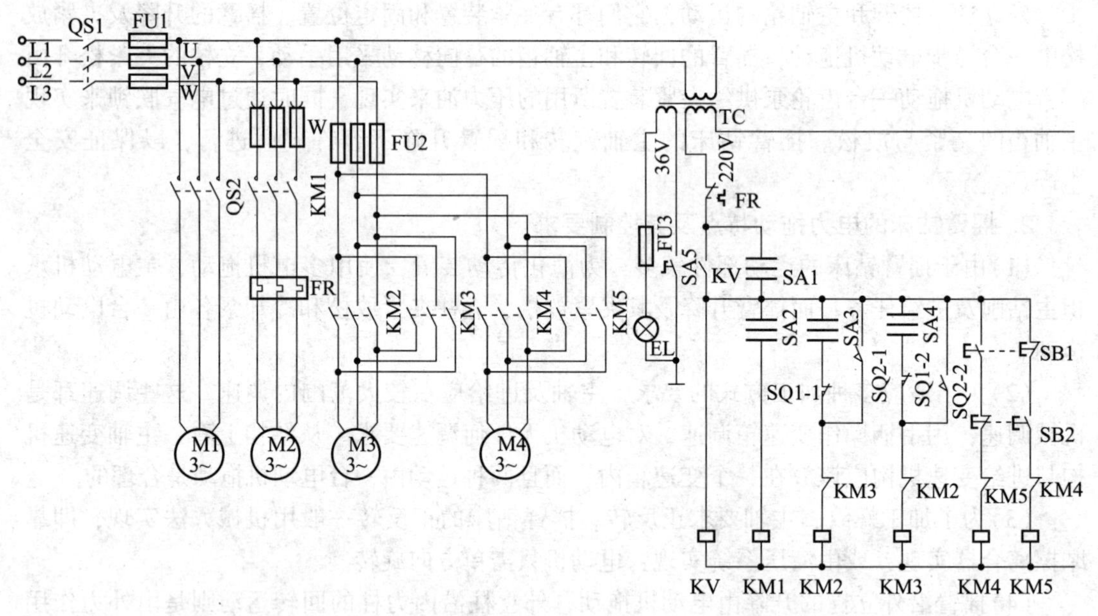

图 4－13 Z35 型摇臂钻床的电气控制线路示意

Z35 钻床采用十字开关操作，这样操作起来方便，而且能实现各运动间的互锁保护。十字开关由 4 个微动开关和操作手柄组成，塑料盖板上有十字形孔槽。操作手柄可分别扳到孔槽中的 5 个不通位置：上、下、左、右、中。手柄置于中间位置时，4 个微动开关不受压，处于断开状态。手柄置于其他任一位置时，都有一对应的微动开关受压，其触头闭合，当手柄离开这一位置时，其触头分断。因此，任何时刻，只能有一个微动开关闭合，从而实现了各种运动的互锁保护。

手柄所处位置与相应受压开关为：左——SA1，右——SA2，上——SA3，下—SA4。

(1)零压保护。KV 为零压继电器，首先合上电源开关 QS1，然后把十字手柄扳到左边，这时 SA1 受压闭合，KV 得电并自锁。此时即使将 SA1 分断，KV 线圈也能依靠其自锁触头的闭合而保持通电，因此一旦电源断电，就能起到零压保护的作用。

(2)主轴电动机的控制。将手柄扳向右方，这时 SA2 闭合，接触器 KM1 的线圈通过 KV 的常开触头及 SA2 触头得电，主轴电动机 M2 启动。将十字开关扳回中间位置时，SA2 分断，接触器 KM1 断开，电动机 M2 停止运行。

(3)摇臂升降控制。摇臂升降前必须将夹紧装置放松，升降完毕后又必须夹紧，这个过程必须是自动完成的。当需要使摇臂上升时，将手柄扳到向上位置，微动开关 SA3 压合，接触器 KM2 通电，电动机 M3 正转，带动传动装置将摇臂夹紧装置放松，在放松的同时，将位置开关 SQ2 的常开触头 SQ2－2 撞动使其闭合，为夹紧摇臂作准备。当夹紧装置放松后，电动机将会带动升降装置使摇臂上升，到了需要的位置后，将十字手柄扳回中间位置，SA3 分断，KM2 断电，其常闭触头闭合使 KM3 通电，电动机反转，带动夹紧装置将摇臂夹紧。夹紧后，SQ2－2 分断，KM3 断电，电动机 M3 停转，摇臂上升结束。

若要使摇臂下降，则将十字开关扳到向下位置，此时 SA4 闭合，KM3 得电，电动机 M3 反转，松开夹紧装置，且使 SQ2－1 闭合，为夹做准备，其工作过程和上升时相同，这里不再重复。

位置开关 SQ1 作限位保护，防止摇臂上升或下降过程中超过极限位置。当摇臂上升到上限位置时，SQ1－1 断开，KM2 断电，电动机停转，摇臂停止上升。当摇臂下降至极限位置时，SQ1－2 分断，电动机停转，摇臂停止下降。

(4)立柱的夹紧与松开控制。由 KM4 和 KM5 来控制电动机 M4，实现立柱的夹紧与松开，立柱的夹紧放松属短时操作，因此采用点动控制。当需要让摇臂回转时，必须将夹紧装置松开，推动摇臂，才可以实现摇臂与外立柱一起绕内立柱转动。不做回转运动时，应保持内外立柱之间是夹紧的。

按下启动按钮 SB1，KM4 通电吸合，电动机 M4 正转启动，带动齿轮油泵，送出高压油，经油路系统和机械传动系统将内外立柱松开，松开 SB1，电动机就停转。需要夹紧立柱时，按下启动按钮 SB2，接触器 KM5 得电吸合，电动机 M4 反转，带动齿轮油泵送出反向高压油，通过液压系统和机械传动系统将内外立柱间夹紧，松开 SB2，M4 停转。

(5)冷却泵控制。当需要冷却液时，合上 QS2，电动机 M1 启动，送出冷却液。

(6)照明线路。变压器 TC 供应 36V 安全电压给照明电路，SA5 作为接通或断开照明电路的开关，熔断器 FU3 作短路保护。

3. 保护环节

FU1 实现总的短路保护，FU2 用作 M3 和 M4 的短路保护。FR 用作主电动机 M2 的过载保护，其余电动机为短时工作，所以不设过载保护。

4. 电气线路常见故障分析

(1)主轴电动机不能启动。首先检查熔断器 FU1 的熔断丝是否熔断，其次，检查十字开关的位置是否能压动微动开关，微动开关的触头是否完好，接触器 KM1 的触头是否良好。此外，连接导线的螺钉松动，电网电压过低，使零压继电器 KV 不能吸合也是造成电动机无法启动的原因。

(2)摇臂升降失灵。

①摇臂上升或下降后，不能完全夹紧。主要原因是位置开关 SQ2 的位置调整不当，SQ2－1 或 SQ2－2 过早分断，使摇臂还没有完全夹紧时就停止了夹紧动作。

②摇臂上升或下降时不能及时停止。这种故障也是位置开关 SQ2 位置不当所引起的。例如，在十字开关扳到向下位置时，KM3 吸合，电动机反转，首先松开夹紧装置，并压合位置开关 SQ2 使 SQ2－1 闭合，为下降后的夹紧作准备。但如果 SQ2 的位置不当，反而使 SQ2－2 闭合，这样，当十字开关扳回中间位置时，KM3 通过 SQ2－2 继续通电，使摇臂一直下降，即使到下限保护开关 SQ1 断开时，仍不能停下。一旦发生这种现象，必须立刻关断电源开关 QS1，使机床断电，重新调整位置开关后再运行使用。

③摇臂升降电动机反复正反转，不能停止。出现这一现象的原因是位置开关 SQ2 的两对触头的动触头位置太近，没有足够的间隙。当上升运动完成后，将十字开关扳回中间位置，KM2 断电，由于 SQ2－2 闭合，因此 KM3 吸合，电动机 M3 反转，摇臂夹紧，同时带动齿轮使 SQ2－2 分断，KM3 释放。但由于惯性作用，SQ2 开关的机械部分在撞击 SQ2－2 的动触头使其分断后，又撞击 SQ2－1 的动触头使 SQ2－1 闭合。这样 KM2 又通电，M3 又

正转起来。如此循环，使夹紧、放松动作不停重复。

摇臂的升、降、夹紧、放松是由电气和机械相互配合实现的，在维修时，要对电气和机械部分都加以检查。

(3)立柱夹紧与松开失灵。按钮 SB1、SB2 接触不良，或者接触器 KM4、KM5 的常闭触头接触不良，主电路熔断器 FU1、FU2 熔断等，都会导致立柱松紧电动机 M4 不能启动，从而造成立柱控制失灵。

三、Z3040 型摇臂钻床

Z3040 型摇臂钻床是在 Z35 型摇臂钻床基础上的更新产品。它取消了 Z35 型钻床的汇流环供电方式，而改为了直接由机床底座进线，由外立柱顶部引出再进入摇臂后面的电气壁龛。对内、外立柱、主轴箱及摇臂的夹紧放松和其他一些环节，采用了先进的液压技术。其电气控制线路如图 4－14 所示。

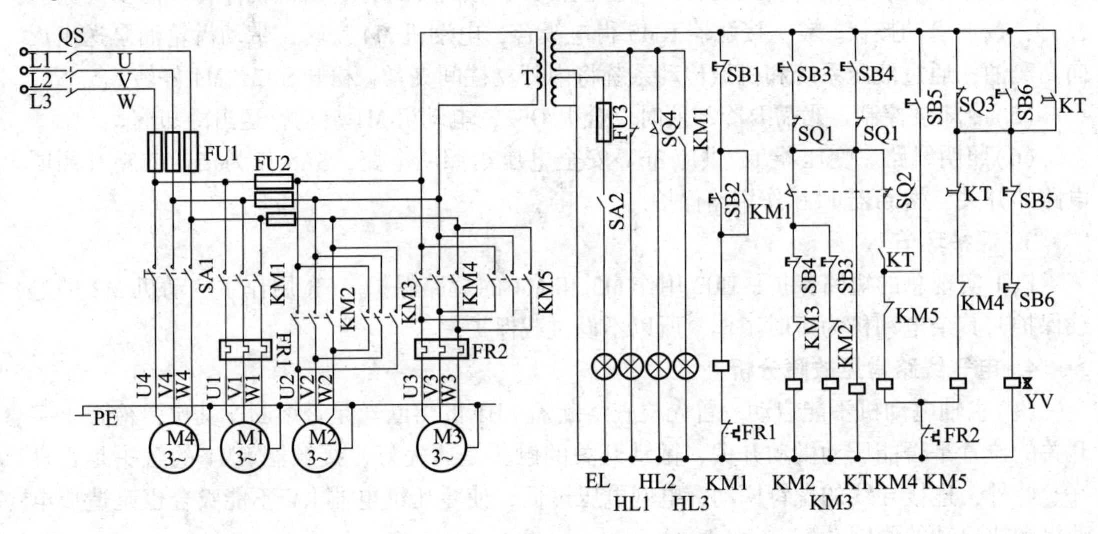

图 4－14 Z3040 型摇臂钻床的电气控制线路示意

1. 液压系统介绍

Z3040 型摇臂钻床有两套液压控制系统，一个是操纵机构液压系统，另一个是夹紧机构液压系统。

操纵机构液压系统安装在主轴箱内，实现主轴正反转、停车制动、空挡、预选及变速控制。它的液压泵由主轴电动机 M1 拖动。主轴电动机启动后，将操纵手柄置于相应位置(5 个位置)时，通过液压油阀使压力油作相应的分配，液压系统就能实现对主轴的相应操作。

夹紧机构液压系统安装在摇臂背后的电器盒下部，实现夹紧和松开主轴箱、摇臂和立柱的控制。液压泵由液压泵电动机 M3 拖动。通过电磁阀控制液压油油压传输路径，并配合液压电动机的正反转，就可以实现主轴箱与摇臂、摇臂与外立柱及外立柱与内立柱之间的夹紧和松开控制。

2. 电气控制线路分析

(1)主电路分析。主轴电动机 M1 为单方向旋转，由接触器 KM1 控制。主轴的正反转由机床液压系统操纵机构配合正反转摩擦离合器实现，并由热继电器 FR1 作电动机过载保护。摇臂升降电动机 M2 由正、反转接触器 KM2、KM3 控制来实现正反转。在操纵摇臂升降时，控制电路首先使液压泵电动机 M3 启动旋转，送出压力油，经液压系统将摇臂松开，然后才使 M2 启动，拖动摇臂上升或下降。当摇臂移动到位后，控制电路首先使 M2 先停下，再自动通过液压系统将摇臂夹紧，最后液压泵电动机才停转。M2 为短时工作，不用设过载保护。

M3 由接触器 KM4、KM5 实现正、反转控制，热继电器 FR2 作过载保护。M4 为冷却泵电动机，由开关 SA1 控制。

(2)主轴电动机的控制。按钮 SB1、SB2 与接触器 KM1 构成主轴电动机的单方向旋转控制电路。M1 启动后，指示灯 HL3 亮，表示主轴电动机在旋转。

(3)摇臂升降的控制。摇臂的升降、松开与夹紧是一套连贯的动作，需要电动机与夹紧机构液压系统紧密配合。按钮 SB3、SB4 及正、反转接触器 KM2、KM3 组成具有双重互锁的电动机正、反转点动控制电路，控制摇臂的上升、下降。控制液压泵电动机的接触器 KM4、KM5 与电磁阀 YV 配合，完成摇臂的夹紧与松开。KM5 通电、YV 断电时，摇臂夹紧，KM4、YV 通电时，摇臂松开。

以摇臂上升为例，按下摇臂上升点动按钮 SB3，时间继电器 KT 线圈通电，瞬动常开触头 KT 闭合，接触器 KM4 线圈通电，液压泵电动机 M3 反向启动旋转，拖动液压泵送出压力油。同时 KT 的断电延时断开触头 KT 闭合，电磁阀 YV 线圈通电，液压泵送出的压力油经二位六通阀进入摇臂夹紧机构的松开油腔，推动活塞和菱形块将摇臂松开。SQ3 复位，其常闭触头闭合，为 KM5 通电做准备。摇臂松开时，活塞杆通过弹簧片压下行程开关 SQ2，发出摇臂松开信号，即常闭触头 SQ2 断开，KM4 线圈失电，电动机 M3 停转，液压泵停止供油，摇臂处于松开状态。SQ2 的常开触头闭合，线圈 KM2 得电，摇臂升降电动机 M2 正向启动旋转，摇臂上升。

当摇臂上升到所需位置时，松开按钮 SB3，KM2 线圈失电，摇臂升降电动机 M2 断电，但还将惯性转动，此时不能启动电动机 M3 夹紧摇臂。KT 线圈断电，其断电延时闭合触头 KT 断电延时 1 ~ 3 s，在这期间，KM5 线圈仍处于断电状态，电磁阀 YV 仍处于通电状态，这样就确保了摇臂升降电动机在断开电源后直到完全停止运转才能开始摇臂的夹紧动作。

时间继电器 KT 断电延时时间到后，常闭触头 KT 闭合，由于 SQ3 常闭触头闭合，KM5 线圈通电吸合，液压泵电动机 M3 正向启动，拖动液压泵，供出压力油。同时常开触头 KT 断开，电磁阀 YV 线圈断电，这时压力油经二位六通阀进入摇臂夹紧油腔，反向推动活塞和菱形块，将摇臂夹紧。活塞杆通过弹簧片压下行程开关 SQ3，其常闭触头 SQ3 断开，KM5 线圈断电，M3 停止旋转，实现摇臂夹紧，上升过程结束。

摇臂升降的极限保护由行程开关 SQ1 来实现。当摇臂在正常位置时，SQ1 的两对触头已调整在接通位置。当摇臂上升或下降到极限位置时，其对应触头断开，切断上升或下降接触器 KM2 或 KM3，使 M2 停止运转，摇臂停止移动，从而实现限位保护。

(4)主轴箱、立柱松开与夹紧的控制。主轴箱和摇臂之间、外立柱和内立柱之间的夹紧与松开是同时进行的。主轴箱、立柱的夹紧与松开也是由液压泵电动机的转向与电磁阀配合来实现的。

按下按钮 SB5，接触器 KM4 线圈通电，液压泵电动机 M3 反转，拖动液压泵送出压力油，这时电磁阀 YV 线圈处于断电状态，压力油经二位六通阀进入主轴箱与立柱松开油腔，推动活塞和菱形块，使主轴箱与立柱松开。由于 YV 线圈断电，压力油不能进入摇臂松开油腔，摇臂仍处于夹紧状态。当主轴箱与立柱松开时，行程开关 SQ4 没有受压，常闭触头 SQ4

闭合，指示灯 HL1 亮，表示主轴箱与立柱确已松开。可以手动操作主轴箱在摇臂的水平导轨上移动，也可推动摇臂使外立柱绕内立柱作回转移动。当移动到位后，按下夹紧按钮 SB6，此时接触器 KM5 线圈通电，M3 正转，拖动液压泵送出压力油至夹紧油腔，使主轴箱与立柱夹紧。夹紧完成后，SQ4 动作，常开触头闭合，HL2 亮，指示主轴箱与立柱已夹紧，这时可以松开 SB6，KM5 断电，M3 停转，夹紧过程结束，这时可以进行切削加工。

(5)联锁、保护环节。熔断器 FU1 作为总电路和电动机 M1、M4 的短路保护。熔断器 FU2 为电动机 M2、M3 及控制变压器 T 一次侧的短路保护。熔断器 FU3 为照明电路的短路保护。热继电器 FR1、FR2 为电动机 M1、M3 的长期过载保护。

组合开关 SQ1 为摇臂上升、下降的极限位置保护，行程开关 SQ2 实现摇臂松开到位与开始升降的联锁，SQ3 实现摇臂完全夹紧与液压泵电动机 M3 停止旋转的联锁。时间继电器 KT 实现摇臂升降电动机 M2 断开电源待惯性旋转停止后再进行摇臂夹紧的联锁，摇臂升降电动机 M2 正反转具有双重互锁。SB5 与 SB6 常闭触头接入电磁阀 YV 线圈电路实现在进行主轴箱与立柱夹紧、松开操作时，压力油不能进入摇臂夹紧油腔的联锁。

3. 照明与信号指示电路

HL1 为主轴箱、立柱松开指示灯，灯亮表示已松开，可以手动操作主轴箱沿摇臂水平移动或摇臂回转。HL2 为主轴箱、立柱夹紧指示灯，灯亮表示已夹紧，可以进行钻削加工。HL3 为主轴旋转工作指示灯。

照明灯 EL 由控制变压器 T 供给 36V 安全电压，经开关 SA2 操作实现钻床局部照明。

4. 常见故障分析

(1)摇臂不能上升(或下降)。摇臂移动的前提是摇臂首先要完全松开，压下 SQ2，KM4 线圈断电，KM2 线圈得电，M3 停转而 M2 启动。此时摇臂方可上升。若 SQ2 位置改变，造成活塞杆压不上 SQ2，KM2 不能吸合，升降电动机不能得电旋转，摇臂不能上升。有时也会出现液压系统故障，如液压泵卡死、不转，油路堵塞或气温太低时油的黏度增大，使摇臂不能完全松开，活塞杆也就压不下 SQ2，摇臂也不能上升。另外电动机 M3 电源相序接反，当按下 SB3 摇臂上升按钮时，液压泵电动机反转，使摇臂夹紧，压不上 SQ2，摇臂也就不能上升或下降。

若 SQ2 动作正常，则说明故障发生在接触器 KM2 或升降电动机 M2 上。

(2)摇臂移动后不能夹紧。摇臂升降后能自动夹紧，夹紧动作完成后，SQ3 触头断开，M3 停转。若摇臂夹不紧，说明摇臂控制电路能够动作，只是夹紧力不够。原因可能是 SQ3 安装不当或松动移位，在摇臂还没有充分夹紧时 SQ3 就动作了，使 M3 停止转动而停止了夹紧动作。另外一个原因可能是 KM5 线圈电路出现故障。

技能训练

技能训练一 自动往复运动控制电路的安装

一、训练目的

(1)明确线路中的所有电器元件及其作用，理解自动往复控制电路的工作原理。

(2)掌握自动往复控制电路的接线方法、布线及工艺要求。

二、训练器材

(1)工具：螺钉旋具、斜口钳、尖嘴钳、剥线钳、电工刀等。

(2)仪表：万用表。

(3)器材：

①控制板 1 块(木、铁制均可，参考尺寸为 600 mm×500 mm)。

②导线及规格：单芯绝缘塑料导线(主回路线 BLV－500－2.5mm^2，控制回路线 1.0～1.5mm^2，按钮线 RV－500－0.75mm^2 或 BV－500－1.0mm^2 均可)。线的颜色要求主电路与控制电路必须有明显的区别。

③备好编码套管。

三、训练步骤

(1)检查器件的完好性。

(2)在电器板上安装好所用电器元件(电动机除外)。

(3)按图 4－15 板前明配线。

(4)交板，接好板外线路，通电试运行。

(5)停电，拆除外接线。

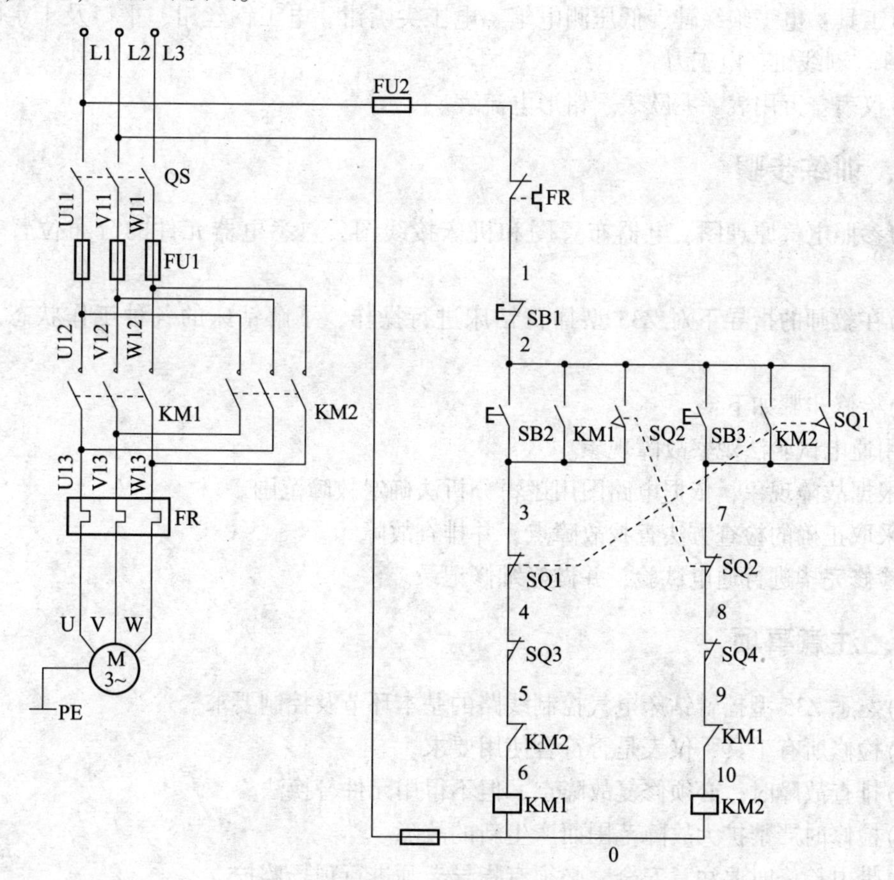

图 4－15　自动往复运动控制线路

技能训练二 Z35 型摇臂钻床的操作

(1)深入现场，充分了解 Z35 型摇臂钻床的结构、操作和工作过程，了解 Z35 型摇臂钻床对拖动和控制的要求。

(2)分析主电路、控制电路、辅助电路及保护环节等，熟悉每个电器元件的作用。

(3)认真观察电器元件的布局，每个电器元件的安装位置和接线方法，画出电器布置图和电气安装接线图。

技能训练三 Z35 型摇臂钻床电气控制线路的检修

一、训练目的

掌握 Z35 型摇臂钻床电气控制线路的故障分析和检修方法。

二、训练器材

(1)工具：电工绝缘鞋、低压测电笔、电工尖嘴钳、电工钢丝钳、平口及十字电工用螺钉旋具、剥线钳、电工刀。

(2)仪表：万用表、兆欧表、钳形电流表。

三、训练步骤

(1)参照电气原理图、电器布置图和机床接线图，熟悉电器元件的分布位置和走线情况。

(2)在教师的指导下对 Z35 型摇臂钻床进行操作，了解钻床的各种工作状态及操作方法。

(3)检修步骤如下：

①用通电试验法观察故障现象。

②根据故障现象，依据电路图用逻辑分析法确定故障范围。

③采取正确的检查方法查找故障点，并排查故障。

④检修完毕进行通电试验，并做好维修记录。

四、注意事项

(1)熟悉 Z35 型摇臂钻床电气控制线路的基本环节及控制要求。

(2)检修所有工具、仪表是否符合使用要求。

(3)排查故障时，必须修复故障点，但不得用元件替换法。

(4)检修时严禁扩大故障范围而产生新的故障。

(5)带电检修时要注意安全，必须有指导老师进行现场监护。

(6)检修完毕后进行通电试验，并将故障排查过程填入表 4-1。

表 4－1　故障排查过程记录表

故障现象	可能原因	处理方法

知识拓展

接近开关

接近开关又称为无触头行程开关，是一种无接触式物体检测装置，也就是当某一物体接近信号结构时，信号机构会发出“动作”信号的开关。

接近开关是通过其感应头与被测物体间介质能量的变化来获取信号的。接近开关的应用已超出一般行程控制和限位保护的范畴，可用于高速计数、测速、液面控制、检测金属体的存在、零件尺寸以及无触头按钮等场合。即使用作一般行程开关，其定位精度、操作频率、使用寿命及对恶劣环境的适应能力也比机械行程开关高。其外形和图形符号如图 4－16 所示。

图 4－16　JM/JG/JR 系列接近开关的外形、接近开关的图形符号和文字符号
(a) JM/JG/JR 系列接近开关的外形；(b) 接近开关的图形符号和文字符号

接近开关的种类很多，但不论何种形式的接近开关，其都是由信号发生机构（感测机构）、振荡器、检波器、鉴幅器和输出电路组成的。接近开关的结构组成如图 4－17 所示。

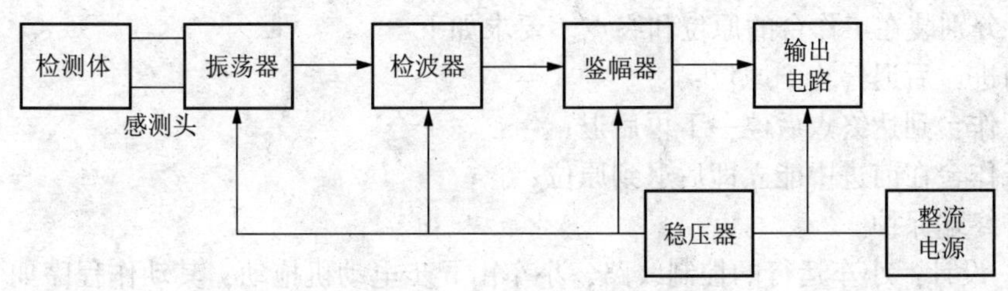

图 4－17　接近开关的结构组成

图 4－18 所示为晶体管停振型接近开关电路。图中采用了电容三点式振荡器，感测头 L 仅有两根引出线，因此也可做成分离式结构。由 C_2 取出的反馈电压经 R_2 和 R_f 加到晶体

管 VT 的基极和发射极两端，取分压比等于1，即 $C_1=C_2$，这样能够通过改变 R_f 来整定开关的动作距离。

由 VT2、VT3 组成的射极耦合触发器不仅用于鉴幅，还具有电压和功率放大作用，VT2 的基射结还兼作检波器。为了减轻振荡器的负担，选用较小的耦合电容 C_3（510 pF）和较大的耦合电阻 R_4（10 k）。振荡器输出的正半周电压使 C_3 充电。负半周 C_3 经过 R_4 放电，选择较大的 R_4 可减小放电电流，由于每周内的充电量等于放电量，所以较大的 R_4 也会减小充电电流，使振荡器在正半周的负担减轻。但是 R_4 也不应过大，以免 VT2 的基极信号过小而在正半周内不足以饱和导通。检波电容 C_4 不接在 VT2 的基极而接到集电极上，其目的是减轻振荡器的负担。由于充电时间常数 R_5C_4 远大于放电时间常数（C_4 通过半波导通向 VT2 和 VT3 放电），因此当振荡器振荡时，VT2 的集电极电位基本等于其发射极电位，并使 VT3 可靠截止。当有金属检测体接近感测头 L 使振荡器停振时，VT3 的导通因 C_4 充电约有百微秒的延迟。C_4 的另一作用是当电路接近电源时，振荡器虽不能立即起振，但由于 C_4 上的电压不能突变，T_3 不致有瞬间的误导通。

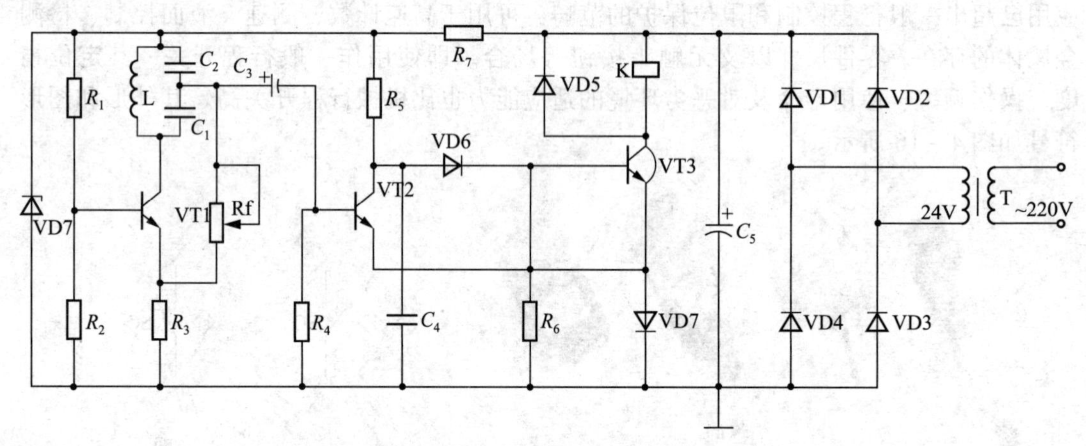

图 4-18 晶体管停振型接近开关电路

思考题与习题

4-1 设计一个工作台前进-后退控制线路。工作台由电动机 M 带动，行程开关 SQ1、SQ2 分别装在工作台的原位和终点。要求如下：

(1) 前进-后退停止到原位；

(2) 工作台到达终点后停一下再后退；

(3) 工作台在前进中能立即后退到原位；

(4) 有终端保护。

4-2 设计一小车运行的控制线路，小车由异步电动机拖动，其动作程序如下：

(1) 小车由原位开始前进，到终端后自动停止；

(2) 在终端停留 2 min 后自动返回原位停止；

(3) 要求能在前进或后退途中任意位置能停止或启动。

4-3 试分析 Z3040 型摇臂钻床控制摇臂下降的工作原理。

4－4　在Z3040型摇臂钻床电气控制线路中，试分析时间继电器KT与电磁阀YA在什么时候动作，YA动作时间比KT长还是短，YA什么时候不动作。

4－5　在Z3040型摇臂钻床电气控制线路中，行程开关SQ1～SQ4的作用各是什么？

4－6　在Z3040型摇臂钻床电气控制线路中，设有哪些联锁与保护？

4－7　根据Z3040型摇臂钻床的电气控制线路，分析摇臂不能下降时可能出现的故障。

4－8　接近开关与行程开关有何异同？

项目五

铣床的电气控制

知识要求

(1)了解铣床的基本结构、运动情况、加工工艺。

(2)掌握多点启停、顺序控制的基本控制规律。

(3)掌握铣床电气控制的特点，深刻理解电路中各电器元件、各触头的作用，学会分析的方法。

三相异步电动机多点顺序控制电路

技能要求

(1)训练在配电板上对电路元器件进行布局和接线，掌握基本的电工工艺。

(2)熟悉万能铣床的基本操作。

(3)掌握万能铣床常见故障的分析与排除方法。

知识训练

知识训练一 电气控制线路的基本规律

一、多点控制启、停的联锁控制

在大型设备中，为了操作方便，通常要求能在多个地点进行控制。图5－1所示为两地控制线路，图中各启动按钮并联，停止按钮串联。当在任一地点按下启动按钮时，接触器线圈都能通电，电动机启动。当按下任一停止按钮时，电动机都能停止。

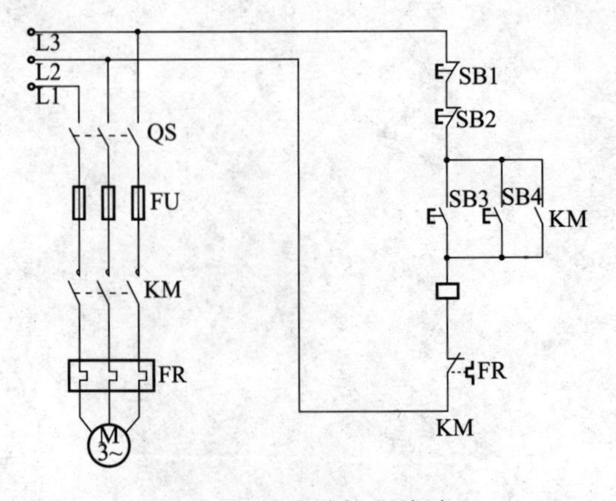

图5－1 两地控制线路

二、按顺序工作的联锁控制

在某些机床控制线路中，有时不能随意启动或停车，而必须按照一定的顺序操作。这种控制线路称为顺序控制线路。例如在铣床的控制中，为避免发生工件与刀具的相撞事件，控制线路必须确保主轴铣刀旋转后才能有工件的进给。而在车床主轴转动时，要求油泵先给润滑油，主轴停止后，油泵方可停止润滑，即要求油泵电动机先启动，主轴电动机后启动，主轴电动机停止后，才容许油泵电动机停止。实现该过程的控制线路如图 5－2 所示。

在图 5－2 中，M1、M2 为油泵电动机、主轴电动机，分别由 KM1、KM2 控制。SB1、SB2 为 M1 的停止、启动按钮，SB3、SB4 为 M2 的停止、启动按钮。将接触器 KM1 的动合辅助触头串入接触 KM2 的线圈电路中，只有当接触器 KM1 线圈通电，动合触头闭合后，才容许 KM2 线圈通电，即电动机 M1 先启动后才容许电动机 M2 启动。将主轴电动机接触器 KM2 的动合触头并联接在油泵电动机的停止按钮 SB1 两端，即当主轴电动机 M2 启动后，SB1 被 KM2 的动合触头短路，不起作用，直到主轴电动机接触器 KM2 断电，油泵停止按钮 SB1 才能起到断开 KM1 线圈电路的作用，油泵电动机才能停止。这样就实现了按顺序启动、按顺序停止的联锁控制。

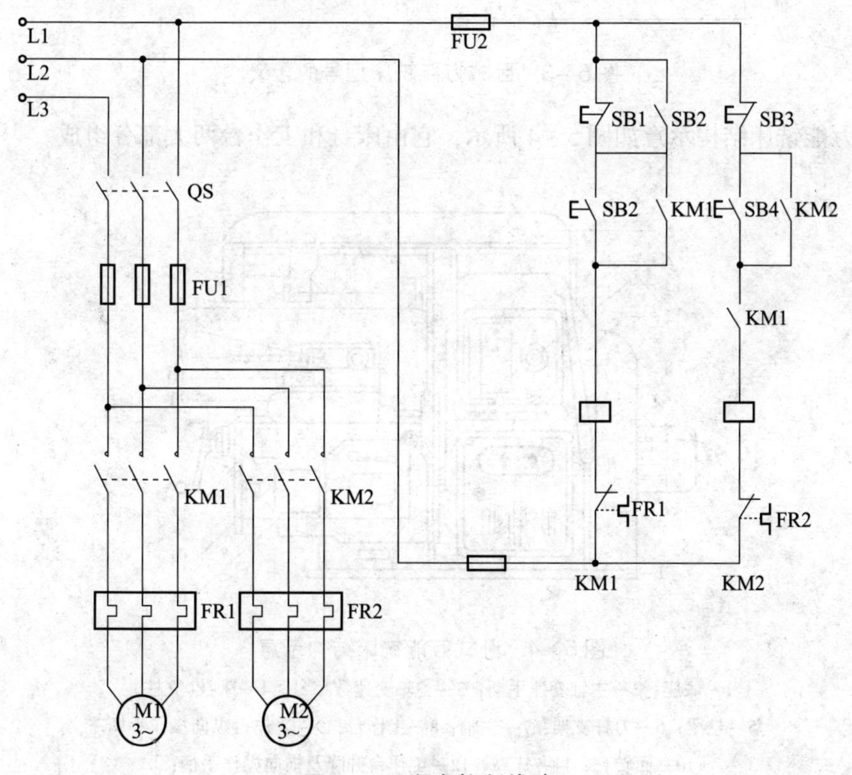

图 5－2　顺序控制线路

知识训练二 铣床的电气控制线路

一、万能铣床概述

铣床是一种高效率的铣削加工机床，可用来加工各种表面、沟槽和成形面等。在装上分度头后，它可以加工直齿轮和螺旋面，装上回转圆工作台，则可以加工凸轮和弧形槽。铣床的用途广泛，在金属切削机床使用数量上仅次于车床。铣床的类型很多，有立铣、卧铣、龙门铣、仿型铣以及各种专用铣床。各种铣床在结构、传动形式、控制方式等方面有许多类似之处。

1. 卧式万能铣床的主要结构及运动情况

卧式万能铣床型号的含义如图5－3所示。

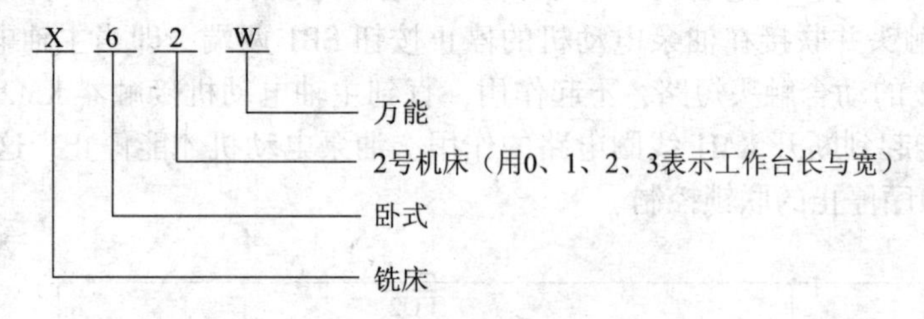

图5－3 卧式万能铣床型号的含义

卧式万能铣床结构示意如图5－4所示，它由床身和工作台两大部分组成。

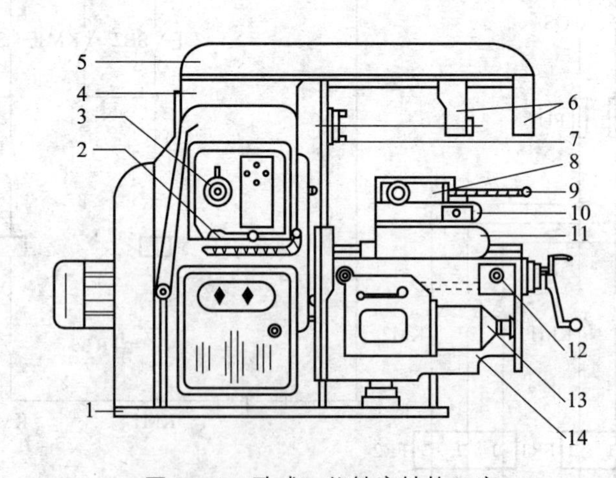

图5－4 卧式万能铣床结构示意

1—底座；2—主轴变速手柄；3—主轴变速数字盘；4—床身(立柱)

5—悬梁；6—刀杆支架；7—主轴；8—工作台；9—工作台纵向操作手柄

10—回转台；11—床鞍；12—工作台升降及横向操作手柄；

13—进给变速手轮及数字盘；14—升降台

固定在底座上的箱型床身4是机床的主体部分，床身固定在底座1上，用来安装和连接机床的其他部件，在床身内装有主轴的传动机构和变速操纵机构。在床身上部有水平导轨，其上装有带有导杆支架(一个或两个)的悬梁5，悬梁可沿水平导轨移动来调整铣刀的位置。铣刀装在由主轴带动旋转的刀杆上。刀杆支架6装在悬梁的下面用以支撑刀杆，以提高其刚性，刀杆支架也可沿悬梁作水平移动。床身的前面装有垂直导轨，升降台14装在床身前侧面的垂直导轨上，可沿垂直导轨上下移动。在升降台上部有水平导轨，其上装有可在平行于主轴轴线方向横向移动(前后移动)的溜板，溜板上部装有可以转动的回转台10。工作台8装在回转台的导轨上，并能在导轨上作垂直于主轴轴线方向的移动。由此可见，由燕尾槽固定于工作台上的工件，通过工作台、溜板、升降台，可以在上下、左右及前后3个相互垂直方向实现任一方向的调整和进给。也可通过回转台绕垂直轴线左右旋转45°，实现工作台在倾斜方向的进给，以加工螺旋槽。另外，工作台上还可以安装圆形工作台以扩大铣削加工范围，因此称为万能铣床。

卧式万能铣床有3种运动：主轴带动铣刀的旋转运动为主运动；加工过程中工作台带动工件在3个相互垂直方向上的直线运动为进给运动；工作台在3个相互垂直方向的快速直线运动，以及工作台的旋转运动为辅助运动。

2. 万能卧式铣床的电力拖动特点与控制要求

(1)铣削加工有顺铣和逆铣两种形式，分别使用顺铣刀和逆铣刀。由于顺铣和逆铣对主轴转向的要求不同，因此要求主轴电动机能正反向运转。为减轻负载的波动对铣刀转速的影响，消除铣削加工时的振动，以保证加工质量，而在主轴上装有飞轮。主轴由主轴电动机经主轴变速箱驱动，可获得18种转速，调速范围为50。

(2)由于主轴装有飞轮，旋转惯性大，要求主轴电动机有停车制动控制。

(3)工作台3个方向的移动由同一台电动机拖动，由于每个方向的移动都是双向的，所以要求工作台拖动电动机(进给电动机)能正、反向运转，并在同一时间里只容许在一个坐标轴向上移动，3个坐标轴向之间应有相互联锁的作用。

(4)工作台的运动有进给运动与调整运动，进给电动机与进给箱装在升降台上。工作台在3个方向上的进给运动，是由进给电动机经进给变速箱获得18种不同转速，再经不同传动路线传递给3个进给丝杠后实现的。同一方向有慢速进给与快速移动两种控制方式，X62W型铣床的快速移动是通过快速电磁铁的吸合来改变该方向传动链的传动比实现的。

(5)在使用圆台时，要求圆台的旋转运动与工作台的上下、左右、前后方向的运动之间有连锁作用。

(6)根据工艺要求，进给运动要在铣刀旋转后才能进行，而加工结束后，必须在铣刀停转前先停进给运动，即在主轴电动机没有转动时，不允许启动进给电动机。

(7)应有冷却泵电动机拖动冷却泵，供给冷却液。

(8)工作台上、下、左、右、前、后6个方向的运动应具有限位保护。

(9)为使操作者能在铣床的正面、侧面方便地操作，应能在两处控制各部件的启动与停止，并设有局部照明电路。

二、X62W 型卧式铣床

图 5 - 5 所示为 X62W 型卧式万能铣床电气控制线路示意。

1. 主电路分析

M1、M2、M3 分别是主轴电动机、进给电动机和冷却泵电动机。M1 的正反转由组合开关 SA4 预先选定。接触器 KM1 控制 M1 的启停，接触器 KM2、电阻 *R* 和速度继电器 KS 实现串电阻瞬时冲动和正反转反接制动控制，并能通过机械进行变速。进给电动机 M2 能进行正反转控制，通过接触器 KM3、KM4 与行程开关及 KM6、YA 的配合，能实现进给变速时的瞬时冲动、6 个方向的常速进给和快速进给控制。YA 为快速电磁铁，由接触器 KM6 控制，当 YA 得电时，工作台快速移动。M3 只需要单向旋转，由 KM5 控制。

2. 主拖动控制电路分析

SB1、SB2 与 SB3、SB4 是分别装在机床两边的停止(制动)和启动按钮，可实现两地控制，操作方便。KM1 是主轴电动机启动接触器，KM2 是反接制动和主轴变速冲动接触器，SQ6 是与主轴变速手柄联动的瞬时动作行程开关。

启动时，按下启动按钮 SB1 或 SB2，KM1 线圈通电并自锁，M1 启动，由 SA4 选定旋转方向。M1 启动后，速度继电器 KS 的一对常开触头闭合，为主轴电动机的停转制动做好准备。停车时，按下停止按钮 SB3 或 SB4，接触器 KM1 断电，KM2 通电，电动机 M1 串入电阻 *R* 进行反接制动，转速下降。当电动机转速下降到 KS 触头分断时，KM2 断电，制动过程结束。

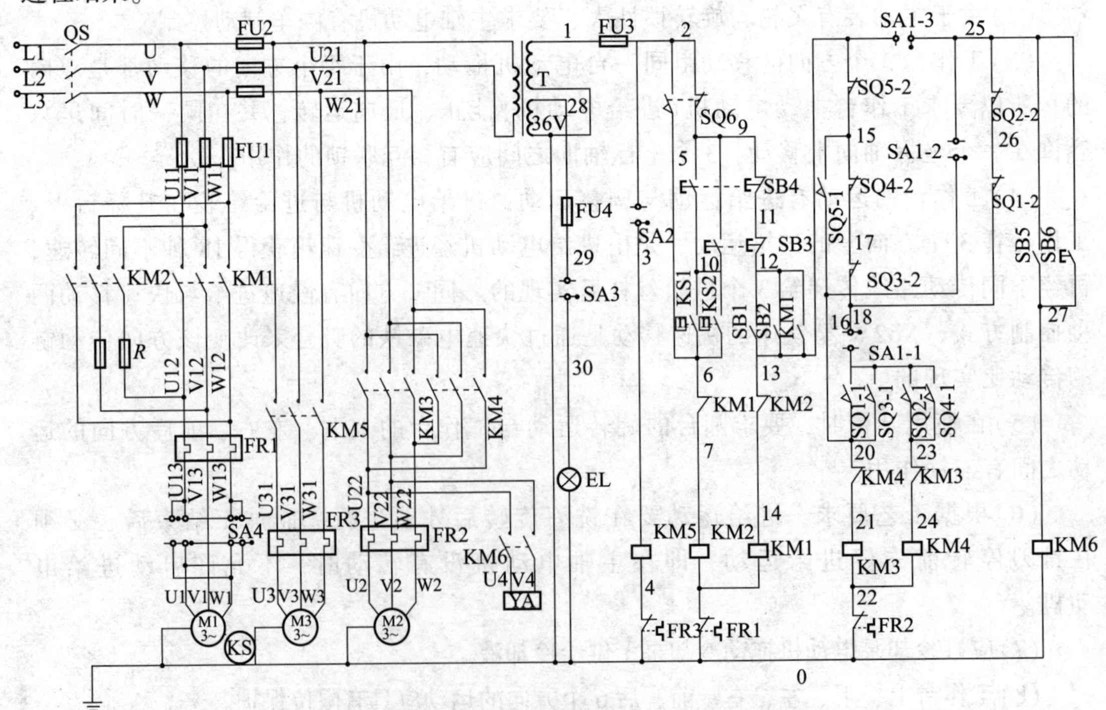

图 5 - 5　X62W 型卧式万能铣床电气控制线路示意

主轴变速操作时，需要变速冲动。在机械传动中，主动轴与从动轴转速之比与主、从动齿轮的齿数之比成反比，因此改变从动轮的齿数，就可以改变从动轴的转速，铣床的机械变速就是通过选择不同齿数的从动轮与主动轮啮合来实现的。本控制线路是利用变速手柄与冲动行程开关 SQ6 通过机械上联动机构来实现控制的，图 5－6 所示为主轴变速冲动控制示意。

变速时，先下压变速手柄，然后拉到前面，当快要落到第二道槽时，转动变速盘，选择需要的转速。此时凸轮压下弹簧杆，使冲动行程 SQ6 的常闭触头先断开，切断 KM1 线圈的电路，电动机 M1 断电，同时 SQ6 的常开触头后接通，KM2 线圈得电动作，M1 被反接制动。当手柄拉到第二道槽时，SQ6 不受凸轮控制而复位，M1 停转。接着把手柄从第二道槽推回原始位置时，凸轮又瞬时压动行程开关 SQ6，使 M1 反向瞬时冲动一下，以利于变速后的齿轮啮合。

主轴变速可以在主轴不转时进行，也可以在主轴旋转时进行，不需要再按下停止按钮。因为变速过程中有一个反接制动的过程，电动机转速迅速下降后再进行变速操作。变速完成后，必须再次启动电动机，主轴在新的转速下旋转。但要注意的是，不论是开车还是停车，主轴在变速操作时，应以较快速度将手柄推入啮合位置。因为 SQ6 的瞬动只靠手柄上凸轮的一次接触达到，如果推入动作缓慢，凸轮与 SQ6 接触时间延长，会使主轴电动机 M1 转速过高，齿轮啮合不上，甚至损坏齿轮。

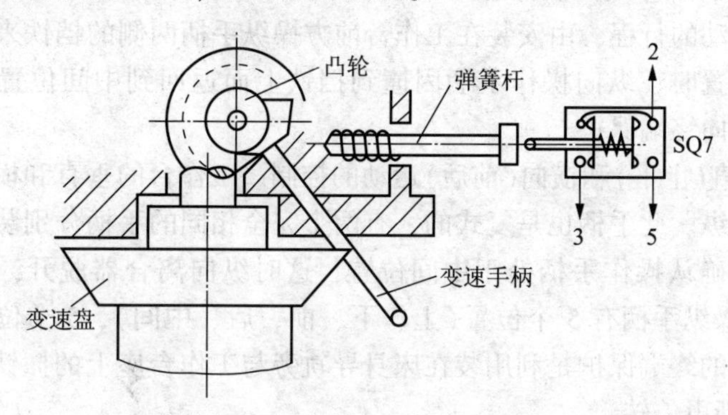

图 5－6 主轴变速冲动控制示意

3. 工作台进给运动控制电路分析

工作台的运动有进给运动、快速调整运动和手动调整运动。进给运动的方向有左、右的纵向运动，前、后的横向运动和上、下的垂直运动，3 个坐标轴上的相反运动由电动机 M2 的正反转来实现，由接触器 KM3 和 KM4 使 M2 实现正反转。控制电路采用了与纵向运动机械操作手柄联动的行程开关 SQ1、SQ2 和横向及垂直运动机械操作手柄联动的行程开关 SQ3、SQ4 组成复合联锁控制，即在选择 3 种运动形式的 6 个方向移动时，只能进行其中一个方向的移动，以确保操作安全，当这两个机械操作手柄都在中间位置时，各行程开关都处于未压的原始状态。

由于主轴运动与进给运动之间存在联锁关系，必须在主轴电动机启动后，才能启动进给电动机，也即在 KM1 触头闭合后，才能对进给控制进行操作。SA1 为圆工作台选择开关，该开关有 3 对触头，设有“接通”和“断开”两个位置。将 SA1 扳到“断开”位置，使触头 SA1－1 和 SA1－3 闭合，触头 SA1－2 断开，然后启动 M1，这时接触器 KM1 吸合，使常开触头闭合，即可进行工作台的进给控制。

(1)工作台纵向(左右)运动的控制。工作台的纵向运动是由进给电动机 M2 驱动的，由纵向操纵手柄来控制。此手柄是复式的，一个安装在工作台底座的顶面中央部位，另一个安装在工作台底座的左下方。手柄有 3 个：向左、向右、零位。当手柄扳到向右或向左运动方向时，手柄的联动机构压下行程开关 SQ1 或 SQ2，使接触器 KM3 或 KM4 动作，控制进给电动机 M2 的正反转。

工作台纵向运动操作之前，垂直与横向操纵手柄必须处于中间位置，这样，垂直离合器与横向离合器都脱开，行程开关 SQ3、SQ4 处于分断状态。

工作台向左运动：在 M1 启动后，将纵向操作手柄扳至向左位置，一方面机械接通纵向离合器，同时在电气上压下 SQ2，使 SQ2－2 断开，SQ2－1 导通，而其他控制进给运动的行程开关都处于原始位置，此时 KM4 吸合，M2 反转，工作台向左进给运动。

工作台向右运动：当纵向操纵手柄扳至向右位置时，机械上仍然接通纵向进给离合器，但却压动了行程开关 SQ1，使 SQ1－2 断开，SQ1－1 导通，使 KM3 吸合，M2 正转，工作台向右进给运动。

工作台在左右运动时，若将纵向操作手柄扳回中间位置，纵向离合器将脱开，行程开关 SQ1、SQ2 也将分断，工作台停止运动。

工作台左右运动的行程，由安装在工作台前方操纵手柄两侧的挡铁来决定。当工作台纵向运动到极限位置时，纵向操作手柄因撞到挡铁上而返回到中间位置，工作台停止运动，从而实现了纵向终端保护。

(2)工作台垂直(上下)和横向(前后)运动的控制。工作台的垂直和横向运动，由垂直和横向进给手柄操纵。此手柄也是复式的，有两个完全相同的手柄分别装在工作台左侧的前、后方。首先，确认操作手柄处于中间位置，这时纵向离合器脱开，SQ1、SQ2 断开，SQ3、SQ4 闭合。操纵手柄有 5 个位置(上、下、前、后、中间)，5 个位置是联锁的，工作台的上下和前后的终端保护是利用装在床身导轨旁与工作台座上的撞铁，将操纵手柄扳到中间位置，M2 断电停转。

工作台向前(或者向下)运动的控制：将垂直与横向操纵手柄扳至向前(或者向下)位置时，机械上接通横向进给(或者垂直进给)离合器，同时压下 SQ3，使 SQ3－2 断开，SQ3－1 导通，使 KM3 线圈通电，电动机 M2 正转，工作台向前(或者向下)运动。

工作台向后(或者向上)运动的控制：将垂直与横向操纵手柄扳至向后(或者向上)位置时，机械上接通横向进给(或者垂直进给)离合器，同时压下 SQ4，使 SQ4－2 断开，SQ4－1 导通，使 KM4 线圈通电，电动机 M2 反转，工作台向后(或者向上)运动。

(3)工作台的快速移动。为了提高劳动生产率，要求铣床在不作铣切加工时，工作台能快速移动。工作台在垂直、横向、纵向的快速移动也是由进给电动机 M2 拖动的。当工作台已经进行工作时，将进给操纵手柄扳到所需位置，工作台按照选定的速度和方向作常速进给移动，再按下快速进给按钮 SB5(或 SB6)，使接触器 KM6 通电吸合，接通快速电磁铁 YA，衔铁吸上，经杠杆将进给传动链中的摩擦离合器合上，减少中间传动装置，工作台按原运动方向实现快速进给。当松开 SB5、SB6 时，接触器 KM6、电磁铁 YA 断电，摩擦离合器断开，快速进给运动停止，工作台仍按原常速进给时的速度继续运动。

若要在主轴电动机不转情况下进行工作台的快速移动操作，可将主轴换向开关 SA4 扳至“停止”位置，然后按下 SB1 或 SB2，使 KM1 通电自锁，操纵工作台手柄，使进给电动机 M2 启动旋转，再按下 SB5 或 SB6，工作台便可在主轴不旋转的情况下实现快速移动。

(4)进给变速时的冲动控制。与主轴变速一样，在进给变速时，为了使齿轮易于啮合，电路中也设有变速冲动控制环节。

进给变速冲动是由进给变速手柄配合进给变速冲动行程开关 SQ5 实现的。当需要进行进给变速时，应将转速盘的蘑菇形手轮向外拉出并转动转速盘，把所需进给量的标尺数字对准箭头，然后再把蘑菇形手轮用力向外拉到极限位置并随即推向原位，就在一次操纵手轮的同时，其连杆机构二次瞬时压下行程开关 SQ5，使其动断触头 SQ5－2先断开，然后又使 SQ5－1 闭合，KM3 通电，M2 正转启动。由于在操作时，只使 SQ5 瞬时压合，所以电动机只是瞬时动一下，推动进给变速机构瞬时动作，以利用变速齿轮啮合。

由于进给变速瞬时冲动的通电回路要经过 SQ1－SQ44 个行程开关的常闭触头，因此要求进给变速操作之前将两个操作手柄都扳到中间位置，使 4 个常闭触头都处于闭合状态，这样才能实现进给变速冲动控制。

4. 圆工作台进给拖动的控制

铣床如需铣切螺旋槽、弧形槽等曲线时，可在工作台上安装圆形工作台及其传动机械，圆形工作台的回转运动也是由进给电动机 M2 传动机构驱动的。

圆工作台工作前，应先确认两个进给操作手柄都扳到中间(停止)位置，然后将圆工作台组合开关 SA1 扳到圆工作台接通位置。此时 SA1－1、SA1－3 断开，SA1－2 导通。再按下主轴启动按钮 SB1 或 SB2，接触器 KM1 得电吸合，主轴电机 M1 启动旋转，同时 KM3 因 KM1 通电自锁而通电，进给电动机 M2 启动运转，M2 经传动机构使圆工作台回转。

圆工作台只能作单方向回转，不能实现正、反转。

5. 冷却泵电动机的控制与照明电路

冷却泵电动机 M3 通常在铣削加工时由转换开关 SA2 操作，当 SA2 扳至“接通”位置时，接触器 KM5 通电，M3 启动旋转，拖动冷却泵送出冷却液，供铣削加工冷却用。

机床局部照明电路由照明变压器 T 输出 36V 安全电压，由开关 SA3 控制照明灯 EL。

6. 控制电路的联锁与保护

X62W 型万能铣床的运动较多，电气控制电路较复杂。为了安全可靠地工作，其应具有完善的联锁与保护环节。

(1)进给运动与主运动间的顺序联锁。主轴电动机启动后，才能启动进给电动机。因此，进给运动电气控制电路接在控制主电动机的接触器 KM1 之后，主轴停止，进给也停止。另外，由于主轴控制电路具有失压保护功能，因此进给控制电路就不必另设失压保护装置。

(2)工作台6个运动方向之间的联锁。铣床工作时，工作台只能朝一个方向运动，因此工作台上、下、左、右、前、后6个运动方向都应有联锁。上、下、前、后4个方向是由同一个手柄控制的，因而不会出现同时选择两个方向的情况。但是左、右两个方向是由另一个手柄控制的，这样就可能出现误操作。当工作台在向上、下、前、后4个方向中的某一个方向运动时，如果将控制左、右方向的手柄拨动到左或右，这将损坏机床，造成事故。因此，X62W型铣床采用了电气联锁的方法，即KM3或KM4若要通电，必须经过两条并联的路径之一：一条是由SQ2－2和SQ1－2串联构成，另一条是由SQ3－2和SQ4－2串联构成。当纵向手柄不在中间位置时，前一条路径断开，当垂直与横向手柄不在中间位置时，后一条路径断开。因此如果出现两个手柄都不在中间位置，KM3和KM4都不能通电，电动机M2就不会运行，起到了保护作用。

(3)圆工作台工作与6个方向进给运动间的联锁。圆工作台与6个方向进给运动有联锁，即当圆工作台工作时，不允许工作台在纵向、横向、垂直方向上有任何运动。因此两个进给运动操作手柄必须置于中间位置，然后将开关SA1置于“接通”位置。这时KM3通电，电动机M2转动，拖动圆工作台作回转运动。若误操作而扳动进给运动操纵手柄，SQ1－SQ5中必有一对断开，使KM3断开，M2立即停转，圆工作台不能运动。同样，工作台若要作进给运动，圆工作台控制开关必须置于“断开位置”，若将SA1扳到“接通”位置，SA1－1和SA1－3断开，KM3和KM4都不会通电，工作台就不能运动。这样就实现了圆台回转运动与进给运动之间的联锁。

(4)保护环节。FU1用作电动机M1的短路保护，FU2用作M2、M3及控制变压器TC、照明灯EL的短路保护，热继电器FR1、FR2、FR3分别作为M1、M2、M3的过载保护。工作台的6个运动方向设有限位保护。

7. X62W型万能铣床电气线路的故障与维修

(1)主轴电动机不能启动。故障的主要原因有：主轴换向开关打在停止位置，控制电路熔断器FU1熔丝烧断，控制按钮的触头接触不良或接线脱落，热继电器FR1已动作过，未能复位，主轴变速冲动开关SQ6的常闭触头不通，接触器KM1线圈及主触头损坏或接线脱落。

(2)主轴不能变速冲动。故障的原因是主轴变速冲动行程开关SQ6位置移动、撞坏或断线。

(3)主轴不能反接制动。故障的主要原因有：按钮SB3或SB4的触头损坏，速度继电器KS损坏，接触器KM2线圈及主触头损坏或接线脱落，反接制动电阻R损坏或接线脱落。

(4)主轴停车后发生短时反向旋转。这是由于速度继电器触头复位弹簧调整得过松，使触头复位分断过迟，以致在反接的惯性作用下，电动机停止后，又会短时反向旋转。出现这种现象时，只需将触头弹簧适当调节即可消除此故障。

(5)按停止按钮后主轴不停。这是由于主轴电动机启动、制动频繁，造成接触器KM1的主触头熔焊，以致无法分断电动机电源造成的。

(6)工作台不能进给。故障的原因主要有：接触器KM3、KM4线圈及主触头损坏或接线脱落，行程开关SQ1、SQ2、SQ3或SQ4的常闭触头接触不良或接线脱落，热继电器FR2已动作，未能复位，进给变速冲动行程开关SQ5常闭触头断开，两个操作手柄都不在零位，电动机 M2 已损坏，选择开关 SA1 损坏或接线脱落。

(7)进给不能变速冲动。故障的原因是进给变速冲动行程开关 SQ5 位置移动、撞坏或断线。

(8)工作台不能快速移动。故障的主要原因有：快速移动的按钮 SB5 或 SB6 的触头接触不良或接线脱落，接触器 KM6 线圈及触头损坏或接线脱落，快速移动电磁铁 YA 线圈烧坏，线圈松动，接触不良，或机械零件卡死。

三、XA6132 型铣床

与 X62W 型铣床相比，XA6132 型铣床主轴电动机采用电磁离合器制动，进给系统、进给拖动的快速移动采用电磁离合器实现。此外，该铣床还加设了主轴上刀制动环节，也由电磁离合器控制。

1. 电磁离合器

电磁离合器又称为电磁联轴节。它是利用表面摩擦和电磁感应原理，在两个旋转运动的物体间传递转矩的执行电器。由于它便于远距离控制，控制能量小，动作迅速、可靠，结构简单，故广泛应用于机床的自动控制系统中。常用的有摩擦片式、粉末式、转差式等电磁离合器，铣床上多采用摩擦片式电磁离合器。

摩擦片式电磁离合器按摩擦片的数量可分为单片式和多片式两种。机床上普遍采用多片式电磁离合器，其结构如图 5－7 所示。它在主动轴 1 的花键轴端，装有主动摩擦片 6，它可以沿轴向自由移动，但因系花键连接，故将随主动轴一起转动。从动摩擦片 5 与主动摩擦片交替装叠，其外缘凸起部分卡在与从动齿轮 2 固定在一起的套筒 3 内，因此可以随从动齿轮转动，并在主动轴转动时它可以不转。当线圈 8 通电后产生磁场，将摩擦片吸向铁芯 9，衔铁 4 也被吸住，紧紧压住各摩擦片。于是，依靠主动摩擦片与从动摩擦片之间的摩擦力，使从动摩擦片与从动齿轮一起随主动轴转动，实现了力矩的传递。当电磁离合器线圈电压达到额定值的 85%～105% 时，离合器就能可靠地工作。当线圈断电时，装在内、外摩擦片间的圈状弹簧使衔铁和摩擦片复原，离合器即失去传递工作力矩的作用。线圈的一端经电刷和滑环 7 输入直流电，另一端接地。

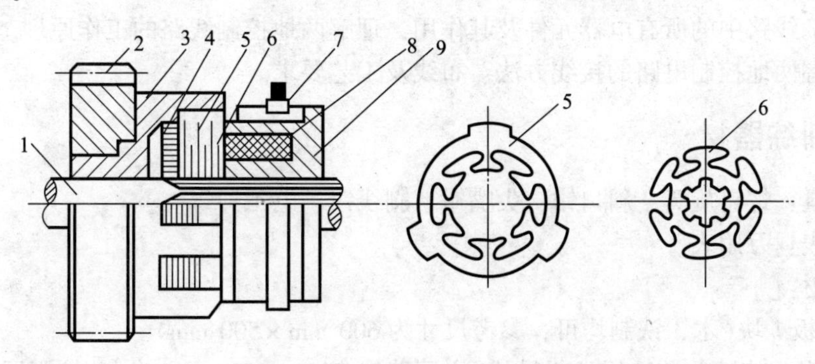

图 5－7　电磁离合器的结构

1—主动轴；2—从动齿轮；3—套筒；4—衔铁；5—从动摩擦片；
6—主动摩擦片；7—滑环；8—线圈；9—铁芯

2. 机床控制线路分析

图 5 - 8 所示为 XA6132 型铣床电气控制线路示意。图中 YC1 为主轴制动电磁离合器线圈，YC2 为进给控制电磁离合器线圈，YC3 为快速控制电磁离合器线圈。SA2 为主轴上的刀转换开关，其余电气控制元件与 X62W 型铣床相同。

(1)主轴停车制动控制。X62W 型铣床主轴采用了反接制动的方法，而 XA6132 型铣床主轴则采用了电磁离合器实现机械制动。离合器 YC1 安装在主轴传动链中与主轴相连的第一根传动轴上，当主轴电动机 M1 启动旋转时，KM1 通电，其常闭触头断开，因此 YC1 处于断电状态。当主轴停车时，按下停止按钮 SB5 或 SB6，KM1 断电，主轴电动机脱离电源，同时 YC1 线圈得电，产生磁场，在电磁吸力的作用下，将同主轴一起旋转的动摩擦片与静摩擦片压紧，靠摩擦力使动摩擦片与主轴不能旋转，实现了制动。

(2)主轴上刀制动控制。在主轴上刀或换刀时，为保证安全，并便于操作，要求主轴不能转动，换刀专用开关 SA2 就起到限制主轴的作用。换刀或上刀时，先将开关 SA2 扳到“接通”位置，这时触头 SA2 - 1 分断，将控制电路断开，主轴电动机停转，SA2 - 2 闭合，YC1 通电，实现主轴制动。YC1 通电时，主轴不能转动，以便于上刀或换刀，上好刀具后，再把开关 SA2 扳回“断开”位置，主轴才允许启动工作。

(3)工作台进给与快速移动的控制。进给变速箱里第 4 根轴上装有两个电磁离合器 YC2 与 YC3，用来实现工作台纵向、横向与垂直 3 个坐标方向的运动。YC2 实现工作台的进给运动，YC3 实现工作台的快速移动。

需要快速移动工作台时，按下 SB3 或 SB4，KM4 线圈得电，其常闭触头断开，使 YC2 断电，进给运动结束。同时 KM4 常开触头闭合，使 YC3 线圈得电，工作台快速移动。

技能训练

技能训练一 电动机两地控制线路的安装训练

一、训练目的

(1)明确线路中的所有电器元件及其作用，理解两地控制线路的工作原理。

(2)掌握两地控制电路的接线方法、布线及工艺要求。

二、训练器材

(1)工具：螺钉旋具、斜口钳、尖嘴钳、剥线钳、电工刀等。

(2)仪表：万用表。

(3)器材：

①控制板 1 块(木、铁制均可，参考尺寸为 600 mm × 500 mm)。

②导线及规格：单芯绝缘塑料导线(主回路线 BLV - 500 - 2.5mm^2，控制回路线 1.0 ~ 1.5mm^2，按钮线 RV - 500 - 0.75mm^2 或 BV - 500 - 1.0mm^2 均可)。其颜色要求主电路与控制电路必须有明显的区别。

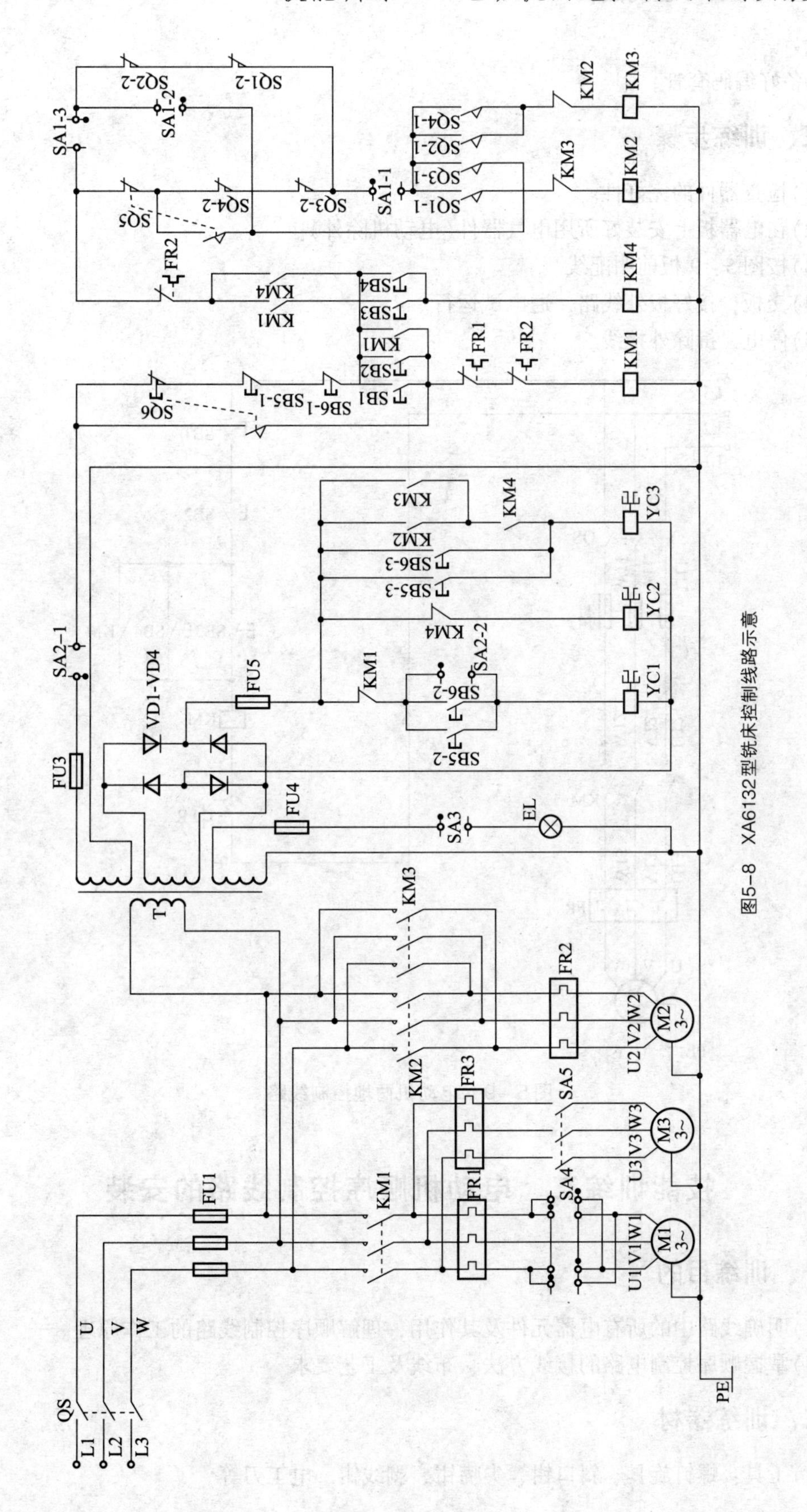

图5-8　XA6132型铣床控制线路示意

③备好编码套管。

三、训练步骤

(1)检查器件的完好性。
(2)在电器板上安装好所用电气器件(电动机除外)。
(3)按图 5－9 板前明配线。
(4)交板，接好板外线路，通电试运行。
(5)停电，拆除外接线。

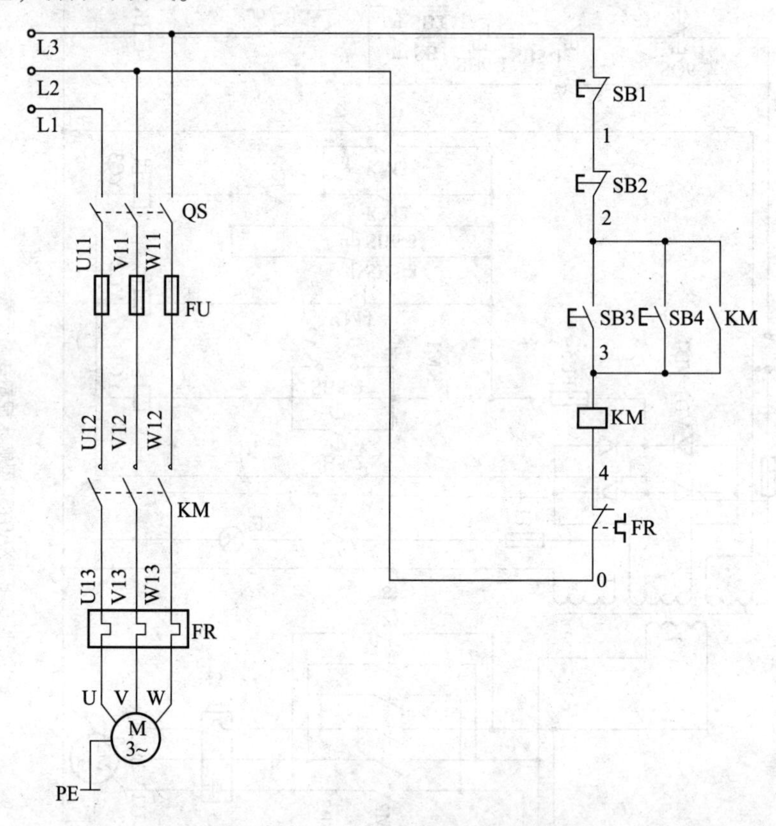

图 5－9　电动机两地控制线路

技能训练二　电动机顺序控制线路的安装

一、训练目的

(1)明确线路中的所有电器元件及其作用，理解顺序控制线路的工作原理。
(2)掌握顺序控制电路的接线方法、布线及工艺要求。

二、训练器材

(1)工具：螺钉旋具、斜口钳、尖嘴钳、剥线钳、电工刀等。

(2)仪表：万用表。

(3)器材：

①控制板1块(木、铁制均可，参考尺寸为600 mm×500 mm)。

②导线及规格：单芯绝缘塑料导线(主回路线BLV－500－2.5mm^2，控制回路线1.0～1.5mm^2，按钮线RV－500－0.75mm^{2}或BV－500－1.0mm^{2}均可)。其颜色要求主电路与控制电路必须有明显的区别。

③备好编码套管。

三、安装步骤及工艺要求

(1)检查器件的完好性。

(2)在电器板上安装好所用电气器件(电动机除外)。

(3)按图5－10板前明配线。

(4)交板，接好板外线路，通电试运行。

(5)停电，拆除外接线。

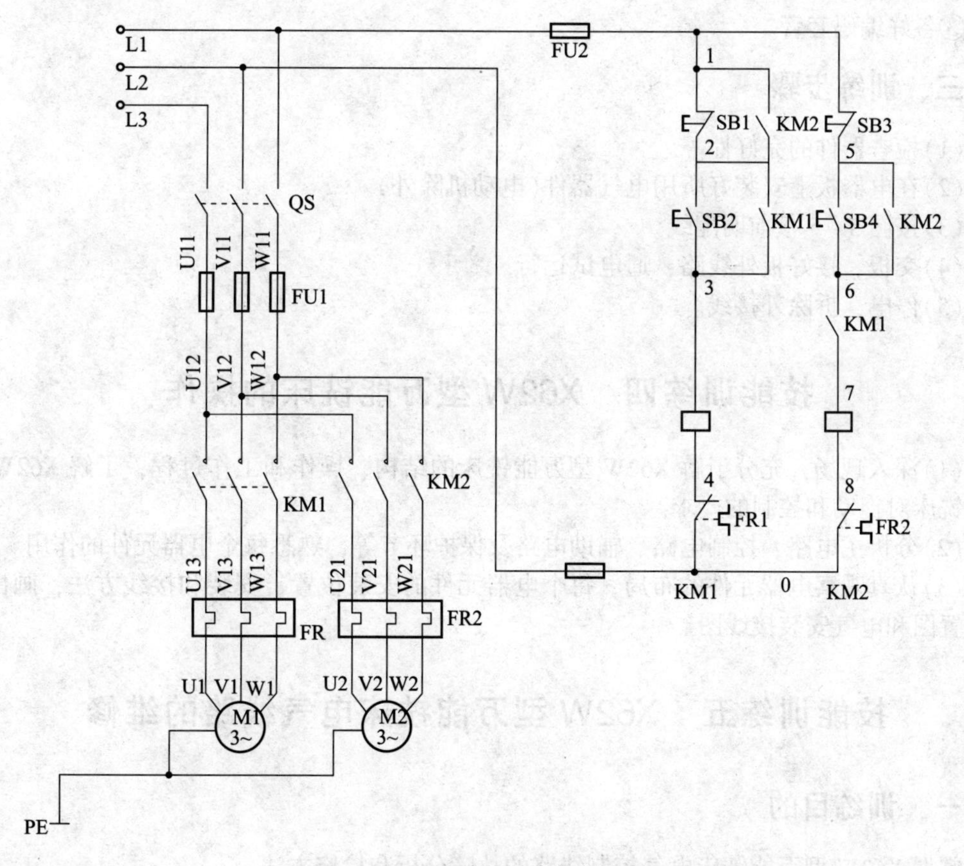

图5－10　电动机顺序控制电路

技能训练三 X62W 型万能铣床电气线路的安装

一、训练目的

(1)熟悉电路的工作原理，明确线路中所有电器元件及其作用。

(2)掌握 X62W 型万能铣床电气控制线路板的接线方法、布线及工艺要求。

二、训练器材

(1)工具：螺钉旋具、斜口钳、尖嘴钳、剥线钳、电工刀等。

(2)仪表：万用表。

(3)器材：

①控制板 1 块(木、铁制均可，参考尺寸为 1 200 mm × 800 mm)。

②导线及规格：单芯绝缘塑料导线(主回路线 BLV－500－2.5mm^2，控制回路线 1.0～1.5mm^2，按钮线 RV－500－0.75mm^2 或 BV－500－1.0mm^2 均可)。线的颜色要求主电路与控制电路必须有明显的区别。

③备好编码套管。

三、训练步骤

(1)检查器件的完好性。

(2)在电器板上安装好所用电气器件(电动机除外)。

(3)按图 5－5 板前明配线。

(4)交板，接好板外线路，通电试运行。

(5)停电，拆除外接线。

技能训练四 X62W 型万能铣床的操作

(1)深入现场，充分了解 X62W 型万能铣床的结构、操作和工作过程，了解 X62W 型万能铣床对拖动和控制的要求。

(2)分析主电路、控制电路、辅助电路及保护环节等，熟悉每个电器元件的作用。

(3)认真观察电器元件的布局，每个电器元件的安装位置、安装和接线方法，画出电器布置图和电气安装接线图。

技能训练五 X62W 型万能铣床电气线路的维修

一、训练目的

掌握 X62W 型万能铣床电气控制线路的故障分析和检修方法。

二、训练器材

(1)工具：电工绝缘鞋、低压测电笔、电工尖嘴钳、电工钢丝钳、平口及十字电工用螺钉旋具、剥线钳、电工刀。

(2)仪表：万用表、兆欧表、钳形电流表。

三、检修步骤

(1)读懂原理图，熟悉铣床电器元件的安装位置、工作状态，熟悉铣床的操作方法。

(2)在有故障的铣床上或人为设置了故障点的机床上，用通电试验法观察故障现象。

(3)根据故障现象，依据电路图用逻辑分析法确定故障范围。

(4)采取正确的检查方法查找故障点，并排查故障。

(5)检修完毕进行通电试验，并做好维修记录。

四、注意事项

(1)带电检修时，必须有指导教师做监护，及时提醒学生避免采用对人身或仪表会造成损害的做法，确保安全工作。

(2)检修中，不得损坏电器元件，严禁人为扩大故障范围或产生新的故障。

(3)检修完毕后进行通电试验，并将故障排查过程填入表5－1。

表5－1　故障排查过程记录表

故障现象	可能原因	处理方法

知识拓展

电气控制线路的基本规律

一、连续工作与点动的联锁控制

在生产实际中，有的生产机械既需要连续运转进行加工生产，又需要在进行调整工作时采用点动控制。如机床调整对刀和刀架、立柱的快速移动等。

图5－11(a)所示是用复合按钮SB3实现点动控制，用SB2实现连续运行。当正常启动时按下启动按钮SB2，接触器KM通电动作并自锁。当点动工作时按下点动按钮SB3，其动合触头闭合，接触器KM得电，但SB3的动断触头将KM的自锁电路切断，手一松开按钮，接触器KM断电，从而实现了点动控制。

图5－11(b)所示是采用中间继电器实现连续运行的控制电路。正常工作时，按下按钮SB2，中间继电器K通电并自锁，同时接通接触器KM线圈，电动机连续转动。需要调整工作时，按下点动按钮SB3，此时K不通电，其常开触头断开，SB3接通KM的线圈电路，电动机转动，SB3一松开，KM的线圈断电。电动机停止转动，实现点动控制。

如图5－11(c)所示是用选择开关选择点动控制或者连续运行。

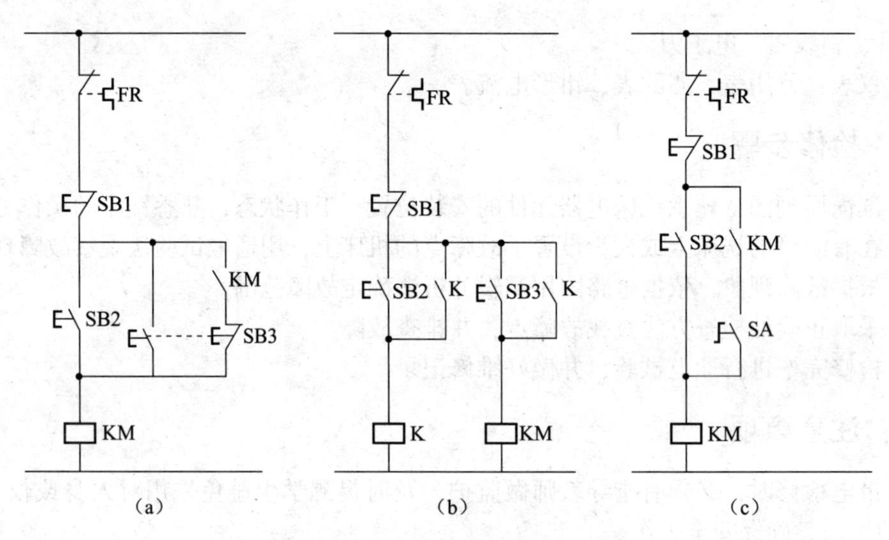

图 5－11 点动与连续运转控制线路

二、三相笼型异步电动机启动控制线路

三相笼型异步电动机坚固耐用，结构简单，且价格低，在生产机械中应用十分广泛。电动机的启动是指其转子由静止状态转为正常运转状态的过程。三相笼型异步电动机有两种启动方式，即直接启动和降压启动。直接启动又称为全压启动，即启动时电源电压全部施加在电动机定子绕组上。一般容量小于 10 kW 的电动机常采用直接启动。

容量大于 10 kW 的三相笼型异步电动机直接启动时，启动冲击电流为额定值的 4～7 倍，故常采用降压启动的方法，即启动时将定子绕组电压降低，启动结束将定子电压升至全压，使电动机在全压下运行。常用的降压启动方式有定子电路串电阻(或电抗器)降压启动、星形－三角形(Y－△)降压启动和自耦变压器降压启动。

1. 定子电路串电阻(或电抗器)降压启动

定子电路串电阻(或电抗器)降压启动是在电动机启动时，在三相定子绕组中串接电阻分压，使定子绕组上的压降降低，启动后再将电阻短接，电动机即可在全压下运行。这种启动方式不受接线方式的限制，设备简单，常用于中小型设备，在机床设备中用于限制点动调整时的启动电流。

图 5－12 所示为三相笼型异步电动机以时间为变化参量控制启动的线路，该线路根据启动过程中时间的变化，利用时间继电器控制降压电阻的切除。

控制电路的工作原理：合上刀开关 QS，按下启动按钮 SB2，接触器 KM1 通电吸合并自锁，其主触头闭合，电动机串电阻降压启动。与此同时，时间继电器 KT 通电开始计时，当达到时间继电器的整定值时，其延时常开触头闭合，接触器 KM2 线圈得电，其主触头闭合，将启动电阻短接，电动机在额定电压下进入正常工作状态。

图 5－12(a)所示线路有个缺陷，在电动机启动后，KM1 和 KT 一直得电动作，这就造成了能量损耗。图 5－12(b)所示线路解决了这个问题，KM2 得电后，其常闭触头将 KM1 及 KT 断电，KM2 自锁。这样，在电动机启动后，只要 KM2 得电，电动机便能正常运行。

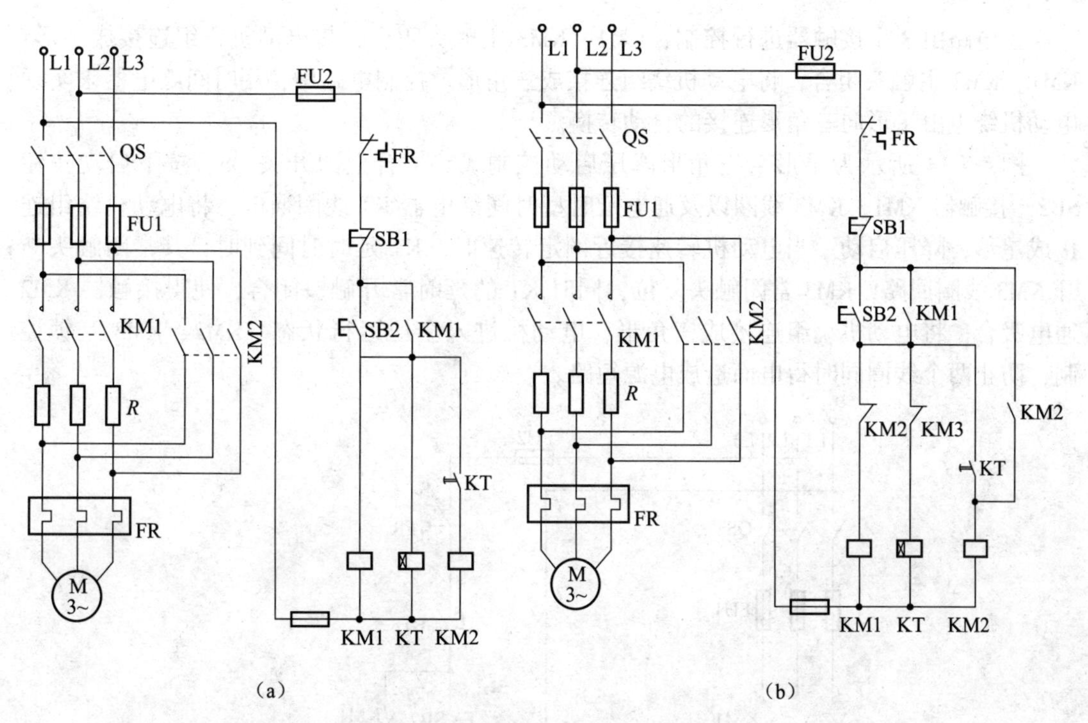

图5-12　三相笼型异步电动机以时间为变化参量控制启动的线路

2. 星形-三角形降压启动

正常运行时，定子绕组接成三角形的三相笼型异步电动机可采用星形-三角形降压启动方法来达到限制电流的目的。Y系列的三相笼型异步电动机在4.0 kW以上均为三角形接法，且都可以采用这种方法启动。

在启动过程中，将电动机定子绕组接成星形，使电动机每相绕组承受的电压为额定电压的$1/\sqrt{3}$，启动电流为三角形接法时启动电流的1/3。如图5-13所示，UU′、VV′、WW′为电动机的三相绕组，当KM3的动合触头闭合，KM2的动合触头断开时，相当于把U′、V′、W′连在一起，这种接法为星形接法，用符号"△"表示；当KM3的动合触头断开，KM2的动合触头闭合时，相当于把U和V′、V和W′、W和U′连在一起，三相绕组头尾相连，此种接法为三角形接法，用符号"Y"表示。

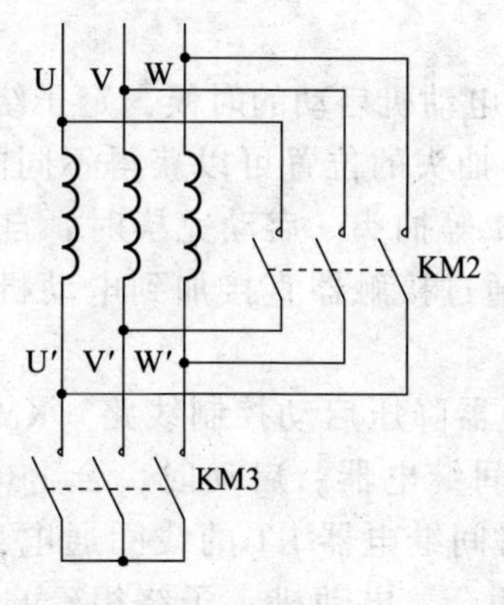

图5-13　星形-三角形降压启动原理示意

主电路由 3 个接触器进行控制，KM1、KM3 主触头闭合，将电动机绕组连接成星形；KM1、KM2 主触头闭合，将电动机绕组连接成三角形。控制电路中，用时间继电器来实现电动机绕组由星形向三角形连接的自动转换。

图 5－14 所示为星形－三角形降压启动控制线路。合上刀开关 QS，按下启动按钮 SB2，接触器 KM1、KM3 线圈以及通电延时型时间继电器 KT 线圈通电，将电动机绕组连接成星形，降压启动。当电动机转速接近额定转速时，KT 延时时间到时，其常闭触头断开 KM3 线圈回路，KM3 常闭触头复位，同时 KT 的延时常开触头闭合，使得接触器 KM2 通电吸合，将电动机绕组连接成三角形，电动机进入全压运行状态。KM2、KM3 互锁控制，防止两个线圈同时得电而造成电源短路。

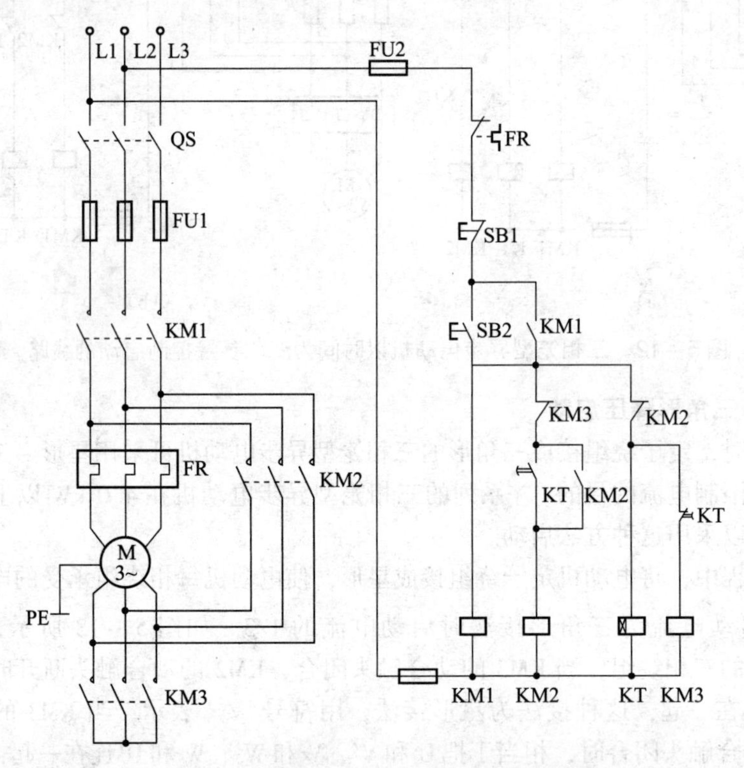

图 5－14 星形－三角形降压启动控制线路

3. 自耦变压器降压启动

自耦变压器按星形连接，电动机启动的时候，定子绕组得到的电压是自耦变压器的二次电压。改变自耦变压器抽头的位置可以获得不同的启动电压。在实际应用中，自耦变压器一般有 65%、85% 等抽头。启动完毕时，自耦变压器被切除，额定电压（即自耦变压器的一次电压）通过接触器直接加到电动机定子绕组上，电动机进入全压从而正常运行。

图 5－15 所示为自耦变压器降压启动控制线路。KM1 为降压接触器，KM2 为正常运行接触器，KT 为启动时间继电器。启动时，合上电源开关 QS，按下启动按钮 SB2，接触器 KM1 的线圈和时间继电器 KT 的线圈通电，KT 瞬时动作的常开触头闭合，形成自锁，KM1 主触头闭合，电动机定子绕组经自耦变压器接至电源，电动机

降压启动。KT 延时时间到时，其延时常闭触头断开，KM1 线圈失电，其主触头断开，将自耦变压器从电网上切除。同时 KT 延时常开触头闭合，KM2 线圈通电，电动机在全压下运行。

自耦变压器降压启动方法适用于容量较大的、正常工作时连接成星形或三角形的电动机。其启动转矩可以通过改变自耦变压器抽头的连接位置得到改变。它的缺点是自耦变压器价格较高，而且不允许频繁启动。

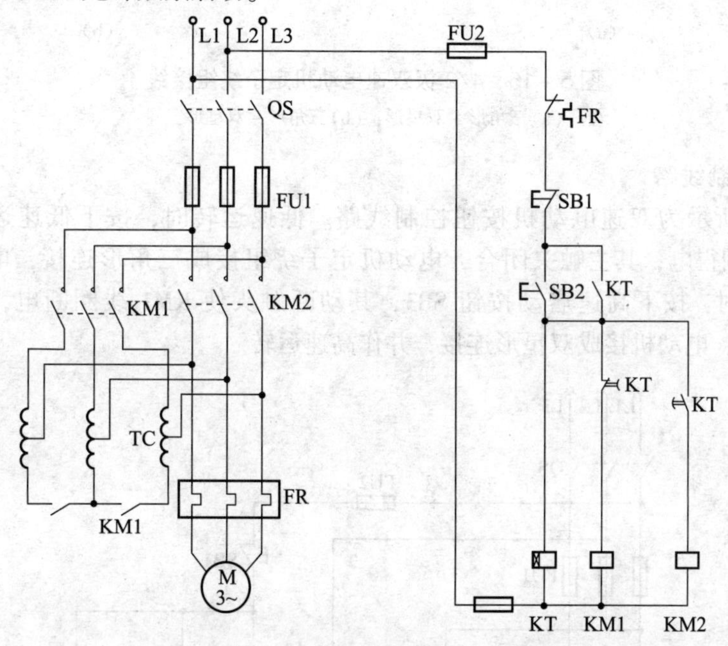

图 5－15　自耦变压器降压启动控制线路

三、三相异步电动机调速控制线路

在实际生产过程中，为使生产机械获得较大的调速范围，除了采用机械方法调节速度外，也可采用电气控制方法实现电动机多速运行的控制。当电网电压频率固定后，三相异步电动机的同步转速与它的磁极对数成反比。因此，只要改变电动机定子绕组磁极对数，就能改变它的同步转速，从而改变电机转速。

改变异步电动机磁极对数调速的方法称为变极调速，该方法仅适用于笼型异步电动机。凡磁极对数可以改变的电动机，称为多速电动机，常见的有双速、三速、四速等几种形式，它们都是通过改变定子绕组的连接方式来实现的。这里仅介绍双速异步电动机控制线路。

图 5－16 所示为 4/2 极双速电动机定子绕组接线。电动机定子绕组有 6 个接线端，无论是星形连接或是三角形连接，将电动机定子绕组的 1、2、3 三个接线端接三相交流电源，4、5、6 三个接线端悬空，电动机极数为 4，电动机工作在低速。如果电动机的 4、5、6 三个接线端接到三相电源上，而将 1、2、3 三个接线端短接，变成双星形连接，此时电动机的极数变为二极，电动机工作在高速。变极时，将电动机的任意两个出线端对调即可。

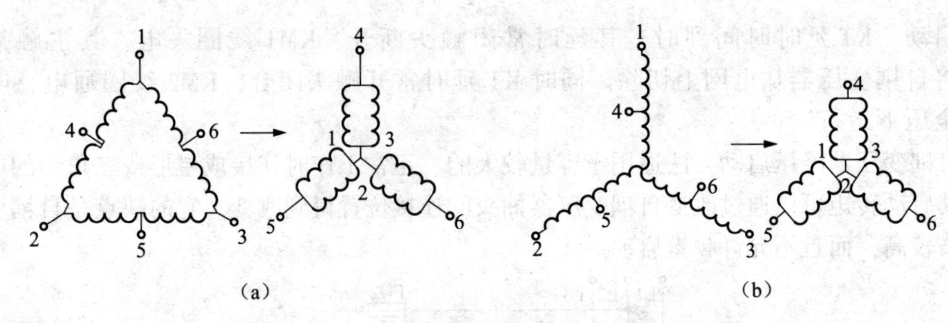

图5－16 4/2极双速电动机定子绕组接线

(a)三角形－双星形；(b)三角形－双星形

1. **按钮控制线路**

图5－17所示为双速电动机按钮控制线路。低速运转时，按下低速运转启动按钮SB2，KM1线圈得电，其主触头闭合，电动机定子绕组接成三角形连接，电动机低速运转。高速运转时，按下高速启动按钮SB3，其动断触头使KM1线圈断电，动合触头使KM2线圈得电，电动机接成双星形连接，并作高速运转。

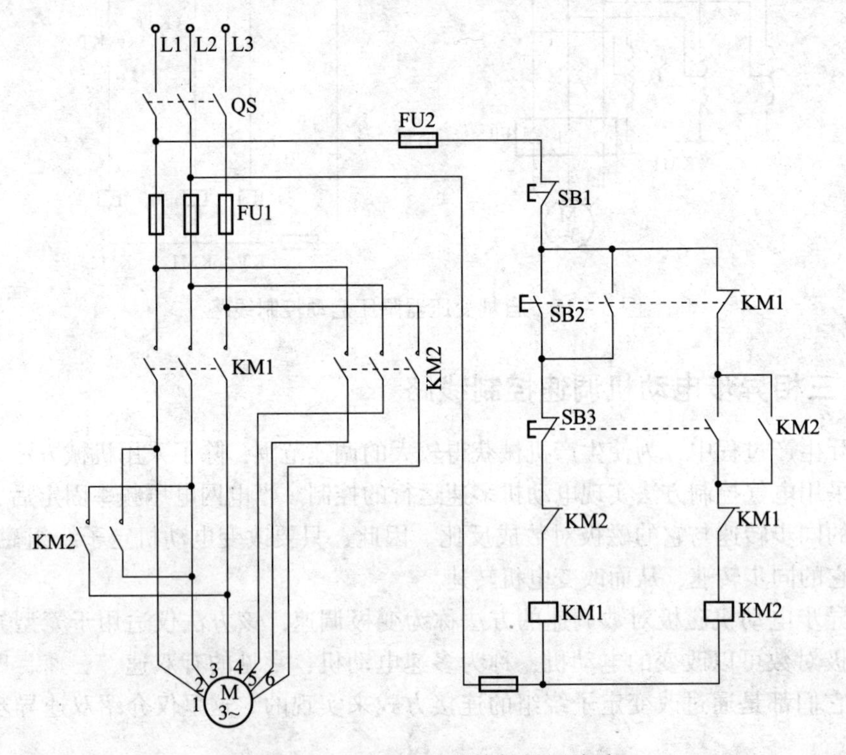

图5－17 双速电动机按钮控制线路

2. **时间继电器自动控制线路**

图5－18所示为4/2极双速电动机自动控制线路。该线路利用开关S进行高低速转换。当开关S处在低速挡时，接触器KM1线圈得电，KM1的主触头闭合，将定子绕组的接线端1、2、3接到三相电源上，此时由于KM2、KM3动合触头不闭合，所以电动机定子绕组按三角形接线，电动机低速运转。

当开关S处在高速挡时，时间继电器KT首先通电，其瞬动动合触头闭合，接触器KM1线圈通电，主触头闭合，将电动机接成三角形作低速启动。经过一段时间延时后，KT的延时断开动断触头断开，KM1线圈断电，其触头复位。而KT的延时闭合动合触头闭合，使KM2的线圈通电，KM2的主触头闭合，同时使KM3线圈得电，KM3的主触头闭合，使接线端1、2、3短接，电动机以双星形接线高速运转。

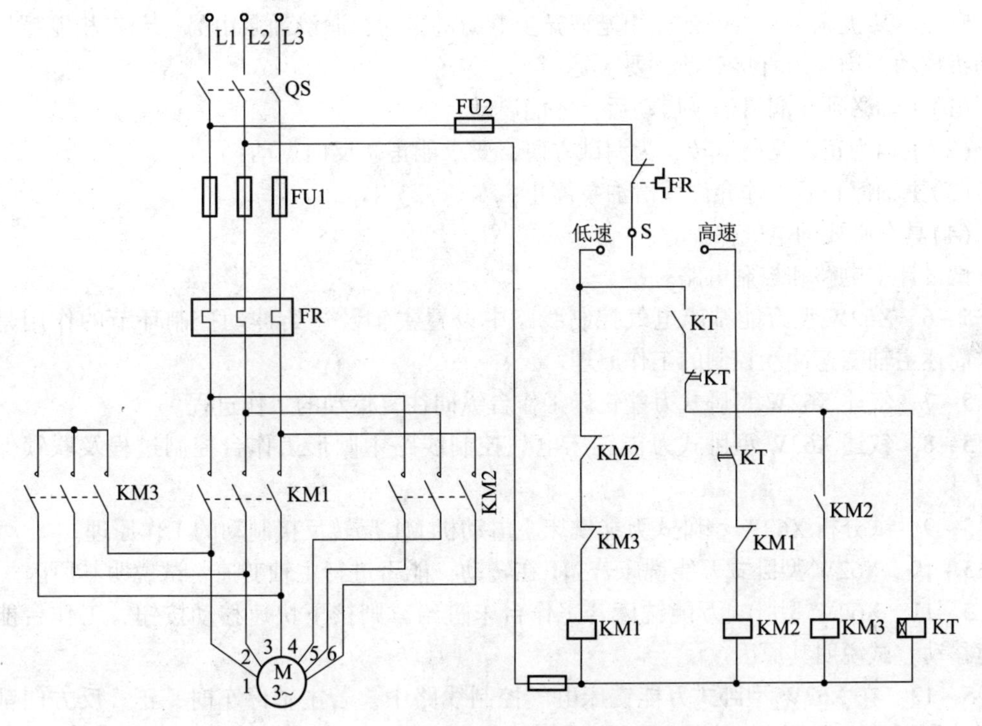

图5－18　4/2极双速电动机自动控制线路

思考题与习题

5－1　为两台异步电动机设计一个控制线路，要求如下：

(1)两台电动机互不影响地独立工作；

(2)能同时控制两台电动机的启动与停止；

(3)当一台电动机发生故障时，两台电动机均停止。

5－2　设计一控制电路，控制一台电动机，要求如下：

(1)可正、反转；

(2)两处启停控制；

(3)可反接制动；

(4)有短路和过载保护。

5－3　有一台三极皮带运输机，分别由M1、M2、M3三台电动机拖动，其动作顺序如下：

(1)启动要求按M1→M2→M3顺序启动；

(2)停车要求按 M3→M2→M1 顺序停车；

(3)上述动作要求有一定时间间隔。

5-4　试设计两台笼型电动机 M1、M2 的顺序启动停止的控制线路。

(1)M1、M2 能顺序启动，并能同时或分别停止；

(2)M1 启动后 M2 启动，M1 可点动，M2 可单独停止。

5-5　某机床主轴由一台三相笼型异步电动机拖动，润滑油泵由另一台三相笼型异步电动机拖动，均采用直接启动，要求是：

(1)主轴必须在润滑油泵启动后，才能启动；

(2)主轴为正、反向运转，为调试方便，要求能正、反向点动；

(3)主轴停止后，才允许润滑油泵停止；

(4)具有必要的电气保护。

试设计主电路和控制电路。

5-6　X62W 型万能铣床电气控制线路中设置主轴及进给冲动控制环节的作用是什么？简述主轴变速冲动控制的工作原理。

5-7　叙述 X62W 型卧式万能铣床工作台纵向往复运动的工作过程。

5-8　叙述 X62W 型卧式万能铣床电气控制线路中圆形工作台控制过程及联锁保护原理。

5-9　试分析 X62W 型卧式万能铣床主电动机 M1 反转反接制动的工作原理。

5-10　X62W 型卧式万能铣床若 M1 在转动，能否进行主轴变速？试说明其原因。

5-11　X62W 型卧式万能铣床若工作台未进给，则按下快速移动按钮，工作台能否快速移动？试说明其原因。

5-12　在 X62W 型卧式万能铣床电气控制线路中，若主轴停车时，正、反方向都没有制动作用，试分析其故障的可能原因。

5-13　在 XA6132 型铣床电路中，电磁离合器 YC1、YC2、YC3 的作用是什么？

电气控制系统的设计

知识要求

(1)掌握继电器：接触器电气控制系统的设计方法和常用控制电器的选择。

(2)掌握继电器：接触器控制系统的安装和调试。

技能要求

熟练运用继电器：接触器电气控制系统的设计方法来解决实际工程问题。

知识训练

知识训练一　电气控制系统的设计与安装

一、电气控制系统设计的主要内容

电气控制系统设计的基本任务是根据控制要求设计和编制设备制造和使用过程中必需的图纸、资料，包括电气原理图、电气系统的组件划分与元器件布置图、电气安装接线图、电气箱图、控制面板及电器元件安装底板、非标准紧固件加工图等，编制外购成件目录、单台材料消耗清单、设备说明书等资料。

任何生产机械电气控制装置的设计都包含两个基本方面：一个是满足生产机械和工艺的各种控制要求；另一个是满足电气控制装置本身的制造、使用以及维修的需要。因此，电气控制系统设计包括原理设计与工艺设计两个方面。

1. 原理设计内容

(1)拟订设计任务书。

(2)选择电力拖动方案与控制方式。

(3)确定电动机的类型、容量、转速，并选择具体型号。

(4)设计电气控制原理线路图，确定各部分之间的关系，拟订各部分技术要求。

(5)设计并绘制电气原理图，计算主要技术参数。

(6)选择电器元件，制订元器件目录清单。

(7)编写设计说明书及使用说明书。

2. 工艺设计内容

工艺设计的主要目的是便于组织电气控制装置的制造，实现原理设计要求的各项技术指标，为设备的调试、维护、使用提供必要的图纸资料。它包括：

(1)根据设计的原理图及选定的电器元件，设计电气设备的总体配置，绘制电气控制系统的总装配图及总接线图。

(2)按照原理框图或划分的组件，对总原理图进行编号，绘制各组件原理图，列出各部分的元件目录表，并根据总图编号设计各组件的进出线号。

(3)根据组件原理电路及选定的元件目录表，设计组件装配图、接线图，图中应反映各电器元件的安装方式与接线方式。

(4)根据组件装配要求，绘制电器安装板和非标准安装零件图纸，标明技术要求。

(5)设计电气箱。

(6)根据总原理图、总装配图及各组件原理图等资料进行汇总，分别列出外购清单、标准件清单以及主要材料消耗定额。

(7)编写设计说明书及使用说明书。

二、电气控制系统设计的一般程序

(1)拟订设计任务书。

简要说明所设计设备的型号、用途、工艺过程、动作要求、传动参数和工作条件，另外还应说明以下主要技术指标及要求：

①控制精度和生产效率要求。

②电气传动基本特性，如运动部件的数量、用途、动作顺序、负载特性、调速指标、启动和制动要求等。

③自动化程度要求。

④稳定性及抗干扰要求。

⑤联锁条件及保护要求。

⑥电源种类、电压等级、频率及容量要求。

⑦目标成本与经费限额。

⑧验收标准与验收方式。

⑨其他要求，如设备布局、安装要求、操作台布置、照明、指示和报警方式等。

(2)选择电力拖动方案与控制方式。

电力拖动方案是指根据零件加工精度、加工效率要求、生产机械的结构、运动部件的数量、运动要求、负载性质、调速要求以及投资额等条件确定电动机的类型、数量、传动方式以及拟订电动机启动、运行、调速、转向、制动等控制要求，作为电气控制原理线路图设计及电器元件选择的依据。

①电力拖动方式的选择。电力拖动方式有单独拖动与分立拖动两种。单独拖动是一台设备只由一台电动机拖动；分立拖动是通过机械传动链将动力传送到达每个工作机构，且一台设备由多台电动机分别驱动各个工作机构。电气传动发展的方向是电动机逐步接近工作结构，形成多电动机的拖动方式。如有些机床，除必需的内在联系外，主轴、刀架、工作台及其他辅助运动结构都分别用单独的电动机拖动。这不仅能缩短机械传动链，提高传动效率，便于自动化，而且也能简化总体结构。因此在选择时应根据生产工艺及机械结构的具体情况决定电动机的数量。

②调速方案的选择。一般金属切削的主运动和进给运动以及要求具有快速平稳的动态

性能和准确定位的设备如龙门刨床、镗床等，都要求具有一定的调速范围，为此，可采用齿轮变速箱、液压调速装置、双速或多速电动机以及电气的无级调速传动方案。在选择调速方案时可参考以下几点：

a. 重型或大型设备主运动及进给运动应尽可能采用无级调速。这有利于简化机械结构，缩小设备体积，降低设备制造成本。

b. 精密机械设备如坐标镗床、精密磨床、数控机床以及某些精密机械手，为了保证加工精度和动作的准确性，便于自动控制，也应采用电气无级调速方案。

c. 一般中小型设备如普通机床没有特殊要求时，可选用经济、简单、可靠的三相笼型异步电动机，配以适当级数的齿轮变速箱。为了简化结构、扩大调速范围，也可采用双速或多速的笼型异步电动机。在选用三相笼型异步电动机的额定转速时，应满足工艺条件的要求。

③启、制动方案的确定。机械设备主运动传动系统的启动转矩一般都比较小，原则上可采用任何一种启动方式。对于它的辅助运动，在启动时往往要克服较大的静转矩，必要时也可选用高启动转矩的电动机，或采用提高启动转矩的措施。另外，还要考虑电网容量。对电网容量不大而启动电流较大的电动机，一定要采用限制启动电流的措施，如串入电阻降压启动等，以免电网电压波动较大而造成事故。

传动电动机是否需要制动，应视机电设备工作循环的长短而定。对于某些高速高效金属切削机床，宜采用电动机制动。如果对制动的性能无特殊要求而电动机又需要反转，为使线路简化则采用反接制动。在要求制动平稳、准确，即在制动过程中不容许有反转可能性时，宜采用能耗制动方式。

电动机的频繁启动、反向或制动会使过渡过程中的损耗增加，导致电动机过载。因此必须限制电动机的启动、制动电流，或者在选择电动机的类型时加以考虑。

(3)选择电动机。

电动机的选择包括电动机的种类、结构形式、额定转速和额定功率的选择。

①根据生产机械的调速要求选择电动机的种类。感应电动机结构简单、价格低、维护工作量小，因此在感应电动机能满足生产需要的场合都宜采用感应电动机，仅在启动、制动和调速不满足要求时才选用直流电动机。近年来，随着电力电子及控制技术的发展，交流调速装置的性能和成本已能与直流调速装置媲美，越来越多的直流调速应用领域被交流调速占领。在需要补偿电网功率因数及稳定工作时，应优先考虑采用同步电动机；在要求大的启动转矩和恒功率调速时，常选用直流串级电动机；在要求调速范围大的场合，常采用机械与电气联合调速。

②根据工作环境选择电动机的结构模式。在正常环境条件下，一般采用防护式电动机；在人员及设备安全有保证的前提下，也可采用开启式电动机；在空气中存在较多粉尘的场合，宜采用封闭式电动机；在比较潮湿的场所，选用湿热带型电动机；在露天场所，宜选用户外型电动机；在高温车间，可以根据周围环境温度选用相应绝缘等级的电动机；在爆炸危险及有腐蚀性气体的场所，应选用隔爆型及防腐型电动机。

③根据生产机械的功率负载和转矩负载选择电动机的额定功率。首先根据生产机械的功率负载图和转矩负载图预选一台电动机，然后根据负载进行发热校验，用检验的结果修正预选的电动机，直到电动机容量得到充分利用(电动机的稳定温升接近其额定温升)，最

后再校验其过载能力与启动转矩是否满足拖动要求。

(4)选择控制方式。

电气控制方案的选择对机械结构和总体方案非常重要，因此，必须使电气控制方案设计既能满足生产技术指标、可靠性和安全性的要求，又能提高经济效益。选择电气控制方案时应遵循的原则如下：

①控制方式应与设备通用化和专用化的程度适应。一般的简单生产设备需要的控制元器件数很少，其工作程序往往是固定的，使用中一般不需经常改变原有程序，因此，可采用有触头的继电器 - 接触器控制系统。虽然该控制系统在电路结构上是"固定式"的，但它能控制较大的功率，而且控制方法简单、价格低，目前仍广泛使用。对于要求较复杂的控制对象或者要求经常变换工作流程和加工对象的机械设备，可以采用可编程序控制器控制系统。

②控制方式随控制过程的复杂程度而变化。在自动生产线中，可根据控制要求和联锁条件的复杂程度不同，采用分散控制或集中控制的方案。但各台单机的控制方案和基本控制环节应尽量一致，以简化设计及制造过程。

③控制系统的工作方式，应在经济、安全的前提下，最大限度地满足工艺要求。此外，在电气控制方案中还应考虑：自动循环或半自动循环、手动调整、工序变更、系统的检测、各个运动之间的联锁、各种安全保护、故障诊断、信号指标、照明及人机关系等问题。

(5)设计电气控制原理线路图并合理选用元器件，编制元器件目录清单。

(6)设计电气设备制造、安装、调试所必需的各种施工图纸并以此为根据编制各种材料定额清单。

(7)编写设计说明书。

三、电气控制系统设计的基本原则

一般来说，当生产机械的电力拖动方案和控制方案确定以后，即可以进行电气控制线路的具体设计工作。电气控制线路的设计没有固定的方法和模式，作为设计人员，必须不断扩展自己的知识面，总结经验，丰富自己的知识，设计出合理的、性能价格比高的电气线路。下面介绍设计中应遵循的一般原则。

1. 最大限度实现生产机械和工艺对电气控制系统的要求

电气控制系统是为整个生产机械设备及其工艺过程服务的，因此，在设计之前，首先要弄清楚生产机械设备需满足的生产工艺要求，对生产机械设备的整个工作情况须全面细致地了解，同时深入现场调查研究，收集资料，并结合技术人员及现场操作人员的经验，以此作为设计电气控制线路的基础。

2. 在满足生产工艺要求的前提下，电气控制线路应简单经济

(1)尽量选用标准电器元件，尽量减少电器元件的数量，尽量选用相同型号的电器元件以减少备用品的数量。

(2)尽量选用标准的、常用的或经过实践检验的典型环节或基本电气控制线路。

(3)尽量缩短连接导线的数量和长度。设计电气控制线路时，应考虑到各元器件之间的实际接线。特别要注意电气柜、操作台和限位开关之间的连接线。图 6 - 1 所示为连接

导线，其中图 6-1(a)所示是不合理的连线方法；图 6-1(b)所示是合理的连线方法。因为按钮在操作台上，而接触器在电气柜内，一般都将启动按钮和停止按钮直接连接，这样可以减少一次引出线。

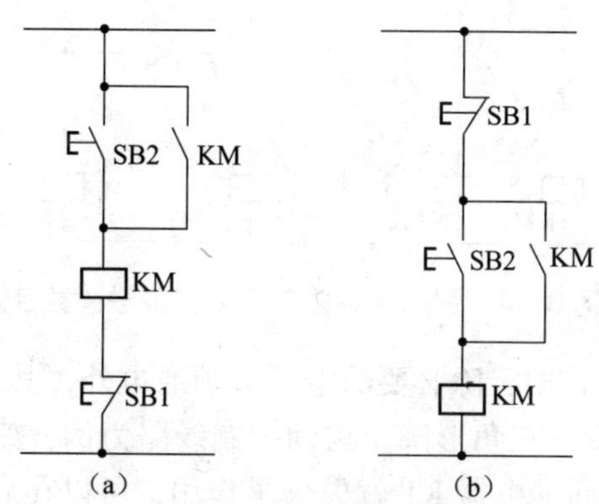

图 6-1　连接导线

(a)不合理的连线方法；(b)合理的连线方法

(4)减少不必要的触头，以简化电气控制线路。在满足工艺要求的前提下，使用的电器元件越少，电气控制线路中所涉及的触头的数量也越少，因此控制线路越简单，同时还可以提高控制线路的工作可靠性，从而降低故障率。

①合并同类触头。图 6-2 中列举了一些简化与合并触头的例子。

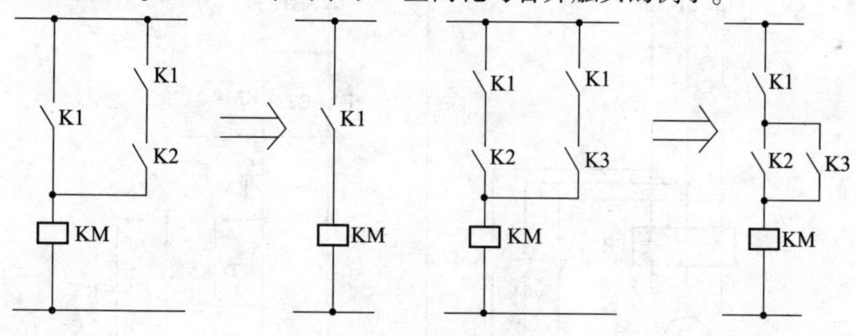

图 6-2　简化与合并触头

②利用转换触头的方式。利用具有转换触头的中间继电器将两对触头合并成一对转换触头，如图 6-3 所示。

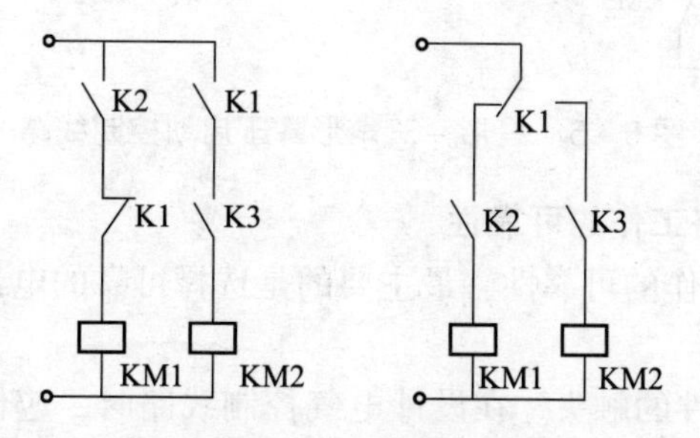

图 6-3　转换触头

③利用半导体二极管的单向导电性减少触头的数目。如图 6-4 所示，利用半导体二极管的单向导电性可以减少一个触头。这种方法适用于控制电路中所用电源为直流电源的

场合。

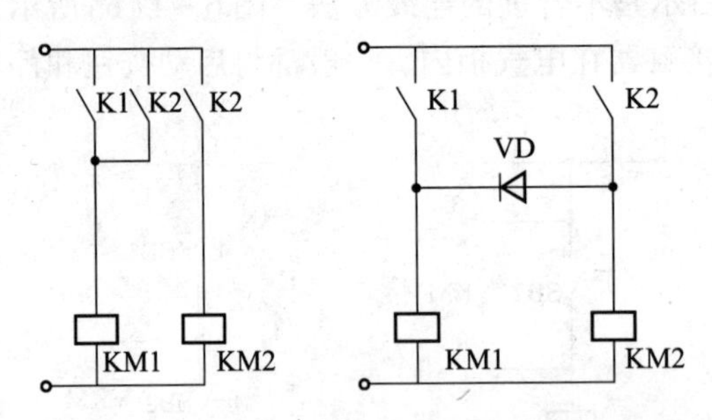

图 6－4　利用半导体二极管减少触头数目

(5)电气控制线路在工作时，除必要的电器必须通电外，其余的电器尽量不通电以节约电能。以异步电动机星形－三角形降压启动控制线路为例，如图 6－5 所示。在电动机启动后，接触器 KM3 和时间继电器 KT 就失去了作用，可以在启动后利用 KM2 的常闭触头切除 KM3 和 KT 线圈的电源。

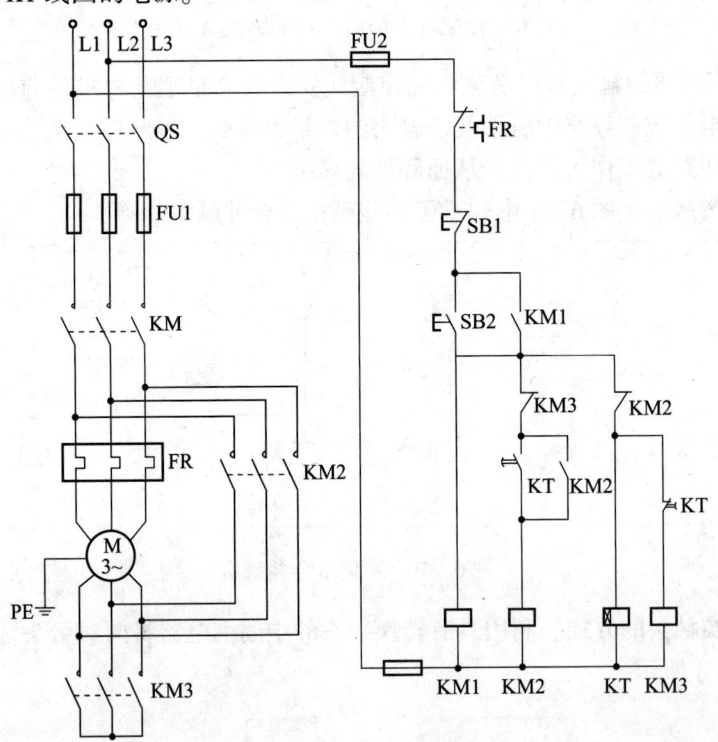

图 6－5　星形－三角形降压启动控制线路

3. 保证电气控制线路工作的可靠性

保证电气控制线路工作的可靠性，最主要的是选择可靠的电器元件，同时在具体线路设计中应注意以下几点：

(1)正确连接电器元件的触头。在设计电气控制线路时，应使分布在线路不同位置的同一电器元件的触头尽量接到同一个或尽量共接同一等位点，以避免在电器触头上引起短路。如图 6－6(a)所示，限位开关 SQ 的动合触头接在电源的一相，动断触头接在电源的另一相上，当触头断开产生电弧时，可能在两触头间形成飞弧而造成短路。如改成图 6－6

(b)所示的形式，由于两触头间的电位相同，所以不会造成电源短路。

(2)正确连接电器的线圈。交流电器线圈不能串联使用，如图6－7所示。即使外加电压是两个线圈的额定电压之和，也是不允许的。因为两个电器动作总是有先有后，有一个电器吸合动作，它线圈上的电压降也相应增大，从而使另一个电器达不到所需要的动作电压。因此，若需要两个电器元件同时工作，其线圈应并联连接。

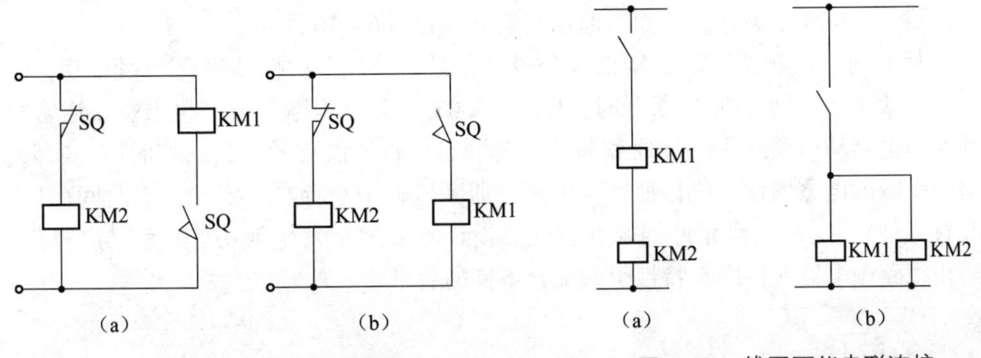

图6－6　触头的正确连接

图6－7　线圈不能串联连接

(a)不合理的连接方法；(b)合理的连接方法

(3)应尽量避免电器依次动作的现象。在电气控制线路中，应尽量避免许多电器元件依次动作才能接通另一个电器元件的控制线路。如图6－8(a)所示，接通线圈KM3要经过KM、KM1和KM2三对常开触头方可得电。若改为图6－8(b)所示的接线方法，则每个线圈通电只需经过一对触头，这样可靠性更高。

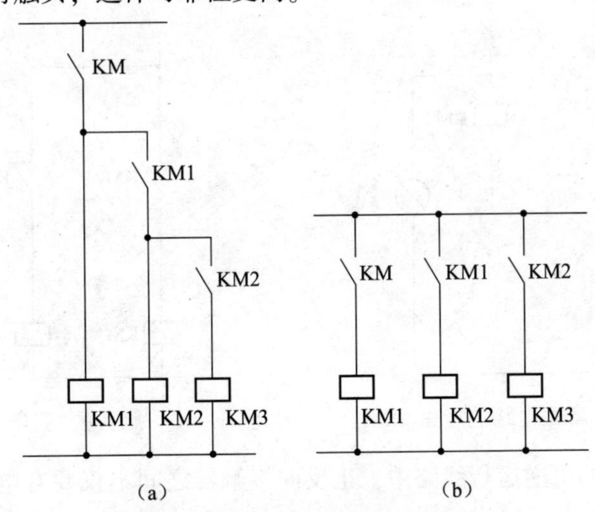

图6－8　减少多个电气元器件依次通电

(a)不合理的接线方法；(b)合理的接线方法

(4)避免出现寄生电路。在电气控制线路的动作过程中，发生意外接通的电路称为寄生电路。寄生电路将破坏电器元件和控制线路的工作顺序或造成误动作。在正常工作时，线路能完成正反转启动、停止和信号指示，但当电动机过载、热继电器FR动作时，线路中就出现了寄生电路，如图6－9中虚线所示。这使正向接触器KM1不能释放，起不到保护作用。

(5)避免发生触头“竞争”与“冒险”现象。由于任何一种电器元件从一种状态到另一种状态都有一定的动作时间，对一个控制线路来说，改变某一控制信号后，由于触头和线圈动作时间的配合不当，可能出现与控制预定结果相反的结果。这时控制线路就存在着潜在的危险——“竞争”。另外，由于电器元件的固有释放延时作用，因此也会出现开关电器不按要求的逻辑功能转换状态的可能性，这种现象称为“冒险”。“竞争”与“冒险”现象都造成控制回路不能按要求动作，从而引起控制失灵，如图 6－10 所示。

当 K 闭合时，接触器 KM1、KM2 竞争吸合，只有经过多次振荡吸合“竞争”后，才能稳定在一个状态上。同样在 K 断开时，KM1、KM2 又会争先断开，产生振荡。通常分析控制线路的电器动作及触头的接通和断开都是静态分析，没有考虑其动作时间。实际上，由于电磁线圈的电磁惯性、机械惯性等因素，通断过程中总存在一定的固有时间(几十毫秒到几百毫秒)，这是电器元件的固有特性。设计时要避免发生触头“竞争”与“冒险”现象，防止线路中电器元件固有特性引起配合不良的后果。

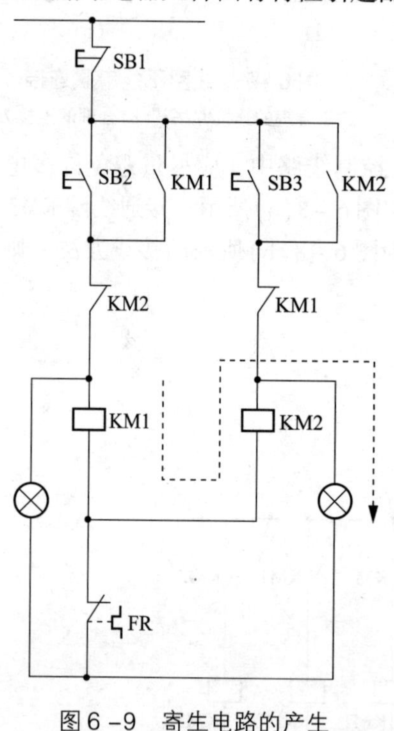

图 6－9 寄生电路的产生

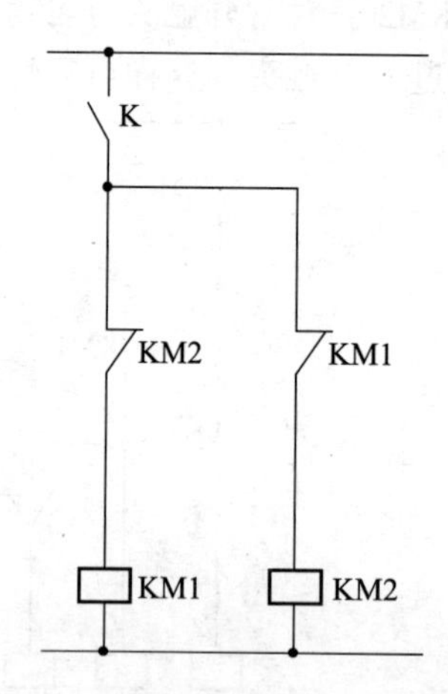

图 6－10 触头的“竞争”与“冒险”

(6)在频繁操作的可逆运行线路中，正反向接触器之间不仅要有电气联锁，而且要有机械联锁。

(7)设计的电气控制线路应能适应所在电网的情况，并据此决定电动机是采用直接启动方式还是其他启动方式。

(8)充分考虑继电器触头的接通和分断能力，如要增加接通能力，可以多并联触头；如要增加分断能力，则可以多串联触头。

4. 保证电气控制线路工作的安全性

电气控制线路应具有完善的保护环节来保证整个生产机械的安全运行，消除工作不正常或误操作所带来的不利影响，避免事故的发生。

电气控制系统中常用的保护环节有短路保护、过流保护、过载保护、零电压和欠电压保护等。

(1)短路保护(如图 6－11 所示)。常用的短路保护元器件有熔断器和断路器。熔断器的熔体串联在被保护的电路中，当电路发生短路或严重过载时，熔断器的熔丝自动熔断，切断电路，达到保护的目的。断路器又称为自动空气开关，在线路发生短路、过载和欠压故障时快速地自动切断电源，它是低压配电的重要保护元件之一，常用作低压配电盘的总电源开关及电动机变压器的合闸开关。

当电动机容量较小时，控制线路不需另外设置熔断器，主电路的熔断器也可作控制线路的短路保护。当电动机容量较大时，控制电路要单独设置熔断器作为短路保护，也可以采用断路器，它既可以作为短路保护，又可以作为过载保护。当线路出现故障时，断路器动作，将电路断开，起到短路保护的作用。故障处理完后，重新合上断路器，线路重新运行工作。

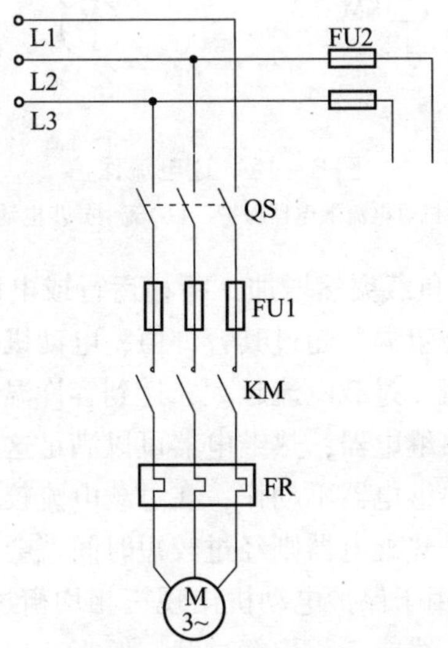

图 6－11　短路保护

(2)过流保护。在直流电动机和交流绕线转子异步电动机启动或制动时，限流电阻被短接，将会造成很大的启动或制动电流，另外，负载的加大也会导致电流增加。过大的电流会使电动机或机械设备损坏，因此，对直流电动机或绕线转子异步电动机常采用过流保护。

图 6－12(a)所示为绕线型异步电动机过电流继电器保护。其通常用在限流启动的直流电动机和绕线型异步电动机的过流保护中，其继电器的动作值一般整定为电动机启动电流的 1.2 倍。

在图 6－12(b)所示为笼型异步电动机过电流继电器保护。当电动机启动时，时间继电器 KT 延时断开的动断触头未断开，过电流继电器的线圈不能接入电路，这时，虽启动电流很大，但过电流继电器不起作用。当启动结束后，KT 的动断触头经延时已断开，过电流继电器开始起保护作用。

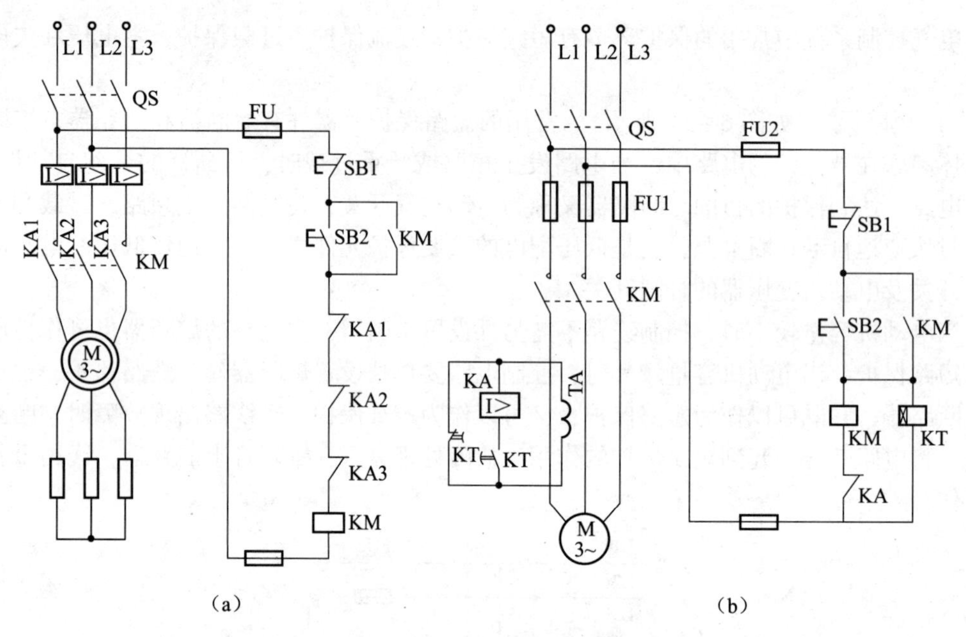

图 6－12 过电流保护

(a)绕线型异步电动机过电流继电器保护；(b)笼型异步电动机过电流继电器保护

(3)过载保护。电动机的负载突然增加，断相运行或电网电压降低都会引起电动机过载。电动机长期过载运行，绕组温升超过其容许值，电动机的绝缘材料就要变脆，寿命就会缩短，严重时将损害电动机。过载电流越大，达到容许温升的时间就越短。

常用的过载保护器件是热继电器，热继电器可以满足这样的要求：当电动机为额定电流时，电动机为额定温升，热继电器不动作；在过载电流较小时，热继电器要经过较长时间才动作；过载电流较大时，热继电器则经过较短时间就会动作。

图 6－13(a)所示电路适用于保护电动机出现三相均衡过载，图 6－13(b)所示电路适用于保护电动机出现任一相断线或三相均衡过载，但当三相电源发生严重不均衡或电动机内部短路、绝缘不良等，有可能使某一相电流高于其他两相，上述两电路不能起保护作用。图 6－13(c)所示为三相保护，对各种过载情况都能起到保护作用。

由于热惯性的原因，热继电器不会受电动机短时过载冲击电流或短路电流的影响而瞬时动作，所以在使用热继电器作过载保护的同时，还必须设有短路保护。

短路、过流、过载保护虽然都是电流保护，但由于故障电流、动作值及保护特性、保护要求和使用元器件的不同，它们之间是不能相互取代的。

(4)零电压与欠电压保护。电动机正常工作时，电源电压消失使电动机停转，当电源电压恢复后，电动机可能自行启动，从而造成人身伤亡和设备毁坏的事故。防止电压恢复时电动机自行启动的保护称为零压保护。

另外，电源电压过分地降低将引起一些电器释放，造成控制线路不正常工作，可能发生事故，同时也会引起电动机转速下降甚至停转，因此需要在电源电压降到一定值以下时就将电源切断，这就是欠电压保护。

一般常用零电压保护继电器和欠电压继电器可实现零压保护和欠电压保护。如图 6－14 所示，其是通过并联在主令控制器零位动合触头上的零位继电器的动合触头来实现保

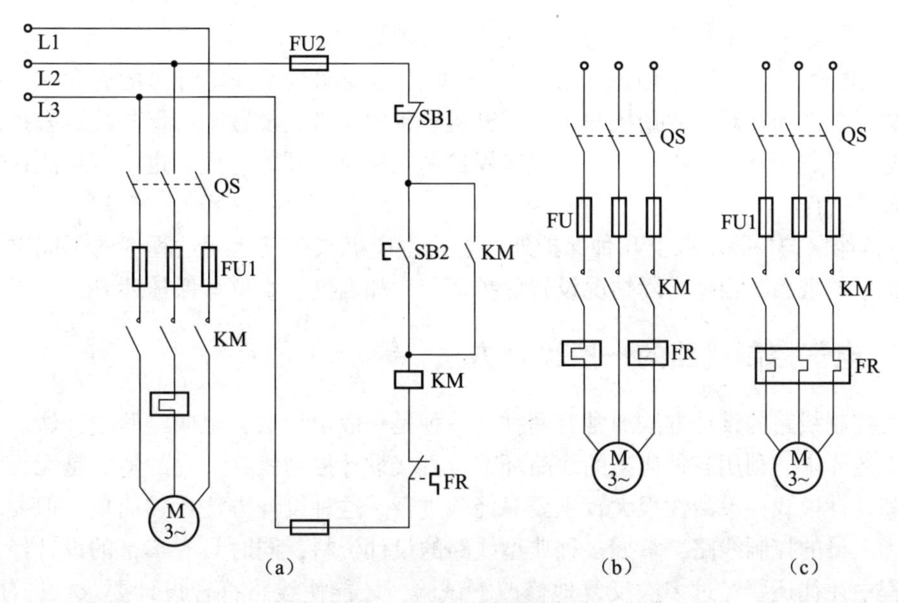

图6－13　过载保护

护的。也可以不用零电压保护继电器操作，而是用按钮操作，如图6－15所示。当电源电压过低或断电时，接触器释放，此时接触器的主触头和辅助触头同时打开，使电动机电源切断并失去自锁。当电源电压恢复正常时，操作人员必须重新按下启动按钮，才能使电动机启动。

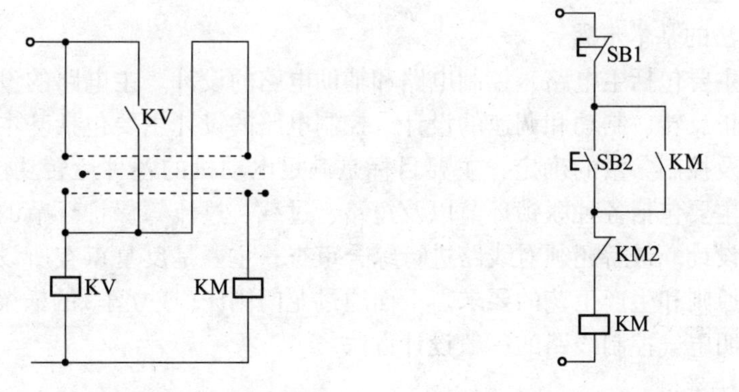

图6－14　零电压与欠电压保护　　　　图6－15　用按钮实现的保护

(5)弱磁保护。对于直流电动机而言，必须有足够强度的磁场才能确保正常启动运行。在启动时，如果直流电动机的励磁电流太小，产生的磁场也会减弱，将会使直流电动机的启动电流很大。正常运行时，如果直流电动机的磁场突然减弱或消失，会引起电动机转速迅速升高，换向失败，损坏机械，甚至发生“飞车”事故，因此必须设置弱磁保护，并及时切断电源。

弱磁保护是在直流电动机的励磁回路中串入起弱磁保护的欠电流继电器来实现的。在电动机启动过程中，当励磁电流值达到弱磁继电器(欠电流继电器)的动作值时，继电器就吸合，使串在控制回路中的常开触头闭合，接通电源，电动机启动正常运行；当励磁回路电流太小时，继电器就释放，其触头复位，切断控制回路电源，电动机停转。

(6)限位保护。对于作直线运动的生产机械常设有极限保护环节，如上、下极限，前、后极限保护等，一般由行程开关的动断触头来实现。

(7)超速保护。生产机械设备在运行中，如果速度超过了预定许可的速度时，将会造成设备损坏。例如在高炉卷扬机和矿井提升机设备中，必须设置超速保护装置来控制速度或切断电源以起到及时保护的作用。超速保护一般用离心开关完成，也可以用测速发电机来实现。

(8)其他保护。除了以上几种保护外，可按生产机械在其运行过程中的不同工艺要求和可能出现的现象，根据实际情况设置保护环节，如温度、水位等保护环节。

四、电气控制线路的一般设计方法

电气控制线路的设计方法通常有两种。一种是一般设计法，也叫经验设计法。它是根据生产工艺要求，利用各种典型的线路环节，直接设计控制线路。它的特点是无固定的设计程序和设计模式，灵活性很大，主要靠经验进行。这种设计方法比较简单，但要求设计人员熟悉大量的控制线路，掌握多种典型线路的设计资料，同时具有丰富的设计经验。在设计过程中往往还要经过多次反复地修改、试验，才能使线路符合设计要求。即使这样，设计出来的线路也可能不是最简化线路，所用的电器及触头不一定最少，所得出的方案也不一定是最佳方案。另一种是逻辑设计法，它是根据生产工艺要求，利用逻辑代数来分析、设计线路。用这种方法设计的线路比较合理，特别适合完成较复杂的生产工艺所要求的控制线路。相对而言，逻辑设计法难度较大，不易掌握。

1. 经验设计法

1)经验设计法的基本步骤

经验设计法主要包括主电路、控制电路和辅助电路的设计。主电路的设计包括电动机的启动、点动、正反转、制动和调速的设计。控制电路的设计主要包括基本控制线路和特殊部分的设计以及控制参量的确定，主要目标是满足电动机的各种运转功能和工艺要求。辅助电路的设计主要包括各种联锁环节以及短路、过载、过流等保护环节的设计，以完善整个控制线路的设计。最后还须对线路进行综合审查，主要是反复审查所设计的控制线路是否满足设计的原则和生产工艺的要求。下面通过龙门刨床(或立车)的横梁升降自动控制线路设计实例说明电气控制线路的一般设计方法。

2)经验设计法举例

(1)横梁升降自动控制系统的工艺要求。现要设计一个龙门刨床的横梁升降自动控制系统。在龙门刨床(或立车)上装有横梁机构，刀架装在横梁上，用来加工工件。由于加工工件位置高低不同，要求横梁能沿立柱上下移动，而在加工过程中，横梁又需要夹紧在立柱上，不允许松动。因此，横梁机构对电气控制系统提出了如下要求：

①由于刨床工件加工位置高低不同，要求横梁沿立柱能作上升和下降的调整运动。

②为确保切削加工的顺利进行，正常情况下横梁应夹紧在立柱上，夹紧装置由夹紧电动机拖动，而横梁的上下移动由另一台横梁升降电动机拖动。

③在动作配合上，横梁夹紧与横梁移动之间必须有一定的操作程序。当横梁上下移动时，应能自动按照“放松横梁→横梁上下移动→夹紧横梁→夹紧电动机自动停止运动”的顺序动作。

④横梁升、降应设有限位保护，而夹紧电动机应设有夹紧力保护，它是用过电流继电

器来实现的。

⑤横梁夹紧与横梁移动之间及正、反向运动之间应有必要的联锁。

(2)主线路设计。横梁移动和横梁夹紧需用两台异步电动机拖动，M1 为横梁升降电动机，M2 为夹紧放松电动机。为了保证实现上下移动和夹紧放松的要求，电动机必须能实现正反转，因此需要 4 个接触器 KM1、KM2、KM3、KM4 分别控制两个电动机的正反转。所以，主电路就是两台电动机的正反转电路。

(3)基本控制线路的设计。4 个接触器控制两台电动机的运行，上下移动和放松夹紧这两个运动用点动控制来实现，中间继电器 K1 和 K2 用来增加触头的数量。根据上述要求，设计出图 6－16 所示的控制线路，但这仅是完成了基本控制要求，还不能完成顺序控制的要求。为了实现这两个自动控制要求，还需要作相应的改进，这需要恰当地选择控制过程中的变化参量来实现。

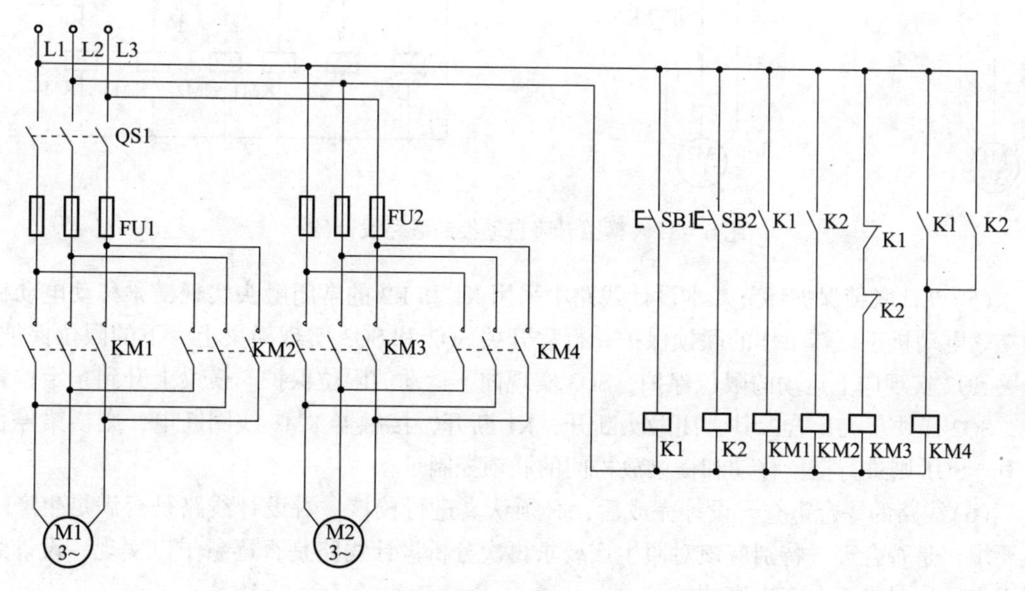

图 6－16　横梁升降自动控制线路设计(1)

(4)特殊控制部分的设计。如图 6－17 所示，当按下向上移动按钮 SB1 时，中间继电器 K1 通电，其常开触头闭合，KM4 通电，则夹紧电动机作放松运动，同时其常闭触头断开，实现与夹紧和下移的联锁。当放松完毕，压块就会压合 SQ1，其常闭触头断开，接触器线圈 KM4 失电，同时 SQ1 常开触头闭合，接通向上移动接触器 KM1。这样，横梁放松以后，就会自动向上移动。向下的过程类似。

为了实现横梁夹紧后使夹紧电动机自动停止，在夹紧电动机夹紧方向的主电路中串联接入一个电流继电器 KA，其动作电流可整定在额定电流两倍左右。KA 的常闭触头串接在 KM3 接触器电路中。横梁移动停止后，如上升停止，行程开关 SQ2 的压块会压合，其常闭触头断开，KM3 通电，因此夹紧电动机立即自动启动。当横梁夹紧到一定程度时，夹紧电动机 M2 主电路电流升高，当电流达到 KA 的整定值时，KA 将动作，其常闭触头一旦断开，KM3 又断电，自动停止夹紧电动机的工作。

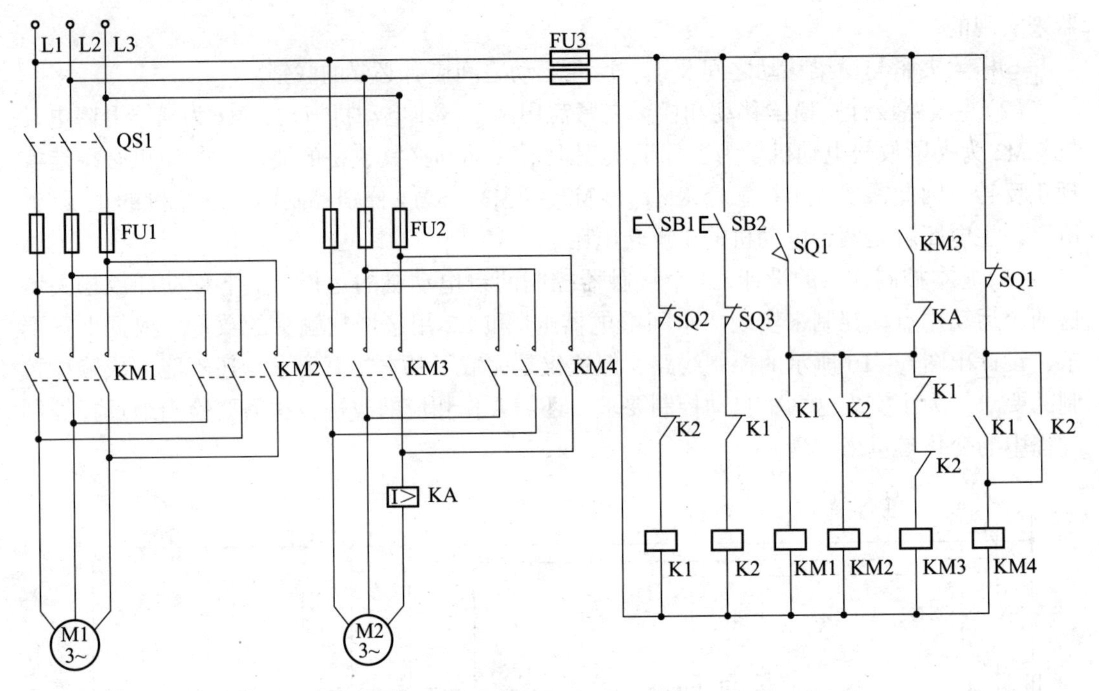

图6-17 横梁升降自动控制线路设计(2)

(5)设计联锁保护环节。本设计线路中采用K1和K2的常闭触头实现横梁移动电动机和夹紧电动机正反转工作的联锁保护。行程开关SQ2和SQ3实现横梁上、下的限位保护，开关SQ2实现向上运动的限位保护，SQ3实现向下运动的限位保护。横梁上升到预定位置时，SQ2压块就会压合，其常闭触头断开，K1断开，接触器KM1线圈断电，则横梁停止上升。SQ1则进行横梁移动和横梁放松间的联锁控制。

(6)线路的综合审查。设计完成后，必须认真进行校核，看设计线路是否满足生产工艺要求，是否合理。特别应该对照生产要求再次分析设计线路是否逐条予以实现，设计线路在误操作时是否会产生事故等。

2. 逻辑设计法

逻辑设计法是利用逻辑代数这一数学工具设计电气控制线路，即根据生产工艺要求，将控制线路中的接触器、继电器等电器元件线圈的通电与断电，触头的闭合与断开，以及主令元件的接通与断开等均看成逻辑变量，并根据控制要求将它们之间的关系用逻辑函数关系式来表达，然后再运用逻辑函数基本公式和运算规律进行简化，使之成为最简单的“与”“或”关系式，并设计出符合生产工艺要求的电气控制线路。

1)逻辑代数基础

(1)逻辑变量。在逻辑代数中，将具有两种相反工作状态的物理量称为逻辑变量。例如继电器、接触器等电器元件线圈的得电与失电，触头的闭合与断开等。这里线圈和触头相当于一个逻辑变量，其相反的两种工作状态可用逻辑变量“0”和“1”表示，通常用KM，K，SQ……分别表示接触器、继电器、行程开关等电器的常开触头，用$\overline{KM}$，$\overline{K}$，$\overline{SQ}$，……表示常闭触头。电器元件的线圈通电为“1”状态，线圈失电为“0”状态；触头闭合为“1”状态，触头断开为“0”状态；行程开关触头闭合为“1”状态，触头断开为“0”状态。

(2)基本逻辑运算。在继电接触式电气控制线路中，把表示触头状态的逻辑变量称为输入逻辑变量，把表示接触器、继电器等受控元件的逻辑变量称为输出逻辑变量，输出逻辑变量与输入逻辑变量之间所满足的相互关系称为逻辑函数关系。

①逻辑与——触头串联。图6－18(a)所示的串联电路实现了逻辑与的运算。

逻辑与的关系表达式为

$$KM = K1 \cdot K2$$

逻辑与运算用符号“·”表示(也可省略)。接触器的状态就是其线圈KM的状态。线路接通，即K1、K2都为1时，线圈KM通电，则KM＝1；如线路断开，即只要K1、K2有一个为0时，线圈KM失电，则KM＝0。

②逻辑或——触头并联。图6－18(b)所示的并联电路实现了逻辑或运算。

逻辑或的关系表达式为 $KM = K1 + K2$

逻辑或运算用符号“＋”表示。只要K1、K2有一个为1，则KM＝1；只有当K1、K2全为0时，KM＝0。

③逻辑非——动断触头。逻辑非的关系表达式为

$$KM = \overline{K}$$

图6－18(c)所示的电路实现了常闭触头与接触器KM线圈串联的逻辑非电路。当K＝1时，常闭触头K断开，KM＝0；当K＝0时，常闭触头K闭合，KM＝1。

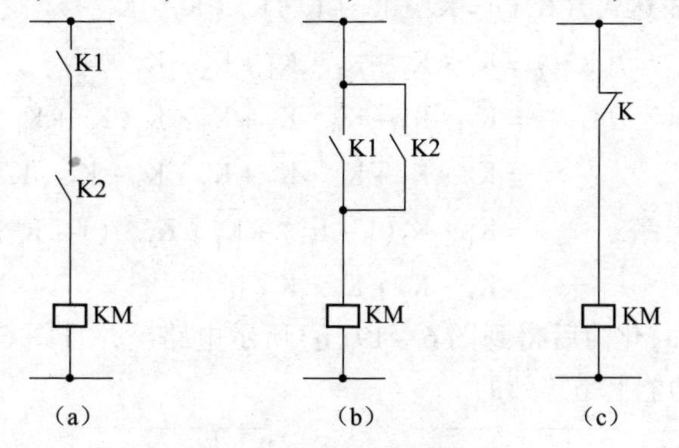

图6－18　逻辑运算电路

(a)逻辑与电路；(b)逻辑或电路；(c)逻辑非电路

(3)逻辑代数的基本定理如下：

交换律：$A \cdot B = B \cdot A$

$A + B = B + A$

结合律：$A \cdot (B \cdot C) = (A \cdot B) \cdot C$

$A + (B + C) = (A + B) + C$

分配率：$A(B + C) = AB + AC$

$A \cdot B \cdot C = (A + B) \cdot (A + C)$

吸收律：$A + AB = A$

$A \cdot (A + B) = A$

$A + \overline{A}B = A + B$

$\overline{A} + AB = \overline{A} + B$

重叠律：$A \cdot A = A$

$A + A = A$

非非律：$\overline{\overline{A}} = A$

反演律：$\overline{A + B} = \overline{A} \cdot \overline{B}$

$\overline{A \cdot B} = \overline{A} + \overline{B}$

(4)逻辑代数的化简。一般来说，原始逻辑表达式都较为烦琐，涉及的变量较多，根据这些表达式设计出的电气控制线路图也较为复杂。因此，在保证逻辑功能不变的前提下，可以用逻辑代数的定理和法则将原始的逻辑表达式进行化简，从而得到较为简单的电气控制线路图。

化简时常用的常量和变量关系为

$$A + 0 = A,\ A \cdot 0 = 0,\ A + 1 = 1,\ A \cdot 1 = A,\ A + \overline{A} = 1,\ A \cdot \overline{A} = 0$$

常用的方法有：

合并项法：根据 $A + \overline{A} = 1$，将两项合为一项，如 $AB\overline{C} + ABC = AB$。

吸收法：根据 $A + AB = A$ 消去多余的因子，如 $B + ABDE = B$。

消去法：根据 $A + \overline{A}B = A + B$ 消去多余的因子，如 $\overline{A} + AB + DEF = \overline{A} + B + DEF$。

配项法：根据 $A \cdot 1 = A$，$A + 0 = A$ 进行化简。

例如：化简逻辑表达式 $f(KM) = K_1 \cdot K_2 + \overline{K} \cdot K_3 + K_2 \cdot K_3$。

解：

$$\begin{aligned} f(KM) &= K_1 \cdot K_2 + \overline{K_1} \cdot K_3 + K_2 \cdot K_3 \\ &= K_1 \cdot K_2 + \overline{K_1} \cdot K_3 + K_2 \cdot K_3 (K_1 + \overline{K_1}) \\ &= K_1 \cdot K_2 + \overline{K_1} \cdot \overline{K_3} + K_2 \cdot K_3 \cdot K_1 + K_2 \cdot K_3 \cdot \overline{K_1} \\ &= K_1 \cdot K_2 (1 + K_3) + \overline{K_1} \cdot K_3 \cdot (1 + K_2) \\ &= K_1 \cdot K_2 + \overline{K_1} \cdot K_3 \end{aligned}$$

因此，图 6-19(a)化简后得到图 6-19(b)所示电路，并且图 6-19(a)与图 6-19(b)所示电路电路在功能上是等效的。

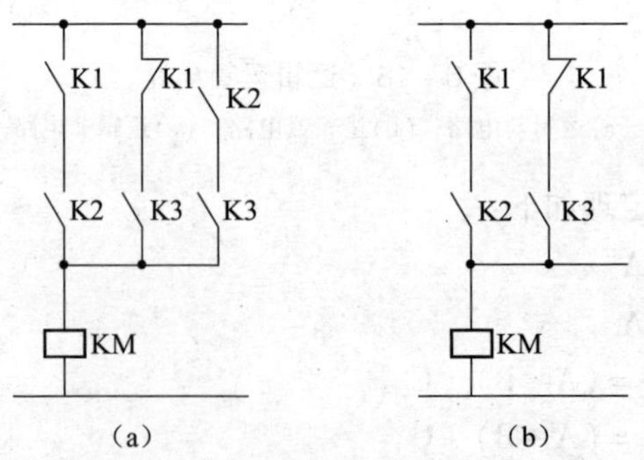

图 6-19 两个相等函数的等效电路

2. 逻辑设计法的基本步骤

电气控制线路一般由输入电路和输出电路组成。

输入电路主要由主令元件、检测元件组成。主令元件包括按钮、开关、主令控制器等，其功能是实现电动机的启动、停止及紧急制动等；检测元件包括行程开关、速度继电器等，其功能是检测物理量，并作为程序自动切换时的控制信号。

输出电路由中间记忆元件和执行元件组成。中间记忆元件即继电器，其功能是记忆输入信号的变化，使其按顺序变化的状态区分开来；执行元件的基本功能是驱动生产机械的运动，满足生产工艺的要求，它可以分为有记忆功能和无记忆功能两种，接触器、继电器等属于前者，电磁阀、电磁铁属于后者。

逻辑设计法的步骤如下：

(1)按照生产工艺要求，确定执行元件和检测元件，作出工作循环示意图。根据工作循环示意图作出执行元件和检测元件的动作节拍表和状态表。

(2)根据主令元件和检测元件状态表写出每个状态的方程，并增设必要的中间记忆元件，列出中间记忆元件的开关逻辑函数和执行元件的逻辑函数。

(3)根据逻辑函数式建立电气控制线路图。

(4)进一步完善线路，增加必要的保护和联锁环节。

3)逻辑设计法举例

某电动机只有在继电器 K1、K2 和 K3 中任何一个或任何两个继电器动作时才能运转，而在其他任何情况下都不运转，试设计其控制线路。

解：电动机的运转由接触器 KM 控制。根据题目的要求，列出接触器、继电器通电后动作状态表，见表 6－1。

表 6－1　接触器、继电器通电后动作状态表

电器名称	继电器			接触器
电器代号	K1	K2	K3	KM
动作状态	0	0	0	0
	0	0	1	1
	0	1	0	1
	0	1	1	1
	1	0	0	1
	1	0	1	1
	1	1	0	1
	1	1	1	0

根据动作状态表，接触器 KM 通电的逻辑函数式为

$$KM=\overline{K_1}\cdot\overline{K_2}\cdot K_3+\overline{K_1}\cdot K_2\cdot\overline{K_3}+\overline{K_1}\cdot K_2\cdot K_3+K_1\cdot\overline{K_2}\cdot\overline{K_3}+K_1\cdot\overline{K_2}+K_3+K_1\cdot K_2\cdot\overline{K_3}$$

利用逻辑代数基本公式进行化简得：

$$KM=\overline{K_1}\cdot K_3+K_1\cdot\overline{K_2}+K_2\cdot\overline{K_3}$$

根据简化了的逻辑函数关系式，可绘制图 6－20 所示的电气控制线路。

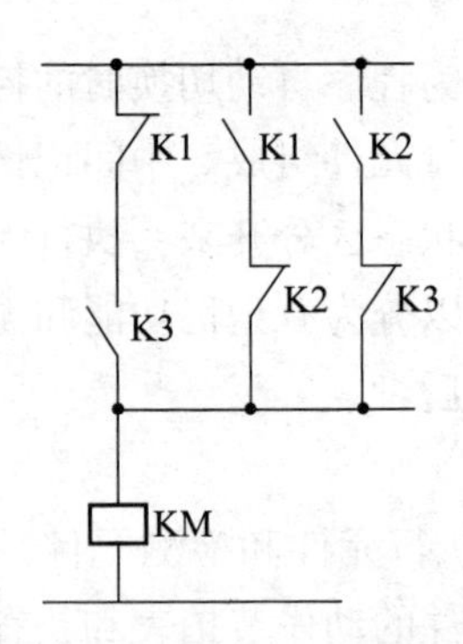

图 6-20 化简后的电气控制线路

五、常用控制电器的选择

在继电接触器电气控制电路图设计完成后，便应着手选择各种控制电器。正确合理地选择电器元件是控制电路安全、可靠工作的重要保证，也是使电气控制设备具有一定的先进性和良好经济性的重要环节。常用电气元器件的选择原则如下：

(1) 根据对控制元器件功能的要求，确定电气元器件的类型。例如：当元器件用于通、断功率较大的主电路时，应选用交流接触器；若有延时要求，应选用延时继电器。

(2) 确定元器件承载能力的临界值及使用寿命。主要根据电气控制的电压、电流及功率大小来确定元器件的规格。

(3) 确定元器件预期的工作环境及供应情况，如防油、防尘、货源等。

(4) 确定元器件在供应时所需的可靠性等；确定用来改善元器件失效用的老化或其他筛选实验；采用与可靠性预计相适应的降额系数等，进行一些必要的核算和校核。

1. 接触器的选用

选用接触器的方法步骤如下：首先根据接触器所控制负载的工作任务确定接触器的类别，其次根据接触器控制对象的工作参数（如工作电压、电流、功率、操作频率等）确定接触器的容量等级，根据控制回路电压决定接触器线圈电压，最后对于特殊环境下工作的接触器则选用派生型产品。

接触器分直流接触器和交流接触器两大类，一般情况下，选用接触器的主要依据是接触器主触头的额定电压、电流要求，辅助触头的种类、数量及其额定电流，控制线圈电源种类，频率与额定电压，操作频繁程度和负载类型等因素。具体细节可以参考本书的项目一。

2. 继电器的选用

继电器是组成各种控制系统的基础元件，因此选用时应综合考虑继电器的适用性、功能特点、使用环境、额定电压、额定电流等因素，适当选用，合理使用，使控制系统正常可靠地工作。

(1) 中间继电器的选用。中间继电器用于电路中传递与转换信号，扩大控制路数，将小功率控制信号转换为大容量的触头控制，扩充交流接触器及其他电器的控制作用。其选用主要根据触头的数量及种类确定型号，同时注意吸引线圈的额定电压应等于控制电路的电压等级。

(2) 电流、电压继电器的选用。其主要依据是被控制或被保护对象的特性，触头的种类、数量，控制电路的电压、电流、负载性质等因素，线圈电压、电流应满足控制线路的要求。如果控制电流超过继电器触头额定电流，可将触头并联使用；也可以采用触头串联来提高触头的分断能力。

(3)时间继电器的选用。常用的时间继电器有空气阻尼式、电磁式、电动式及晶体管式和数字时间继电器等，选用时应考虑延时方式(通电延时或断电延时)、延时范围、延时精度要求、外形尺寸、安装方式、价格等因素。在延时精度要求不高且电源电压波动大的场合，宜选用价格低廉的电磁式或空气阻尼式时间继电器；当延时范围大、延时精度较高时，可选用电动式或晶体管式时间继电器；当延时精度要求更高时，可选用数字式时间继电器，同时也要注意线圈电压等级能否满足控制线路的要求。

3. 热继电器、熔断器、断路器的选用

热继电器、熔断器、断路器的选择详见本书的项目一。

4. 各种按钮、开关的选用

(1)按钮。按钮通常是用来短时接通或断开小电流控制电路的一种主令电器。其选用依据主要是需要的触头对数、动作要求、结构形式、颜色以及是否需要带指示灯等，如启动按钮选绿色、停止按钮选红色、紧急操作选蘑菇式等。目前，按钮产品有多种结构形式、多种触头组合以及多种颜色，供不同使用条件选用。

(2)刀开关。刀开关又称为闸刀，主要用于接通和断开长期工作设备的电源以及不经常启动、制动和容量小于75 kW的异步电动机。刀开关主要是根据电源种类、电压等级、电动机容量、所需极数及使用场合来选用。当用刀开关控制电动机时，其额定电流要大于电动机额定电流的3倍。

(3)组合开关。组合开关主要用于电源的引入与隔离，又叫作电源隔离开关。其选用依据是电源种类、电压等级、触头数量以及电动机容量。当采用组合开关控制5 kW以下小容量异步电动机时，其额定电流一般取电动机额定电流的1.5~3倍。

5. 万能转换开关的选用

按额定电压和工作电流选用合适的开关型号，按操作需要选定手柄形式和定位特征，按控制要求参照转换开关样本确定触头数量和接线图编号。

6. 行程开关的选用

根据应用场合及控制对象选择，有一般用途行程开关和起重设备用行程开关，根据安装环境选择防护型号，根据控制回路的电压和电流选择行程开关系列。

7. 接近开关的选用

接近开关较行程开关价格高，因此仅用于工作频率高、可靠性及精度要求均较高的场合。按应答距离要求选择型号、规格，按输出要求选择输出形式是有触头式还是无触头式。

六、生产机械电气设备施工设计

1. 机床电气设备的总体布置

根据国家标准GB 5226—1985《机床电气设备通用技术条件》的规定：尽可能把电气设备组装在一起，使其成为一台或几台控制装置。只有那些必须安装在特定位置上的器件，如按钮、手动控制开关、行程开关、离合器、电动机等，才允许分散安装在机床的其他部位。大型机床各个部分可以有其独立的控制装置。

总体配置设计是以电气系统的总装配图与总接线图形式来表达的，图中应以示意形式反映各部分主要组件的位置及各部分接线关系、走线方式及使用管线要求等。总装配图、总接线图(根据需要可以分开，也可以合并在一起画)是进行分部设计和协调各部分组成一

个完整系统的依据。

总体设计要使整个系统集中、紧凑，拟定采用哪些电气控制装置，如控制柜、操纵台或悬挂操纵箱等，确定机床床身上安装的电气设备和床身以外的电气设备。一般将功能类似的元件组合在一起构成电气控制装置，如用于操作的按钮、开关、指示及检测元件及调节元件集中在操纵台上，各种接触器、继电器、熔断器、控制与照明变压器等集中、紧凑地安装在控制柜上。同时在场地允许的条件下，将发热严重、噪声和振动大的电气部件，如电动机组、启动电阻箱等尽量放在离操作者较远的地方或隔离起来。对于多工位加工的大型设备，应考虑两地操作的可能。总电源紧急停止控制应安放在方便而明显的位置。总体配置设计合理与否将影响电气控制系统工作的可靠性，并关系到电气系统的制造、装配质量、调试、操作以及维护是否方便。

2. 电器布置图的绘制

电器布置图是某些电器元件按一定原则的组合。同一组件中电器元件的布置要注意以下问题：

(1)体积大和较重的电器元件应装在电器板的下面，而发热元器件应安装在电器板的上面。

(2)强电弱电分开并注意弱电屏蔽，防止外界干扰。

(3)需要经常维护、检修、调整的电器元件的安装位置不宜过高或过低。

(4)电器元件的布置应考虑整齐、美观、对称，外形尺寸与结构类似的电器安放在一起，以便于加工、安装和配线。

(5)电器元件的布置不宜过密，要留有一定的间距，若采用板前走线槽配线方式，应适当加大各排电器间距，以便于布线和维护。各电器元件的位置确定以后，便可绘制电器布置图。

(6)电器布置图是根据电器元件的外形绘制，并标出各元器件间距尺寸。每个电器元件的安装尺寸及其公差范围，应严格按产品手册标准标注，作为底板加工依据，以保证各电器的顺利安装。

(7)在电器布置图设计中，还要根据本部件进出线的数量(由部件原理图统计出来)和所采用导线的规格，选择进、出线方式，并选用适当接线端子板，按一定顺序标上进、出线的接线号。

图6-21就是根据上述原则绘制出的C620-1型车床控制盘电器布置图。

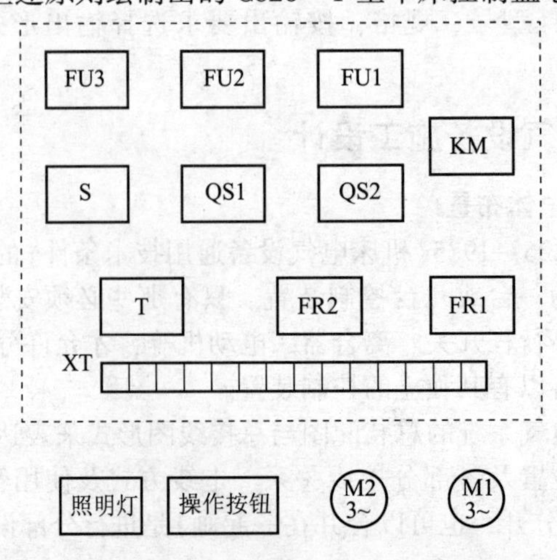

图6-21 C620-1型车床控制盘电器布置图

3. 电气安装接线图的绘制原则

(1)绘制电气安装接线图时，各电器元件均按其在安装底板中的实际安装位置绘出。元件所占图面积应按实际尺寸以同一比例绘制。

(2)绘制电气安装接线图时，一个电器元件的所有部件绘在一起，并且用点画线框起来，即采用集中表示法。有时将多个电器元件用点画线框起来，表示它们是安装在同一安装底板上的。

(3)绘制安装接线图时，各电器元件的图形符号和文字符号必须与原理图一致，并符合国家标准。

(4)绘制安装接线图时，各电器元件上凡是需要接线的部件端子都应绘出，并予以编号，各接线端子的编号必须与原理图的导线编号一致。

(5)绘制安装接线图时，安装底板内外的电器元件之间的接线通过接线端子板进行连接。安装底板上有几个接至外电路的引线，端子板上就应绘出几个线的节点。

(6)绘制安装接线图时，走向相同的相邻导线可以绘成一股线。

(7)接线图中应标出配线用的各种导线的型号、规格、截面面积及颜色要求。

图 6 - 22 就是根据上述原则绘制出的 C620 - 1 型车床电气安装接线图。

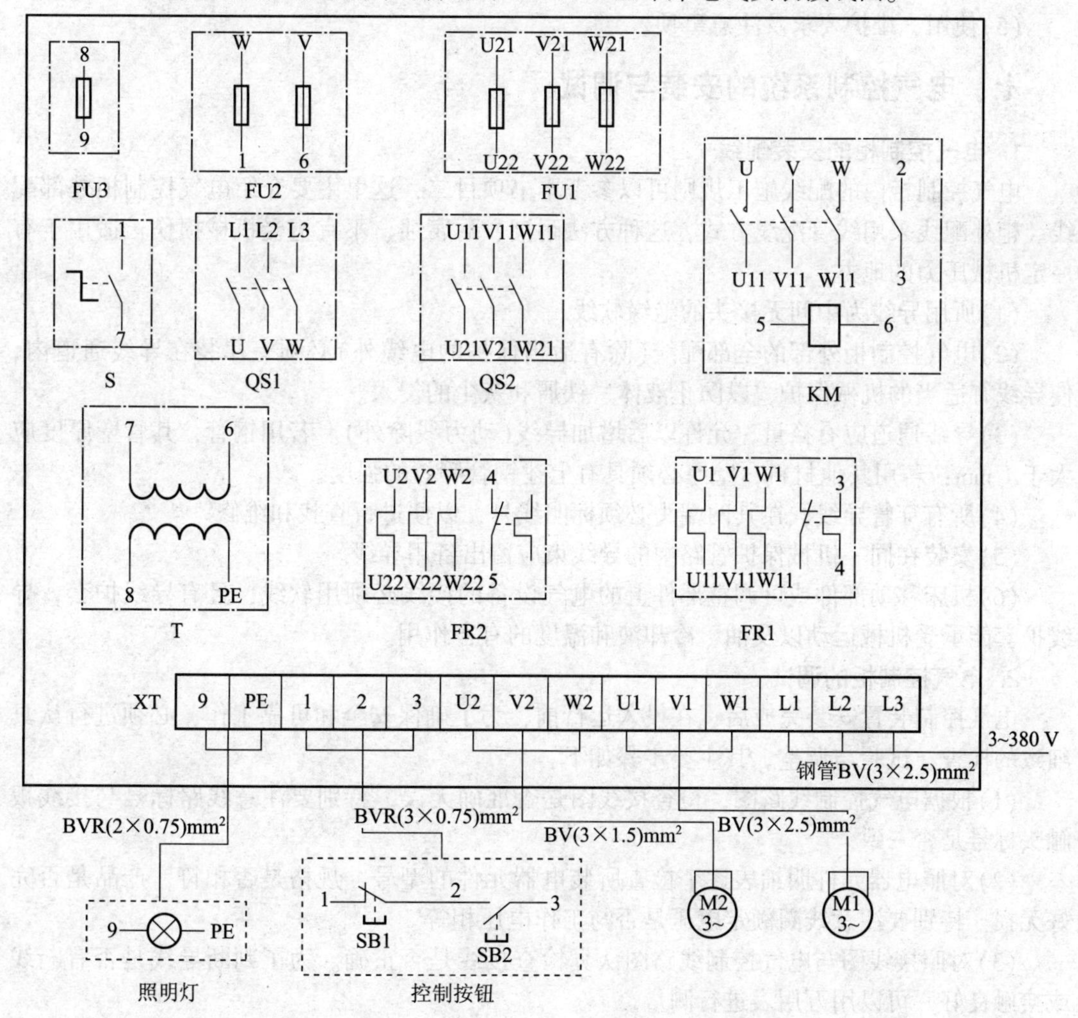

图 6 - 22 C620 - 1 型车床电气安装接线图

4. 元器件及材料清单的汇总

在电气控制系统原理设计及工艺设计结束后，应根据各种图纸，对本设备需要的各种零件及材料进行综合统计，按类别划出外购件汇总清单表、标准件清单、主要材料消耗核算表及辅助材料消耗核算表，以便采购人员和生产管理部门人员按设备制造需要备料，做好生产准备工作。

5. 编写设计说明书及使用说明书

在设计制造中，电气控制系统的投资占有很大比重，同时，电气控制系统对生产机械运行的可靠性、稳定性起着重要的作用。因此，电气控制系统设计方案完成后，在投入生产前应经过严格的审定。为了确保生产设备达到设计指标，设备制造完成后，还要经过仔细的调试，使设备运行处在最佳状态。设计说明及使用说明书是设计审定及调试、使用、维护过程中必不可少的技术资料。设计及使用说明书应包含以下主要内容：

(1)拖动方案选择依据及本设计的主要特点。

(2)主要参数的计算过程。

(3)设计任务书中各项技术指标的核算与评价。

(4)设备调试要求与调试方法。

(5)使用、维护要求及注意事项。

七、电气控制系统的安装与调试

1. 电气控制柜的安装配线

电气控制柜内的配线施工规则可以参考本书项目二，这里主要介绍电气控制柜外部配线。柜外配线采用线管配线方式，这种方法耐潮、耐腐蚀、不宜遭受机械损伤，适用于有一定机械压力的地方。

(1)所用导线为中间无接头的绝缘软线。

(2)电气控制柜外部的全部配线(除有适当保护的电缆外)必须一律装在导线通道内，使导线有适当的机械保护，以防止液体、铁屑和灰尘的侵入。

(3)导线通道应有裕量，允许以后增加导线(动力线除外)。若用钢管，其管壁厚度应大于1 mm；若用其他材料，壁厚必须具有上述钢管等效的强度。

(4)所有穿管导线，在其两端头必须标明线号，以便进行查找和维修。

(5)安装在同一机械保护管路中的导线束应留出备用导线。

(6)机床移动部件或可调整部件上的电气设备的接线必须用软线，且有导线护套，导线护套能承受机械运动以及油、冷却液和温度的有害作用。

2. 电气控制柜的调试

电气控制装置安装完成后，在投入运行前，为了确保安全和可靠工作，必须进行认真细致的检查、试验与调整。其主要步骤如下：

(1)根据电气控制线路图，检查接线图是否准确无误，特别要注意线路标号与接线板触头标号是否一致。

(2)对照电器元件明细表逐个检查所装电器元件的型号、规格是否相符，产品是否完好无损，特别要注意线圈额定电压是否与工作电压相等。

(3)对照接线图与电气控制线路图认真检查接线是否正确。为了判断导线是否有断线或接触良好，可以用万用表进行测量。

(4)对电动机和连接导线进行绝缘电阻检查，用兆欧表检查，连接导线的绝缘电阻不小于7 MΩ，电动机的绝缘电阻不小于0.5 MΩ等。

(5)检查各开关按钮、行程开关等电器元件应处于原始位置，调速装置的手柄应处于最低速位置。

上述检查完成后，即可以通电进行调试。通电检查可按控制环节一部分一部分地进行，注意观察各电器的动作顺序是否正确，指示装置指示是否正常，在各部分电路完全正确的基础上才可进行整个电路的系统检查，反复调整，直至全部符合工艺和设计要求。具体调试步骤如下：

①空操作试验。装好控制电路中的熔断器熔体，不接主电路，接通电源开关，使控制电路空操作，试验控制电路的动作是否可靠，接触器动作是否正常；检查接触器自动、互锁控制是否可靠；用绝缘棒操作行程开关，检查其行程和限位控制是否可靠；观察各电器动作的灵活性，注意有无卡住现象；听各电器动作时有无过大的噪声、检查线圈是否过热及有无异常气味。

②空载试车。上述检查没有问题后，接通主电路，首先点动检查各电动机的转向及转速是否符合要求，然后调整保护电器的整定值，检查指示信号和照明灯的完好性等。

③带负荷试车。空载试车无误后，接通主电路带负载试车，电动机启动前应先做好停车准备，启动后注意电动机运行是否正常。若发现电动机启动困难，发出噪声，电动机过热，电流表指示异常现象，应立即停车断开电源进行检查，待查明原因，排查故障后方可再次通电。

对定时运转电路的运行和间隔时间、星形－三角形启动控制线路的启动时间、反接制动控制线路的终止速度等动作必须要调试，试车正常后，控制线路方可投入运行。

知识训练二　CA6140型卧式车床电气控制系统的设计

一、CA6140型卧式车床电气控制系统的设计要求

CA6140型卧式车床属于普通的小型车床，其性能优良，应用较为广泛，可车削外圆、内圆、端面、螺纹、螺杆以及车削定型表面，并可用钻头、绞刀等刀具进行钻孔、镗孔、倒角、割槽及切断等加工工作。

(1)运动形式有以下几种：

①切削运动：其包括工件旋转的主运动和刀具的直线进给运动。

②进给运动：其是指刀架带动刀具的直线运动。

③辅助运动：其是指除切削运动外的其他运动，如尾架的纵向移动、工件的夹紧与放松等。

(2)对电气控制的要求如下：

①三台三相笼型异步电动机进行拖动，分别为主轴电动机、刀架快速移动电动机和冷却泵电动机，主轴要求能实现正反转控制。

②要求在主轴电动机启动后，再决定冷却泵是否启动；当主轴电动机停止时，冷却泵应能立即停止。

③采用齿轮箱进行调速，实现机械有级调速，电动机不需要进行电气调速。

④电气线路中设有过载、短路、欠电压和失电压保护，配有安全的局部照明装置。

二、电气控制线路图的设计

(1)主电路的设计。M1 为主轴电动机，带动主轴旋转和刀架做进给运动，KM1 控制 M1，FR1 为 M1 的过载保护；M2 为冷却泵电动机，KM2 控制 M2，FR2 为 M2 的过载保护；M3 为刀架快速移动电动机，为短期工作，故可不设过载保护。

(2)控制电路的设计。M1 的启动停止分别由 SB2、SB1 控制。根据设计要求，主轴电动机启动后，冷却泵才能启动，因此在 KM2 的控制线路中串入 KM1 的辅助常开触头。刀架快速移动电动机 M3 的启动是由安装在进给操纵手柄顶端的按钮 SB3 来控制的。将操纵手柄扳到所需的方向，压下按钮 SB3，接触器 KM3 得电吸合，电动机 M3 得电启动，刀架就向指定方向快速移动。

EL 为机床的低压照明灯，由开关 QS2 控制，HL 为电源的信号灯。

(3)控制电源的设计。考虑到安全可靠和满足照明及指示灯的要求，采用控制变压器 T 供电，其一次侧为交流 380 V，二次侧为交流 110 V、24 V 和 6 V。110 V 电压给 3 个接触器供电，24 V 和 6 V 电压给机床照明灯和信号灯的电源供电。

综合以上的考虑，绘出 CA6140 型卧式车床的电气控制线路，如图 6－23 所示。

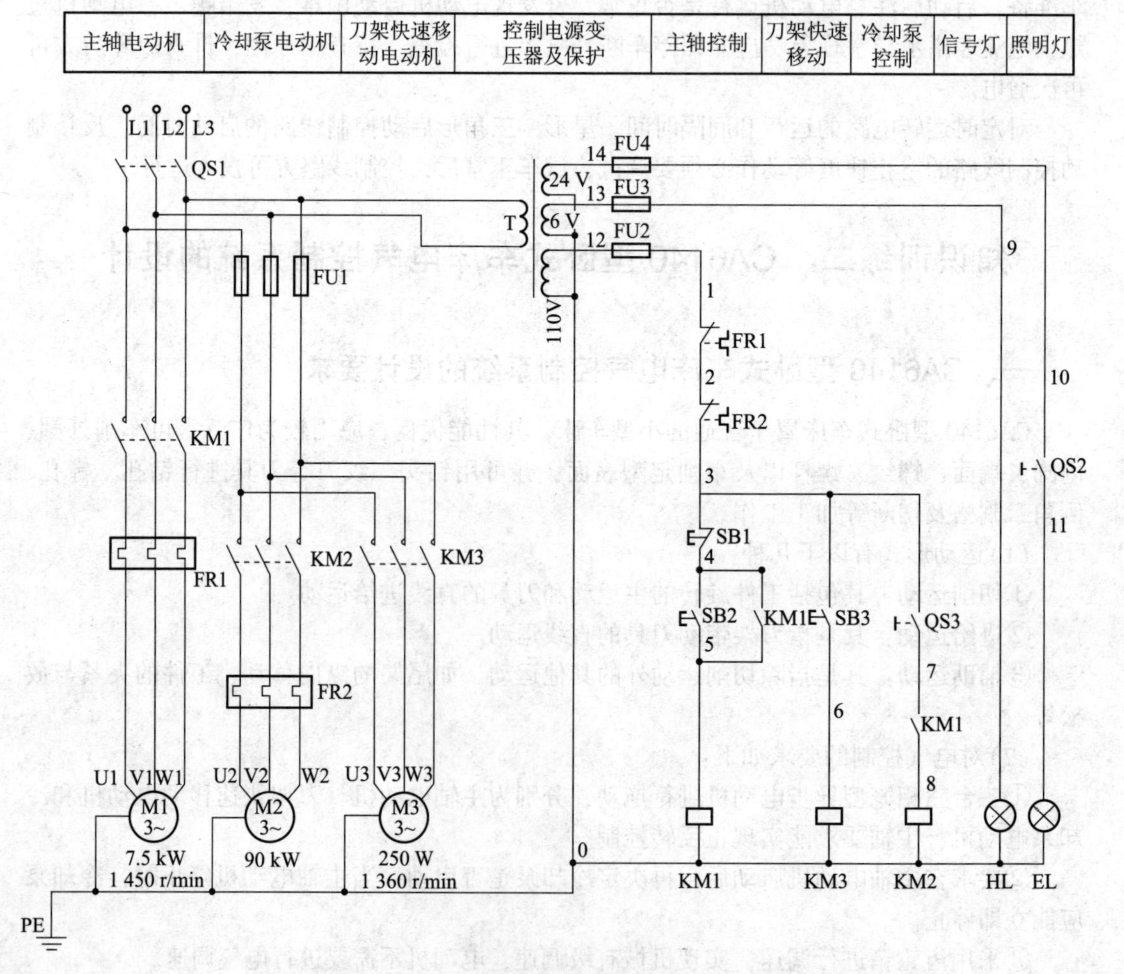

图 6－23 CA6140 型卧式车床的电气控制线路示意

三、电器元件的选择

CA6140 型卧式车床的电器元件明细见表 6 - 2。

表 6 - 2　CA6140 型卧式车床的电器元件明细

符号	名称	型号	规格	数量
M1	三相异步电动机	Y160M - 4	11 kW、380 V、22.6 A、1 460 r/min	1
M2	冷却泵电动机	JCB - 22	0.125 kW、380 V、0.43 A、2 790 r/min	1
M3	三相异步电动机	Y90S - 4	1.1 kW、2.7 A、1 400 r/min	1
QS1	组合开关	HZ10 - 25/3	三极、500 V、25 A	1
FU1	熔断器	RL1 - 15	500 V，熔体 10 A	1
FU2、FU3、FU4	熔断器	RC1 - 15	500 V，熔体 2 A	2
FR1	热继电器	JR0 - 40	热元件额定电流为 25 A，整定电流为 22.6 A	1
FR2	热继电器	JR0 - 40	热元件额定电流为 0.64 A，整定电流为 0.43 A	1
T	变压器	BK - 100	100 VA，380 V/110、24、6 V	1
SB1	按钮	LA - 18	5 A，红色	1
SB2、SB3	按钮	LA - 18	5 A，绿色	1
KM1、KM2、KM3	接触器	交流接触器	40 A，线圈电压为 127 V	3
QS3	开关	HD17 - 200	380 V，200 A	1
QS2	灯开关		24 V，40 W	1
HL	指示灯	ZSD - 0	6 V，绿色	1
EL	照明灯		24 V，40 W	1

四、绘制电器布置图和电气接线图

根据电气原理图的布置原则，并结合该机床电气原理图的控制顺序对电器元件进行合理布局，得到图 6 - 24 所示的 CA6140 型卧式车床电器布置图。

电器元件布置完成后，再依据接线图的绘制原则绘制电气安装接线图，如图 6 - 25 所示。

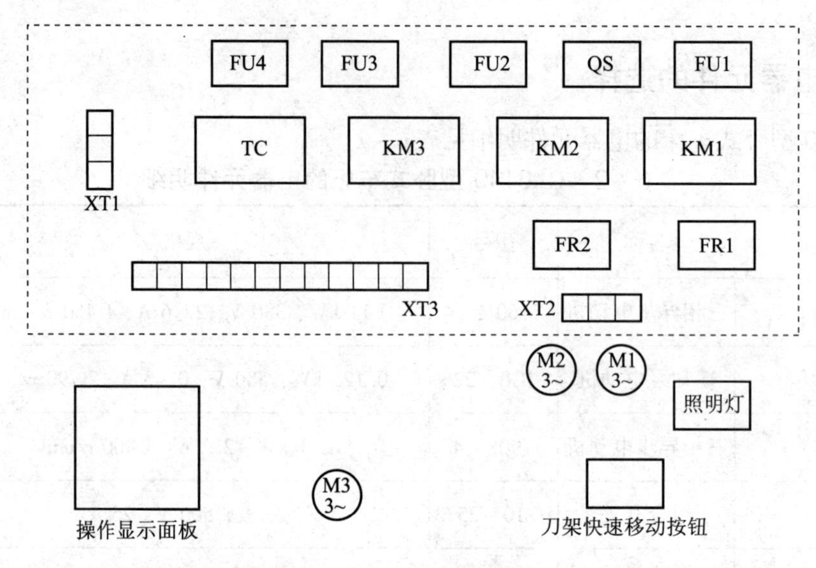

图 6－24　CA6140 型电器布置图

注：点画线框以内为电路板上的元器件，其他元器件不在板上。

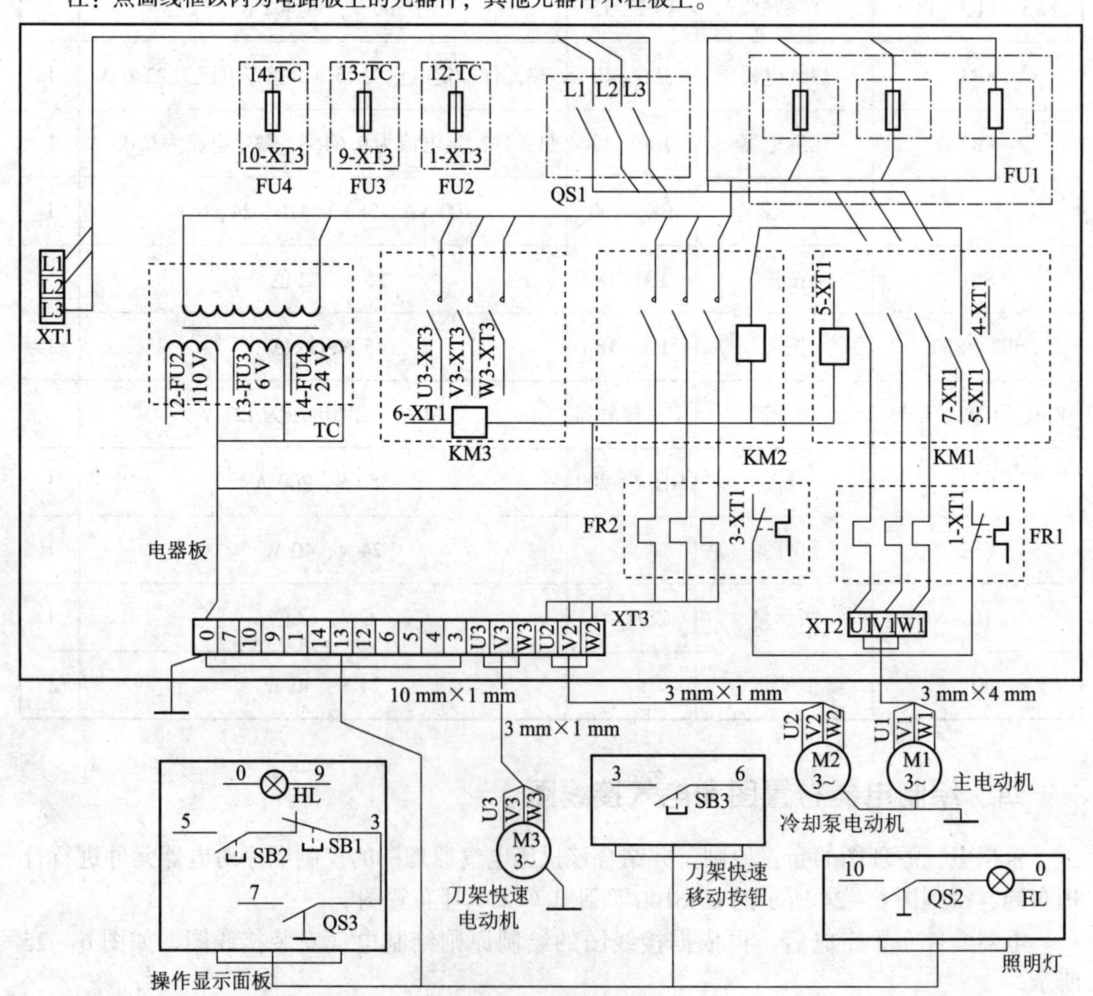

图 6－25　电气安装接线图

五、电气控制柜的安装配线

根据电器元件明细表中所列的元件配齐电气设备和电器元件后进行安装配线。

(1)根据电气安装接线图，其制作的安装板有柜内电器板(配电盘)、操作显示面板和刀架拖动操作板共3块，柜内电器板可以采用4 mm的钢板或其他绝缘板作底板。

(2)根据电气安装接线图标明的导线进行配线。

(3)在底板上规划安装的尺寸以及电线管的走向线，根据实际尺寸锯电线管，根据走线方向弯管。

(4)根据安装尺寸线钻孔，安装电器元件。

(5)给电器元件和连接导线进行编号。

(6)按照电气安装接线图进行接线，先对控制柜内接线，再接柜外的其他电路和设备。特殊的、需外接的导线接到接线端子排上，引入车床的导线要用金属导管保护。

六、电气控制柜的调试

调试前首先对电气控制柜的安装进行检查，根据CA6140型卧式车床的电气原理图及电气安装接线图，对安装完毕的电器控制柜逐线检查，核对线号，防止错接、漏接。检查各接线端子是否有虚接的情况，并及时改正。

在检查准确无误后，方可通电试车，步骤如下：首先，合上电源开关QS1，按下SB2，观察主轴电动机的转向、转速是否正确，再按下QS3和SB3，观察冷却泵电动机M2和快速移动电动机M3的转向、转速是否正确。其次，在车床电气线路和所有机械部件安装调试后，再按照该车床的各项性能指标和工艺要求逐项试车。

技能训练

技能训练一　榫齿铣床电气控制系统设计

一、设备介绍

榫齿铣床是用于某型发电机叶片根部榫齿铣削加工的一种高效专用铣床，其带有4台电动机，分别为铣刀主轴拖动电动机M1为1.7 kW、960 r/min，铣刀架工进拖动电动机M2为1 kW、1 440 r/min，铣刀架快速移动电动机M3为1 kW、2 860 r/min，冷却泵拖动电动机M4为0.125 kW、2 900 r/min。

将工件放置在工作台上，使工件一端靠在挡板装置上，手动将工件压紧，沿导轨推动工作台，主轴铣刀铣齿，到位后，松开压紧装置，将工作台退回，然后工件掉头，使另一端靠在装置上，重复上述过程，完成加工。榫齿铣床工作循环如图6－26所示。

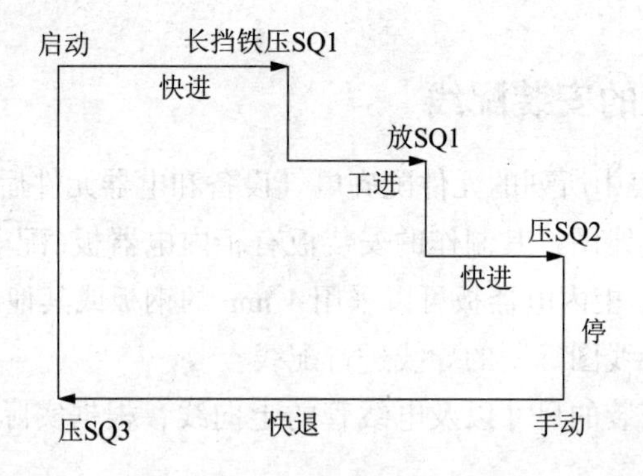

图6-26 榫齿铣床工作循环

二、设计要求

(1)具有两种控制选择：连续循环和快进、工进与快退的点动控制。

(2)有照明及必要的灯光显示。

(3)有必要的电气保护和联锁。

三、设计任务

(1)设计并绘制电气原理图，选择电动机及各种电器元件和电气设备，列出元件明细表。

(2)设计并绘制工艺图，包括电器布置图、电气安装接线图。

(3)编制设计、使用说明书。

技能训练二 锅炉上煤机控制

一、设备介绍

工业锅炉一般通过燃烧煤加热，锅炉上煤机是专门将煤运送到锅炉加热器中的设备，也可以设计成为锅炉设备的一部分。工作过程如下：下煤时，空煤斗下降，到达下煤预定位置时，煤斗压迫行程开关而停止运行。由人工或装煤机械往煤斗中装煤，装煤完成后等待上煤。上煤时，煤斗上升，到达预定位置时自动停止运行。煤斗通过机械作用自动翻斗，将煤卸入锅炉加热器中。

二、设计要求

(1)电机为三相异步电动机，功率为4 kW。

(2)手动上煤和下煤，到达预定位置自动停止运行。

(3)下煤停车时要求制动停车，减轻对下煤行程开关的冲击力。

(4)上煤途中煤斗始终压迫下煤行程开关，一旦离开立即自动停车，当煤斗中途翻倒时，能及时降下煤斗检修。

(5)有电源指示灯和上煤、下煤指示灯，有电源电压、电流指示。

(6)有总停控制和必要的短路、过载保护。

三、设计任务

(1)设计并绘制电气原理图，选择电动机及各种电器元件和电气设备，列出元件明细表。

(2)设计并绘制工艺图，包括电器布置图、电气安装接线图。

(3)编制设计、使用说明书。

技能训练三　辗煤粉机控制系统的设计

一、设备介绍

辗煤粉机用于铸造行业冲天炉设备原料的配制，由电动机带动辗轮旋转，将原料辗碎。由于控制简单，一般用 QX3－13 型星形－三角形降压启动器来控制。

二、设计要求

(1)电动机为三相异步电动机，功率为 30 kW。

(2)要求星形－三角形降压启动，单方向旋转。

(3)有总停控制和必要的短路、过载保护。

(4)解决时间继电器故障使电动机一直在星形接法下运行，发生堵转而烧毁的问题。

(5)解决交流接触器故障，使电动机再次启动时直接全压启动的问题。

(6)容许手动进行星形－三角形切换。

(7)有电源指示灯、星形形接法指示灯、三角形接法指示灯、电源电压和电流的指示仪表。

三、设计任务

(1)设计并绘制电气原理图，选择电动机及各种电器元件和电气设备，列出元件明细表。

(2)设计并绘制工艺图，包括电器布置图、电气安装接线图。

(3)编制设计、使用说明书。

技能训练四　水冷系统自动投切控制

一、设备介绍

水冷系统用于的大功率元器件如晶闸管的散热，其工作的可靠性非常重要。一旦出现故障停止运行，需散热的大功率元器件将很快烧毁，对生产影响极大。一般采用两台水泵，一台运行，另一台备用，实现自动投切。

水冷系统自动投切的工作过程如下：

启动一台水泵电动机，该水泵运行信号指示灯亮，另一台水泵备用信号指示灯亮，表示可以随时投入运行。当正在运转的水泵电动机因过载、缺相、短路等原因停止运行时，备用水泵电动机立即启动，并自动投入运行(即自动投切)。

二、设计要求

(1)两台水泵电动机型号为 Y132S2—2，额定功率为 7.5 kW。

(2)两台电动机均为全压启动，单方向旋转。

(3)一台电动机因过载、缺相、短路等原因停转时，另一台电动机立即投入运行，两台电动机互相备用。

(4)运行的电动机有运行指示灯显示，备用的电动机有备用指示灯显示，有电源电压、电流指示。

(5)有总停控制和必要的短路、过载保护。

三、设计任务

(1)设计并绘制电气原理图，选择电动机及各种电器元件和电气设备，列出元件明细表。

(2)设计并绘制工艺图，包括电器布置图、电气安装接线图。

(3)编制设计、使用说明书。

思考题与习题

6-1　图 6-27 所示是电动机常用的保护电路，请指出各电器元件所起的保护作用。

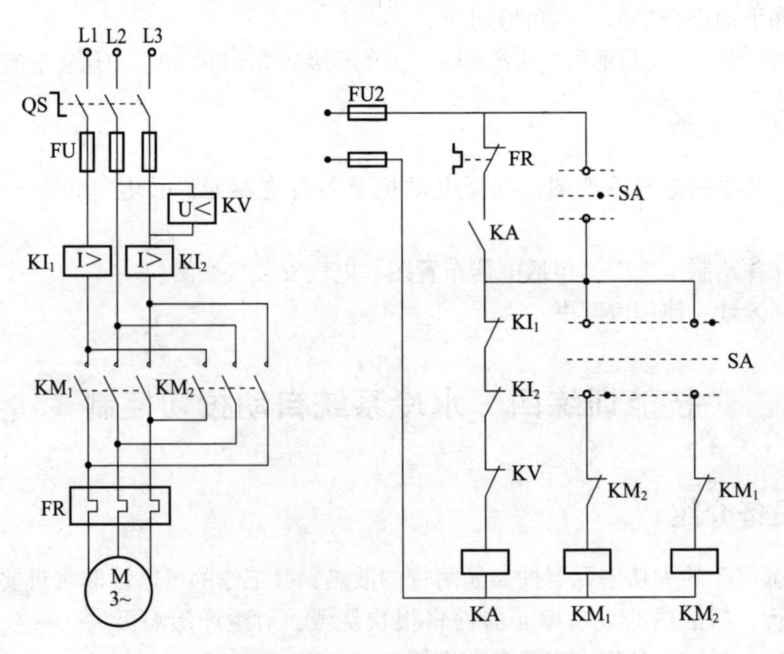

图 6-27　习题 6-1 图

6-2　机床电气设计应包括哪些内容？

6-3　简化图 6-28 中各线路。

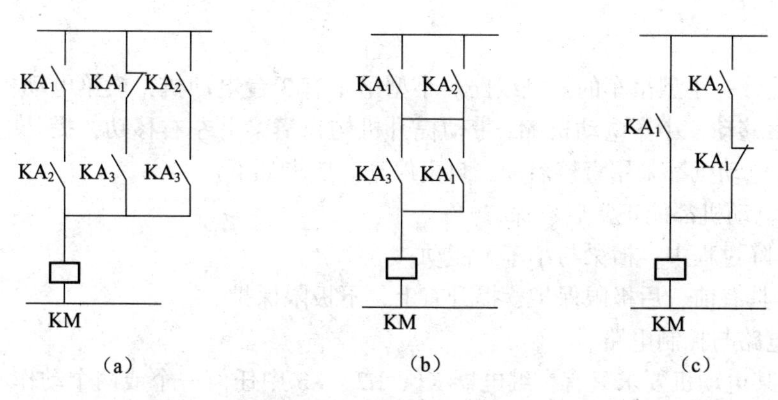

图 6-28　习题 6-3 图

6-4　分析图 6-29 中各控制线路，并按正常操作时出现的问题加以改进。

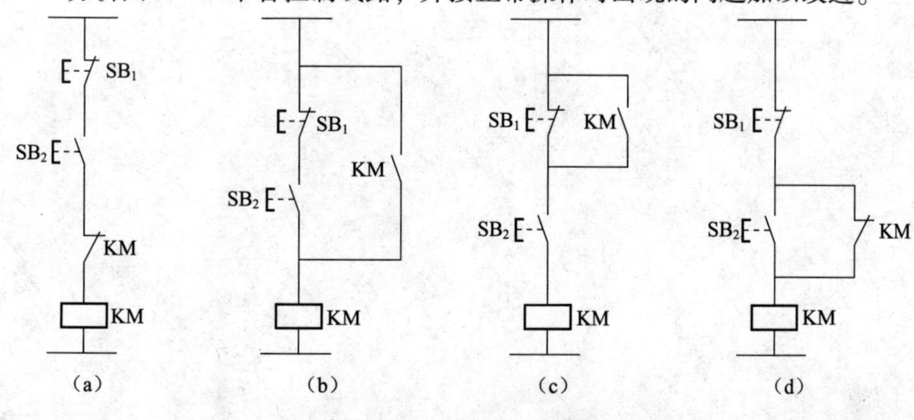

图 6-29　习题 6-4 图

6-5　图 6-30 所示各控制线路有什么错误？应如何改正？

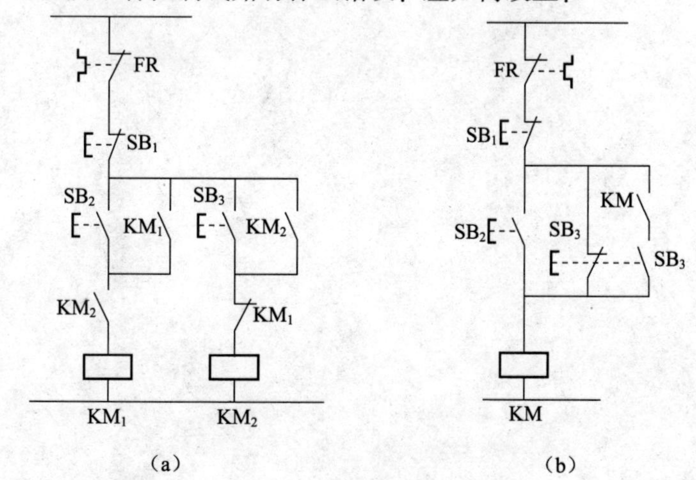

图 6-30　习题 6-5 图

6-6　在电气控制线路中，既接入熔断器，又接入热继电器，它们各起什么作用？

6-7　电气控制线路中常用的保护环节有哪些？各采用什么元器件？

6-8　常开触头串联或并联在电路中起什么样的控制作用？常闭触头串联或并联起什

么控制作用？

6－9 设计一小型吊车的控制线路。小型吊车有3台电动机，横梁电动机M1带动横梁在车间前后移动，小车电动机M2带动提升机构在横梁上左右移功，提升电动机M3升降重物。3台电动机都采用直接启动，自由停车。要求如下：

(1)3台电动机都能正常启、保、停；

(2)在升降过程中，横梁与小车不能动；

(3)横梁具有前、后极限保护，提升有上、下极限保护。

设计主电路与控制电路。

6－10 某电动机要求只有在继电器K1、K2、K3中任何一个或两个动作时才能运转，而在其他条件下都不运转，试用逻辑设计法设计其控制线路。

第二部分　PLC控制

项目七　运料小车的PLC控制

知识要求

(1)掌握PLC的基本结构和工作原理。
(2)了解PLC的特点和主要功能，了解PLC的分类及发展。

技能要求

(1)掌握PLC的接线方法。
(2)掌握STEP7－Micro/WIN编程软件的应用方法。
(3)会用PLC的基本指令解决实际工程问题。

任务一　单台电动机启/停的PLC控制

一、项目任务

广泛使用的生产机械，一般由电动机起动，也就是说，生产机械的各种动作都是通过电动机的各种运动来实现的。因此，控制了电动机也就间接地实现了对生产机械的控制。

生产机械在进行正常生产活动时，需要连续运行，但是在试车或进行调整工作时，往往需要点动控制来实现短时运行。电动机单向启动、停止控制线路如图7－1所示，它能实现电动机直接启动和自由停车的控制功能。现改用PLC实现该控制。

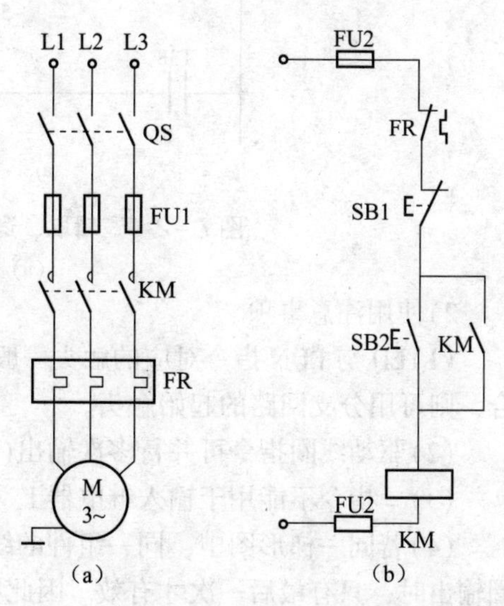

图7－1　电动机单向启动、停止控制线路
(a)主电路；(b)控制电路

二、知识链接

S7 - 200 系列共有 27 条逻辑指令，多用于开关量逻辑控制，本项目主要讲述基本逻辑指令的梯形图和语句表的基本编程方法。

PLC 位逻辑指令主要用来实现逻辑控制和顺序控制，是 PLC 常用的基本指令。

1. 逻辑取、逻辑取反及驱动线圈指令 LD(Load)/LDN(Load Not)/ = (OUT)

逻辑取、逻辑取反及驱动线圈指令见表 7 - 1。

表 7 - 1 逻辑取、逻辑取反及驱动线圈指令

指令名称	功能	电路表示	操作数
LD 取	常开触头逻辑运算开始		I，Q，M，SM，T，C，V，S
LDN 取反	常闭触头逻辑运算开始		I，Q，M，SM，T，C，V，S
= 输出	驱动线圈		Q，M，SM，T，C，S

1)用法及示例

逻辑取、逻辑取反及驱动线圈指令应用示例如图 7 - 2 所示。

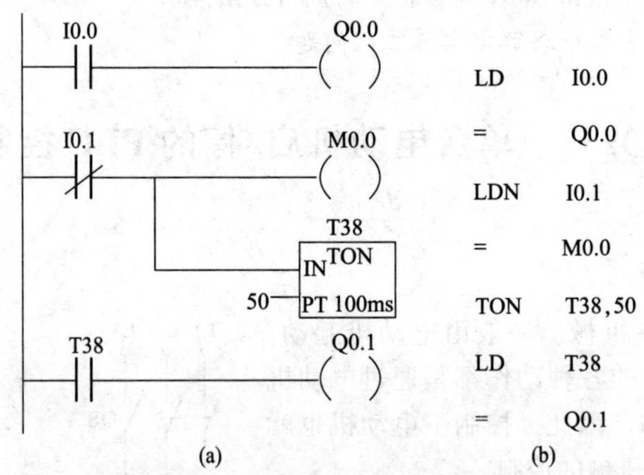

图 7 - 2 逻辑取、逻辑取反及驱动线圈指令应用示例

(a)梯形图；(b)语句表

2)使用注意事项

(1)LD 与 LDN 指令对应的触头一般与左侧母线相连，若与后述的 OLD、ALD 指令组合，则可用分支回路的起始触头。

(2)驱动线圈指令可并行多次输出(即并行输出)。

(3) = 指令不能用于输入继电器 I，而且线圈和输出类指令应放在梯形图的最右边。

(4)若同一梯形图中，同一组件的线圈使用两次或两次以上，称为双线圈输出。双线圈输出时，只有最后一次才有效。因此在同一程序中不能使用双线圈输出。

2. 触头串、并联指令 A(And)/AN(And Not)/O(Or) /ON(Or Not)

触头串、并联指令见表 7－2。

表 7－2　触头串、并联指令

指令名称	功能	电路表示	操作数
A 与	常开触头串联连接		I，Q，M，SM，T，C，V，S
AN 与非	常闭触头串联连接		I，Q，M，SM，T，C，V，S
O 或	常开触头并联连接		I，Q，M，SM，T，C，V，S
ON 或非	常闭触头并联连接		I，Q，M，SM，T，C，V，S

1)用法及示例

触头串、并联指令应用示例如图 7－3 所示。

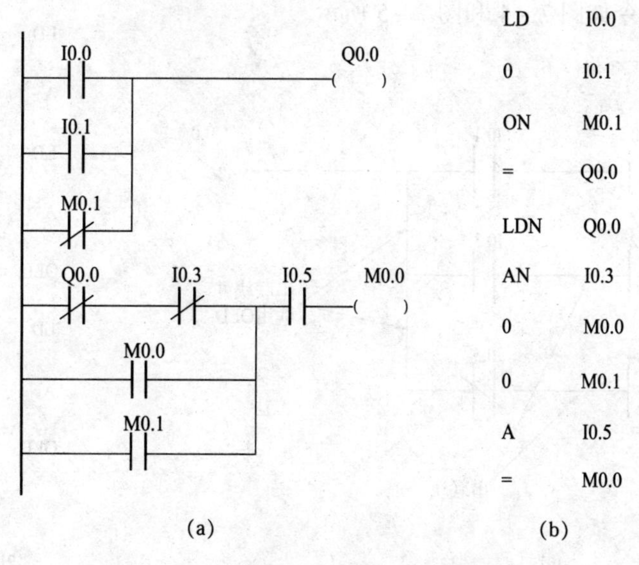

图 7－3　触头串、并联指令应用示例

(a)梯形图；(b)语句表

2)使用注意事项

(1)A 和 AN 指令能够连续使用，即几个触头串联在一起，且串联触头的个数没有限制。

(2)O 和 ON 指令能够连续使用，即几个触头并联在一起，且并联触头的个数没有限制。

(3)A 和 AN 指令用来描述单个触头与其他触头或触头组组成的电路的串联连接关系。如果串联多个触头组合回路，必须采用后面的 ALD 指令。

(4)O 和 ON 指令用来描述单个触头与其他触头或触头组组成的电路的并联连接关系。如果并联多个触头组合回路，必须采用后面的 OLD 指令。

3. 电路块连接指令 ALD(And Load)/OLD(Or Load)

电路块连接指令见表 7－3。

表 7－3 电路块连接指令

指令名称	功能	电路表示	操作数
ALD 块与	并联电路的串联连接	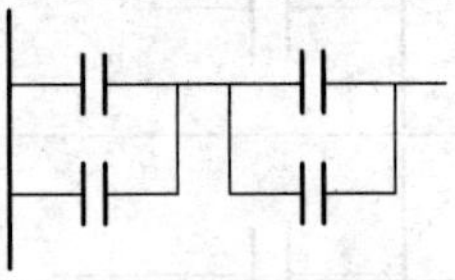	无
OLD 块或	串联电路的并联连接	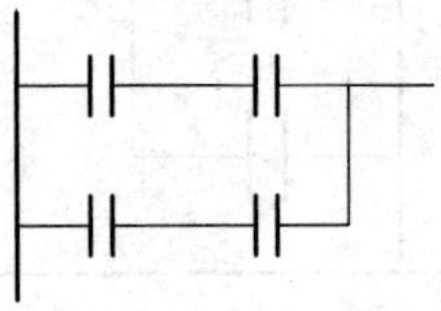	无

1)用法及示例

电路块连接指令如图 7－4 和图 7－5 所示。

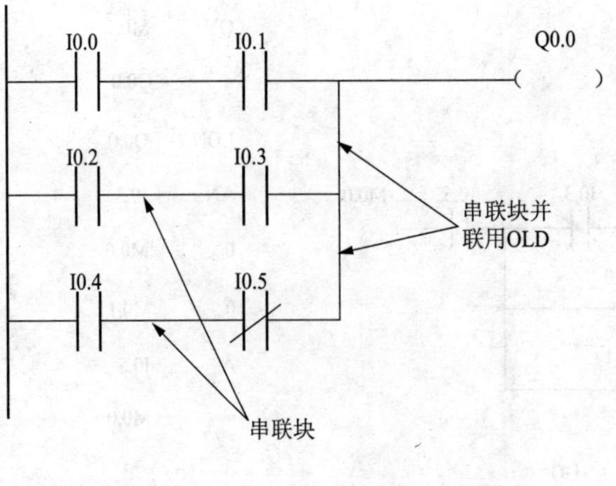

I0.0　I0.1　Q0.0
I0.2　I0.3
I0.4　I0.5
串联块并联用OLD
串联块

(a)

```
LD    I0.0
A     I0.1
LD    I0.2
A     I0.3
OLD
LD    I0.4
AN    I0.5
OLD
=     Q0.0
```

(b)

图 7－4 电路块连接指令应用示例(1)

(a)梯形图；(b)语句表

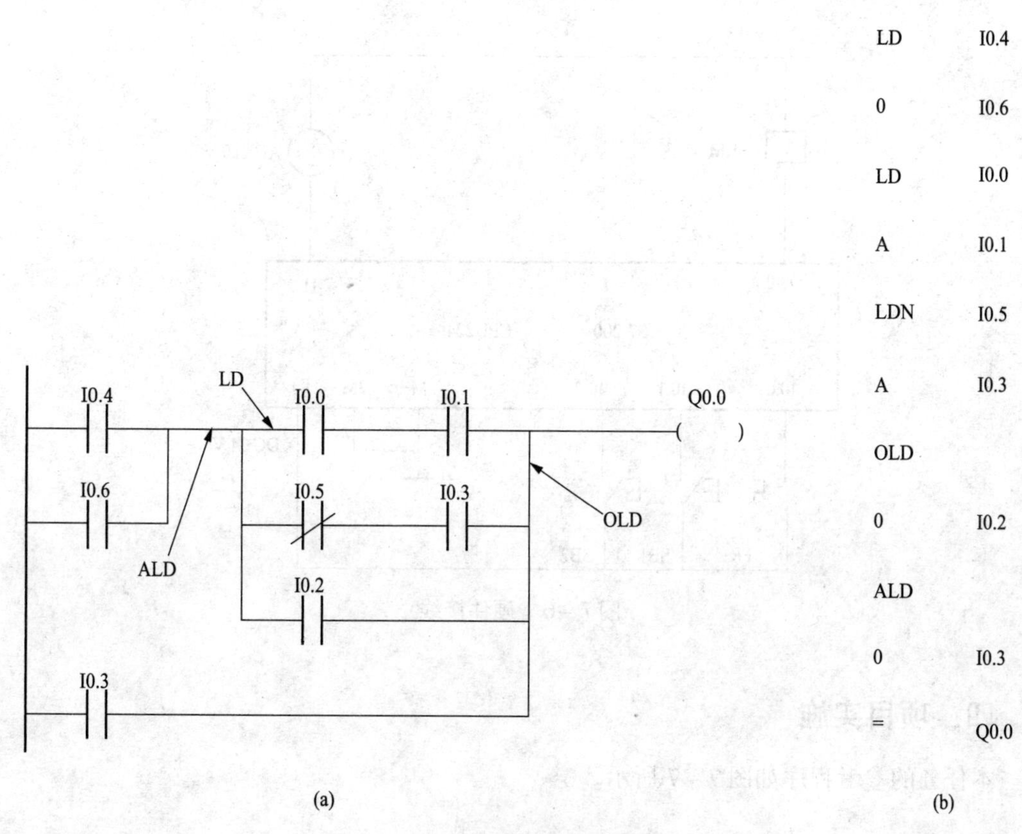

图7－5　电路块连接指令应用示例(2)

(a)梯形图；(b)语句表

2)使用注意事项

(1)ALD 指令用于分支之路(并联电路块)与前面电路串联。分支的起始点用 LD、LDN 指令，支路终点用 ALD 指令。

(2)OLD 指令用于分支之路(串联电路块)与前面电路并联。分支的起始点用 LD、LDN 指令，支路终点用 OLD 指令。

(3)如果有多个电路块串、并联，从第二个电路块开始，在每一个电路块后面加 ALD、OLD 指令，支路数量没有限制。

(4)ALD、OLD 指令没有操作数。

三、项目分析

本任务 I/O 分配见表7－4，硬件接线如图7－6所示。

表7－4　I/O 分配

输入		输出	
I0. 0	停止按钮 SB1	Q0. 1	控制接触器 KM
I0. 1	启动按钮 SB2		
I0. 2	热继电器动合触头 FR		

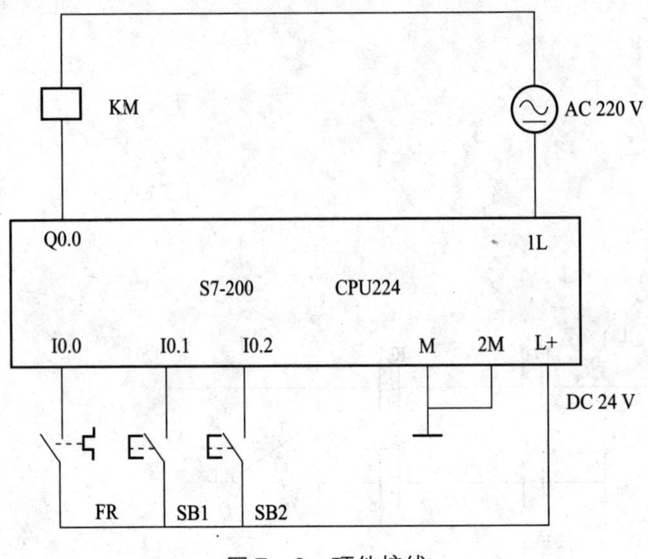

图7-6 硬件接线

四、项目实施

本任务的参考程序如图7-7所示。

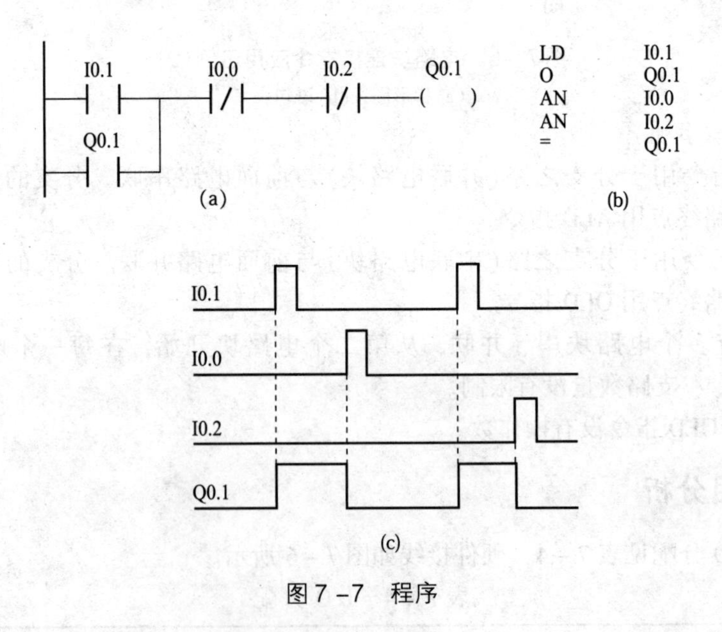

图7-7 程序

五、技能训练

试编写单台电动机实现两地控制的梯形图(要求：绘制电气控制线路图并用PLC编程实现控制)。

六、知识拓展

1. PLC 概述

可编程控制器(Programmable Logic Controller，PLC)是20世纪70年代以来，随着社会生产的发展和技术进步、工业生产自动化水平的日益提高及微电子技术的飞速发展，在继电器控制的基础上发展起来的一种新型工业控制设备。它具有功能强、可靠性大、配置灵活、使用方便以及体积小、重量轻等优点，目前已成为实现工业生产自动化的支柱产品。

1)PLC 的定义

PLC 是一种数字运算操作的电子系统，专为在工业环境下应用而设计。它采用可编程的存储器，用来在其内部存储执行逻辑运算、顺序控制、定时、计数和算术运算等操作指令，并通过数字式、模拟式的输入和输出，控制各种类型的机械或生产过程。可编程控制器及其有关设备，都应按易于使工业控制系统形成一个整体，易于扩充其功能的原则进行设计。

2)PLC 的基本特点

(1)软、硬件功能强。

在硬件方面，选用优质器件，采用合理的系统结构，加固简化安装，使它能抗振动冲击。对印制电路板的设计、加工及焊接都采取了极为严格的工艺措施。在软件方面，PLC 设置了“看门狗”WDT 系统，运行时对 WDT 定时刷新，一旦程序出现死循环，使之能立即跳出，重新启动并发出报警信号。PLC 还设置了故障检测及诊断程序。

(2)使用维护方便。

用 PLC 完成一项控制工程时，由于其硬、软件齐全，所以设计和施工可同时进行，从而缩短了施工周期。同时，用户程序大都可以在实验室里模拟调试，大大缩短了设计施工周期。

(3)可靠性高，抗干扰能力强。

传统的继电器控制系统中使用了大量的中间继电器、时间继电器，容易出现故障。PLC 用软件代替大量的中间继电器和时间继电器，仅剩下与输入和输出有关的少量硬件，所以大大减少了因触头接触不良而造成的故障。

(4)系统的设计、安装、调试工作量少。

PLC 的故障率低，且有完善的自诊断和显示功能。PLC 或外部的输入装置和执行机构发生故障时，可以根据发光二极管或编程器提供的信息迅速查明故障原因，用更换模块的方法可以迅速排除故障。

3)PLC 的分类

PLC 按结构可分为整体式、模板式和分散式。一般的微型机和小型机多为整体式结构，这种结构 PLC 的电源、CPU、I/O 部件都集中配置在一个箱体中，有的甚至全部装在一块印制电路板上。模板式 PLC 各部分以单独的模板分开设置，如电源模板、CPU 模板、输入模板、输出模板及其他智能模板等。分散式 PLC 将 CPU、电源、存储器集中放置在控制室，而将各 I/O 模板分散放置在各个工作站，由通信接口进行通信连接，再由 CPU 集中指挥。

根据处理I/O点数的规模，PLC可分为4类：微型、小型、中型和大型。微型PLC的I/O点数通常在64点以下，处理开关量信号，功能以逻辑运算、定时和计数为主，用户程序容量一般小于4 kW。小型PLC的I/O点数为64～256点，主要以开关量输入\输出为主，具有定时、计数和顺序控制等功能，控制功能也比较简单，用户程序容量一般小于16 kW。小型PLC和微型PLC的特点都是体积小、价格低，适用于单机控制场合。中型PLC的I/O点数为256～1 024点，同时具有开关量和模拟量的处理功能，控制功能比较丰富，用户程序容量小于32 kW。中型PLC可应用于有开关量、模拟量控制的，较为复杂的，连续生产自动控制的场合。大型PLC的I/O点数在1 024点以上，除一般类型的输入\输出模块外，还有特殊类型的信号处理模块和智能控制模块，能进行数学计算、PID调节、整数/浮点运算和二进制/十进制转换运算等；控制功能完善，网络系统成熟，而且软件也比较丰富，并固化一定的功能程序可供使用；用户程序容量大于32 kW，并可扩展。

PLC的生产厂家很多，每个厂家生产的PLC的I/O点数、容量、功能各有差异，但都自成系列，指令及外设向上兼容，因此在选择PLC时，若选择同一系列的产品，则可以具有使系统构成容易、操作人员使用方便、备品配件的通用性及兼容性好等优势。

比较有代表性的PLC产品系列有：德国西门子公司的S5系列、S7系列，日本欧姆龙公司的C系列，三菱公司的FX系列，日本松下公司的FP系列，法国施耐德公司的TWIDO系列，美国通用电气公司的GE系列，美国AB公司的PLC5系列等。

4)PLC的应用

(1)开关逻辑和顺序控制。

这是PLC最基本、最广泛的应用领域，它取代了传统的继电器控制系统，实现了逻辑控制和顺序控制，可用于单机控制、多机群控制、自动化生产线的控制等，例如注塑机、印刷机械、订书机械、切纸机械、组合机床、磨床、包装生产线、电镀流水线等。

(2)模拟量控制。

在生产过程中，许多连续变化的物理量需要进行控制，如温度、压力、流量、液位等，这些都属于模拟量。目前大部分PLC产品都具备处理模拟量的功能，特别是在系统中模拟量控制点数不多，同时混有较多的开关量时，PLC具有其他控制装置无法比拟的优势。某些PLC产品还提供了典型控制策略模块，如PID模块，从而实现对系统的PID闭环控制。

(3)运动控制。

PLC使用位置控制指令或专用的运动控制模块，对直线运行或圆周运动的位置、速度和加速度进行控制，可以实现单轴、双轴、三轴或多轴位置控制，使运动控制与顺序控制功能有机地结合在一起。

(4)数据采集与监控。

由于PLC是在控制现场实行控制，所以能够把控制现场的数据采集下来，用数学运算、数据传送等指令，完成对数据的采集、分析和处理。对于这种应用，目前较普遍采用的方法是PLC加上触摸屏，这样既可随时观察采集下来的数据又能及时进行统计分析。

(5)联网、通信及集散控制。

PLC通过网络通信模块以及远程I/O控制模块，可实现PLC与PLC之间、PLC与上位机之间的通信、联网；实现 PLC 分布控制，计算机集中管理的集散控制，增加系统的控制规模，满足工厂自动化(FA)系统发展的需要。

2. STEP7 – Micro/WIN 编程软件的使用

STEP7 – Micro/WIN 编程软件是基于 Windows 的应用软件，它是西门子公司专门为 S7 – 200系列 PLC 设计开发的，是 S7 – 200 系列 PLC 必不可少的开发工具。这里主要介绍 STEP7 – Micro/WIN4.0 版本的使用。

1)STEP7 – Micro/WIN V4.0 编程软件介绍

(1)软件安装。

将 STEP7 – Micro/WIN V4.0 的安装光盘插入 PC 的 CD – ROM 中，安装向导程序将自动启动并引导用户完成整个安装过程。用户还可以在安装目录中双击“setup.exe”图标，进入安装向导，按照安装向导完成软件的安装。其步骤如下：

①选择安装程序界面的语言，系统默认使用英语。

②按照安装向导提示，接受 License 条款，单击“Next”按钮。

③为 STEP7 – Micro/WIN V4.0 选择安装目录文件夹，单击“Next”按钮。

④在 STEP7 – Micro/WIN V4.0 安装过程中，必须为 STEP7 – Micro/WIN V4.0 配置波特率和站地址，其波特率必须与网络上的其他设备的波特率一致，而且站地址必须唯一。

⑤STEP7 – Micro/WIN V4.0 安装完成后，重新启动 PC，单击“Finish”按钮完成软件的安装。

⑥初次运行 STEP7 – Micro/WIN V4.0 为英文界面，如果用户要使用中文界面，必须进行设置。在主菜单中，选择“Tools”中的“Options”选项。在弹出的“Options”对话框中，选择“General”选项，对话框右半部分会显示“Language”选项，选择“Chinese”选项，单击“OK”按钮，保存退出，重新启动 STEP7 – Micro/WINV4.0 后即呈现中文操作界面。

(2)在线连接。

顺利完成硬件连接和软件安装后，即可建立 PC 与 S7 – 200 CPU 的在线联系，步骤如下：

①在 STEP7 – Micro/WIN V4.0 主操作界面下，单击操作栏中的“通信”图标或选择主菜单中的“查看”→“组件”→“通信”选项，则会出现一个通信建立结果对话框，显示是否连接了 CPU 主机。

②双击“刷新”图标，STEP7 – Micro/WIN V4.0 将检查连接的所有 S7 – 200 CPU 站，并为每个站建立一个 CPU 图标。

③双击要进行通信的站，在通信建立对话框中可以显示所选站的通信参数。此时，可以建立与 S7 – 200 CPU 的在线联系，如进行主机组态、上传和下载用户程序等操作。

(3)窗口组件及功能。

STEP7 – Micro/WIN V4.0 编程软件采用了标准的 Windows 界面，熟悉 Windows 的用户可以轻松掌握。主界面外观如图 7 – 8 所示。主界面一般可分为 6 个区域：菜单栏(包含 8 个主菜单项)、工具栏(快捷按钮)、浏览栏(快捷操作窗口)、指令树(快捷操作窗口)、输出窗口和用户窗口(可同时或分别打开图中的 5 个用户窗口)。除菜单栏外，用户可根据需要决定其他窗口的取舍和样式的设置。

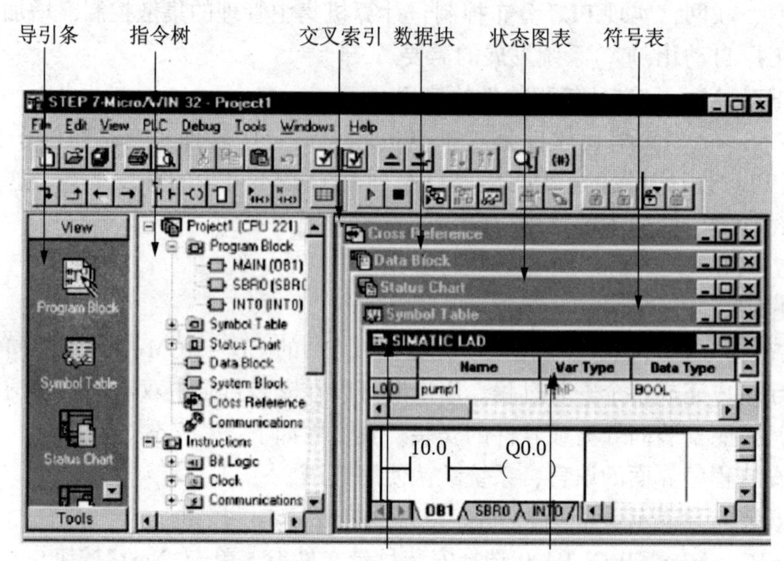

图 7－8　STEP7－Micro/WIN V4.0 编程软件的主界面

2）STEP7－Micro/WIN V4.0 的主要编程功能

STEP7－Micro/WIN V4.0 编程软件具有编程和程序调试等多种功能，下面通过一个简单的程序示例，介绍编程软件的基本使用。

STEP7－Micro/WIN V4.0 编程软件的基本使用示例如图 7－9 所示。

（1）编程的准备。

①创建一个项目或打开一个已有的项目。

在进行控制程序编程之前，首先应创建一个项目。选择“文件”→“新建”选项或单击工具栏中的新建按钮，可以生成一个新的项目。选择“文件”→“打开”选项或单击工具栏中的打开按钮，可以打开已有的项目。项目以扩展名为“.mwp”的文件格式保存。

②设置与读取 PLC 的型号。

在对 PLC 编程之前，应正确设置其型号，以防止发生编辑错误，设置和读取 PLC 的型号有两种方法：

方法一：选择“PLC”→“类型”选项，在弹出的对话框中，可以选择 PLC 型号和 CPU 版本，如图 7－10 所示。

方法二：双击指令树的“项目 1”，然后双击 PLC 型号和 CPU 版本选项，在弹出的对话框中进行设置即可。如果已经成功地建立通信连接，那么单击对话框中的“读取 PLC”按钮，便可以通过通信读出 PLC 的信号与硬件版本号。

③选择编程语言和指令集。

S7－200 系列 PLC 支持的指令集有 SIMATIC 和 IEC1131－3 两种。可以选择“工具”→“选项”→“常规”→“SIMATIC”选项以确定 SIMATIC 编程模式选择。

编程软件可实现 3 种编程语言（编程器）之间的任意切换，选择“查看”→“梯形图”→“STL”或“FBD”选项便可进入相应的编程环境。

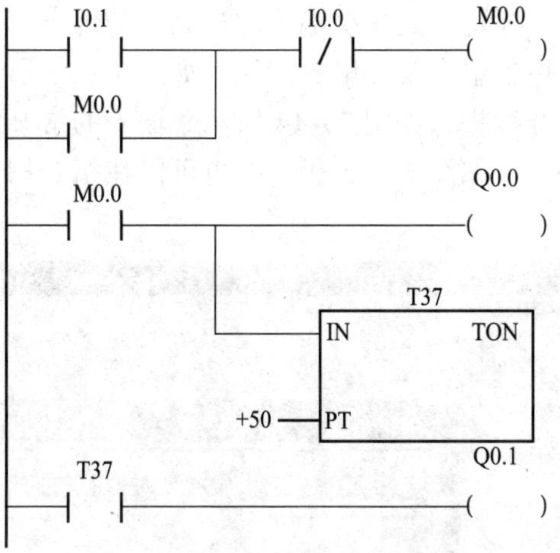

图 7－9　示例梯形图

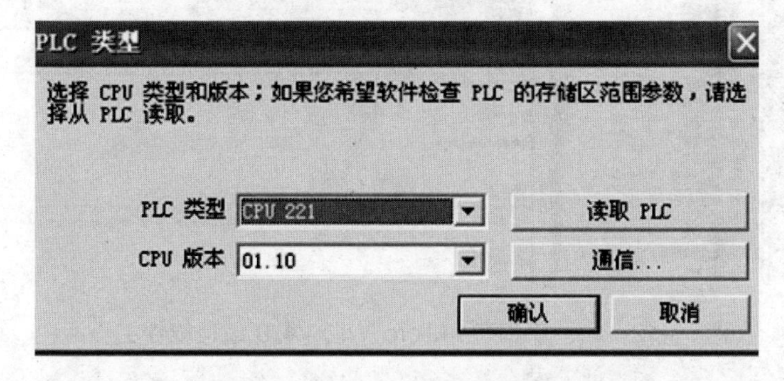

图 7－10　设置 PLC 的型号

④确定程序的结构。

简单的数字量控制程序一般只有主程序，而系统较大、功能复杂的程序除了主程序外，还可能有子程序、中断程序。编程时可以单击编辑窗口下方的选项实现切换以完成不同程序结构的程序编辑。用户程序结构选择编辑窗口如图 7－11 所示。

图 7－11　用户程序结构选择编辑窗口

主程序在每个扫描周期内均被顺序执行一次。子程序的指令放在独立的程序块中，仅在被程序调用时才执行。中断程序的指令也放在独立的程序块中，用来处理预先规定的中断事件，在中断事件发生时操作系统调用程序。

(2)梯形图的编辑。

在梯形图的编辑窗口中，梯形图程序被划分为若干个网络，且一个网络中只能有一个独立的电路块。如果一个网络中有两个独立的电路块，那么在编译时输出窗口将显示“1 个错误”，待错误修正后方可继续。当然，也可对网络中的程序或者某个编程元件进行编辑，执行删除、复制或粘贴操作。

①首先打开 STEP7－Micro/WINV 4.0 编程软件，进入主界面，如图 7－12 所示。

②单击浏览栏中的“程序块”按钮，进入梯形图编辑窗口。

③在编辑窗口中，把光标定位到将要输入编程元件的地方。

④可直接在指令工具栏中单击常开触头按钮，如图 7－13 所示。在弹出的位逻辑指令中单击图标选项，选择常开触头，如图 7－14 所示。输入的常开触头符号会自动写入到光标所在位置。输入常开触头，如图 7－15 所示。也可以在指令树中双击位逻辑选项，然后双击常开触头输入。

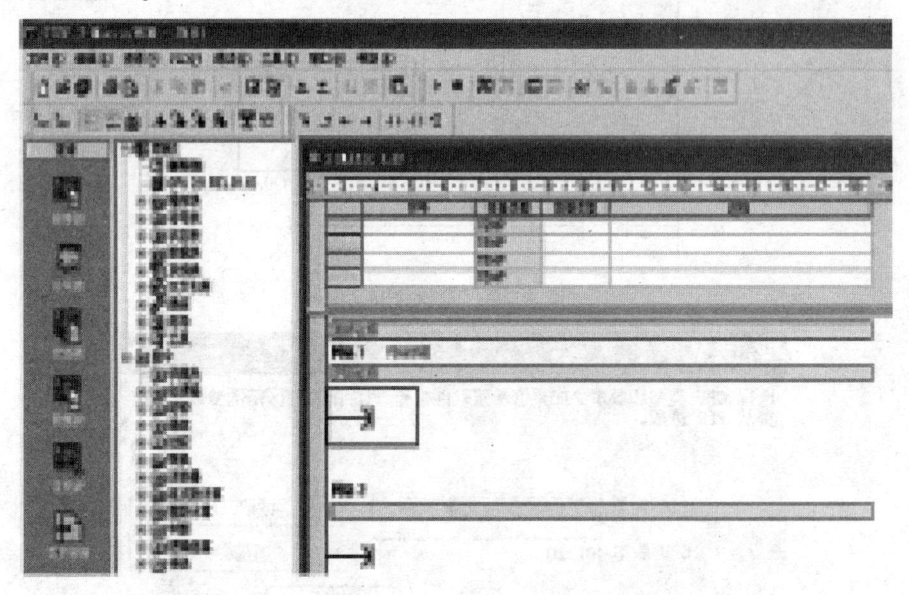

图 7－12　　STEP7－Micro/WIN V4.0 编程软件主界面

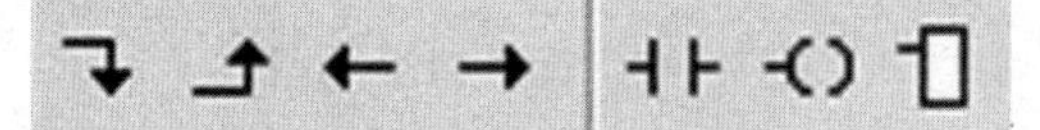

图 7－13　选取触头

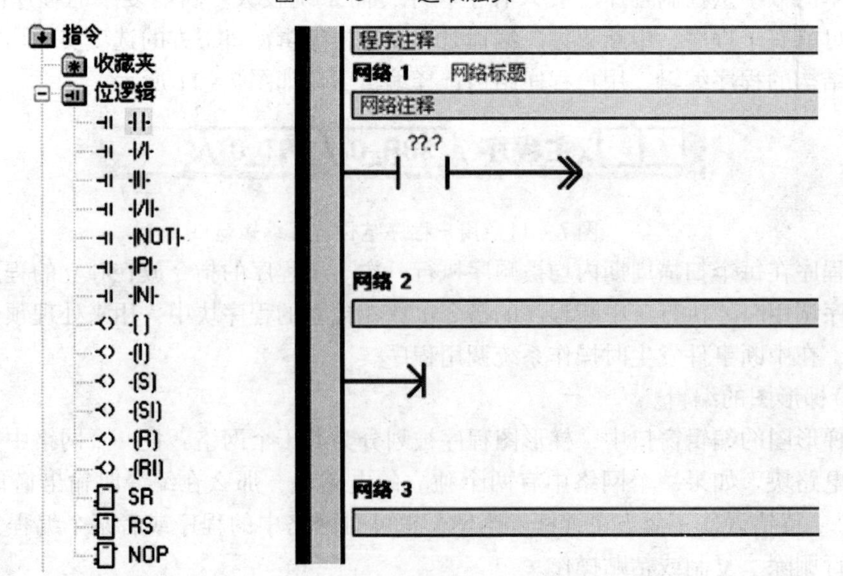

图 7－14　选择常开触头　　　图 7－15　输入常开触头

⑤在“?? . ?”中输入操作数 I0.1，如图 7－16 所示，然后光标自动移到下一列。

⑥用同样的方法在光标位置输入 I0.0 和 M0.0，并填写对应地址。I0.0 和 M0.0 的编辑结果如图 7－17 所示。

⑦将光标定位到 I0.1 下方，按照 I0.1 的输入办法输入 M0.0，编辑结果如图 7－18 所示。

⑧将光标移到要合并的触头处，单击指令工具栏中的向上连线按钮，将 M0.0 和 I0.1 并联连接，如图 7－19 所示。

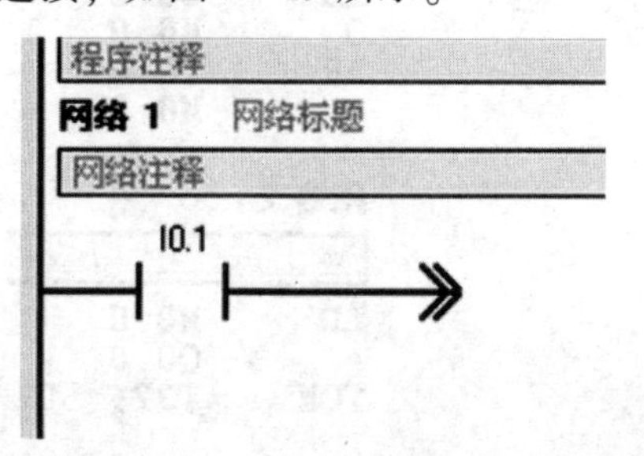

图 7－16　输入操作数 I0.1

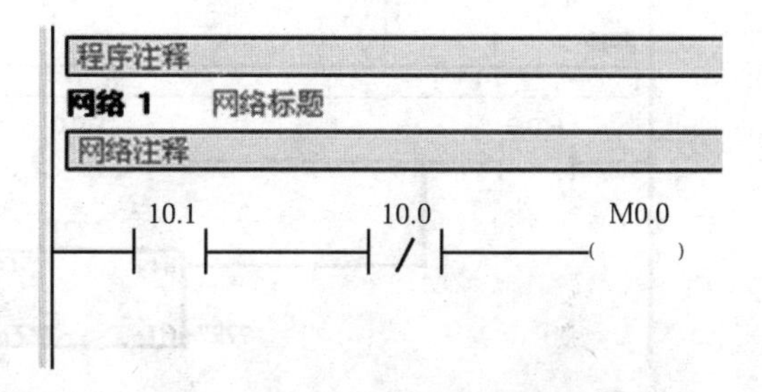

图 7－17　I0.0 和 M0.0 的编辑结果

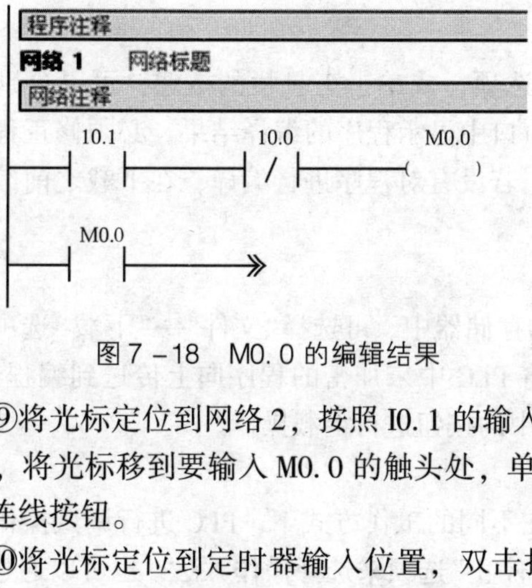

图 7－18　M0.0 的编辑结果

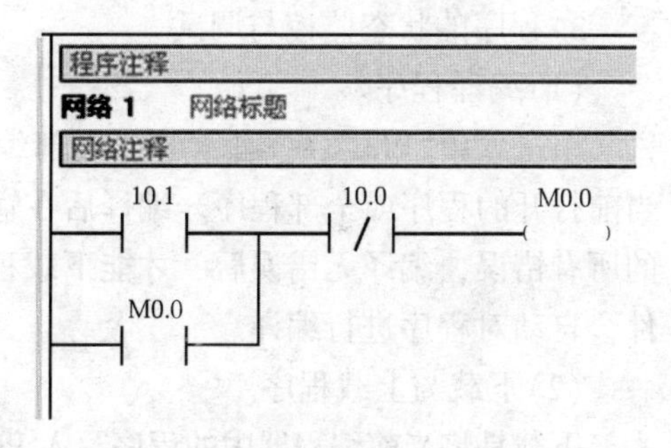

图 7－19　M0.0 和 I0.1 并联连接

⑨将光标定位到网络 2，按照 I0.1 的输入方法编写 M0.0 和 Q0.0，将光标移到要输入 M0.0 的触头处，单击指令工具栏中的向下连线按钮。

⑩将光标定位到定时器输入位置，双击指令树的“定时器”选项，然后在展开的选项中双击接通延时定时器图标（如图 7－20所示），这时在光标位置即可输入接通延时定时器，如图 7－21 所示，在定时器指令上面的“????”处输入定时器编号 T37，在左侧“????”处输入定时器的预置值 50。

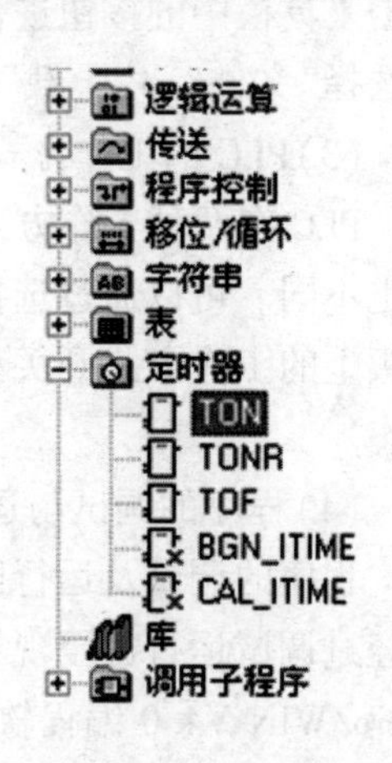

图 7－20　选择定时器

经过上述操作过程，编程软件使用示例的梯形图就编辑完成了。如果需要进行语句表和功能图编辑，可按下面的方法来实现：

单击菜单“查看”→“STL”选项，可以直接进行语句表的编辑，如图 7－22所示。

程序注释
网络 1 网络标题
网络注释
I0.1
I0.0
M0.0
M0.0
网络 2
M0.0
Q0.0
????
IN TON
????-PT ??? ms

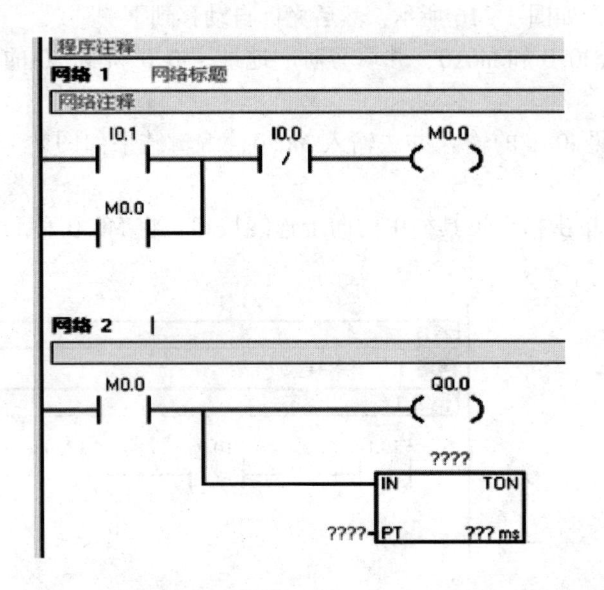

图 7 -21 输入定时器编号和预置值的编辑结果

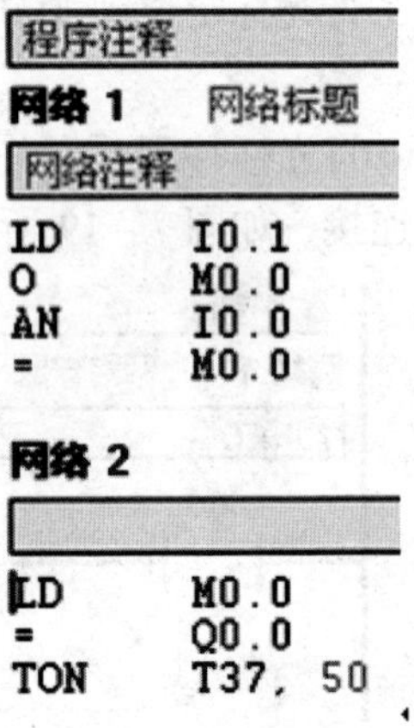

程序注释
网络 1 网络标题
网络注释
LD I0.1
O M0.0
AN I0.0
= M0.0
网络 2
LD M0.0
= Q0.0
TON T37, 50

图 7 -22 语句表的编辑

3)程序的状态监控与调试

(1)编译程序。

单击菜单"PLC"→"编译"或"全部编译"选项，或单击工具栏的按钮，可以分别编译当前打开的程序或全部程序。编译后在输出窗口中显示程序的编译结果，必须修正程序中的所有错误，编译无错误后，才能下载程序。若没有对程序进行编译，在下载之前编程软件会自动对程序进行编译。

(2)下载与上载程序。

下载是将当前编程器中的程序写入 PLC 的存储器中。可选择"文件"→"下载"选项，或单击工具栏中的按钮进行下载操作。上载是将 PLC 中未加密的程序向上传送到编程器中。可选择"文件"→"上载"选项，或单击工具栏中的按钮进行上载操作。

(3)PLC 的工作方式。

PLC 有两种工作方式，即运行和停止。在不同的工作方式下，PLC 进行调试操作的方法也不同。可以通过选择"PLC"→"运行"或"停止"选项来选择操作方法，也可以通过 PLC 面板上的工作方式开关选择操作方法。PLC 只有在运行工作方式下才能启动程序的监视状态。

(4)程序的调试与运行。

程序的调试及运行监控是程序开发的重要环节，很少有程序一经编制就是完整的，只有经过调试运行甚至现场运行后才能发现程序中不合理的地方，从而进行修改。STEP7 - Micro/WIN V4.0 编程软件提供了一系列工具，可使用户直接在软件环境下调试并监视用户程序的执行。

(5)程序的运行。

单击工具栏中的按钮，或选项"PLC"→"运行"选项，在对话框中确定进入运行模式，这时黄色 STOP(停止)指示灯灭，绿色 RUN(运行)灯点亮。

（6）程序的调试。

在程序调试中，经常采用程序状态监控、状态表监控和趋势图监控 3 种方式反映程序的运行状态。

①方式一：程序状态监控。

单击工具栏中的按钮，或选择“调试”→“开始程序状态监控”选项，进入程序状态监控。启动程序状态监控后，当 I0.1 触头断开时，程序的监控状态如图 7－23 所示。在监控状态下，“能流”通过的单元的元件将显示蓝色，通过改变输入状态，可以模拟程序的实际运行，从而判断程序是否正确。

②方式二：状态表监控。

可以使用状态表监控用户程序，还可以采用强制表操作修改用户程序的变量。编程软件使用示例的状态表监控如图 7－24 所示，在当前值栏目中显示了各元件的状态和数值大小。状态表监控有下列 3 种方法：

a. 选择“查看”→“组件”→“状态表”选项。

b. 单击浏览栏中的“状态表“按钮。

c. 单击装订线，选择程序段，单击鼠标右键，在弹出的快捷菜单中单击“创建状态图”命令，能快速生成一个包含所选程序段内各元件的新表格。

③方式三：趋势图监控。

趋势图监控是采用编程元件的状态和数值大小随时间变化关系的图形监控。可单击工具栏中的按钮，将状态表监控切换为趋势图监控。

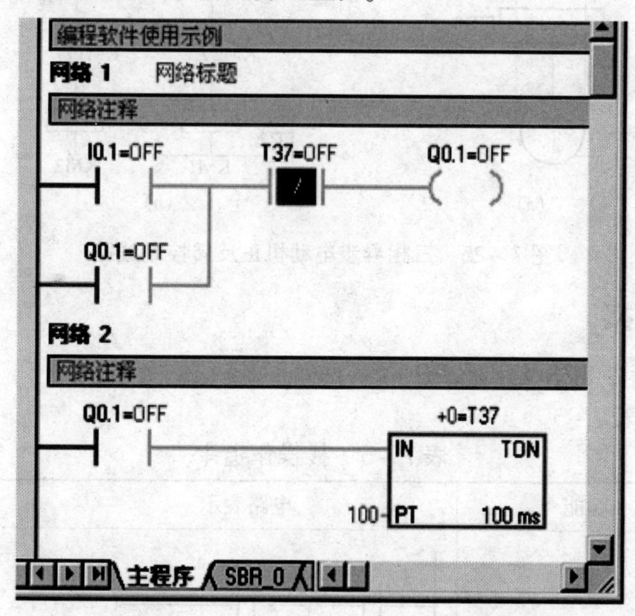

图 7－23　当 I0.1 触头断开时程序的监控状态

	地址	格式	当前值
1	I0.1	位	2#0
2	Q0.1	位	2#1
3	T37	位	2#0
4	T37	有符号	+51

图 7－24　状态表监控

任务二 电动机正反转的 PLC 控制

一、项目任务

在生产实际中，各种生产机械常常要求具有上、下，左、右，前、后等相反方向的运动，这就要求电动机能够进行正反向运转。对于三相交流电动机可以借助正反向接触器改变定子绕组相序来实现。图 7 - 25 所示为三相异步电动机正反转控制线路，该线路可以实现电动机正转—停止—反转—停止控制功能。现改用 PLC 实现该控制。

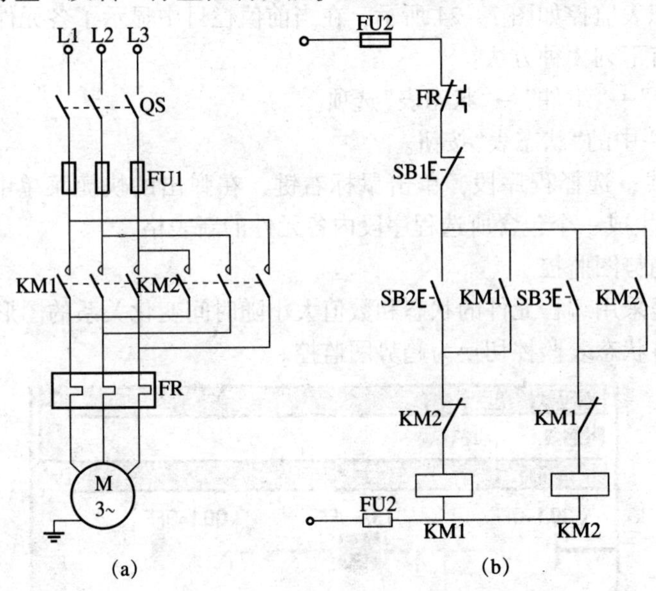

图 7 - 25 三相异步电动机正反转控制线路

二、知识链接

1. 多重输出指令 LPS/LRD/LPP

栈操作指令见表 7 - 5。

表 7 - 5 栈操作指令

指令名称	功能	电路表示	操作数
LPS 入栈	进栈	LPS ( )	无
LRD 读栈	读栈	LRD ( )	无
LPP 出栈	出栈	LPP ( )	无

1)用法及示例

栈操作指令应用示例如图7－26所示。

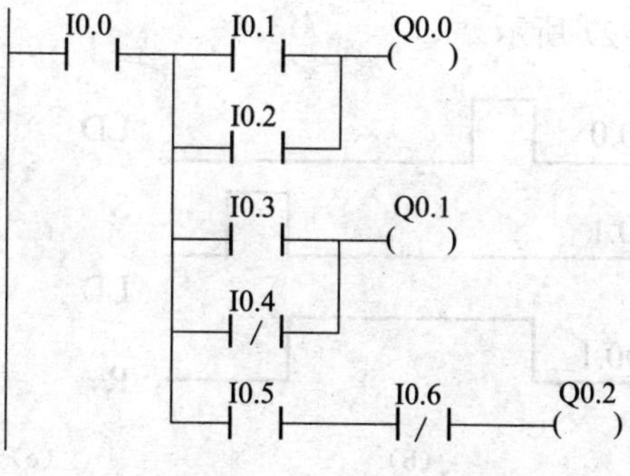

```
LD    I0.0
LPS
LD    I0.1
0     I0.2
ALD
=     Q0.0
LRD
LD    I0.3
ON    I0.4
ALD
=     Q0.1
LPP
A     I0.5
AN    I0.6
=     Q0.2
```

(a)　　(b)

图7－26　栈操作指令应用示例

(a)梯形图；(b)语句表

2)使用注意事项

(1)多重电路的第一个支路前使用LPS进栈指令，多重电路的中间支路前使用LRD读栈指令，多重电路的最后一个支路前使用LPP出栈指令。

(2)LPS指令用于存储电路中有分支处的逻辑运算结果，其功能是将左母线到分支点之间的逻辑运算结果存储起来。每使用一次LPS指令，当时的逻辑运算压入堆栈的第一层，堆栈中原来的数据依次向下一层推移。

(3)LRD指令用在LPS指令支路以下、LPP指令以上的所有支路。其功能是读取存储在堆栈最上层的电路中分支点处的运算结果，将下一个触头强制性地连接在该点。

(4)LPP指令用在梯形图分支点处最下面的支路，其功能是先读出由LPS指令存储的逻辑运算结果，同当前支路进行逻辑运算，最后将LPS指令存储的内容清除，结束分支点处所有支路的编程。使用LPP指令时，堆栈中各层的数据向上移动一层，最上层的数据在读出后从栈区内消失。

2. 置位与复位指令S(SET)/R(RST)

置位与复位指令见表7－6。

表7-6 置位与复位指令

指令名称	功能	电路表示	操作数
S置位	从Bie位开始*N*个元件置1并保持	Bit (S) N	Q、M、S、M、T、C、V、S、L
R复位	从Bie位开始*N*个元件清0并保持	Bit (R) N	Q、M、S、M、T、C、V、S、L

1)用法及示例

置位与复位指令应用示例如图7-27所示。

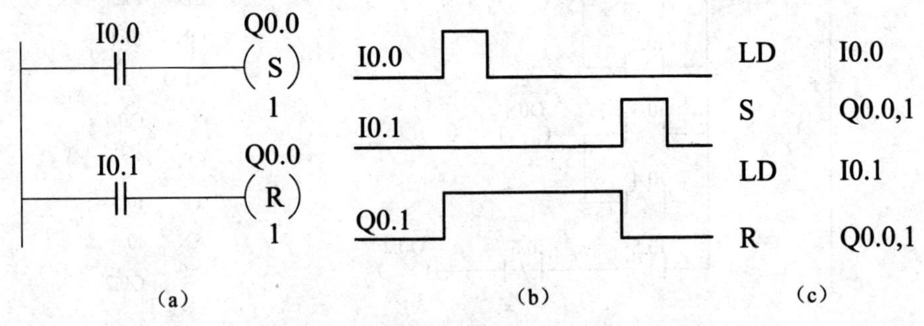

图7-27 置位与复位指令应用示例

(a)梯形图;(b)时序图;(c)语句表

2)使用注意事项

(1)当控制触头闭合时,执行SET与RST指令,后面不管控制触头如何变化,逻辑运算结果都保持不变,且一直保持到相反的操作到来。

(2)在任何情况下,RST指令都优先执行。

(3)对计数器和定时器复位,则计数器和定时器的当前值被清零。

3. 触发器指令

触发器指令见表7-7。

表7-7 触发器指令

指令名称	功能	电路表示	操作数
SR触发器	置位与复位同时为1时置位优先	Bit S1 OUT SR R	Q、M、S、M、T、C、V、S、L
RS触发器	置位与复位同时为1时复位优先	Bit S OUT RS R1	Q、M、S、M、T、C、V、S、L

触发器指令分为SR触发器和RS触发器，它是根据输入端的优先权决定输出是置位或复位，SR触发器是置位优先，RS触发器是复位优先。

4. 立即触头指令I

立即触头指令只能用于输入I，它不受PLC循环扫描工作方式的影响。执行立即触头指令时，立即读入物理输入点的值，从而决定触头的接通/断开状态，但是并不更新该物理输入点对应的映像寄存器。

立即触头指令见表7－8。

表7－8　立即触头指令

指令名称	功能	电路表示	操作数
立即触头	立即输入	Bit —| I |— ；Bit —| /I |—	I
立即触头	立即输出	Bit (I)	Q
立即触头	立即置位	Bit (SI) N	Q
立即触头	立即复位	Bit (RI) N	Q

5. 脉冲输出指令EU/ED

脉冲输出指令见表7－9。

表7－9　脉冲输出指令

指令名称	功能	电路表示	操作数
EU	上升沿微分输出	—| P |—( )	无
ED	下降沿微分输出	—| N |—( )	无

EU指令对其之前的逻辑运算结果的上升沿产生一个宽度为一个扫描周期的脉冲；ED指令对逻辑运算结果的下降沿产生一个宽度为一个扫描周期的脉冲。脉冲输出指令应用示例如图7－28所示。

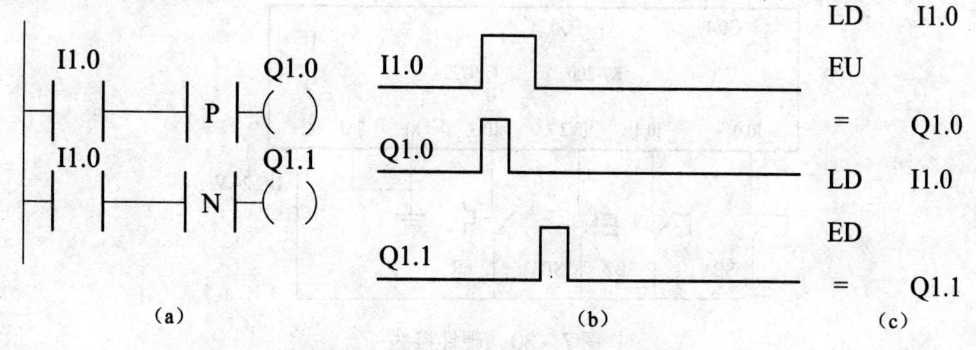

图7－28　脉冲输出指令应用示例

(a)梯形图；(b)时序图；(c)语句表

6. 取反(NOT)和空操作指令(NOP N)

取反指令是将左边电路的逻辑运算结果取反，运算结果为1则变为0，为0则变为1，该指令没有操作数。

空操作指令不影响程序的执行，操作数N是一个0~255的常数。

取反指令应用示例如图7-29所示。

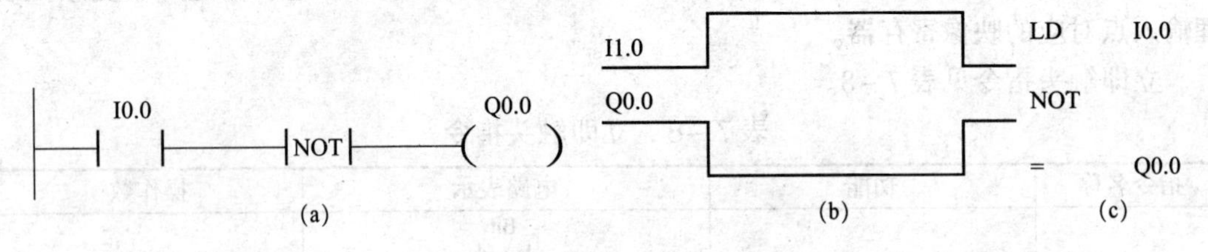

图7-29 取反指令应用示例

(a)梯形图；(b)时序图；(c)语句表

三、项目分析

本任务I/O端口地址分配见表7-10，硬件接线如图7-30所示。

表7-10 I/O端口地址分配

输入		输出	
设备名称	输入继电器	设备名称	输出继电器
停止按钮SB1	I0.0	正转控制接触器KM1	Q0.1
正转启动按钮SB2	I0.1	反转控制接触器KM2	Q0.2
反转启动按钮SB3	I0.2		
热继电器动合触头FR	I0.3		

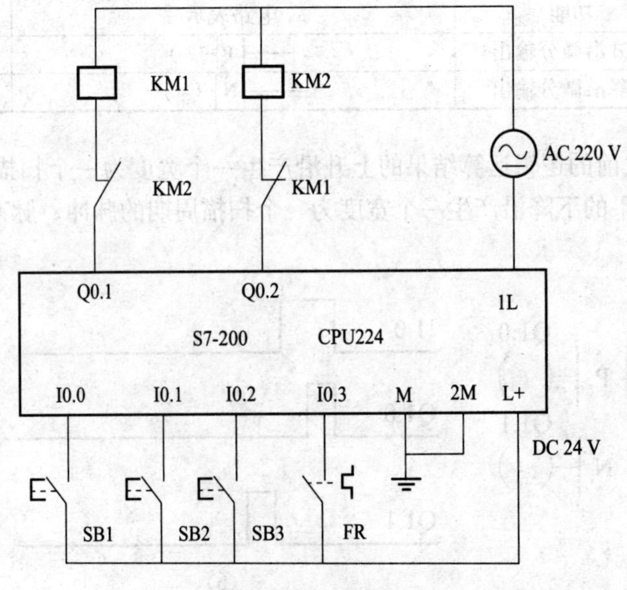

图7-30 硬件接线

四、项目实施

采用 LD/OUT 指令梯形图如图 7－31 所示。

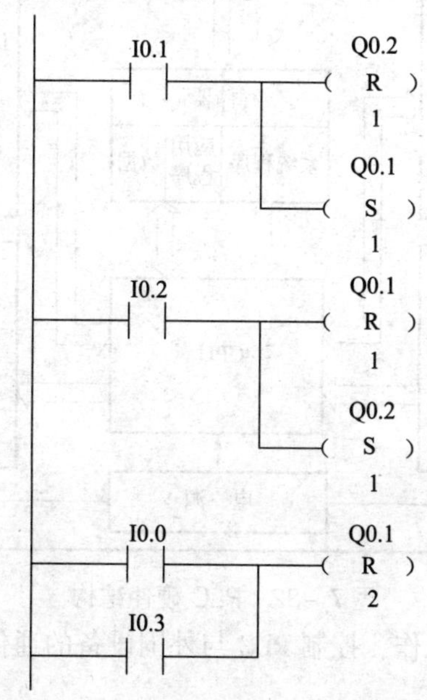

图 7－31 采用 LD/OUT 指令梯形图

五、技能训练

试设计两台电动机的联动控制系统，要求电动机 M1 启动后，电动机 M2 才能启动，两台电动机分别单独设置启动按钮和停止按钮。(用 SR 指令编程)

六、知识拓展

1. PLC 的结构

PLC 实质上也是一种计算机，它具有与通用计算机相类似的结构，也是由中央处理器(CPU)、存储器、输入/输出接口及电源组成的。只不过它比一般的通用计算机具有更强的与工业过程相连的接口和更直接的适应控制要求的编程语言。

尽管在外形上，PLC 与普通计算机差别较大，但在基本结构上，PLC 与微型计算机系统基本相同，也由硬件和软件两大部分组成。

1) PLC 的硬件系统

PLC 硬件结构如图 7－32 所示。

(1) 中央处理器(CPU)。

CPU 是 PLC 的核心，由运算器和控制器构成。其主要任务有：

①接收和保存现场的状态和数据；

②诊断 PLC 内部电路的工作故障和编程中的语法错误；

③执行系统和用户程序，实现各种运算；

④输出运算结果，驱动现场设备；

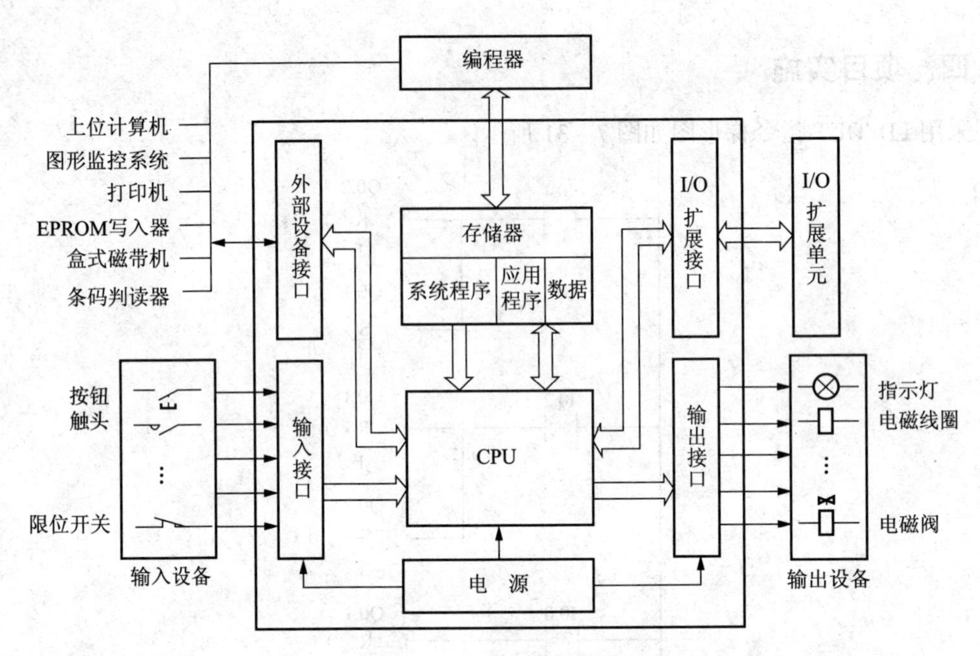

图7－32　PLC硬件结构

⑤协调PLC内部各部分工作，控制PLC与外围设备的通信等。

(2)存储器。

PLC存储器配有两种存储系统，即系统程序存储器和用户程序存储器。

系统程序存储器主要用来存储PLC内部的各种信息，一般系统程序由PLC生产厂家编写，系统程序存储器一般由PROM或EPROM构成。用户程序存放在用户程序存储器中。用户程序存储器一般分为两个区：程序存储区和数据存储区。

(3)I/O接口单元。

I/O接口单元是PLC与现场I/O设备相连接的部件。它的作用是将输入信号转换为CPU能够接收和处理的信号，并将CPU送出的弱电信号转换为外部设备所需的强电信号。I/O接口单元分为开关量输入(DI)接口单元和开关量输出(DO)接口单元。

开关量输出接口单元可分为：继电器输出型，用于直流或低频交流负载；晶体管输出型，用于高速、小功率直流负载；晶闸管输出型，用于高速、大功率交流负载。

(4)I/O扩展接口及扩展部件。

I/O扩展接口是PLC主机为了扩展I/O点数或类型的部件。当用户所需的I/O点数或类型超过PLC主机的I/O接口单元的点数或类型时，可以通过加接I/O扩展部件来实现。I/O扩展部件通常有简单型和智能型两种。简单型I/O扩展部件自身不带CPU，对外部现场信号的I/O处理完全由主机的CPU管理，依赖于主机的程序扫描过程。

(5)外设接口。

外设接口是PLC实现人机对话、机机对话的通道。通过外设接口，PLC主机可与编程器、图形终端、打印机、EPROM写入器等外围设备相连，也可以与其他PLC或上位计算机连接。外设接口一般分为通用接口和专用接口两种。通用接口是指标准通用的接口，如RS232、RS422和RS485等。

(6)编程装置。

计算机、连接计算机和PLC的RS－232/PPI通信电缆或USB/PPI电缆都是编程装置。

(7)电源。

电源为 AC220 V 和 DC24 V。

2)PLC 的软件系统

PLC 的软件分为系统软件和应用软件两大部分。

(1)系统软件。

PLC 的系统软件就是 PLC 的系统监控程序，包括系统管理程序、用户指令解释程序、标准程序库和编程软件等，也有人称之为 PLC 的操作系统。它是每台 PLC 必须包括的部分，是由 PLC 的制造厂家编制的，用于控制 PLC 本身的运行。一般来说，系统软件对用户是不透明的。

(2)应用软件。

应用软件是指用户根据工艺生产过程的控制要求，按照所有 PLC 规定的编程语言而编写的应用程序。用户程序可采用梯形图语言、指令表语言、功能块语言、顺序功能图语言和高级语言等多种方法来编写，利用编程装置输入 PLC 的程序存储器中。

2. PLC 的工作原理

PLC 的工作过程有两个显著特点：一是周期性顺序扫描，一是集中批处理。

周期性顺序扫描是 PLC 特有的工作方式，PLC 在运行过程中，总是处在不断循环的顺序扫描过程中。每次扫描所用的时间称为扫描时间，又称为扫描周期或工作周期。

由于 PLC 的 I/O 点数较多，采用集中批处理的方法可以简化操作过程，便于控制，提高系统的可靠性。因此，PLC 的另一个主要特点就是对输入采样、执行用户程序、输出刷新实施集中批处理。

PLC 的工作过程流程如图 7－33 所示。PLC 的工作过程可分为 4 个阶段。

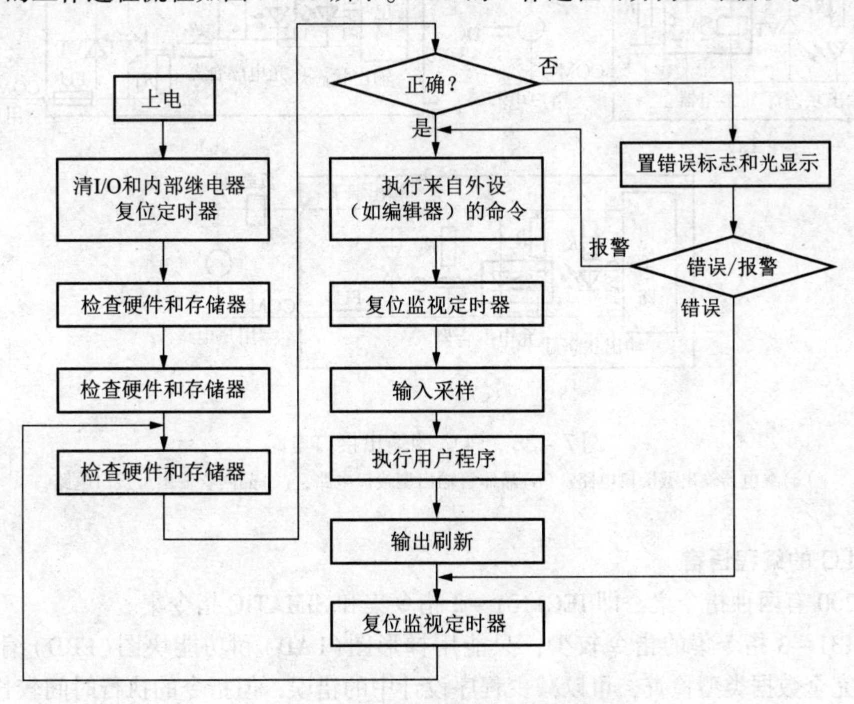

图 7－33　PLC 的工作过程流程

1)PLC 的输入过程

PLC 的输入部分是由外部输入电路、PLC 输入端子和输入继电器组成。外部输入信号经 PLC 输入端子去驱动输入继电器的线圈。每个输入端子与其相同编号的输入继电器有唯一确定的对应关系。PLC 的输入接口电路如图 7－34 所示。

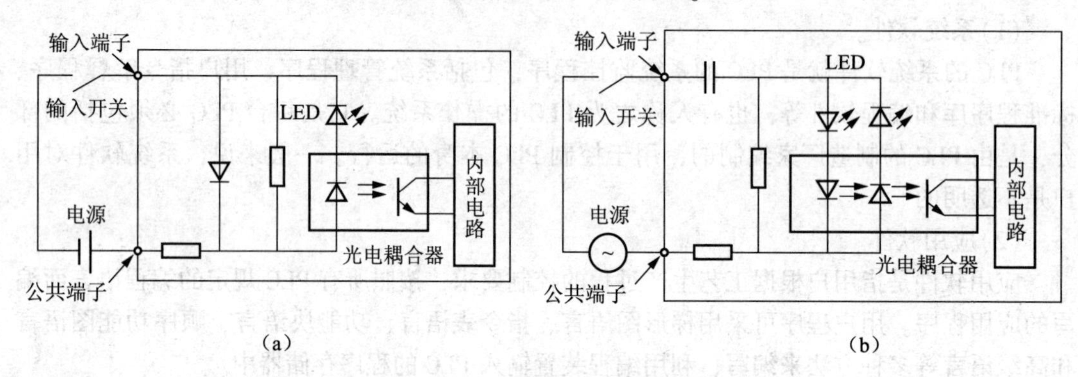

图 7－34 PLC 的输入接口电路

(a)直流输入接口电路；(b)交流输入接口电路

2)PLC 的输出过程

PLC 的输出部分是由 PLC 内部的输出继电器的常开触点、输出接线端子和外部驱动电路组成，用来驱动外部负载。PLC 内部有许多输出继电器，每个输出继电器为外部输出电路提供了一个实际的常开触点与输出端子相连。PLC 的输出接口电路如图 7－35 所示。

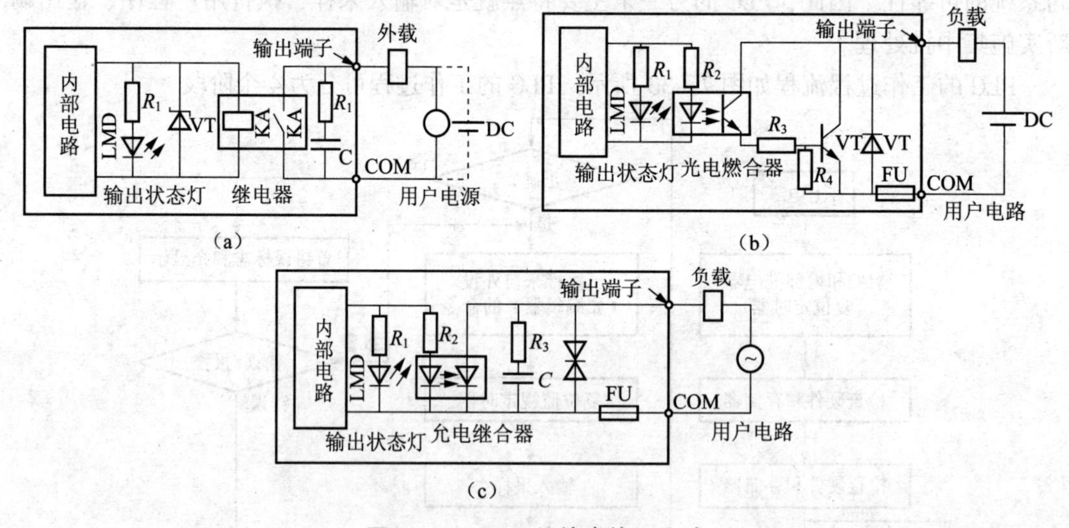

图 7－35 PLC 的输出接口电路

(a)继电器输出型接口电路；(b)晶体管输出型接口电路；(c)晶闸管输出型接口电路

3. PLC 的编程语言

S7－200 有两种指令集，即 IEC1131－3 指令集和 SIMATIC 指令集。

IEC1131－3 指令集的指令较少，只能用梯形图(LAD)和功能块图(FBD)编程语言，支持系统完全数据类型检查，可以减少程序设计中的错误，但指令的执行时间较长。

SIMATIC 指令集是西门子公司专为 S7－200 设计的编程语言，该指令集可以用梯形图

(LAD)、功能块图(FBD)和语句表(STL)编程语言编程，它不支持系统完全数据类型检查，指令的执行时间短。本项目主要介绍SIMATIC指令集。

1)梯形图(LAD)编程语言

梯形图是由电气控制线路转换而来的编程语言，它保留了继电器、触头、串并联等术语和类似的图形符号，并加以简化，另外还增加了一些功能性的指令。梯形图是集逻辑操作和控制于一体，面向对象、实时化、图形化的编程语言，很容易被工厂熟悉继电器控制的电气人员掌握，尤其适用于开关量逻辑控制。它是PLC的第一编程语言。

梯形图由触头、线圈和应用指令等组成，触头代表逻辑输入条件，如外部的开关、按钮等；线圈代表逻辑输出结果，用来控制外部的指示灯、交流接触器等。

梯形图有左、右两条母线，两母线之间是内部继电器常开、常闭触头以及继电器线圈组成的逻辑行(也称梯级)，每个逻辑行必须以左母线和触头开始，以线圈和右母线结束。如图7－36所示，可以想象左、右母线间有一个左正右负直流电源电压，当图7－36中的触头接通时，有一个假想的“能流”流过线圈，使线圈得电。

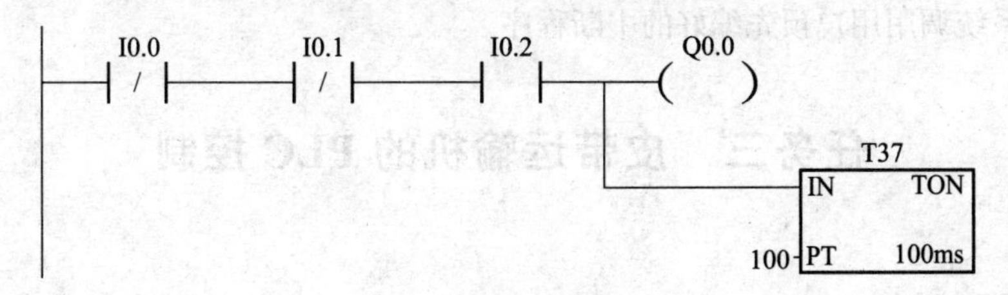

图7－36　梯形图

2)功能块图(FBD)

功能块图是一种类似于数字逻辑门电路的编程语言，该编程语言用类似与、或门的方框表示逻辑运算关系。一般用一种功能方框表示一种特定的功能，框图内的符号表达了该功能块图的功能。方框的左侧为逻辑运算的输入变量，右侧为输出变量，输出逻辑运算的结果。功能块图没有触头和线圈，也没有左、右母线的概念，但“能流”的概念也适用于功能块图，图7－37即与图7－36对应的功能块图。

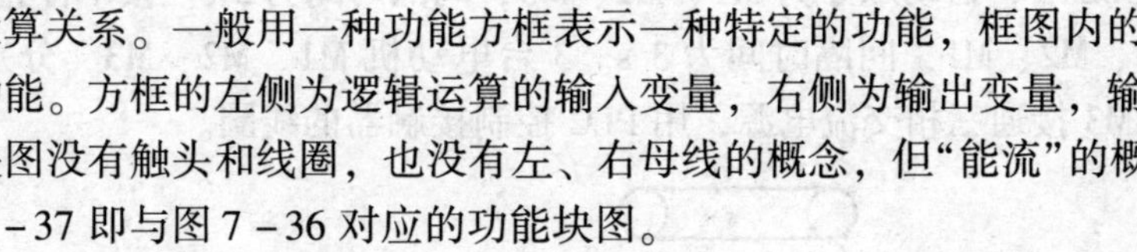

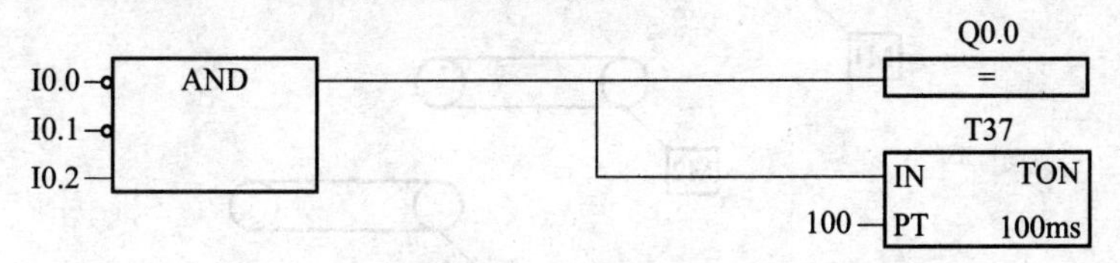

图7－37　功能块图

3)语句表(STL)

S7系列可编程序控制器将指令表称为语句表，PLC的指令是一种与微机汇编语言中的指令相似的助记符表达式，由指令组成的程序叫作指令表程序。指令表程序比较难阅读，比较适合熟悉可编程控制器和逻辑程序设计经验丰富的程序员使用。采用简易编程器编程的话，必须将梯形图转换成指令表后再写入PLC。语句表如图7－38所示。

```
LDN    I0.0
AN     I0.1
A      I0.2
=      Q0.0
TON    T37,100
```

图7－38　语句表

4)顺序功能图(SFC)

顺序功能图是一种较新的编程方法，它将一个完整的控制过程分为若干阶段，各阶段具有不同的动作，阶段间有一定的转换条件，转换条件满足就实现阶段转移，上一阶段动作结束，下一阶段动作开始，主要用来编制顺序控制程序。

5）结构文本（ST）

结构文本是一种专用的高级编程语言，它能实现复杂的数学运算，程序非常简洁、紧凑。

4. PLC 的程序结构

S7－200 用户程序可分为 3 个程序区：主程序、子程序（可选）和中断程序（可选）。

主程序（OB1）是程序的主体，CPU 在每个扫描周期都要执行一次主程序指令。在主程序中可以调用子程序和中断程序。程序结束时不需要加入 END、RET、RETI 等无条件结束指令。

子程序是一个可选的指令的集合，仅在被其他程序调用时执行。合理使用子程序可以优化程序结构，减少扫描时间。

中断程序是指令的一个可选集合，它不被主程序调用，而是在中断事件发生时，由 PLC 的操作系统调用用户预先编好的中断程序。

任务三　皮带运输机的 PLC 控制

一、项目任务

有 3 台皮带运输机，分别由电动机 M1、M2、M3 驱动，如图 7－39 所示。其要求为：按下启动按钮 SB2 后，启动顺序为 M1、M2、M3，间隔时间为 5 s。按下停止按钮 SB1 后，停车顺序为 M3、M2、M1，间隔时间为 3 s。3 台电动机 M1、M2、M3，分别通过接触器 KM1、KM2、KM3 接通三相交流电源，用 PLC 控制接触器的线圈。

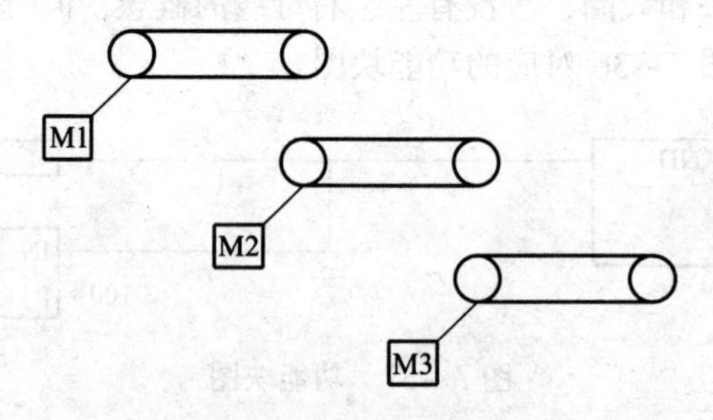

图 7－39　皮带传输机工作示意

二、知识链接

定时器是 PLC 中最常用的元器件之一，按照工作方式可以分通电延时型（TON）、有记忆的通电延时型（TONR）和断电延时型（TOF）3 种。按照时基标准可分为 1 ms、10 ms 和 100 ms 3 种类型，定时器的实际设定时间 t = 设定值（PT）× 分辨率。定时器号及类型见表 7－11。

表 7-11　定时器号和类型

定时器类型	分辨率 /ms	最大定时时间 /s	定时器号
TONR	1	32.767	T0、T64
	10	327.67	T1 ~ T4，T65 ~ T68
	100	3276.7	T5 ~ T31，T69 ~ T95
TON/TOF	1	32.767	T32、T96
	10	327.67	T33 ~ T36，T97 ~ T100
	100	3276.7	T37 ~ T63，T101 ~ T255

1. 时基标准

1)1 ms 定时器

1 ms 定时器启动后，定时器对 1 ms 的时间间隔进行计时，每隔 1 ms 刷新一次，刷新定时器位和当前值，在每个扫描周期中要刷新多次，但不和扫描周期同步。

2)10 ms 定时器

10 ms 定时器启动后，定时器对 10 ms 时间间隔进行计时，在每次扫描周期的开始对 10 ms 定时器刷新，在一个扫描周期内，定时器位和定时器当前值保持不变。

由于定时器内部刷新机制的原因，图 7-40(a)中的梯形图必须改为图 7-40(b)中那样，图 7-40(b)中1 ms定时器 T32 的常开触头每 50 ms 闭合一次，10 ms 定时器也应采用图 7-40(b)所示的模式。

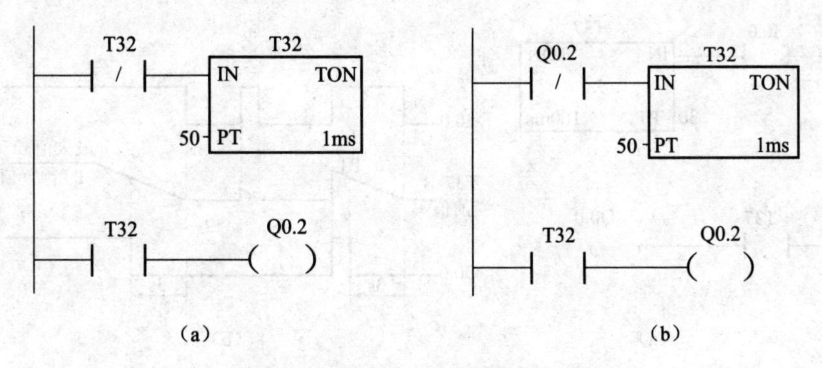

图 7-40　1 ms 定时器应用示例
(a)梯形图；(b)语名表

3)100 ms 定时器

10 ms 定时器启动后，定时器对 100 ms 时间间隔进行计时。100 ms 定时器的当前值只有在定时器指令执行时才被刷新，因此在子程序和中断程序中不宜采用 100 ms 定时器。因为子程序和中断程序不是每个扫描周期都执行的，这样子程序和中断程序中的 100 ms 定时器的当前值就不能被及时刷新，而导致计时失准。同样的道理，在主程序中也不能重复使用同一个 100 ms 定时器号，否则该定时器指令在一个扫描周期中多次被执行，其当前值被多次刷新。也就是说，100 ms 定时器只能用于每个扫描周期内同一定时器指令执行一次且仅执行一次。

100 ms 定时器应用示例如图 7-41 所示。该程序中定时器 T37 的常开触头每隔

100 ms×50 = 5 s闭合一次，且持续一个周期，该程序执行的结果是产生脉宽为一个扫描周期的脉冲信号，其时序图如图7-41(b)所示。

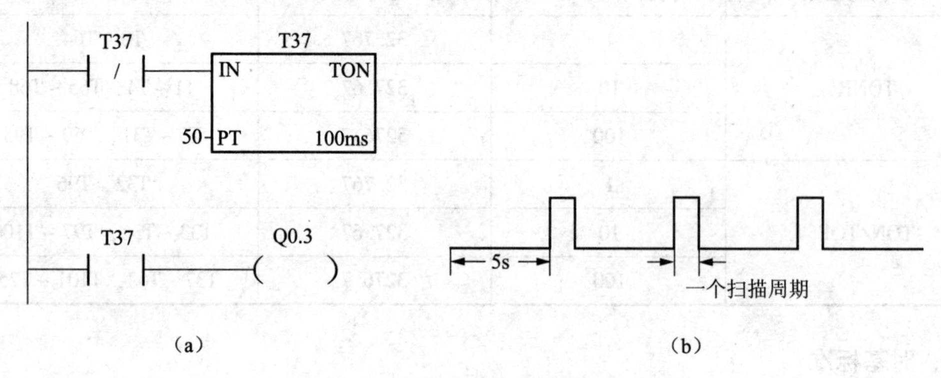

图7-41 100 ms 定时器应用示例

(a)梯形图；(b)时序图

2. 定时器的工作原理

1)通电延时定时器

通电延时定时器是模拟了通电延时型时间继电器的功能。容许使能端(IN)接通时，通电延时定时器开始计时，当前值从0开始递增，当大于或等于定值(PT)时，该定时器位为1，输出触头有效，当前值最大可为32 767。容许使能端(IN)断开时，定时器复位，当前值清零，输出状态位置为0。

通电延时定时器应用示例如图7-42所示。

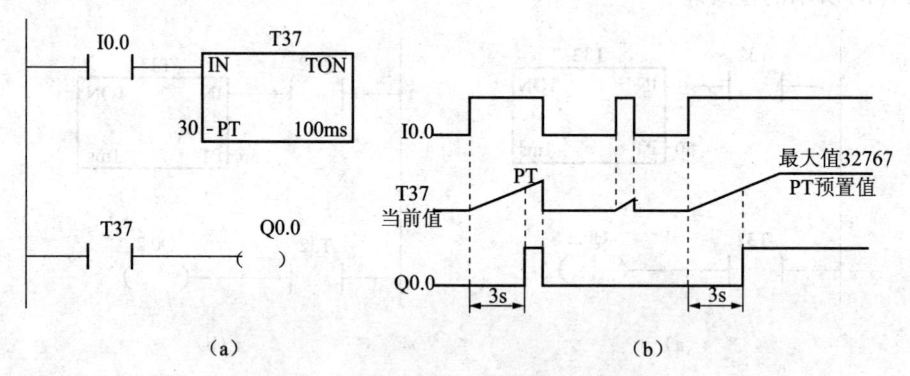

图7-42 通电延时定时器应用示例

(a)梯形图；(b)时序图

2)有记忆接通延时定时器

容许使能端(IN)接通时，通电延时定时器开始计时，当前值从0开始递增，当大于或等于定值(PT)时，定时器位为1，输出触头有效。容许使能端(IN)断开时，定时器的当前值保持不变(记忆)，定时器位不变。当容许使能端(IN)再次接通有效时，在原记忆值的基础上递增计时。

上电周期或首次扫描时，定时器的定时器位为0，当前值保持不变。复位指令(R)有效时，定时器当前值清零，输出状态为0。

有记忆接通延时定时器应用示例如图7-43所示。

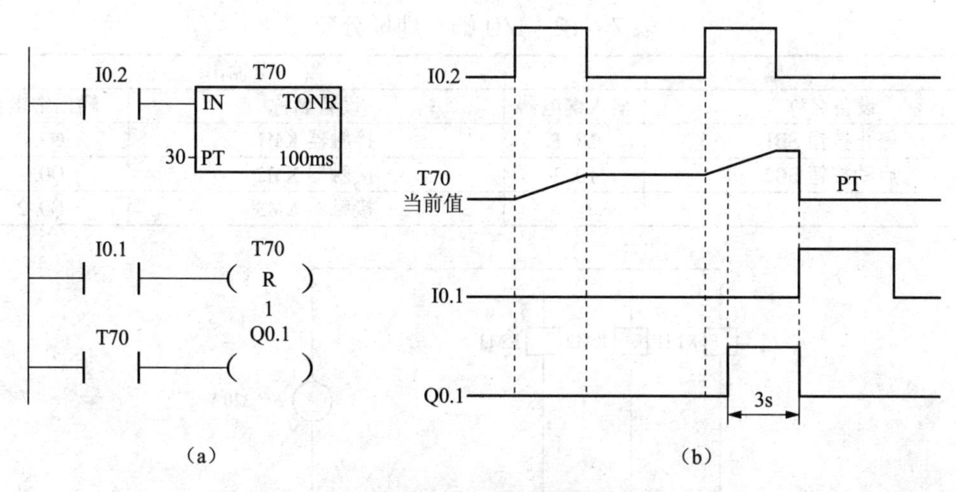

图7-43　有记忆接通延时定时器应用示例

(a)梯形图；(b)时序图

3)断电延时定时器

断电延时定时器是模拟断电延时型时间继电器的功能。容许使能端(IN)接通时，定时器位置为1，并把当前值设为0。容许使能端(IN)断开时，定时器开始计时，当前值从0增加，达到预置值时，定时器位为0，并停止计时。

断电延时定时器应用示例如图7-44所示。

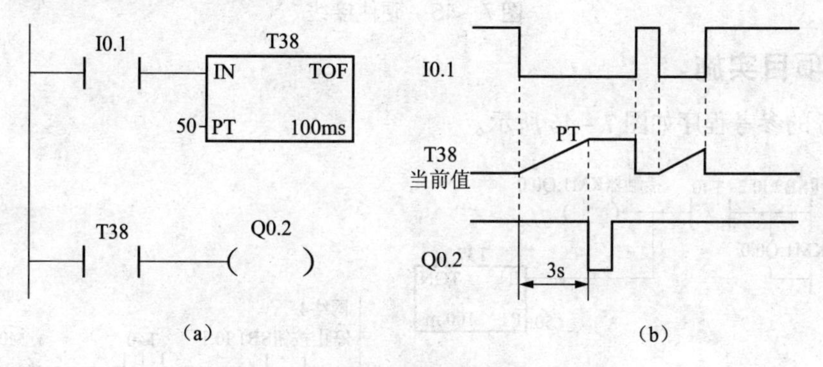

图7-44　断电延时定时器应用示例

(a)梯形图；(b)时序图

使用注意事项如下：

(1)同一个定时器号不能同时用作通电延时定时器和断电延时定时器。

(2)执行复位指令(R)时，定时器位断开，当前值清零。

(3)有记忆接通延时定时器(TONR)只能通过复位指令进行复位。

(4)断开延时定时器(TOF)复位后，如需再启动，必须在容许输入端输入一个负跳变信号才能启动计时。

三、项目分析

本任务I/O端口地址分配见表7-12，硬件接线如图7-45所示。

表7-12 I/O端口地址分配

输入		输出	
设备名称	输入继电器	设备名称	输出继电器
停止按钮 SB1	I0.1	接触器 KM1	Q0.0
启动按钮 SB2	I0.2	接触器 KM2	Q0.1
		接触器 KM3	Q0.2

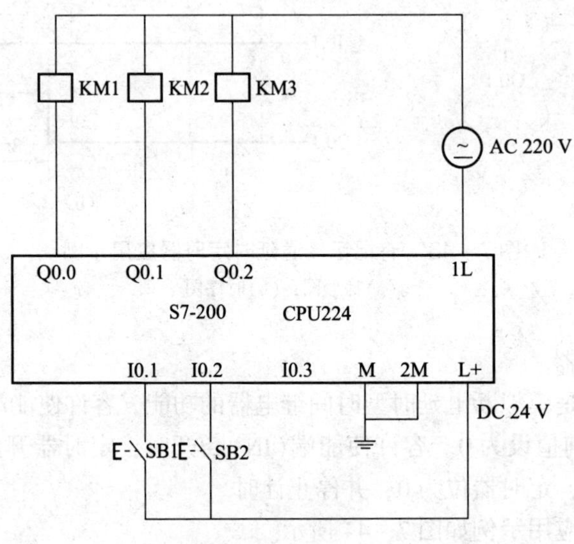

图7-45 硬件接线

四、项目实施

本任务的参考程序如图7-46所示。

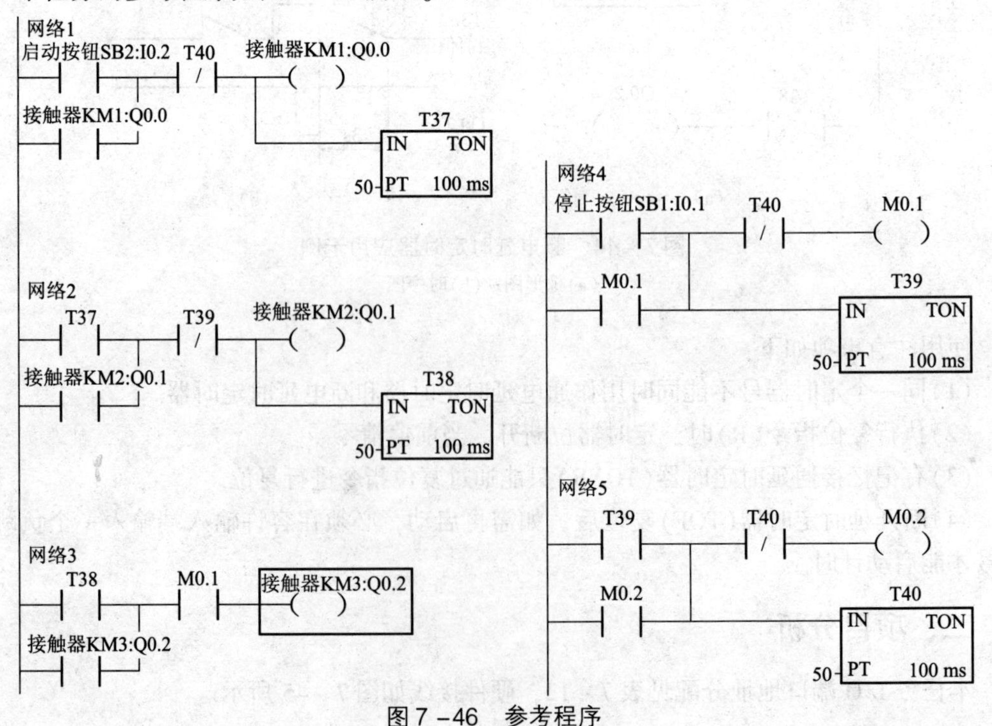

图7-46 参考程序

五、技能训练

某机械设备有3台电动机，其控制如下：按下启动按钮，第1台电动机M1启动；运行4 s后，第2台电动机M2启动；M2运行15 s后，第3台电动机M3启动。按下停止按钮，3台电动机全部停止。在启动过程中，指示灯闪烁(亮0.5 s，灭0.5 s)，在运行过程中指示灯常亮。

六、知识拓展

1. 西门子S7－200 PLC概述

德国西门子(SIEMENS)公司的S7系列可编程控制器包括S7－200、S7－300、S7－400系列。

S7－200系列PLC是集成型小型单元式PLC。它集CPU、电源、I/O于一体，具有丰富的内置集成功能、强劲的通信能力，使用简单方便，易于掌握，具有极高的性价比。S7－200系列PLC广泛应用于各个行业。S7－200系列PLC的外形如图7－47所示。

S7－300系列PLC是模块化小型PLC系统，通过分布式的主机架(CR)和3个扩展机架(ER)，可以对多达32个模块进行操作，各种单独的模块之间可进行广泛组合以用于扩展，能满足中等性能要求的应用。

S7－400系列PLC采用模块化无风扇的设计，坚固耐用，易于扩展，通信能力强大，容易实现分布式结构。该系列具有多种级别(功能逐步升级)的CPU、种类齐全的通用功能模块，使用户能根据需要组合成不同的专用系统。当控制系统规模扩大或变得更加复杂时，只要适当地增加一些模块，就能够实现系统升级。

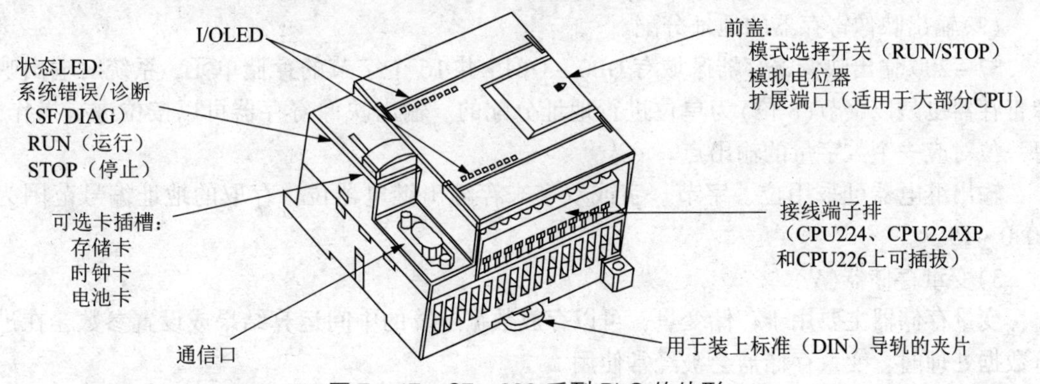

图7－47　S7－200系列PLC的外形

2. 编程元件及寻址

PLC最大的特点是可以利用其内部软元件的逻辑组合代替由继电器实现的硬件逻辑，软元件没有使用次数的限制，可以无限次使用。所谓软元件实际上就是PLC内部的各存储单元，为方便编程使用，各存储单元根据功能的不同分配了不同的名称，如输入过程映像寄存器(I)、输出过程映像寄存器(Q)、变量寄存器(V)等。每一个存储器单元都编有唯一的地址，S7－200CPU使用数据的地址访问所有的数据，称为寻址。

3. 元件功能及地址分配

1)输入映像寄存器(输入继电器)

(1)输入映像寄存器的工作原理。

在每次扫描周期的开始，CPU 对 PLC 的实际输入端进行采样，并将采样值写入输入映像寄存器中。可以形象地将输入映像寄存器比做输入继电器，每一个“输入继电器”线圈都与相应的 PLC 输入端相连(如“输入继电器”I0.0 的线圈与 PLC 的输入端子 0.0 相连)，当外部开关信号闭合时，则“输入继电器的线圈”得电，将“1”写入对应的输入映像寄存器的位，在程序中其对应的常开触头闭合，常闭触头断开。由于存储单元可以无限次的读取，所以有无数对常开、常闭触头供编程时使用。

编程时应注意，“输入继电器”的线圈只能由外部信号来驱动，即输入映像寄存器的值只能由外部的输入信号来改写，不能在程序内部用指令来驱动，因此，在用户编制的梯形图中只应出现“输入继电器”的触头，而不应出现“输入继电器”的线圈。

(2)输入映像寄存器的地址分配。

S7 - 200 输入映像寄存器区域有 IB0 ~ IB15 共 16 个字节的存储单元。

输入继电器可采用位、字节、字或双字来存取。输入继电器位存取的地址编号范围为 I0.0 ~ I15.7。

2)输出映像寄存器(输出继电器)

(1)输出映像寄存器的工作原理。

在每次扫描周期的结尾，CPU 用输出映像寄存器中的数值驱动 PLC 输出点上的负载。可以将输出映像寄存器形象地比作输出继电器，每一个“输出继电器”线圈都与相应的 PLC 输出端相连，并有无数对常开和常闭触头供编程使用。

除此之外，还有一对常开触头与相应的 PLC 输出端相连(如输出继电器 Q0.0 有一对常开触头与 PLC 输出端子 0.0 相连)用于驱动负载。

输出继电器线圈的通断状态只能在程序内部用指令驱动。

(2)输出映像寄存器的地址分配。

S7 - 200 输出映像寄存器区域有 QB0 ~ QB15 共 16 个字节的存储单元。系统对输出映像寄存器也是以字节(8 位)为单位进行地址分配的。输出映像寄存器可以按位进行操作，每一位对应一个数字量的输出点。

输出继电器可采用位、字节、字或双字来存输出继电器位，存取的地址编号范围为 Q0.0 ~ 15.7。

3)变量存储器(V)

变量存储器主要用于存储变量，可以存放数据运算的中间运算结果或设置参数，在进行数据处理时，变量存储器会被经常使用。

变量存储器可以是位寻址，也可按字节、字、双字单位寻址，其位存取的编号范围根据 CPU 的型号有所不同。

4)内部标志位存储器(中间继电器)(M)

内部标志位存储器用来保存中间操作状态和控制信息，其作用相当于继电器控制中的中间继电器。

内部标志位存储器在 PLC 中没有输入/输出端与之对应，其线圈的通断状态只能在程序内部用指令驱动，其触头不能直接驱动外部负载，只能在程序内部驱动输出继电器的线圈，再用输出继电器的触头去驱动外部负载。

内部标志位存储器可采用位、字节、字或双字来存取。其位存取的地址编号范围为

M0.0~M31.7，共32个字节。

5)特殊标志位存储器(SM)

PLC中还有若干特殊标志位存储器，特殊标志位存储器位提供大量的状态和控制功能，用来在CPU和用户程序之间交换信息。

特殊标志位存储器能以位、字节、字或双字来存取，CPU224的SM的位地址编号范围为SM0.0~SM179.7共180个字节，其中SM0.0~SM29.7的30个字节为只读型区域。

常用的特殊存储器的用途如下：

SM0.0：运行监视。SM0.0始终为“1”状态，当PLC运行时，可以利用其触头驱动输出继电器，在外部显示程序是否处于运行状态。

SM0.1：初始化脉冲。每当PLC的程序开始运行时，SM0.1线圈接通一个扫描周期，因此SM0.1的触头常用于调用初始化程序等。

SM0.3：开机进入RUN时，接通一个扫描周期，可用在启动操作之前，给设备提前预热。

SM0.4、SM0.5：占空比为50%的时钟脉冲。当PLC处于运行状态时，SM0.4产生周期为1 min的时钟脉冲，SM0.5产生周期为1 s的时钟脉冲。

SM0.6：扫描时钟，1个扫描周期为ON，另一个为OFF，循环交替。

SM0.7：工作方式开关位置指示，开关放置在RUN位置时为1，开关放置在TERM位置时为0。

SM1.0：零标志位，运算结果为0时，该位置为1。

SM2.1：溢出标志位，结果溢出或为非法值时，该位置为1。

SM1.2：负数标志位，运算结果为负数时，该位置为1。

SM1.3：被0除标志位。

其他特殊存储器的用途可查阅相关手册。

任务四　生产线产品计数控制

一、项目任务

某钢管生产企业要求对生产的合格钢管数量进行统计。钢管在集捆之前，对其进行计数。钢管通过辊道传送，通过一根钢管计数一次，计到100根时，要求指示灯亮5 s。一个班组统计一次产量。

二、知识链接

定时器是对PLC内部的时钟脉冲进行计数，而计数器是对外部或由程序产生的计数脉冲进行计数，在实际应用中常用来对产品进行计数或完成复杂的逻辑控制任务。S7-200系列PLC有3种类型的计数器：增计数器(CTU)、增/减计数器(CTUD)，减计数器(CTD)。计数器总数为256个，计时器号范围为C(0~255)。

1. 增计数器

计数器的计数输入端(CU)有输入脉冲上升沿到来时，计数器启动增1计数，当计数当前值等于或大于设定值(PV)时，计数器位置为1。计数最大值可达32 767。

复位输入端(R)有效时，计数器位为0，当前计数值清零。也可以用复位指令对计数器进行复位。增计数器编程应用示例如图 7－48 所示。

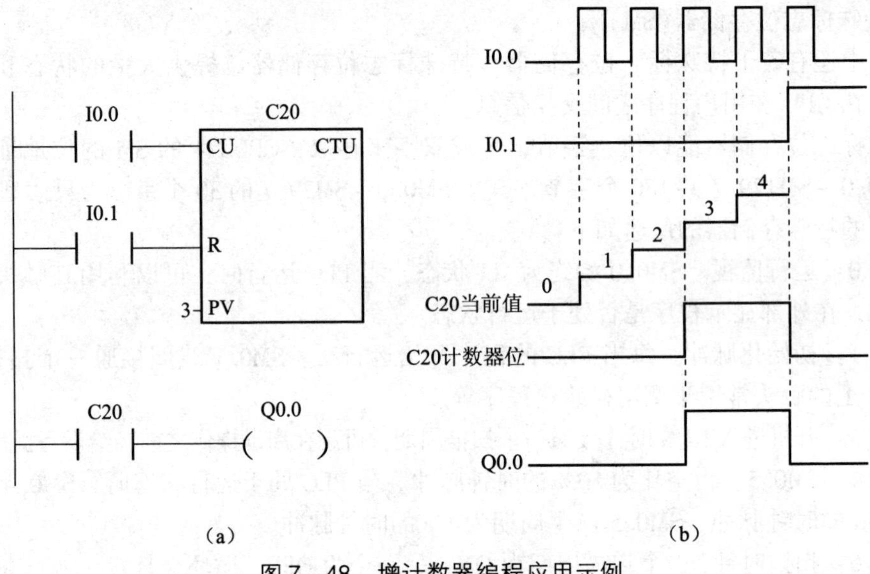

图 7－48 增计数器编程应用示例

(a)梯形图；(b)语句表

2. 增/减计数器

增/减计数器有两个脉冲输入端，其中 CU 作增计数，CD 作减计数。

当计数器的计数输入端(CU)有输入脉冲上升沿到来时，计数器启动递增计数，当计数器的计数输入端(CD)有输入脉冲上升沿到来时，计数器启动递减计数。当计数当前值等于或大于设定值(PV)时，计数器位置为 1。达到计数器最大值 32 767 后，下一个 CU 上升沿将计数值变为最小(－32 768)。同样达到最小值(－32 768)后，下一个 CD 输入上升沿将计数器变为最大值(32 767)。

复位输入端(R)有效时，计数器位为 0，当前计数值清零。也可以用复位指令对计数器进行复位。增/减计数器编程应用示例如图 7－49 所示。

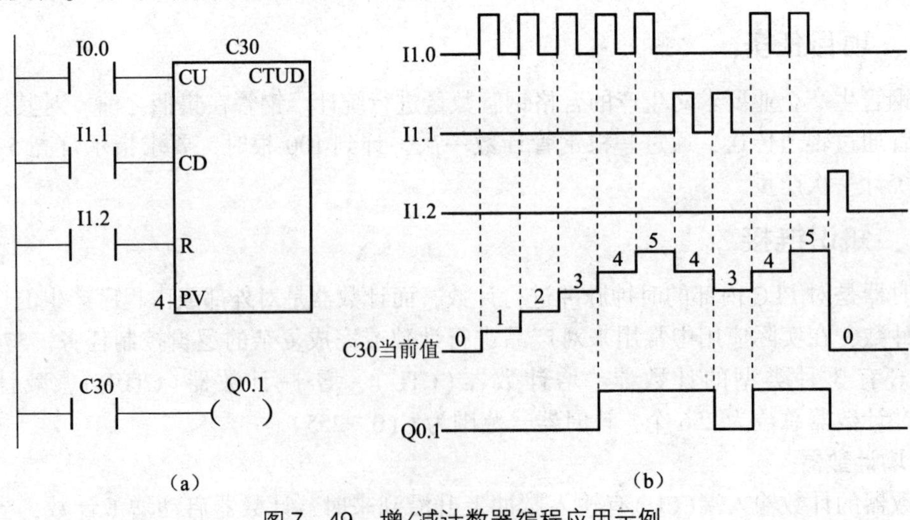

图 7－49 增/减计数器编程应用示例

(a)梯形图；(b)语句表

3. 减计数器(CTD)

当装载输入端(LD)有效时，计数器复位并把预置值(PV)装入当前寄存器(CV)中。当减计数器的计数输入端(CD)有输入脉冲上升沿到来时，计数器启动递减计数，当前值从预置值开始减1，当前值等于0时，停止计数，计数器位置1。

减计数器没有复位端，它是在装载输入端(LD)接通时实现复位的。减计数器编程应用示例如图7－50所示。

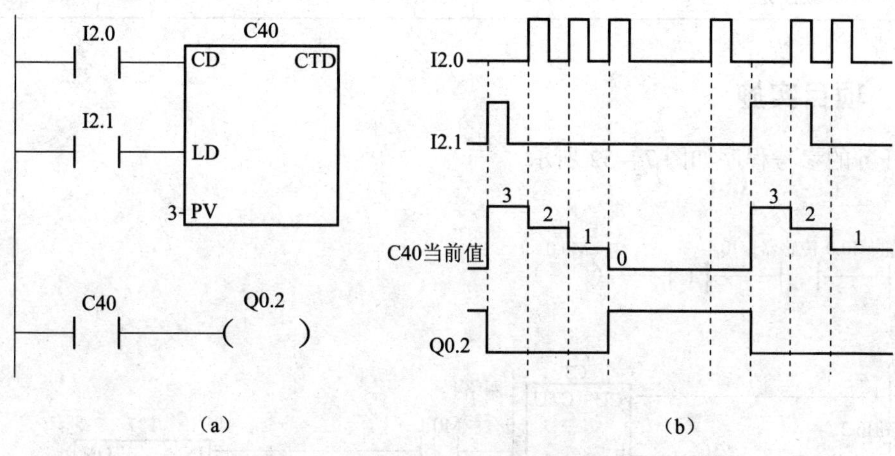

图7－50　减计数器编程应用示例
(a)梯形图；(b)语句表

三、项目分析

本任务I/O端口地址分配见表7－13，硬件接线如图7－51所示。

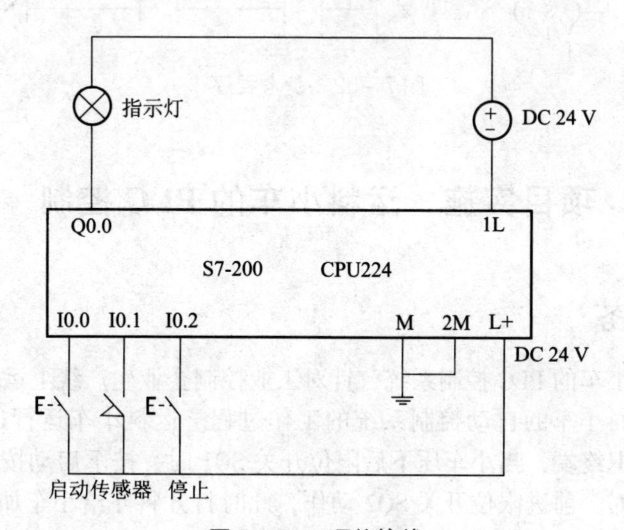

图7－51　硬件接线

表7－13　I/O端口地址分配

输入		输出	
设备名称	输入继电器	设备名称	输出继电器
启动按钮	I0.0	指示灯	Q0.0
传感器	I0.1		
复位按钮	I0.2		

四、项目实施

本任务的参考程序如图7－52所示。

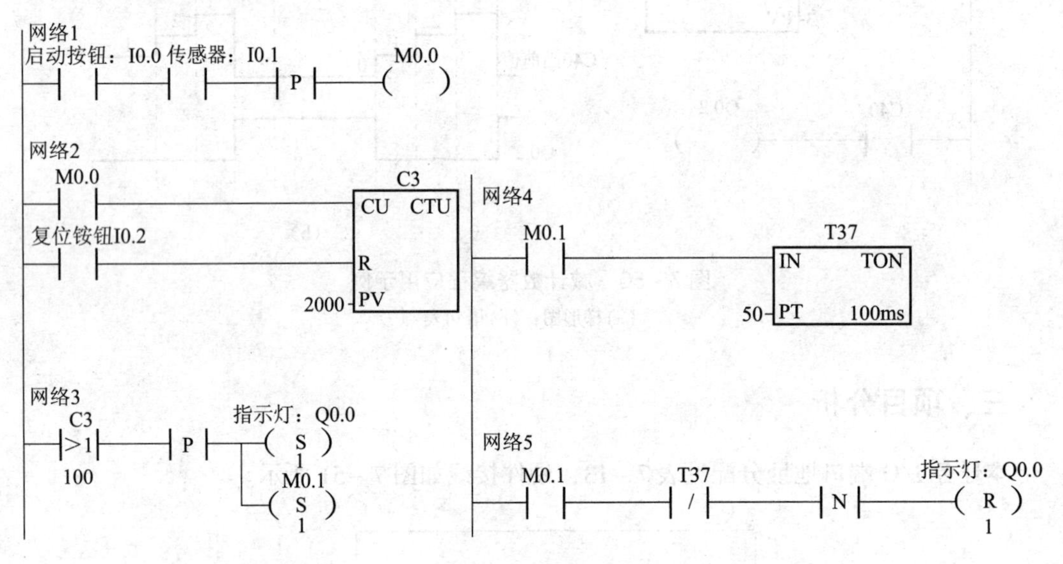

图7－52　参考程序

项目实施　运料小车的PLC控制

一、项目任务

设计一个运料小车的PLC控制系统。针对工业控制企业生产线上运输工程的需要，设计自动生产线上运料小车的自动控制系统的工作过程。运料小车运行过程如图7－53所示，小车原位在后退终端，当小车压下后限位开关SQ1时，按下启动按钮SB，小车前进，当运行至料斗下方时，前进限位开关SQ2动作，此时打开料斗给小车加料，延时7 s后关闭料斗，小车后退返回，后退限位开关SQ1动作时，打开小车底门卸料，5 s后结束，完成一次动作。如此循环4次后系统停止。

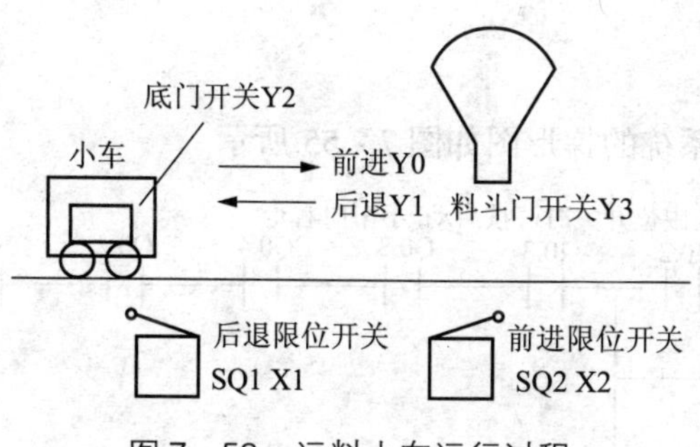

图7-53　运料小车运行过程

二、项目分析

本任务I/O端口地址分配见表7-14，硬件接线如图7-54所示。

表7-14　I/O端口地址分配

输入信号			输出信号		
PLC地址	电器元件	功能说明	PLC地址	电器元件	功能说明
I0.0	SQ1	左限位行程开关，常开触头	Q0.1	KM1	小车右行控制接触器
I0.1	SQ2	右限位行程开关，常开触头	Q0.2	KM2	小车左行控制接触器
I0.2	SB	启动按钮，常开触头	Q0.3	YV1	漏斗门电磁阀
I0.3	FR	热继电器触头，常闭触头	Q0.4	YV2	底门电磁阀

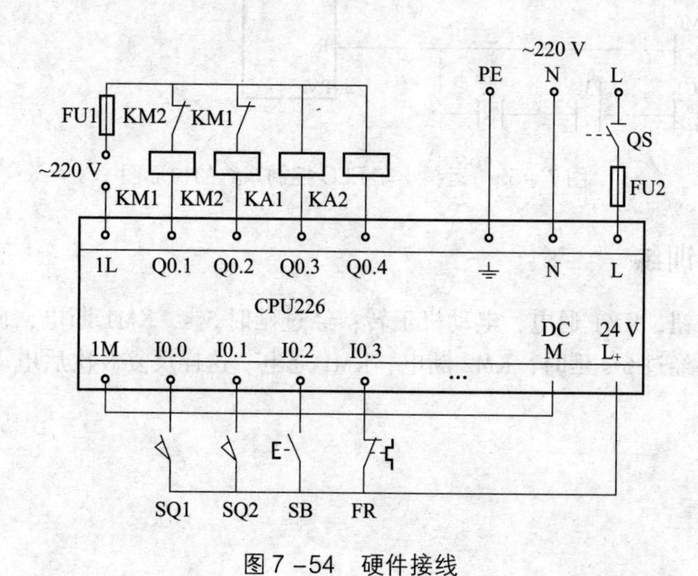

图7-54　硬件接线

三、项目实施

运料小车 PLC 控制系统的梯形图如图 7－55 所示。

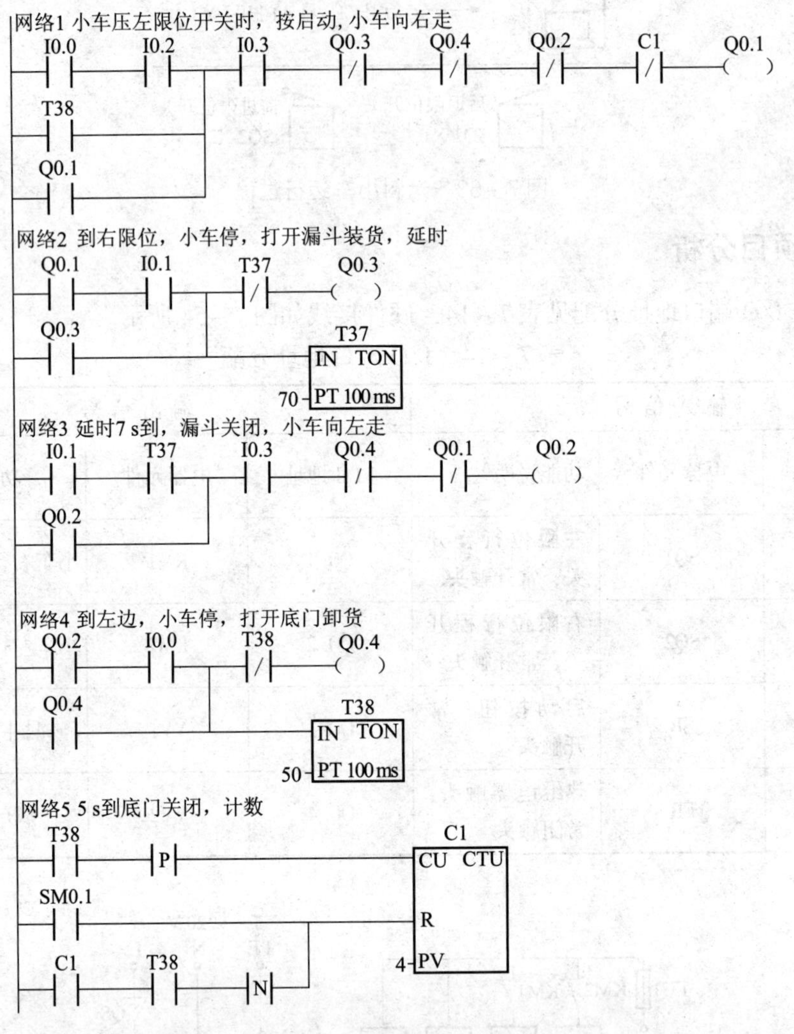

图 7－55 运料小车 PLC 控制系统的梯形图

四、技能训练

按下启动按钮，KM1 通电，电动机正转；经过延时 5 s，KM1 断电，同时 KM2 得电，电动机反转；再经过 6 s 延时，KM2 断电，KM1 通电。这样反复 8 次后电动机停下。

公路交通信号灯的 PLC 控制

知识要求

(1)掌握顺序控制法的设计及编程方法。
(2)理解各类顺序控制编程方式的设计思路。

技能要求

(1)掌握顺序功能图设计及编程的方法。
(2)会用 PLC 的顺序控制法解决实际工程问题。

任务一　彩灯闪烁电路的 PLC 控制

一、项目任务

1. 控制要求

设计一个彩灯闪烁电路的控制程序，控制要求为：3 盏彩灯 HL1、HL2、HL3，按下启动按钮后 HL1 亮，5 s 后 HL1 灭 HL2 亮，5 s 后 HL2 灭 HL3 亮，5 s 后 HL3 灭，5 s 后 HL1、HL2、HL3 全亮，5 s 后 HL1、HL2、HL3 全灭，5 s 后 HL1、HL2、HL3 全亮，5 s 后 HL1、HL2、HL3 全灭，5 s 后 HL1 亮……如此循环；随时按停止按钮停止系统运行。

2. 控制对象工作原理

这是一个典型的顺序控制案例，根据控制要求，可将整个工作过程分为 9 个状态，每个状态的功能分别为状态一(初始复位及停止复位)，状态二(HL1 亮)，状态三(HL2 亮)，状态四(HL3 亮)，状态五(全灭)，状态六(HL1、HL2、HL3 全亮)，状态七(全灭)，状态八(HL1、HL2、HL3 全亮)，状态九(全灭)。

二、知识链接

1. 顺序控制法概述

用梯形图编程简单易懂，为广大技术人员所接受，但对于一些复杂的控制程序，比如顺序控制程序，由于其内部的联锁、互动关系较为复杂，用梯形图来编写程序存在很大缺陷。近年来，许多新生产的 PLC 除梯形图外还增加了一种新的编程语言——顺序功能图，专门用于编制顺序控制程序。

所谓顺序控制，就是按照生产工艺的流程顺序，在各个输入信号及内部软元件的作用下，使各个执行机构自动有序地运行。使用顺序控制法时首先根据系统的工艺流程，画出顺序功能图，然后根据顺序功能图画出梯形图。这种设计方法很容易被初学者接受，对于有经验的工程师，也会提高设计效率，对于程序的调试、修改和阅读也很方便。

2. 顺序功能图的设计

顺序功能图又称为状态流程图，是 PLC 专门用于编制顺序控制程序的一种编程方式。顺序功能图根据序列中有无分支及实现转换的不同，可分为 3 种：单流程、选择性流程和并行性流程。本项目介绍单流程顺序控制，另两种序列将在后面介绍。所谓单流程顺序控制，是指控制的流程为单一的，也就是唯一的。

下面以电动机循环正反控制为例说明单流程顺序功能图的设计，其控制要求为：电动机正转 3 s，暂停 2 s，反转 3 s，暂停 2 s，如此循环 5 个周期，然后自动停止；运行中，可按停止按钮停止，热继电器动作也应停止。根据输出状态的变化可将工作周期分为正转、暂停、反转、暂停、计数，另外还包括初始步，共 6 步。在 S7 - 200 系列 PLC 中，状态继电器元件 S0.0 ~ S31.7 可作为顺序控制元件，也可以用通用状态继电器 M 来表示。

(1)将每个工序用 PLC 的一个状态继电器来表示。电动机循环正反转控制的状态继电器的分配如下：初始状态→S0.0，正转→S0.1，暂停→S0.2，反转→S0.3，暂停→S0.4，计数→S0.5。

(2)将每个工序要完成的动作用 PLC 的线圈或功能指令来表示。电动机循环正反转的各状态功能如下：S0.0：复位；S0.1：驱动 Q0.0、T37 线圈得电，使电动机正转 3 s；S0.2：驱动 T38 线圈得电，使电动机停转 2 s；S0.3：驱动 Q0.1、T39 线圈得电，使电动机反转 3 s；S0.4：驱动 T40 线圈得电，使电动机停转 2 s；S0.5：驱动 C0 得电计数。

(3)将每个工序间的转移条件用 PLC 的触头或电路块来表示。电动机循环正反转的转移条件如下：S0.0：初始脉冲 SM0.1、停止按钮 I0.0 或热继电器 I0.1，另外还有从 S0.5 来的计数器的常开触头 C0；S0.1：启动按钮 I0.2 或从 S0.5 来的计数器的常闭触头 C0；S0.2：定时器的延时常开触头 T37；S0.3：定时器的延时常开触头 T38；S0.4：定时器的延时常开触头 T39；S0.5：定时器的延时常开触头 T40。

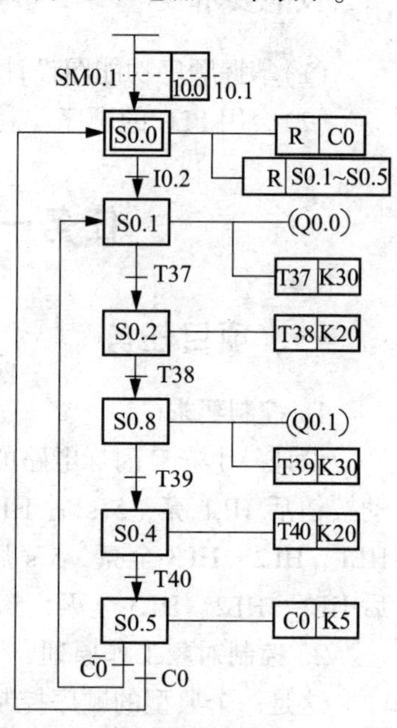

图 8 - 1　电动机循环正反转控制的顺序功能图

(4)画出顺序功能图。

综合以上分析，可画出电动机循环正反转控制的顺序功能图，如图 8 - 1 所示。

3. 绘制顺序功能图的注意事项

(1)顺序功能图中的初始步一般对应于系统等待启动的起始状态，这一步可能没有什么输出状态，但确实必不可少，在绘制顺序功能图时不能遗漏。一般用系统的初始条件，若无初始条件，可用初始脉冲 SM0.1 进行驱动。

(2)顺序功能图中的箭头方向就是 PLC 的转移方向。

(3)在顺序功能图中，只有当对应的“步”处于激活状态，对应该“步”的负载驱动和转移才有可能，若对应的“步”是关闭的，则负载驱动和状态转移就不可能发生。因此，除初始“步”外，其他所有状态只有在其前一“步”处于激活且转移条件成立时才能开启。同时，下一“步”一旦被“激活”，上一“步”就自动关闭。

4. 顺序控制编程方式——起保停电路设计法

画好顺序功能图后，接下来的问题是将其转换为梯形图输入 PLC 中，本项目介绍起保停电路设计法，该方法采用存储位 M 来代表“步”，使用有记忆功能的电路或指令（如起保停电路和置位、复位指令）来控制代表“步”的存储位。

以图 8－1 为例，首先画出用存储位 M 代替继电器 S 的顺序功能图，如图 8－2 所示。设计起保停电路的关键是找出“步”的启动和停止条件，根据转换实现的规则，转换实现的条件是该“步”的前级“步”被激活并且满足转换条件。步 M0.1 变为活动步的条件是步 M0.0 被激活，且转换条件 I0.2 闭合，在起保停电路中，可将前级步 M0.0 的常开触头与转换条件 I0.2 的常开触头串联后，作为控制 M0.1 的启动条件。当 M0.1 被激活为活动步时，M0.0 此时应为不活动步，可以将 M0.1 的常闭触头与 M0.0 的线圈串联。当 M0.5 步被激活，且 C0 常开触头闭合，则 M0.0 步被激活，另外初始脉冲 SM0.1、停止按钮 I0.0 和热继电器 I0.1 也可将 M0.0 步激活，它们是“或”的关系，因此将它们并联后作为 M0.0 的启动条件，另外还并联了 M0.0 的常开触头作自保持。依此类推，可以画出梯形图，如图 8－3 所示。

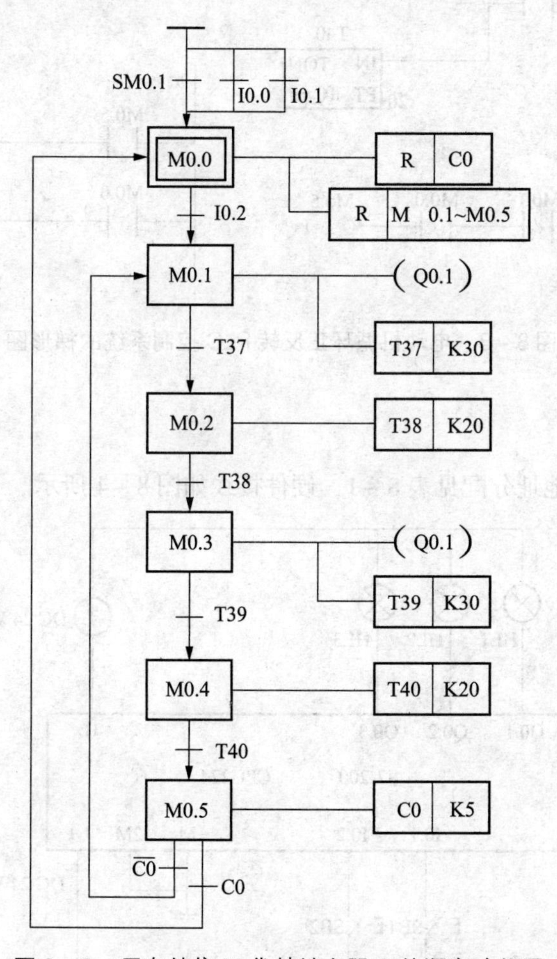

图 8－2　用存储位 M 代替继电器 S 的顺序功能图

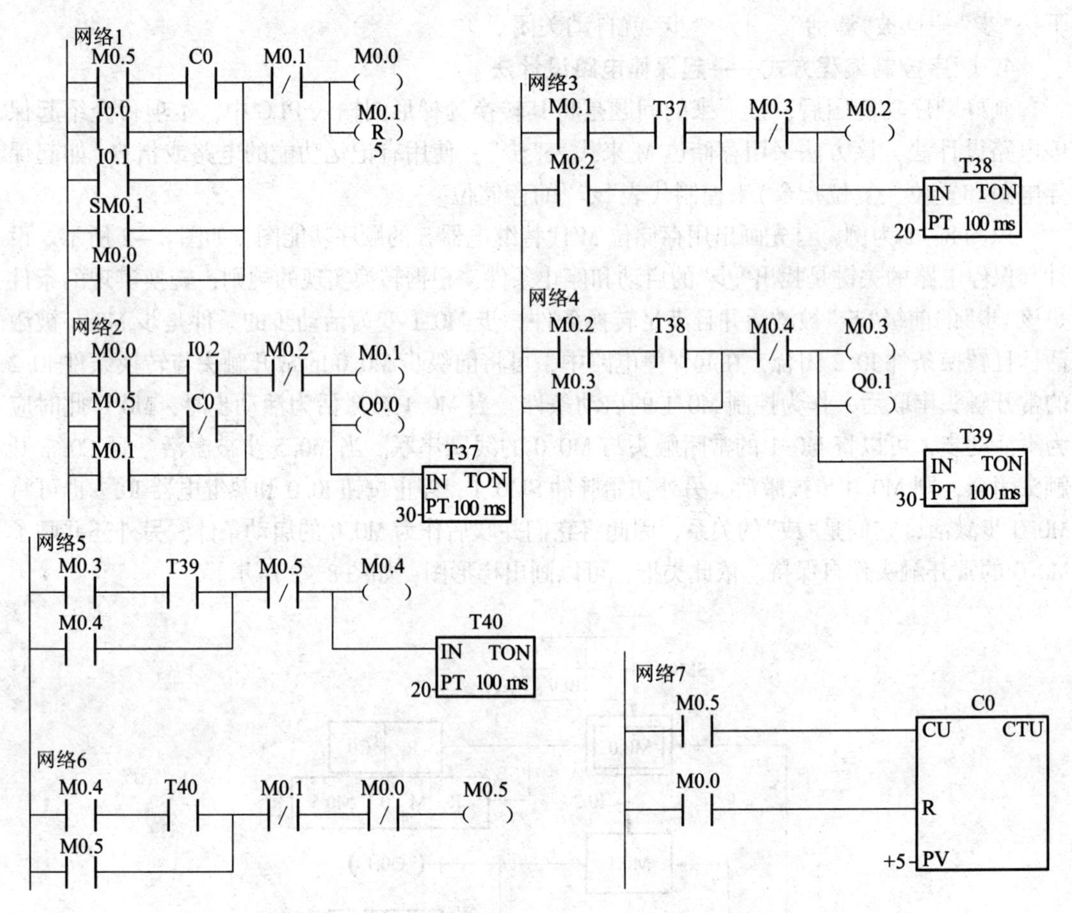

图 8-3　电动机循环正反转 PLC 控制系统的梯形图

三、项目分析

本任务 I/O 端口地址分配见表 8-1，硬件接线如图 8-4 所示。

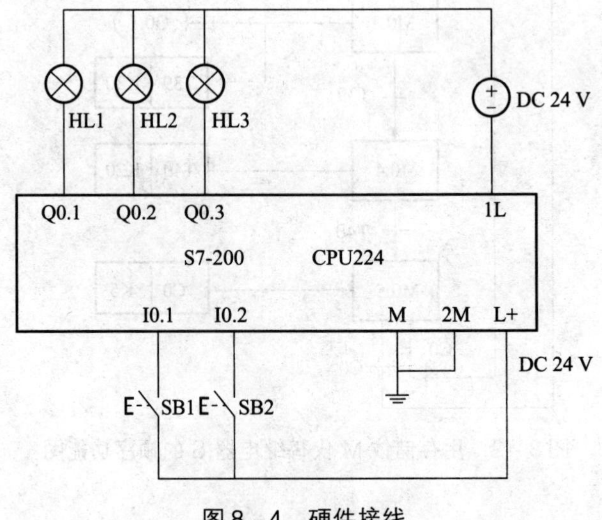

图 8-4　硬件接线

表8－1 I/O 端口地址分配

输入		输出	
设备名称	输入继电器	设备名称	输出继电器
启动按钮 SB1	I0.1	彩灯 HL1	Q0.1
停止按钮 SB2	I0.2	彩灯 HL2	Q0.2
		彩灯 HL3	Q0.3

四、项目实施

指令程序如图8－5和图8－6所示。

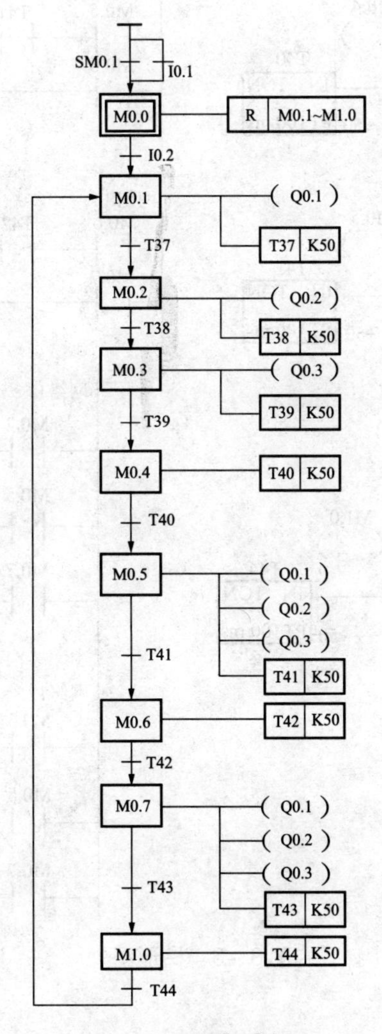

图8－5 顺序功能图

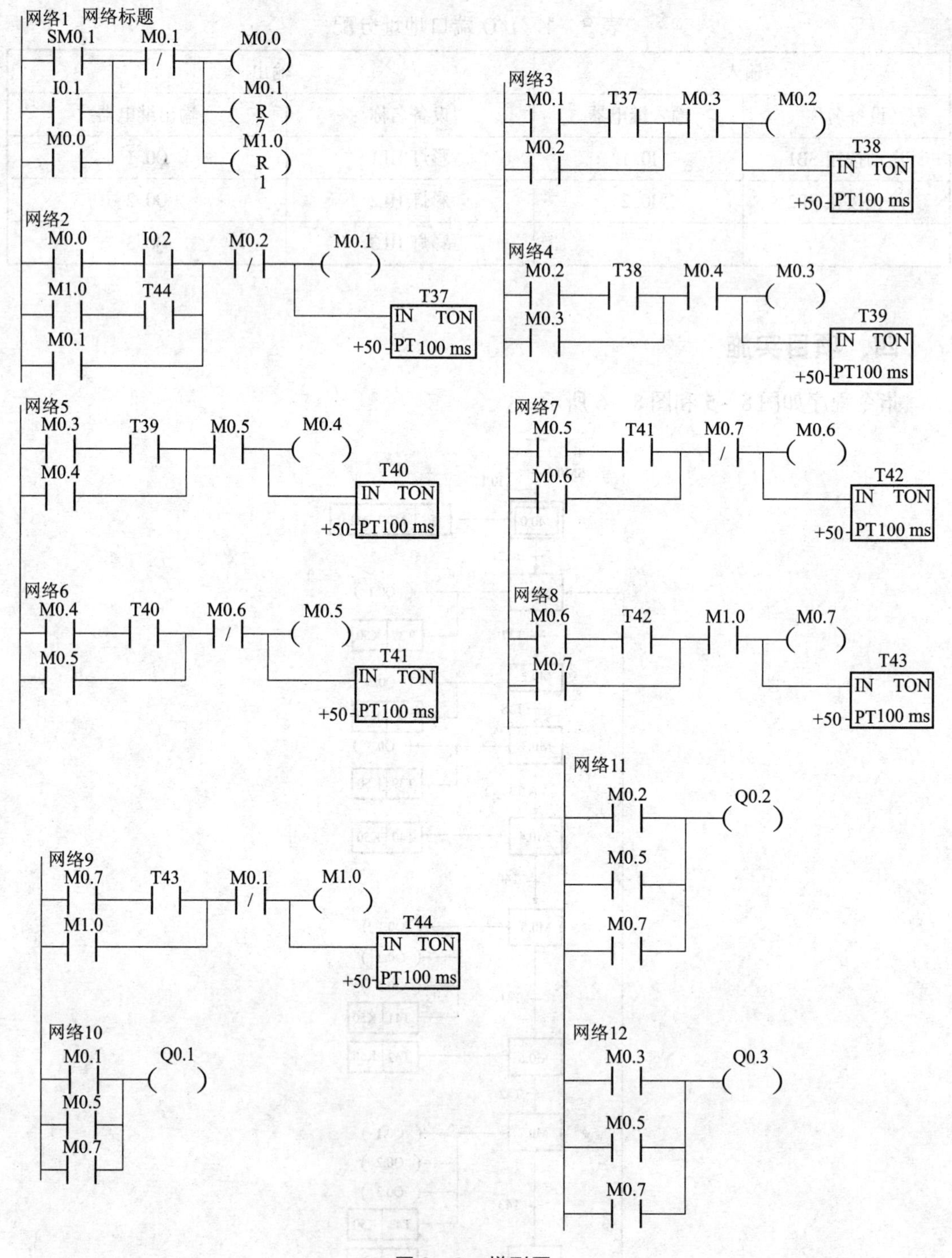

图8－6 梯形图

五、技能训练

3台电动机在按下启动按钮后，每隔一段时间自动顺序启动；顺序启动完毕后，按下停止按钮，每隔一段时间自动反向顺序停止。在启动过程中，如果按下总停按钮，则立即中止运行。

任务二　大、小球分拣机械臂装置的 PLC 控制

一、项目任务

图 8 - 7 所示为一台大、小球分拣机械臂装置，它的工作过程是：当机械臂处于原始位置时，即上限开关 SQ1 和左限位开关 SQ3 压下，抓球电磁铁处于失电状态。这时按启动按钮 SB1 后，机械臂下行，碰到下限位开关 SQ2 后停止下行，电磁铁得电吸球。如果吸住的是小球，则大、小球检测开关 SQ 为 ON；如果吸住的是大球，则 SQ 为 OFF。1 s 后，机械臂上行，碰到上限位开关 SQ1 后右行，它会根据大、小球的不同，分别在 SQ4（小球）和 SQ5（大球）停止右行，然后下行至下限位停止，电磁铁失电，机械臂把球放在小球箱或大球箱里，1 s 后返回。如果不按停止按钮 SB2，则机械臂一直工作下去。如果按了停止按钮，则不管何时按，机械臂最终都要停止在原始位置。再次按启动按钮后，系统可以再次从头开始循环工作。

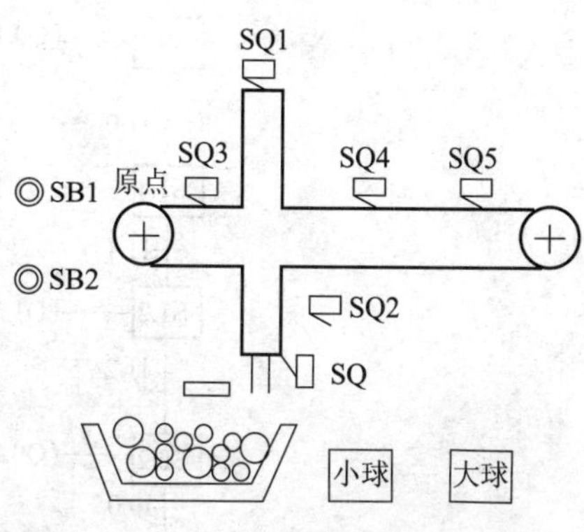

图 8 –7　大、小球分拣机械臂示意

二、知识链接

1. 选择性流程概述

由两个或两个以上的分支程序组成，但只能从其中一个分支执行任务的流程，称为选择性流程，如图 8 - 8 所示。

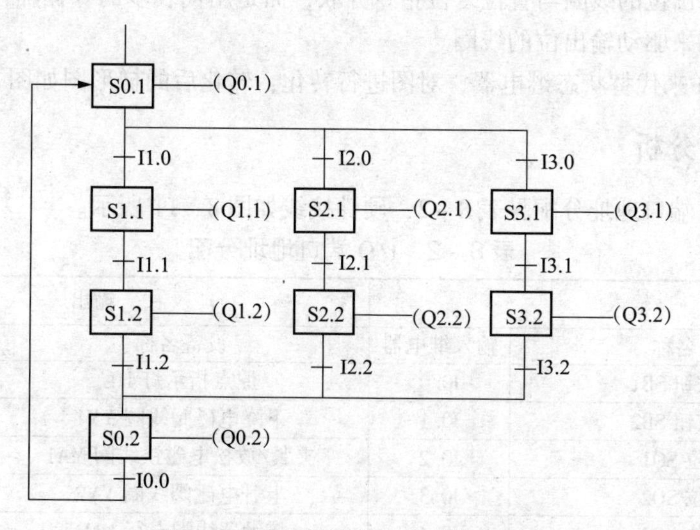

图 8 –8　选择性流程程序的结构形式

(1)该状态转移图有 3 个流程顺序，如图 8 -9(a)、(b)与(c)所示，由转移条件决定执行哪个分支。

(2)根据不同的条件(I1.0，I2.0，I3.0)，选择且只能选择执行其中的一个流程。I1.0为ON时执行图8-9(a)所示流程，I2.0为ON时执行图8-9(b)所示流程，I3.0为ON时执行图8-9(c)所示流程。I1.0，I2.0与I3.0不能同时为ON。

(3)S0.2为汇合状态，可由S1.1、S2.1、S3.1中的任一状态驱动。

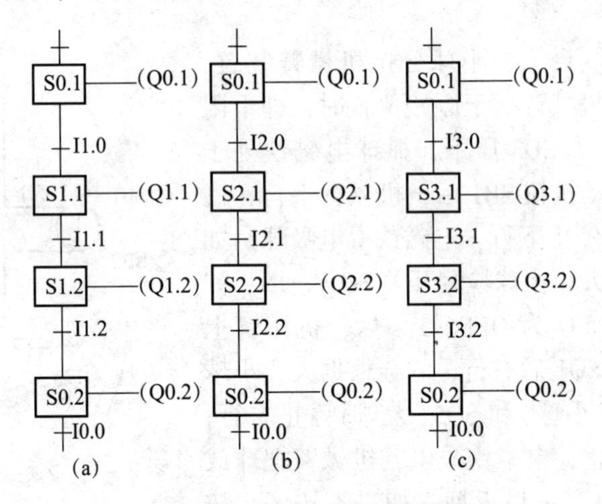

图8-9　选择性流程程序的等效图

2. 顺序控制编程方式——以转换为中心的顺序控制梯形图设计法

对于启保停电路，可以用具有相同功能的SET和RST指令来代替，即采用以转换为中心的编程方式。其方法是：用该转换所有前级步对应的存储位的常开触头与转换对应的触头或电路串联(即起保停电路中的启动条件)，作为使所有后续步对应的存储位置位(用SET指令)和使所有前级步对应的存储位复位(用RST指令)的条件。每一个转换对应一个这样的控制置位和复位的电路块，有多少个转换就有多少个这样的电路块。用这种方法编程时，不能将输出位的线圈与置位复位指令并联，而是用代表步的存储器位的常开触头或它们的并联电路来驱动输出位的线圈。

用存储位M来代替状态继电器，对图进行转化，转化后的梯形图如图8-10所示。

三、项目分析

本任务I/O端口地址分配见表8-2，硬件接线如图8-11所示。

表8-2　I/O端口地址分配

输入		输出	
设备名称	输入继电器	设备名称	输出继电器
启动按钮SB1	I0.0	原点指示灯HL	Q0.0
停止按钮SB2	I0.1	下降电磁阀线圈YV1	Q0.1
上限位SQ1	I0.2	夹紧/放松电磁铁线圈YA1	Q0.2
下限位SQ2	I0.3	上升电磁阀线圈YV2	Q0.3
左限位SQ3	I0.4	接触器线圈右行KM1	Q0.4
大小球检测开关SQ	I0.5	接触器线圈左行KM2	Q0.5
小球右限位SQ4	I0.6		
大球右限位SQ5	I0.7		

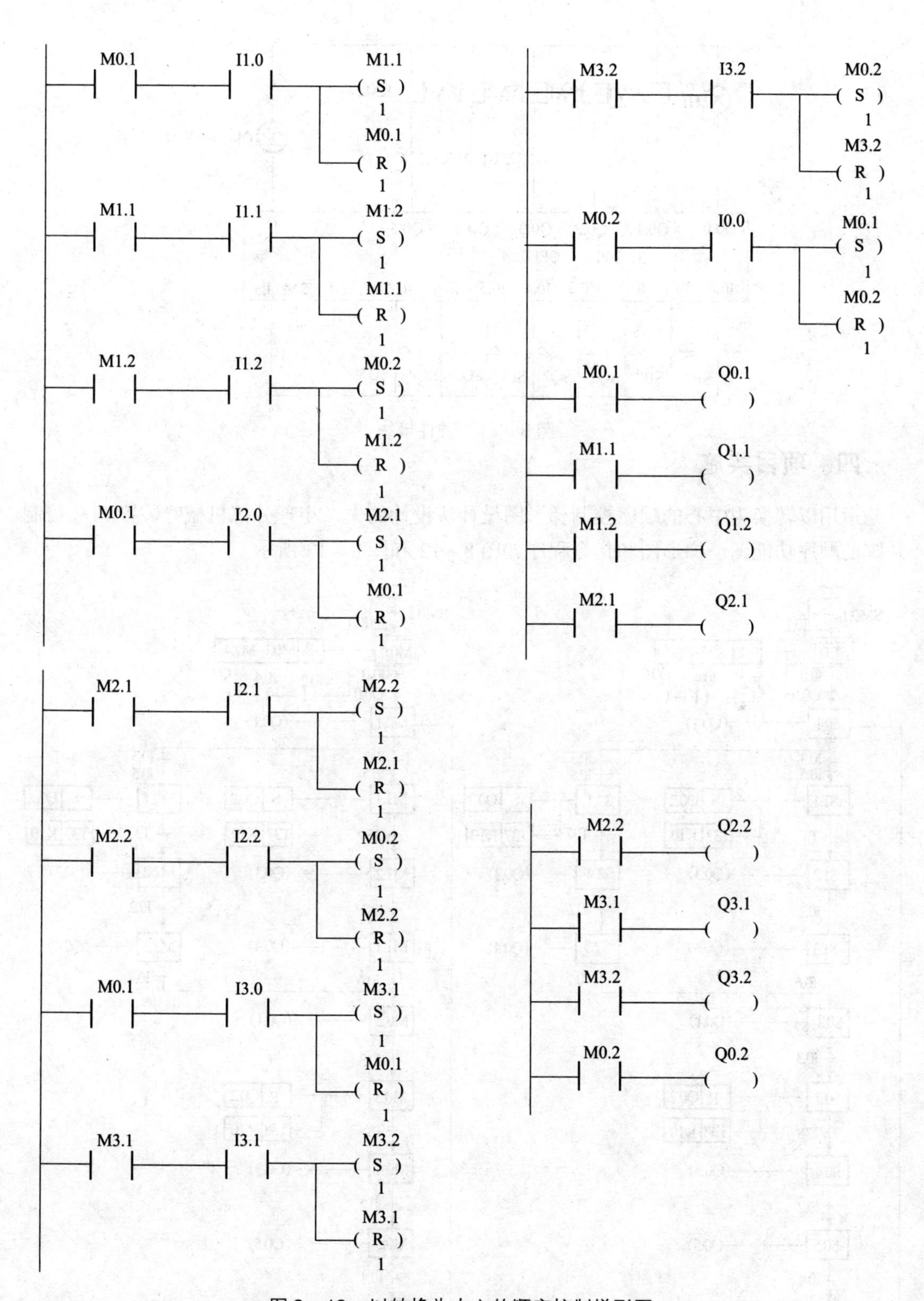

图8－10　以转换为中心的顺序控制梯形图

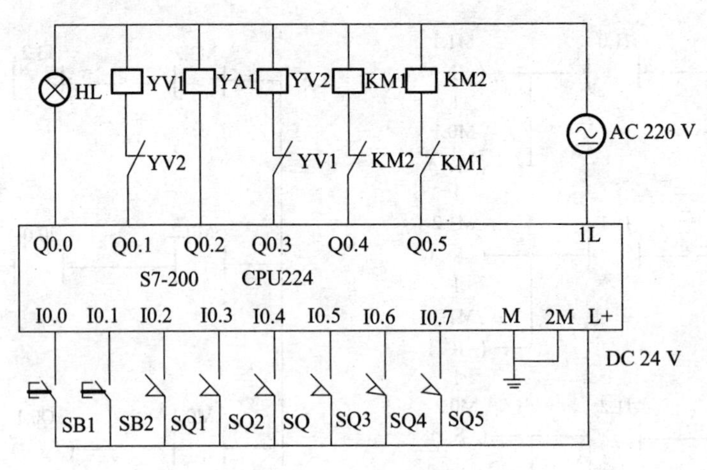

图 8－11 硬件接线

四、项目实施

运用以转换为中心的顺序控制梯形图设计法设计的大、小球分拣机械臂装置 PLC 控制系统的顺序功能图、梯形图和指令程序如图 8－12 和图 8－13 所示。

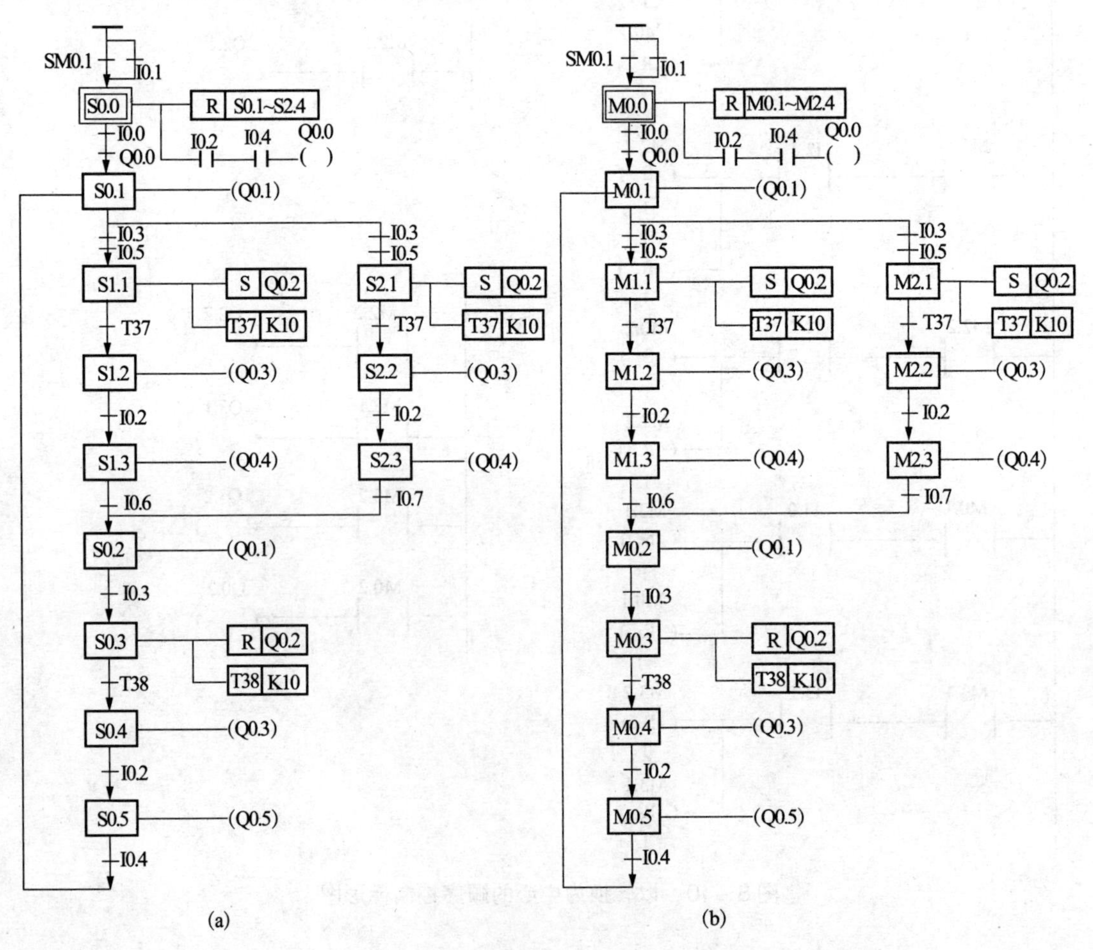

图 8－12 大、小球分拣机械臂装置 PLC 控制系统的顺序功能图

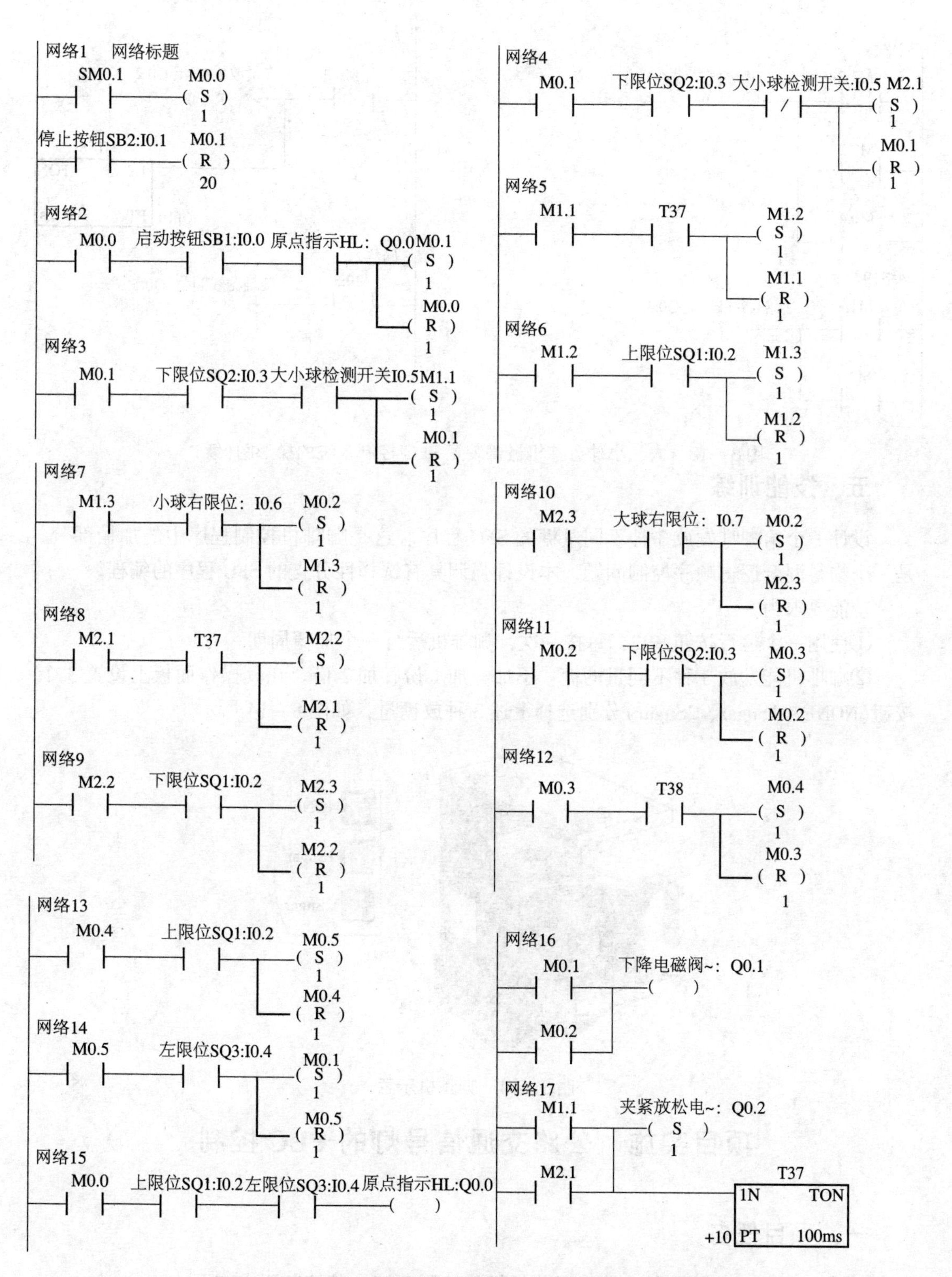

图8－13　大、小球分拣机械臂装置PLC控制系统的梯形图

网络18
M1.2　上升电磁阀~: Q0.3
M2.2
M0.4
网络19
M1.3　接触器线圈~: Q0.4
M2.3

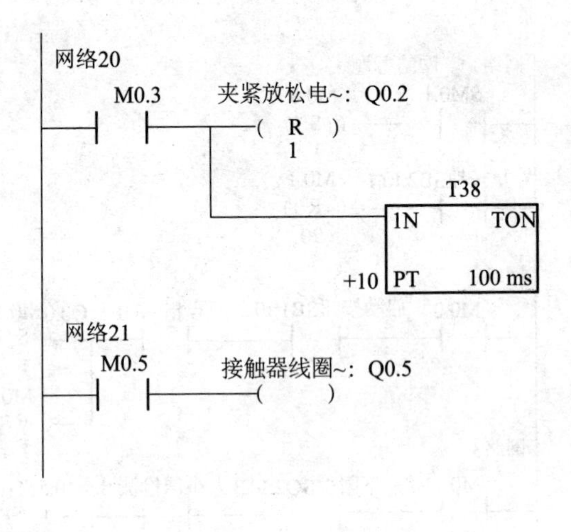

图8－13　大、小球分拣机械臂装置PLC控制系统的梯形图(续)

五、技能训练

设计一个给咖啡发放3种不同量糖的SFC程序。这是咖啡机控制程序中的加糖部分，是一个物料混合逻辑顺序控制问题，本设计强调具有选择性分支的SFC程序的编程。

功能要求为：

①使用一个运行按钮SB2，每按一次，咖啡机运行一个加糖周期。

②咖啡机能发放3种不同量的糖：不加、加1份、加2份。在其操作面板上设置3个按钮(NONE、1Sugar、2Sugar)分别选择上述3种放糖量，如图8－14所示。

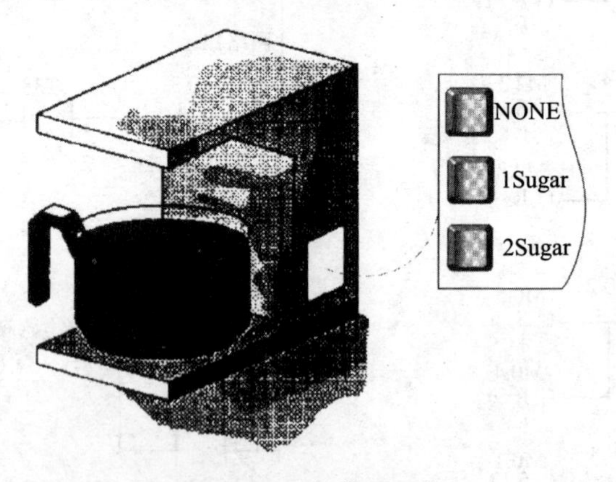

图8－14　咖啡机示意

项目实施　公路交通信号灯的PLC控制

一、项目任务

设计一个用PLC控制的公路交通信号灯的控制系统，其控制要求如下：

(1)自动运行时，按一下启动按钮，信号灯系统按图8－15所示要求开始工作(绿灯闪烁的周期为1 s)，按一下停止按钮，所有信号灯都熄灭；

(2)手动运行时，两个方向的黄灯同时闪动，周期是1 s。

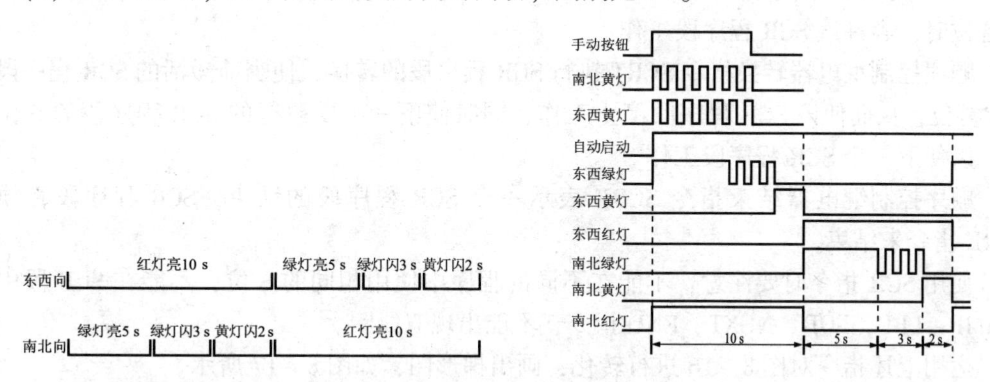

图8－15　交通信号灯动作示意

二、知识链接

1. 并行性流程概述

所谓并行性流程，是指由两个或两个以上的分支程序组成的，但必须同时执行各分支的程序，每个流程运行后，最后汇合在一起，如图8－16所示。

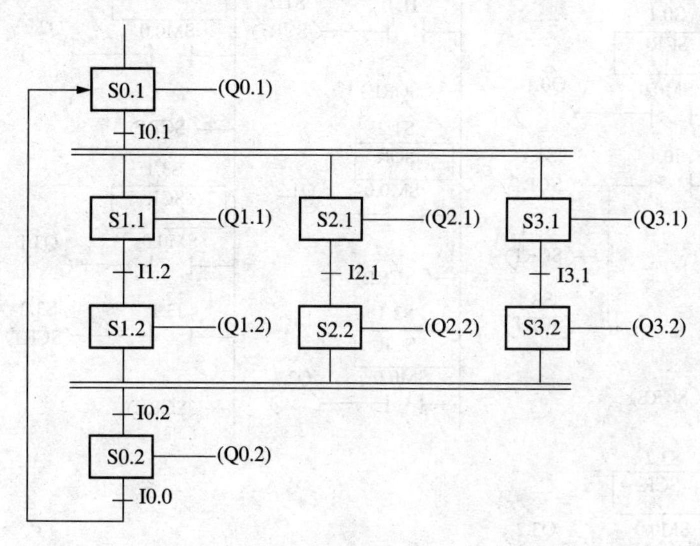

图8－16　并行性流程程序的结构形式

S0.1状态被激活，当分支转移条件I0.1触头闭合，则3个流程S1.1，S2.1和S3.1同时并列执行，没有先后之分。当各流程的动作全部结束(先执行完的流程要等其他流程动作完成)，且分支汇合条件I0.2触头闭合时，则汇合状态S0.2动作，S1.2、S2.2、S3.2全部复位。如果其中一个流程没执行完，则S0.2不能动作。并行性流程程序在同一时间里可能有两个或两个以上的状态处于“激活”。

2. 顺序控制编程方式——使用SCR步进指令的顺序控制梯形图设计法

顺序控制继电器指令(SCR)基于SFC的编程方式，依据被控对象的顺序功能图(SFC)进行编程，对控制程序进行逻辑分段。

顺序控制程序被顺序控制继电器指令(SCR)划分为SCR和SCRE指令之间的若干个SCR段，一个SCR段对应于程序功能图中的一步。SCR指令把S位(例如S0.1)的值装载到 SCR 堆栈和逻辑堆栈栈顶。SCR 堆栈的值决定该 SCR 段是否执行。当 SCR 程序段的 S 位置位时，容许该 SCR 程序段工作。

顺序控制继电器转换指令 SCRT 执行 SCR 程序段的转换，使当前激活的 SCR 程序段的 S 位复位，从而使该 SCR 程序段停止工作，同时使下一个要执行的 SCR 程序段的 S 位置位，以便下一个 SCR 程序段工作。

顺序控制继电器结束指令 SCRE 表示一个 SCR 程序段的结束，SCR 程序段必须由 SCRE 指令来结束。

使用 SCR 指令时要注意：不能在不同的程序中使用相同的 S 位，不能在 SCR 段中使用 JMP、LBL、FOR、NEXT、END 指令，不能出现双线圈。

运用上述指令对图 8－16 进行转化，画出梯形图，如图 8－17 所示。

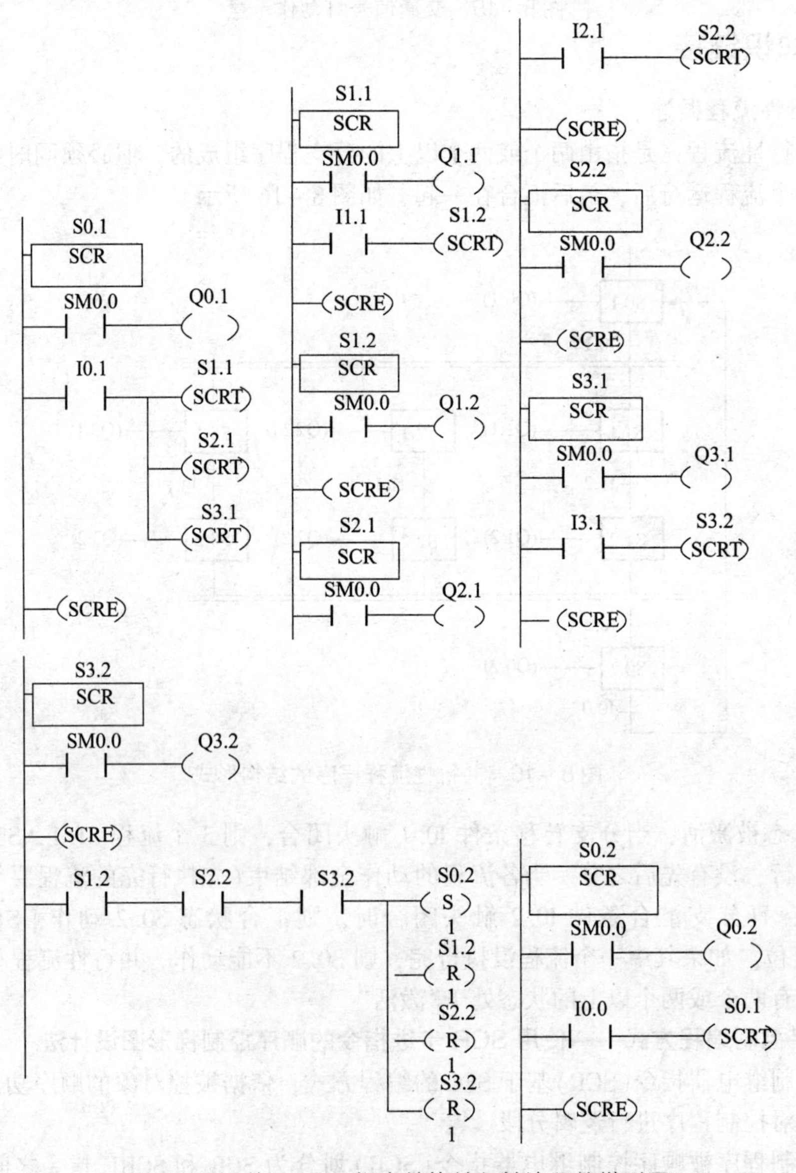

图 8－17　使用 SCR 指令转换并行性流程的梯形图

三、项目分析

本项目 I/O 端口地址分配见表 8－3，硬件接线如图 8－18 所示。

表 8－3　I/O 端口地址分配

输入		输出	
设备名称	输入继电器	设备名称	输出继电器
自动运行开关 S	I0.0	南北红灯 HL1	Q0.0
停止按钮 SB1	I0.1	南北绿灯 HL2	Q0.1
手动运行启动按钮 SB2	I0.2	南北黄灯 HL3	Q0.2
		东西红灯 HL4	Q0.3
		东西绿灯 HL5	Q0.4
		东西黄灯 HL6	Q0.5

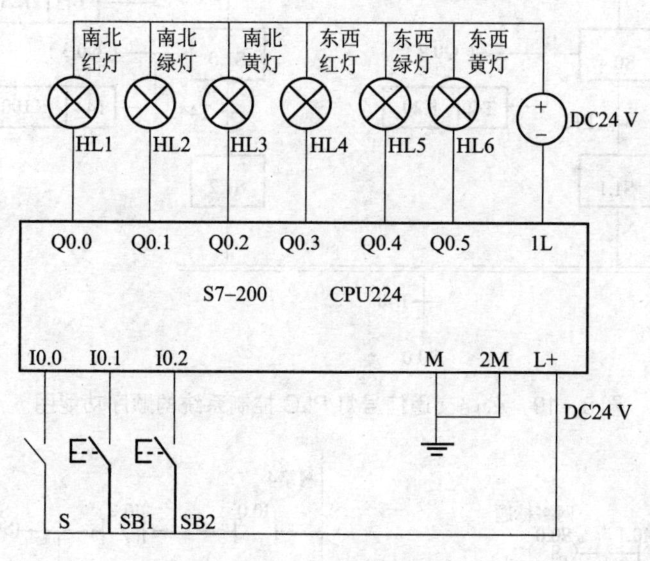

图 8－18　硬件接线

四、项目实施

运用 SCR 步进指令顺序控制梯形图设计法设计的公路交通信号灯 PLC 控制系统的顺序功能图、梯形图如图 8－19 和 8－20 所示。

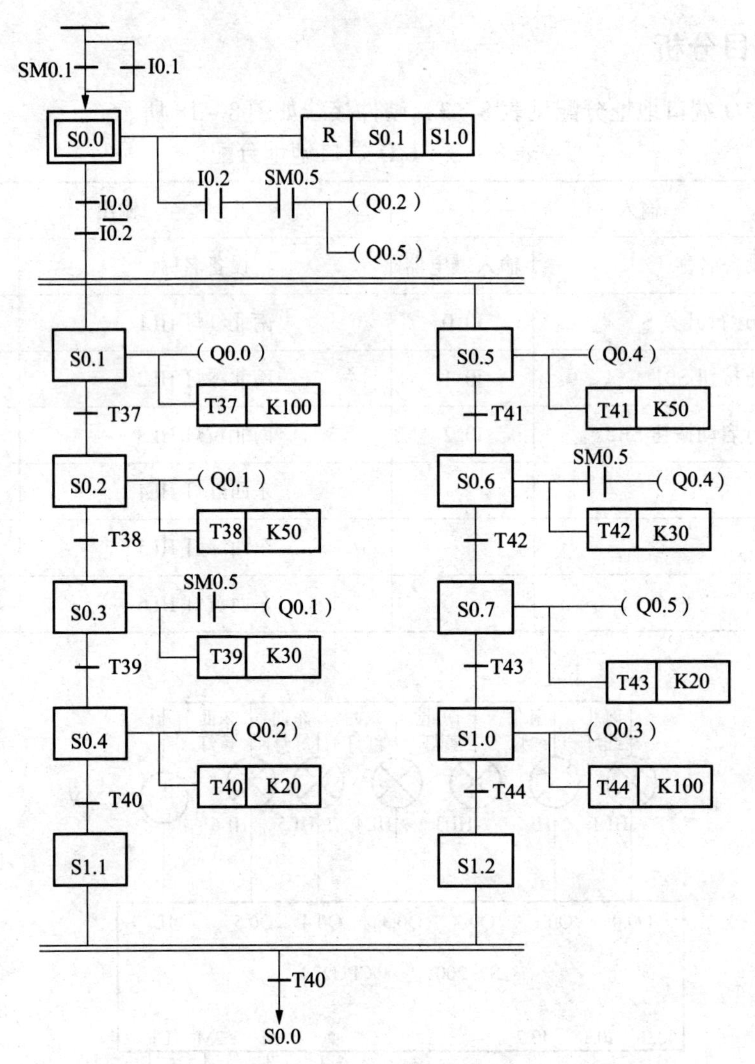

图8-19 公路交通信号灯PLC控制系统的顺序功能图

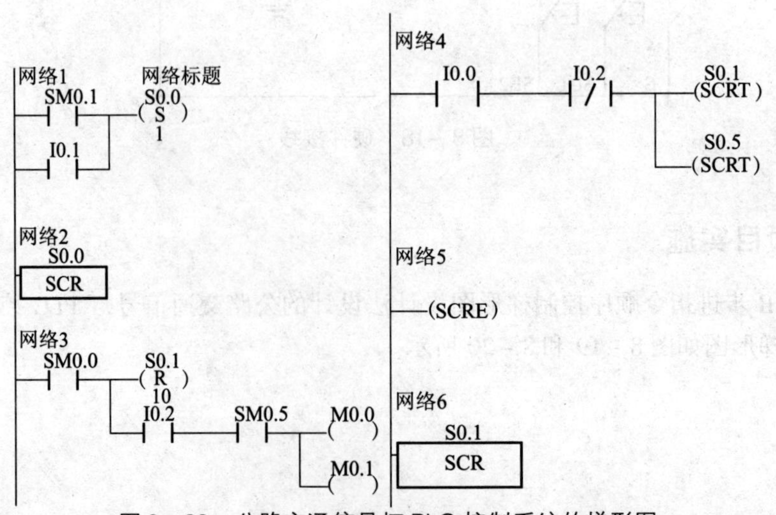

图8-20 公路交通信号灯PLC控制系统的梯形图

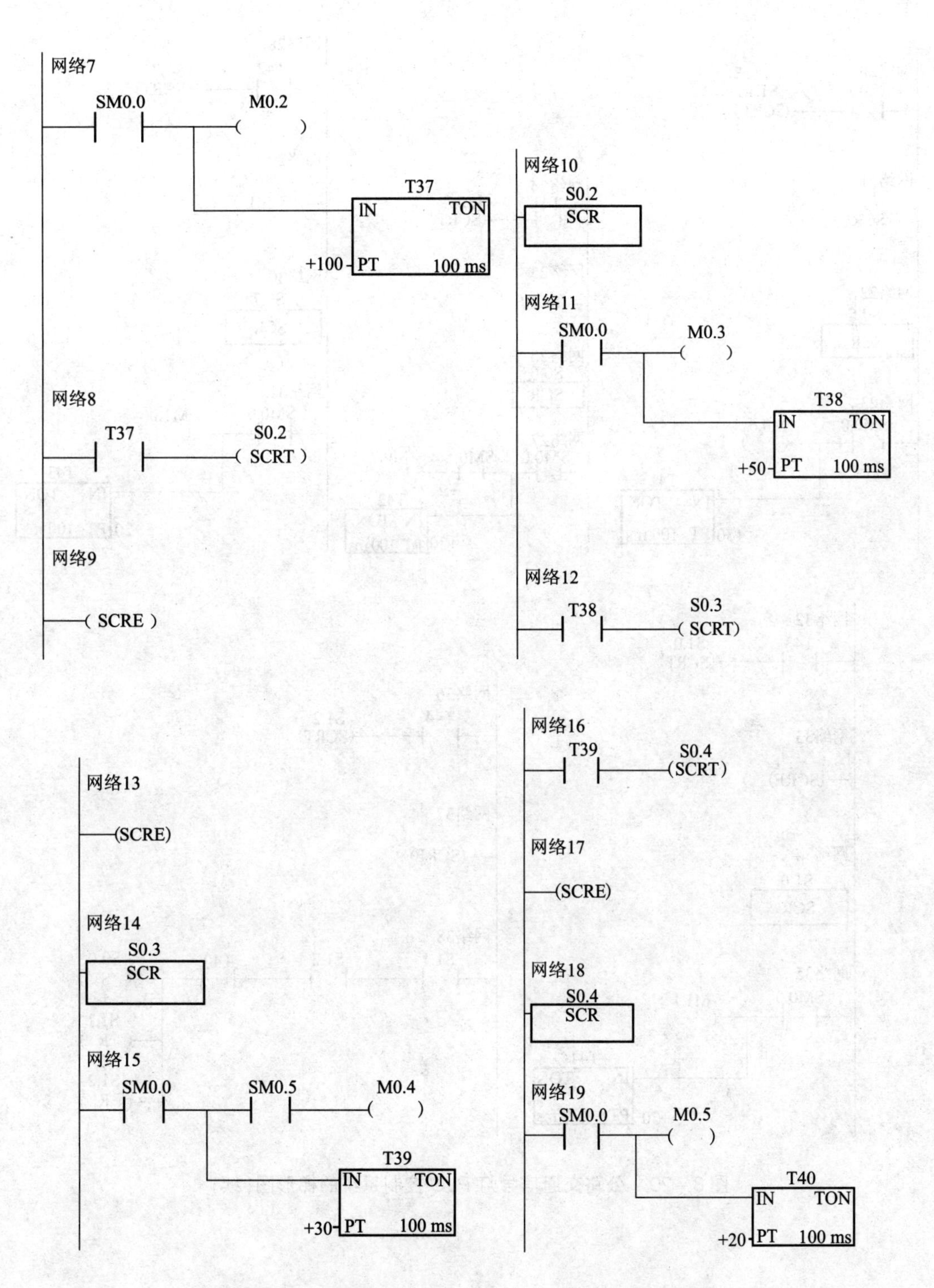

图8－20 公路交通信号灯PLC控制系统的梯形图(续)

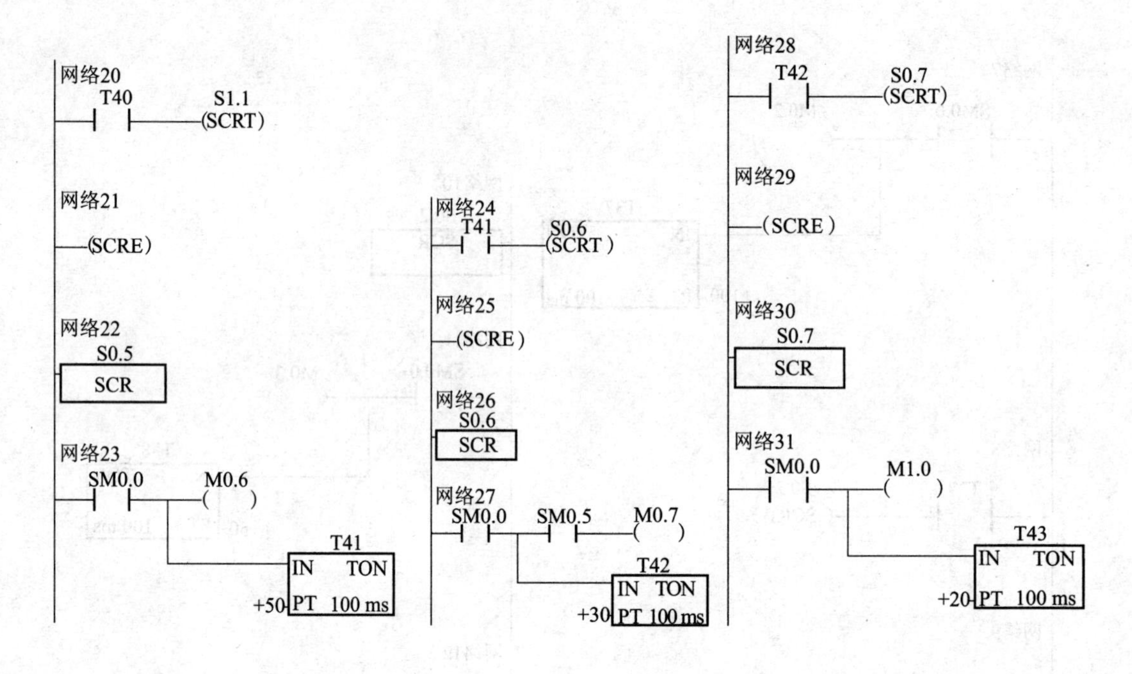

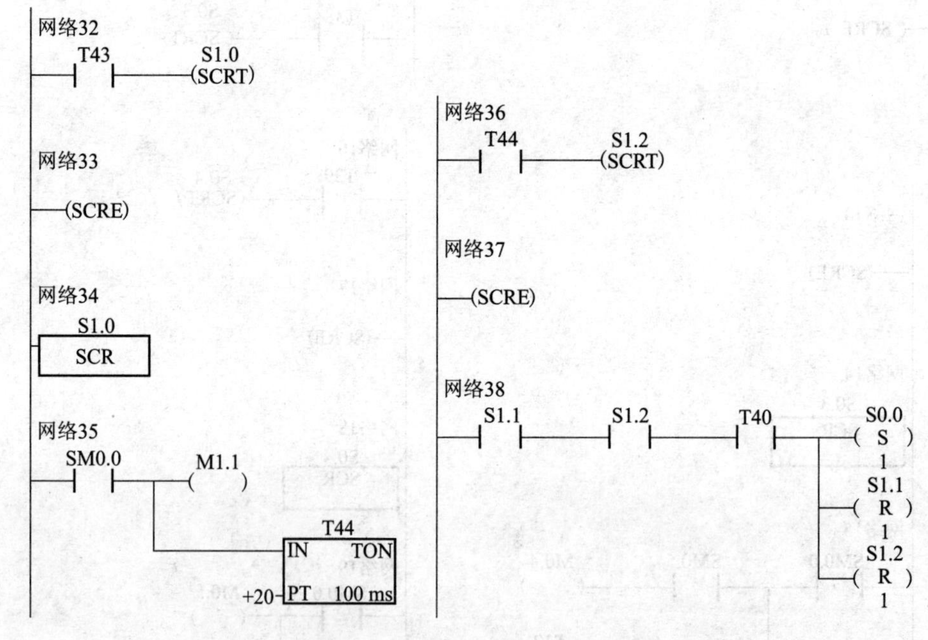

图8－20　公路交通信号灯PLC控制系统的梯形图(续)

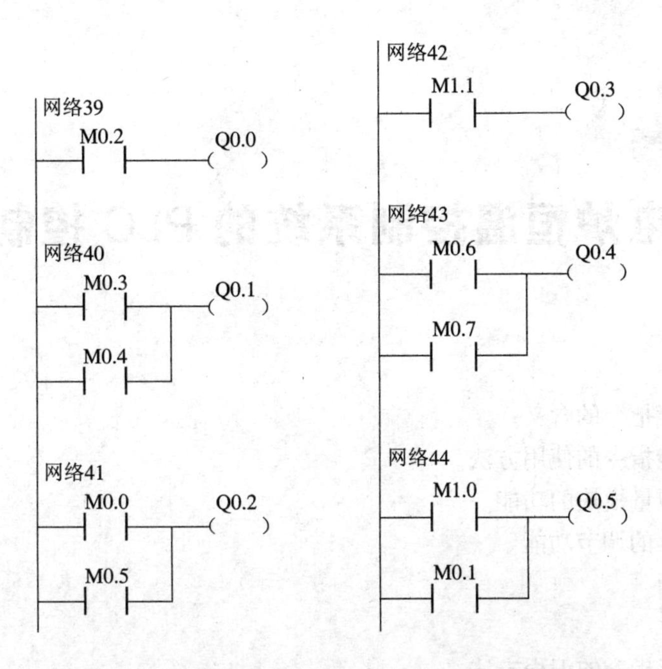

8－20　公路交通信号灯 PLC 控制系统的梯形图(续)

五、技能训练

设计一个用于行人通过快速公路人行道的按钮式交通灯管理的 PLC 控制系统，如图 8－21 所示。

其工作过程如下：正常情况下，汽车通行，即车道的绿灯亮，人行道的红灯亮。当行人想过马路时，则按下按钮 SB0 或 SB1，过 30 s 后，主干道交通灯由绿变黄，黄灯亮 10 s 后，红灯亮，过 5 s 后，人行道的绿灯亮，15 s 以后，人行道的绿灯开始闪烁，设定值为 5 次，闪 5 次后过 5 s，主干道的绿灯亮，同时人行道的红灯亮，恢复正常。

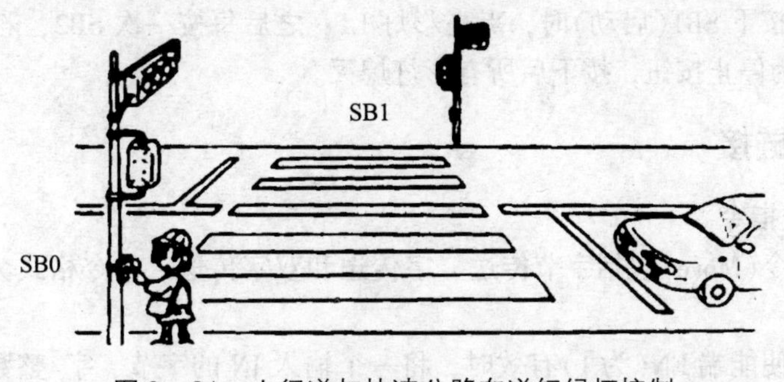

图 8－21　人行道与快速公路车道红绿灯控制

项目九

电炉恒温控制系统的 PLC 控制

知识要求

(1)理解功能指令的含义。
(2)掌握功能指令的使用方法。
(3)掌握模拟量模块的功能。
(4)了解 PID 的调节功能。

技能要求

(1)掌握功能指令的编程方法。
(2)掌握模拟量模块的接线方法。
(3)会用 PLC 的功能指令、模拟量模块解决实际工程问题。

任务一　彩灯的 PLC 控制

一、项目任务

彩灯的控制有多种方式。采用 PLC 控制的彩灯具有良好的稳定性，并且更改彩灯控制方式也非常容易。因此，采用 PLC 控制彩灯方式比较方便。

本任务中当按下 SB1(启动)时，点亮彩灯 L1；之后每按一次 SB2，彩灯左移一位(运行)；按钮 SB3 为停止按钮，按下后所有彩灯熄灭。

二、知识链接

1. 数据传送指令

单一传送指令(Move)包括字节传送、字传送和双字传送。指令格式为：LAD 和 STL，如图 9 -1 所示。

功能描述：使能端 EN(为 1)有效时，将一个输入 IN 的字节、字/整数、双字/双整数或实数送到 OUT 指定的存储器输出，传送后存储器 IN 中的内容不变。

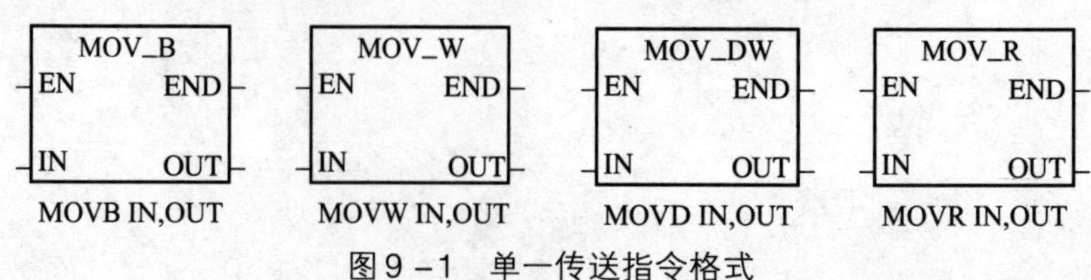

图9 -1　单一传送指令格式

2. 移位指令

移位指令(Shift)将输入值 IN 右移或者左移 N 位，并将输出结果装载到 OUT 中。

1)右移指令

指令格式如图 9－2 所示。

功能描述：使能输入有效，即 EN＝1 时，把从输入 IN 开始的字节(字、双字)数右移 N 位后，将结果输到 OUT 存储单元中。移出位补 0，最后一个移出位保存在溢出标志位存储器 SM1.1 中。最大实际可移位次数为 8 位(16 位或 32 位)。

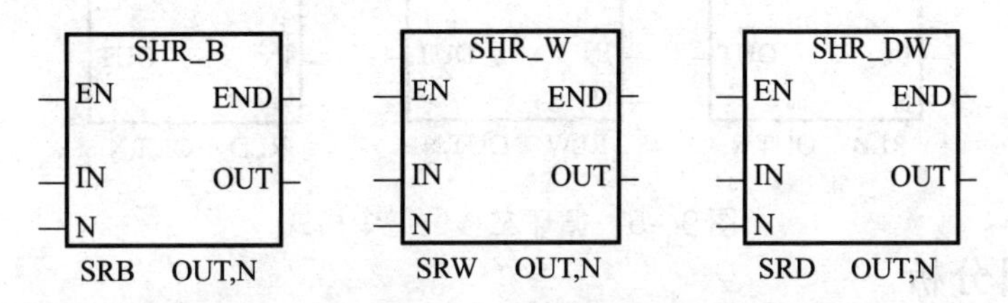

图 9－2　右移指令格式

2)左移指令

指令格式如图 9－3 所示。

功能描述：使能输入有效，即 EN＝1 时，把从输入 IN 开始的字节(字、双字)数左移 N 位后，将结果输到 OUT 存储单元中。移出位补 0，最后一个移出位保存在溢出标志位存储器 SM1.1 中。最大实际可移位次数为 8 位(16 位或 32 位)。

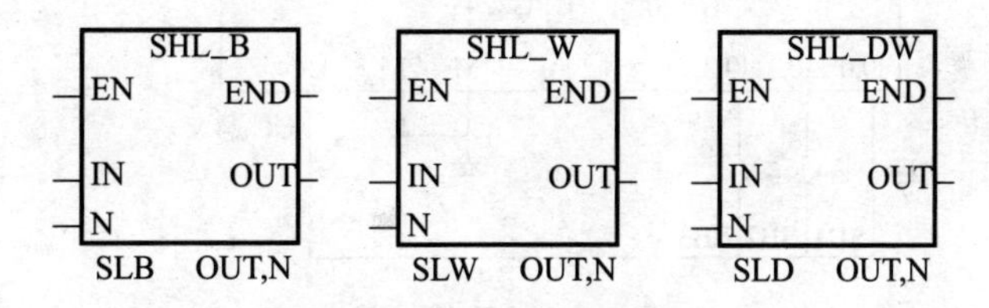

图 9－3　左移指令格式

3. 循环移位指令

循环移位指令(Rotate)将输入值 IN 循环右移或者循环左移 N 位，并将输出结果装载到 OUT 中。

1)循环右移指令

指令格式如图 9－4 所示。

功能描述：把字节型(字型或双字型)输入数据 IN 循环右移 N 位后，将结果输出到 OUT 所指的(字或双字)存储单元。实际移位次数为系统设定值取以 8(16 或 32)为底的模所得的结果。

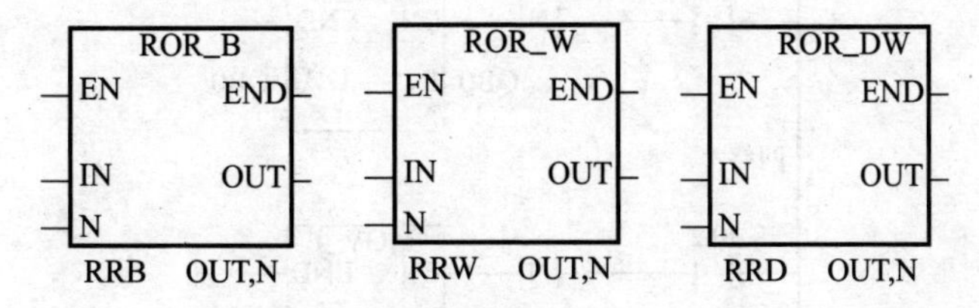

图 9－4　循环右移位指令格式

2)循环左移指令

指令格式如图9－5所示。

功能描述：把字节型(字型或双字型)输入数据IN循环左移*N*位后，将结果输出到OUT所指的(字或双字)存储单元。实际移位次数为系统设定值取以8(16或32)为底的模所得的结果。

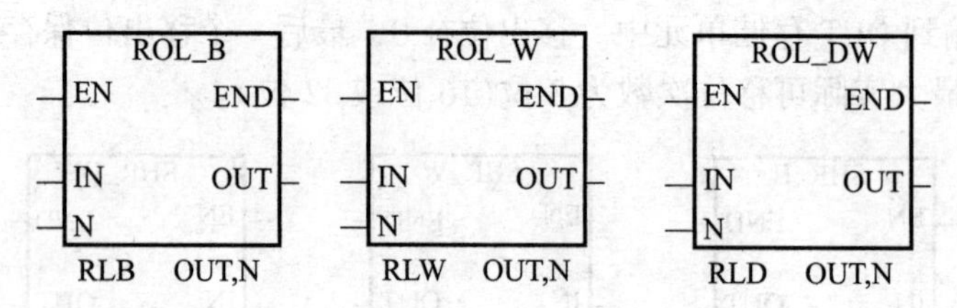

图9－5　循环左移位指令格式

三、项目分析

本任务的硬件接线如图9－6所示。

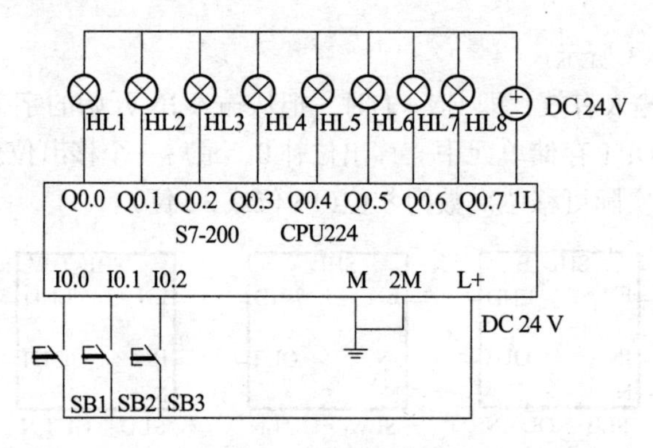

图9－6　硬件接线

四、项目实施

本任务的参考程序梯形图如图9－7所示。

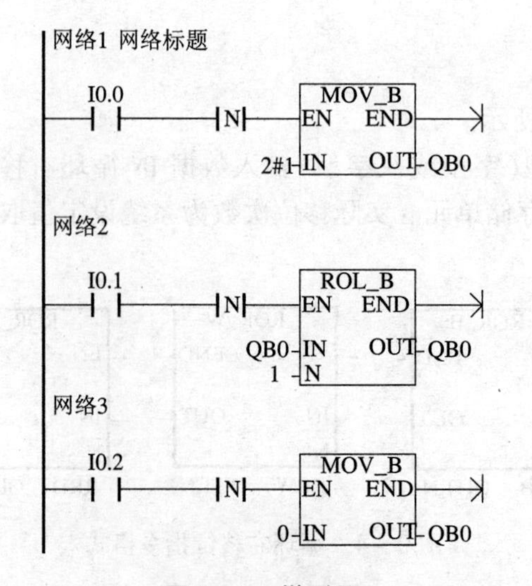

图9－7　梯形图

五、技能训练

设计流水灯两两循环点亮的 PLC 控制程序。要求：按下启动按钮，8 个流水灯自 Q0.0，Q0.1 开始每隔 1 s 依次向左两两循环点亮，按停止按钮后，循环停止。

六、知识拓展

1. 数据类型和存取方式

S7－200 PLC 指令参数所用的基本数据类型有 1 位布尔型(BOOL)、8 位字节型(BYTE)、16 位无符号整数(WORD)、16 位有符号整数(INT)、32 位无符号双字整数(DWORD)、32 位有符号双字整数(DINT)、32 位实数型(REAL)。不同的数据类型具有不同的数据长度和数据范围，见表 9－1。

表 9－1　数据长度与取值范围

数据的位数	无符号数		有符号数	
	十进制	十六进制	十进制	十六进制
B(字节型)：8 位值	0～255	0～FF		
W(字型)：16 位值	0～65 535	0～FFFF	－32 768～32 767	8 000～7FFF
D(双字型)：32 位值	0～4 294 967 295	0～FFFF FFFF	－2 147 483 648～2 147 483 647	80 000 000～7FFF FFFF
R(实数型)：32 位值	－1038～＋			

1)地址格式

存储器由许多存储单元组成，每个存储单元都有唯一的地址，可以依据存储器地址来存取数据。数据区存储器地址的表示格式有位、字节、字、双字地址格式。

(1)位地址格式。

数据区存储器区域的某一位的地址格式由存储器区域标识符、字节地址及位号构成，如图 9－8 中黑色标记的位地址。I 是变量存储器的区域标识符，4 是字节地址，5 是位号，在字节地址 4 与位号 5 之间用点号"."隔开。

(2)字节、字、双字地址格式。

数据区存储器区域的字节、字、双字地址格式由区域标识符，数据长度及该字节、字、双字的起始字节地址构成。图 9－9 中用 VB100、VW100、VD100 分别表示字节、字、双字的地址。VW100 由 VB100、VB101 两个字节组成；VD100 由 VB100～VB103 四个字节组成。

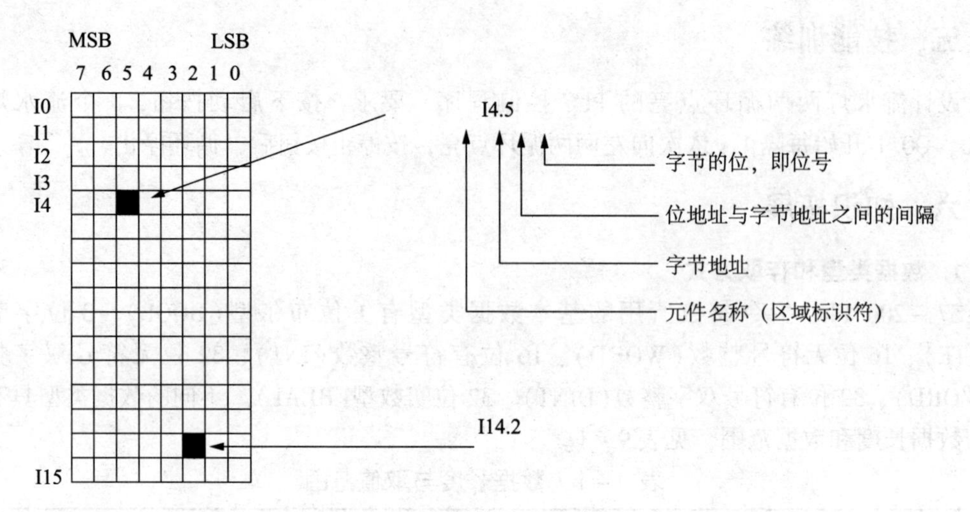

图9-8 位地址格式

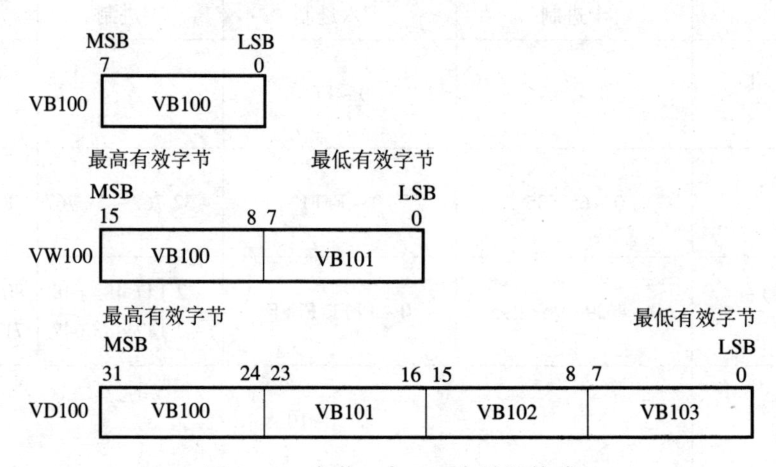

图9-9 字节、字、双字地址格式

(3)其他地址格式。

数据区存储器区域中，还包括定时器存储器(T)、计数器存储器(C)、累加器(AC)等，它们是模拟相关的电器元件的。它们的地址格式为：区域标识符和元件号，如T24表示某定时器的地址。

2)编址方式

(1)位编址。

位编址的指定方式为：(区域标志符)字节号．位号，如I0.0、Q0.2、I3.2。

(2)字节编址。

字节编址的指定方式为：(区域标志符)B(字节号)，如IB0表示由I0.0~I0.7这8位组成的字节。

(3)字编址。

字编址的指定方式为：(区域标志符)W(起始字节号)，且最高有效字节为起始字节，如VW0表示由VB0和VB1这两个字节组成的字。

(4)双字编址。

双字编址的指定方式为：(区域标志符)D(起始字节号)，且最高有效字节为起始字节，如 VD0 表示由 VB0 ~ VB3 这 4 个字节组成的双字。

2. 算术运算指令

1)加减法指令

加减法指令(Add)是对有符号数进行相加减操作。它包括整数加减法、双整数加减法和实数加减法。整数与双整数加减法指令格式见表 9 - 2。

表 9 -2 整数与双整数加减法指令格式

LAD	ADD_I EN END IN1 OUT IN2	SUB_I EN END IN1 OUT IN2	ADD_DI EN END IN1 OUT IN2	SUB_DI EN END IN1 OUT IN2
STL	MOVW IN1，OUT +I IN2，OUT	MOVW IN1，OUT -I IN2，OUT	MOVD IN1，OUT +D IN2，OUT	MOVD IN1，OUT +D IN2，OUT
操作数	IN1/IN2：VW、IW、QW、MW、SW、SMW、LW、T、C、AIW、常量、AC、*VD、*LD、*AC。数据类型：整数 OUT：VW、IW、T、C、QW、MW、SW、SMW、LW、AC、、*VD、*LD、*AC。数据类型：整数		IN1/IN2：VD、ID、QD、MD、SD、SMD、LD、AC、HC、常量、*VD、*LD、*AC。数据类型：双整数 OUT：VD、ID、QD、MD、SD、SMD、LD、AC、*VD、*LD、*AC。数据类型：双整数	
功能	IN1 + IN2 = OUT	IN1 - IN2 = OUT	IN1 + IN2 = OUT	IN1 - IN2 = OUT

整数与双整数加减法指令影响算术标志位 SM1.0(零标志位)、SM1.1(溢出标志位)和 SM1.2(负数标志位)。

2)乘除法指令

整数乘法指令(MUL - I)：使能输入有效时，将两个 16 位符号整数相乘，并产生一个 16 位乘积，从 OUT 指定的存储单元输出。整数乘法产生双整数指令(MUL)：使能输入有效时，将两个 16 位整数相乘，得出 32 位乘积，从 OUT 指定的存储单元输出。

整数除法指令(DIV - I)：使能输入有效时，将两个 16 位符号整数相除，并产生一个 16 位商，从 OUT 指定的存储单元输出，不保留余数。如果输出结果大于 1 个字，则溢出位 SM1.1 置位为 1。整数除法产生双整数指令(DIV)：使能输入有效时，将两个 16 位整数相除，得出 32 位结果，从 OUT 指定的存储单元输出。其中，高 16 位放余数，低 16 位放商。

双整数乘法指令(MUL - D)：使能输入有效时，将两个 32 位符号整数相乘，并产生一个 32 位乘积，从 OUT 指定的存储单元输出。

双整数除法指令(DIV - D)：使能输入有效时，将两个 32 位整数相除，并产生一个 32

位商，从 OUT 指定的存储单元输出，不保留余数。

整数乘除法指令格式见表 9－3 所示。

表 9－3 整数乘除法指令格式

LAD	MUL_I EN END IN1 OUT IN2	MUL_DI EN END IN1 OUT IN2	DIV_I EN END IN1 OUT IN2	DIV–DI EN END IN1 OUT IN2	MUL EN END IN1 OUT IN2	DIV EN END IN1 OUT IN2
STL	MOVW IN1，OUT * I IN2，OUT	MOVW IN1，OUT /I IN2，OUT	MOVD IN1，OUT * D IN2，OUT	MOVD IN1，OUT /D IN2，OUT	MOVW IN1，OUT MUL IN2，OUT	MOVW IN1，OUT DIV IN2，OUT
操作数	IN1/IN2：VW、IW、QW、MW、SW、SMW、LW、AC、常量、＊VD、＊LD、＊AC。数据类型：整数 OUT：VD、ID、QD、MD、SD、SMD、LD、AC、＊VD、＊LD、＊AC。数据类型：双整数					
功能	IN1 * IN2 = OUT	IN1/IN2 = OUT	IN1 * IN2 = OUT	IN1/IN2 = OUT	IN1 * IN2 = OUT	IN1/IN2 = OUT

该指令影响下列特殊内存位：SM1. 0（零）、SM1. 1（溢出）、SM1. 2（负）、SM1. 3（除数为 0）。

3）实数加、减、乘、除法指令

实数加法指令（ADD－R）、减法指令（SUB－R）指令：当使能输入有效时，将两个 32 位实数相加/减，并产生一个 32 位和/差，从 OUT 指定的存储单元输出。指令格式见表 9－4。

实数乘法指令（MUL－R）、除法指令（DIV－R）：使能输入有效时，将两个 32 位实数相乘/除，并产生一个 32 位乘积/商，从 OUT 指定的存储单元输出。指令格式见表 9－3。

说明：

（1）各操作数要按双字寻址，不能寻址专用的字及双字存储器，如 T、C 及 HC 等；OUT 不能寻址常数；

（2）该指令影响下列特殊内存位：SM1. 0（零）、SM1. 1（溢出）、SM1. 3（除数为 0）、SM1. 2（负）。

表9－4　实数加、减、乘、除法指令格式

LAD	ADD_R EN END IN1 OUT IN2	SUB_R EN END IN1 OUT IN2	MUL_R EN END IN1 OUT IN2	DIV_R EN END IN1 OUT IN2
STL	MOVD IN1，OUT +R　IN2，OUT	MOVD IN1，OUT －R　IN2，OUT	MOVD IN1，OUT ＊R　IN2，OUT	MOVD IN1，OUT /R　IN2，OUT
操作数	IN1/IN2：VD、ID、QD、MD、SD、SMD、LD、AC、常量、＊VD、＊LD、＊AC。数据类型：实数 OUT：VD、ID、QD、MD、SD、SMD、LD、AC、＊VD、＊LD、＊AC。数据类型：实数			
功能	IN1＋IN2＝OUT	IN1－IN2＝OUT	IN1＊IN2＝OUT	IN1/IN2＝OUT

3. 逻辑运算指令

“与”“或”“异或”逻辑是开关量控制的基本逻辑关系，逻辑运算指令对无符号数进行处理，主要包括逻辑“与”“或”“取反”“异或”等指令。其按操作数长度可分为字节、字、双字逻辑运算。

1)逻辑“与”指令 WAND

逻辑“与”指令 WAND 如图9－10所示。

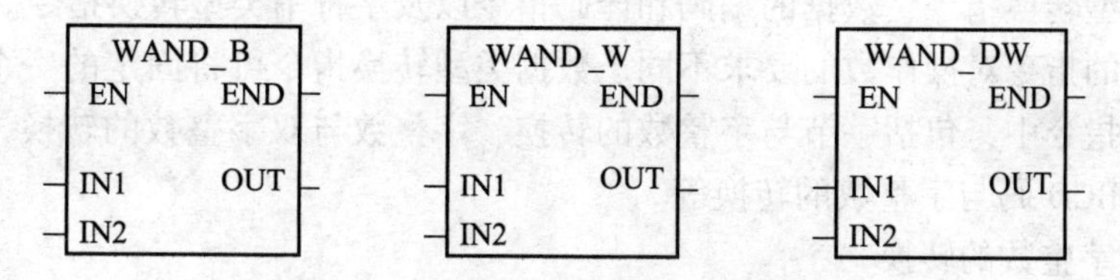

图9－10　逻辑“与”指令 WAND

说明：

(1)IN1、IN2为两个相“与”的源操作数，OUT为存储逻辑“与”结果的目标操作数。

(2)逻辑“与”指令的功能是将两个源操作数的数据进行二进制按位相“与”，并将运算结果存入目标操作数中。

2)逻辑“或”指令 WOR

逻辑“或”指令 WOR 如图9－11所示。

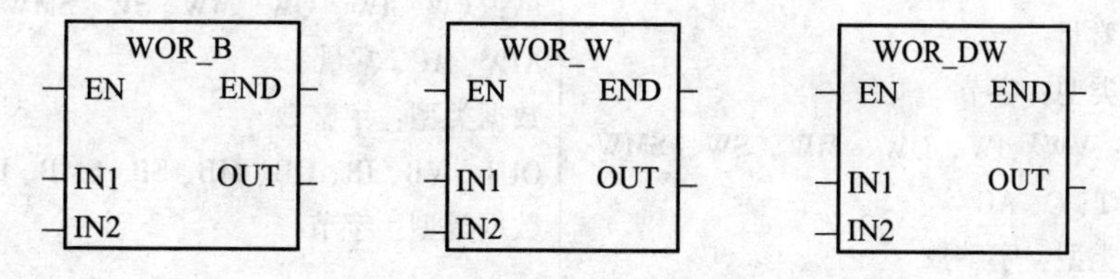

图9－11　逻辑“或”指令 WOR

说明：

(1)IN1和IN2为两个相“或”的源操作数，OUT为存储逻辑“或”运算结果的目标操作数。

(2)逻辑“或”指令的功能是将两个源操作数的数据进行二进制按位相“或”，并将运算结果存入目标操作数中。

3. 逻辑“异或”指令 WXOR

逻辑“异或”指令 WXOR 如图 9－12 所示。

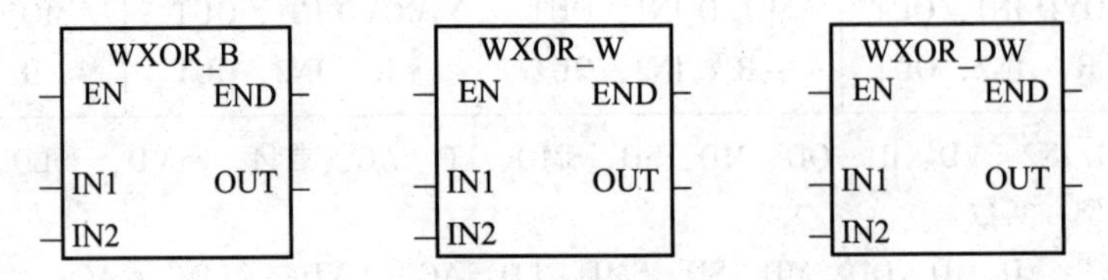

图 9－12 逻辑“异或”指令 WXOR

说明：

(1)IN1 和 IN2 为两个相“异或”的源操作数，OUT 为存储逻辑“异或”运算结果的目标操作数。

(2)逻辑“异或”指令的功能是将两个源操作数的数据进行二进制按位相“异或”，输入相同时，运算结果为 0，输入相异时，运算结果为 1。

4. 数据转换指令

数据转换指令是对操作数的类型进行转换，并输出到指定目标地址中去。数据转换指令包括数据类型转换指令、数据的编码和译码指令以及字符串类型转换指令。

不同功能的指令对操作数的要求不同。数据类型转换指令可将固定的一个数据用到不同类型要求的指令中，包括字节与字整数的转换、字整数与双字整数的转换，双字整数与实数的转换、BCD 码与字整数的转换等。

1)字节与字整数的转换

字节与字整数的转换指令格式及功能见表 9－5。

表 9－5 字节与字整数的转换指令格式及功能

LAD	BTI：EN END；????－IN OUT－????	ITB：EN END；????－IN OUT－????
STL	BTI IN，OUT	ITB IN，OUT
操作数	IN：VB、IB、QB、MB、SB、SMB、LB、AC、常量 数据类型：字节 OUT：VW、IW、QW、MW、SW、SMW、LW、T、C、AC 数据类型：字整数	IN：VW、IW、QW、MW、SW、SMW、LW、T、C、AIW、AC、常量 数据类型：字整数 OUT：VB、IB、QB、MB、SB、SMB、LB、AC 数据类型：字节
功能	BTI 指令将字节数值(IN)转换成字整数值，并将结果置入 OUT 指定的存储单元。因为字节不带符号，所以无符号扩展	ITB 指令将字整数值(IN)转换成字节数值，并将结果置入 OUT 指定的存储单元。输入的字整数 0～255 被转换。超出部分导致溢出，SM1.1＝1。输出不受影响

2)字整数与双字整数的转换

字整数与双字整数的转换指令格式及功能见表9-6。

表9-6 字整数与双字整数的转换指令格式及功能

LAD	ITD EN END ???? IN OUT ????	DTI EN END ???? IN OUT ????
STL	ITD IN, OUT	DTI IN, OUT
操作数	IN：VW、IW、QW、MW、SW、SMW、LW、T、C、AIW、AC、常量 数据类型：字整数 OUT：VD、ID、QD、MD、SD、SMD、LD、AC 数据类型：双字整数	IN：VD、ID、QD、MD、SD、SMD、LD、HC、AC、常量 数据类型：双字整数 OUT：VW、IW、QW、MW、SW、SMW、LW、T、C、AC 数据类型：字整数
功能	ITD指令将字整数值(IN)转换成双字整数值，并将结果置入OUT指定的存储单元。符号被扩展	DTI指令将双字整数值(IN)转换成字整数值，并将结果置入OUT指定的存储单元。如果转换的数值过大，则无法在输出中表示，产生溢出SM1.1=1，输出不受影响

3)BCD码与字整数的转换

BCD码与字整数的转换指令格式及功能见表9-7。

表9-7 BCD码与字整数的转换指令格式及功能

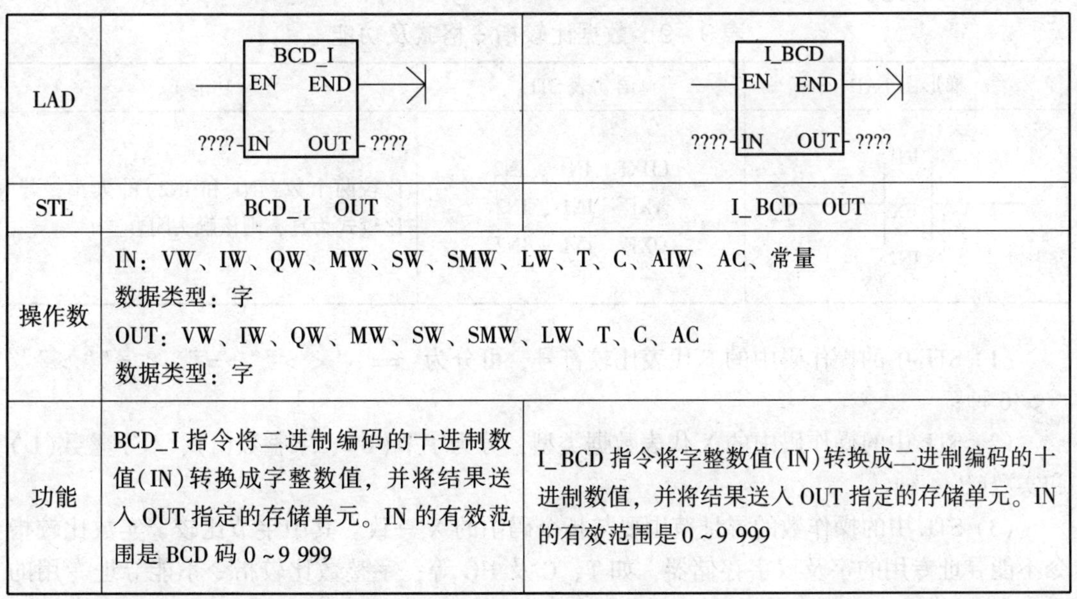

LAD	BCD_I EN END ???? IN OUT ????	I_BCD EN END ???? IN OUT ????
STL	BCD_I OUT	I_BCD OUT
操作数	IN：VW、IW、QW、MW、SW、SMW、LW、T、C、AIW、AC、常量 数据类型：字 OUT：VW、IW、QW、MW、SW、SMW、LW、T、C、AC 数据类型：字	
功能	BCD_I指令将二进制编码的十进制数值(IN)转换成字整数值，并将结果送入OUT指定的存储单元。IN的有效范围是BCD码0~9 999	I_BCD指令将字整数值(IN)转换成二进制编码的十进制数值，并将结果送入OUT指定的存储单元。IN的有效范围是0~9 999

4)译码和编码指令

译码和编码指令格式及功能见表9-8。

表9－8　译码和编码指令格式及功能

LAD	DECO EN END ???? IN OUT ????	ENCO EN END ???? IN OUT ????
STL	DECO IN，OUT	ENCO IN，OUT
操作数	IN：VB、IB、QB、MB、SMB、LB、SB、AC、常量 数据类型：字节 OUT：VW、IW、QW、MW、SMW、LW、SW、AQW、T、C、AC 数据类型：字	IN：VW、IW、QW、MW、SMW、LW、SW、AIW、T、C、AC、常量 数据类型：字 OUT：VB、IB、QB、MB、SMB、LB、SB、AC 数据类型：字节
功能	译码指令根据输入字节数值(IN)的低4位表示的输出字的位号，将输出字的相对应的位，置位为1，输出字的其他位均置位为0	编码指令将输入字数值(IN)最低有效位(其值为1)的位号写入输出字节(数值OUT)的低4位中

5. 数据比较指令

数据比较指令用于比较两个数据的大小，并根据比较的结果使触头闭合，进而实现某种控制要求。它包括字节比较、字整数比较、双字整数比较及实数比较4种。数据比较指令格式及功能见表9－9。

表9－9　数据比较指令格式及功能

梯形图 LAD	语句表 STL	功能
IN1 FX IN2	LDXF　IN1，IN2 AXF　IN1，IN2 OXF　IN1，IN2	比较两个数(IN1 和 IN2)的大小，若比较式为真，则该触头闭合

(1) STL中的操作码中的F代表比较符号，可分为“ == ”“ < > ”“ >= ”“ < = ”“ > ”及“ < ”6种；

(2) STL中的操作码中的X代表数据类型，分为字节(B)、字整数(I)、双字整数(D)和实数(R)4种。

(3) STL中的操作数的寻址范围要与指令码中的X一致。其中字节比较、实数比较指令不能寻址专用的字及双字存储器，如T、C及HC等；字整数比较指令不能寻址专用的双字存储器HC；双字整数比较指令不能寻址专用的字存储器T、C等。

(4)字节指令是无符号的，字整数、双字整数及实数比较指令都是有符号的。

任务二　模拟量输入值的采集

一、项目任务

如某管道水的压力是(0～1 MPa)，通过变送器化成(4～20 mA)输出，经过EM231的A/D转化，0～20 mA对应数字量范围是(0～32 000)，当压力大于0.8 MPa时指示灯亮。(压力为0.8 MPa时对应的数字量是26 880)。

二、知识链接

在工业控制中，某些输入量(如压力、温度、流量、转速等)是模拟量，某些执行机构(如电动调节阀、变频器等)要求PLC输出模拟信号。

模拟量首先被传感器和变送器转换为标准量程的电流或电压，例如直流4～20 mA、1～5 V或0～10 V等。PLC用A/D转换器将它们转换成数字量。带正、负号的电流或电压在A/D转换后用二进制补码表示。D/A转换器将PLC的数字输出量转换为模拟电压或电流，再去控制执行机构。模拟量I/O模块的主要任务就是实现A/D转换(模拟量输入)和D/A转换(模拟量输出)，如图9－13所示。

S7－200CPU单元可以扩展A/D、D/A模块，从而可实现模拟量的输入和输出。

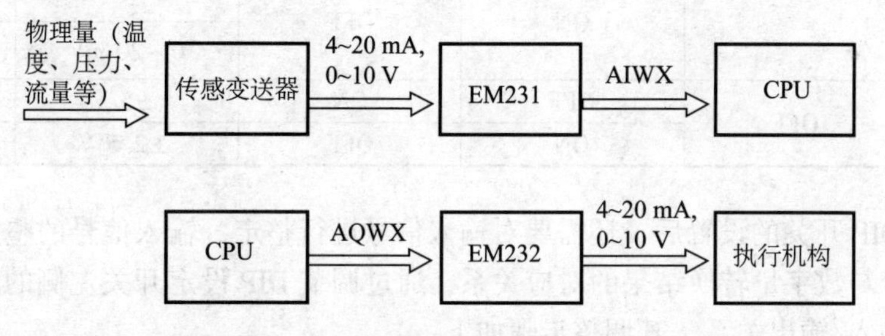

图9－13　工程量与模拟量、数字量的转换

1. 模拟量输入模块EM231

1)模拟量输入寻址

通过A/D模块，S7－200CPU可以将外部的模拟量(电流或电压)转换成一个字长(16位)的数字量(0～32 000)。可以用区域标识符(AI)、数据长度(W)和模拟通道的起始地址读取这些量，其格式为：AIW[起始字节地址]。

因为输入模拟量为一个字长，且从偶数字节开始存放，所以必须从偶数字节地址读取这些值，如AIW0、AIW2、AIW4等。模拟量输入值为只读数据。

2)模拟量输入模块的配置和校准

图9－14所示是EM231的端子及DIP开关示意。

使用模拟量输入模块时，首先需要根据模拟量型信号的类型及范围通过模拟量模拟右下侧的DIP设定开关(见图9－14)进行输入信号的选择，其选择的具体操作见表9－10。例如，若选择0～10V作为模拟量模块的输入信号，则DIP选择开关应选为SW1开、SW2关、SW3开。

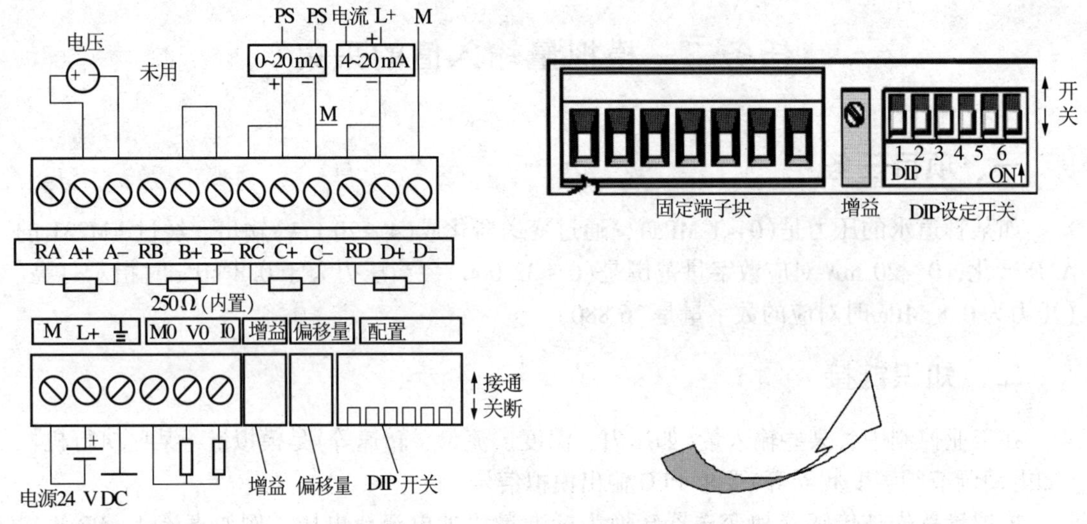

图 9－14 EM231 的端子及 DIP 开关示意

表 9－10 EM231 选择模拟量输入范围的开关

	SW1	SW2	SW3	满量程输入	分辨率
单极性	ON	OFF	ON	0 ~ 10 V	2. 5 mV
		ON	OFF	0 ~ 5 V	1. 25 mV
				0 ~ 20 mA	5 μA
双极性	OFF	OFF	ON	±5 V	2. 5 mV
		ON	OFF	±2. 5 V	1. 25 mV

选择好 DIP 开关的设置后，还需要对输入信号进行整定，输入信号的整定就是确定模拟量输入信号与数字量转换结果的对应关系，通过调节 DIP 设定开关左侧的增益旋钮可调整该模块的输入/输出关系。其调整步骤如下：

(1)在模块脱离电源的条件下，通过 DIP 开关选择需要的输入范围；

(2)接通 CPU 及模块电源，并使模块稳定 15 min；

(3)用一个电压源或电流源，给模块输入一个零值信号；

(4)读取模拟量输入寄存器 AIW 相应地址中的值，获得偏移误差(输入为 0 时，模拟量模块产生的数字量偏差值)，该误差在该模块中无法得到校正；EM231 转换曲线偏置误差为 10 V。

(5)将一个工程量的最大值加到模块输入端，调节增益电位器，直到读数为 32 000 或所需要的数值。经上述调整后，若输入电压范围为 0 ~ 10 V 的模拟量信号，则对应的数字量结果应为 0 ~ 32 000 或所需要的数值，其关系如图 9－15 所示。

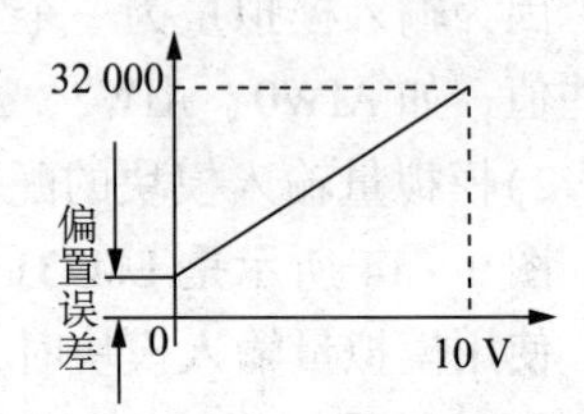

图 9－15 EM231 转换曲线

3)输入模拟量的读取

存储在 16 位模拟量寄存器 AIW 中的数据的有效位为 12 位，格式如图 9－16 所示。对单极性而言，最高位为符号位，最低3位是测量精度位，即A/D转换是以8为单位进行的；对双极性而言，最低4位是测量精度位，即A/D转换是以16为单位进行的。

MSB　　LSB

15	14	13	12	11	10	9	8	7	6	5	4	3	2	1	0
0	数字值12位												0	0	0

单极性数据格式

MSB　　LSB

15	14	13	12	11	10	9	8	7	6	5	4	3	2	1	0
0	数字值12位											0	0	0	0

双极性数据格式

图9－16　模拟量输入数据的数字量格式

在读取模拟量时，利用数据传送指令MOV－W，可以从指定的模拟量输入通道将其读取到内存中，然后根据极性，利用移位指令或整数除法指令将其规格化，以便处理数据值部分。

2. 模拟量输出模块EM232

EM232模块输出模拟量的过程是将PLC模拟量输出寄存器AQW中的数字量转换为可用于驱动执行元件的模拟量，其端子及内部结构如图9－17所示。由图可知，存储于AQW中的数字量经EM232中的数模转换器分为两路信号输出，一路经电压输出缓冲器输出标准的－10～＋10 V电压信号，另一路经电压电流转换器输出标准的0～20 mA电流信号。

1）模拟量输出寻址

通过D/A模块，S7－200CPU把一个字长（16位）的数字量（0～32 000）按比例转换成电流或电压，用区域标识符（AQ）、数据长度（W）和模拟通道的起始地址存储这些量，其格式为：AQW[起始字节地址]。

2）模拟量的输出

在16位模拟量输出寄存器AQW中的数字量，其有效位为12位，格式如图9－18所示。数据的最高有效位是符号位，最低4位在转换为模拟量输出值时将自动屏蔽。

模拟量的输出范围为－10～＋10 V和0～20 mA（由接线方式决定），对应的数字量分别为－32 000～＋32 000和0～32 000。

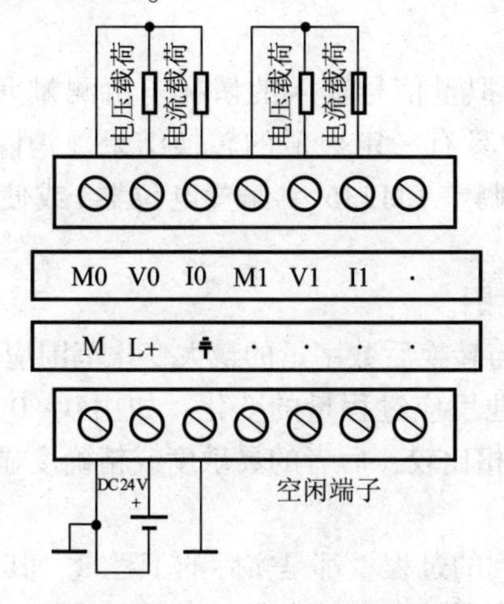

图9－17　模拟量输出模块EM232的端子及内部结构

MSB LSB

15	14	13	12	11	10	9	8	7	6	5	4	3	2	1	0
0	数字值11位											0	0	0	0

(a)

MSB LSB

15	14	13	12	11	10	9	8	7	6	5	4	3	2	1	0
数字值11位											0	0	0	0	0

(b)

图9－18 模拟量输出数据之前的数字格式

(a)电流输出数据格式；(b)电压输出数据格式

3. 模拟数据的处理

1)模拟量输入信号的整定

通过模拟量输入模块转换后的数字信号直接存储在S7－200系列PLC的模拟量输入存储器AIW中，这种数字量与被转换的过程量之间具有一定的函数对应关系，但在数值上并不相等，必须经过某种转换才能使用，这种将模拟量输入的数字信号在PLC内部按一定函数关系进行转换的过程称为模拟量输入信号的整定，模拟量输入信号的整定通常需要考虑以下问题：

(1)模拟量输入值的数字量表示方法。

模拟量输入模块的输入数据的位数是多少？是否从数据字的第0位开始？若不是，应进行移位操作使数据的最低位排列在数据字的第0位上，以保证数据的准确性；如模拟量输入模块EM231，在单极性信号输入时，其模拟量的数字值是从第3位开始的，因此数据整定的任务是把该数据字右移3位。

(2)模拟量输入值的数字量的表示范围。

该范围一方面由模拟量输入模块的转化精度位数决定，另一方面也可以由系统外部的某些条件将输入量的范围限定在某一数值区域，使输入量的范围小于模块可能表示的范围。

(3)系统偏移量的消除。

系统偏移量是指在无模拟量信号输入的情况下由测量元件的测量误差及模拟量输入模块的转换死区所引起的具有一定数值的转换结果。消除这一偏移值的方法是在硬件方面进行必要的调整(如调整EM235中偏置电位器)或使用PLC的运算指令去除其影响。

(4)过程量的最大变化范围。

过程量的最大变化范围与转换后数字量的最大变化范围应有一一对应的关系，这样就可以使转换后的数字量精确地反应过程量的变化。如用0～0 FH反应0～10 V的电压与0～FFH反应0～10 V的电压相比较，后者的灵敏度或精确度显然比前者高得多。

(5)标准化问题。

从模拟量输入模块采集到的过程量都是实际的工程量，其幅度、范围和测量单位都会不同。在PLC内部进行数据运算之前，必须将这些值转换为无量纲的标准化格式。

2)模拟量输出信号的整定

在 PLC 内部进行模拟量输入信号处理时，通常已把模拟量输入模块转换后的数字量转换为标准工程量，经过工程实际需要的运算处理后，可得出上、下限报警信息及控制信息。报警信息经过逻辑控制程序可直接通过 PLC 的数字量输出点输出，而控制信息则需要暂存到模拟量输出存储器 AQWx 中，经模拟量输出模块转换为连续的电压或电流信号输出到控制系统的执行部件，以便进行需要的调节。模拟量输出信号的整定就是将 PLC 的运算结果按照一定的函数关系转换为模拟量输出寄存器中的数字值，以备模拟量输出模块转换为现场需要的输出电压或电流。

三、项目实施

本任务的参考程序梯形图如图 9－19 所示。

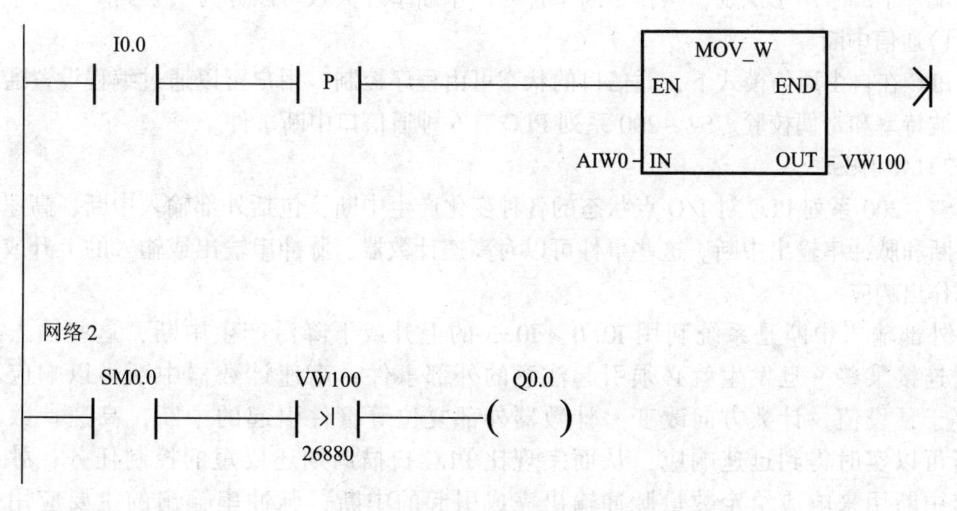

图 9－19　梯形图

四、技能训练

(1)量程为 0～10 MPa 的压力变送器的输出信号为 DC4～20 mA，模拟量输入模块将 0～20 mA转换为 0～32 000 的数字量。假设某时刻的模拟量输入为 10 mA，试计算转换后的数字值。

(2)假设模拟量输出量量程设定为 0～10 V，编写程序将数字量 1 000、3 000、9 000、27 000 转化为对应的模拟量电压值。

任务三　定时中断指令的应用

一、项目任务

定时中断的定时时间最长为 255 ms，用定时中断 0 实现周期为 2 s 的高精度定时，每 2 s 将 QB0 加 1。

二、知识链接

在 PLC 控制系统中，对于那些不定期产生的急需处理事件，常常通过采用中断处理技术完成。中断程序不由程序调用，而是在中断事件发生时由系统调用。当 CPU 响应中断请求后，会暂时停止当前正在执行的程序，进行现场保护，再将累加器、逻辑堆栈、寄存器及特殊继电器的状态和数据保存起来后，转到相应的中断服务程序中去处理。一旦处理结束，立即恢复现场，将保存起来的现场数据和状态重新装入，返回到原程序继续执行。

在 S7－200 系列 PLC 中，中断服务程序的调用和处理由中断指令完成。

1. 中断事件

中断事件向 CPU 发出中断请求。S7－200 系列 PLC 有 34 个中断事件，每个中断事件都分配一个编号用于识别，叫作中断事件号。中断事件大致可以分为三大类。

1）通信中断

PLC 在自由通信模式下，通信口的状态可由程序控制。用户可以通过编程设置通信协议、波特率和奇偶校验。S7－200 系列 PLC 有 6 种通信口中断事件。

2）I/O 中断

S7－200 系列 PLC 对 I/O 点状态的各种变化产生中断，包括外部输入中断、高速计数器中断和脉冲串输出中断。这些事件可以对高速计数器、脉冲串输出或输入的上升或下降状态作出响应。

外部输入中断是系统利用 I0.0～I0.3 的上升或下降沿产生中断，这些输入点可用于连接某些一旦发生就必须引起注意的外部事件；高速计数器中断可以响应当前值等于预设值、计数方向改变、计数器外部复位等事件引起的中断，高速计数器的中断可以实时得到迅速响应，从而实现比 PLC 扫描周期还要短的控制任务；脉冲串输出中断用来响应给定数量脉冲输出完成引起的中断，脉冲串输出的主要应用是步进电动机。

3）时基中断

时基中断包括定时中断和定时器中断（T32/T96）。

定时中断用来支持周期性的活动。周期时间以毫秒为单位，周期时间范围为 1～255 ms。对于定时中断 0，把周期时间值写入 SMB34；对定时中断 1，把周期时间值写入 SMB35。当达到设定周期时间值时，定时器溢出，执行中断处理程序。通常用定时中断以固定的时间间隔控制模拟量输入的采样或者执行一个 PID 回路。

定时器中断是利用定时器对一个指定的时间段产生中断。这类中断只能使用 1ms 的定时器 T32 和 T96。当 T32 或 T96 的当前值等于预置值时，CPU 响应定时器中断，执行中断服务程序。

2. 中断指令

中断指令包括中断允许指令 ENI、中断禁止指令 DISI、中断连接指令 ATCH、中断分离指令 DTCH、中断返回指令 RETI 和 CRETI、中断服务程序标号指令 INT。其指令格式见表 9－11。

表 9-11 中断指令格式

梯形图 LAD	语句表 STL		功能
	操作码	操作数	
—(ENI)	ENI	—	中断允许指令 ENI 全局地允许所有被连接的中断事件
—(DISI)	DISI	—	中断禁止指令 DISI 全局地禁止处理所有中断事件
ATCH EN INT EVNT	ATCH	INT，EVNT	中断连接指令 ATCH 把一个中断事件(EVNT)和一个中断服务程序连接起来，并允许该中断事件
DTCH EN EVNT	DTCH	EVNT	中断分离指令 DTCH 截断一个中断事件(EVNT)和所有中断程序的联系，并禁止该中断事件
n INT	INT	n	中断服务程序标号指令 INT 指定中断服务程序(n)的开始
—(RETI)	CRETI	—	中断返回指令 CRETI 在前面的逻辑条件满足时，退出中断服务程序而返回主程序
|—(RETI)	RETI	—	执行 RETI 指令将无条件返回主程序

3. 中断优先级

在 PLC 应用系统中通常有多个中断事件。当多个中断事件同时向 CPU 申请中断时，要求 CPU 能够将全部中断事件按中断性质和轻重缓急进行排队，并依优先级高低逐个处理。

S7-200 CPU 规定的中断优先级由高到低依次是通信中断、I/O 中断和定时中断。每类中断又有不同的优先级。中断优先级见表 9-12。

表 9-12 中断优先级

优先级分组	组内优先级	中断事件号	中断事件说明	中断事件类别
通信中断	0	8	通信口 0：接收字符	通信口 0
	0	9	通信口 0：发送完成	
	0	23	通信口 0：接收信息完成	
	1	24	通信口 1：接收信息完成	信口 1
	1	25	通信口 1：接收字符	
	1	26	通信口 1：发送完成	

续表

优先级分组	组内优先级	中断事件号	中断事件说明	中断事件类别
I/O 中断	0	19	PTO 0 脉冲串输出完成中断	脉冲输出
	1	20	PTO 1 脉冲串输出完成中断	
	2	0	I0.0 上升沿中断	外部输入
	3	2	I0.1 上升沿中断	
	4	4	I0.2 上升沿中断	
	5	6	I0.3 上升沿中断	
	6	1	I0.0 下降沿中断	
	7	3	I0.1 下降沿中断	
	8	5	I0.2 下降沿中断	
	9	7	I0.3 下降沿中断	
	10	12	HSC0 当前值 = 预置值中断	高速计数器
	11	27	HSC0 计数方向改变中断	
	12	28	HSC0 外部复位中断	
	13	13	HSC1 当前值 = 预置值中断	
	14	14	HSC1 计数方向改变中断	
	15	15	HSC1 外部复位中断	
	16	16	HSC2 当前值 = 预置值中断	
	17	17	HSC2 计数方向改变中断	
	18	18	HSC2 外部复位中断	
	19	32	HSC3 当前值 = 预置值中断	
	20	29	HSC4 当前值 = 预置值中断	
	21	30	HSC4 计数方向改变	
	22	31	HSC4 外部复位	
	23	33	HSC5 当前值 = 预置值中断	
定时中断	0	10	定时中断 0	定时
	1	11	定时中断 1	
	2	21	定时器 T32 CT = PT 中断	定时器
	3	22	定时器 T96 CT = PT 中断	

三、项目实施

本任务的参考程序梯形图如图 9－20 所示。

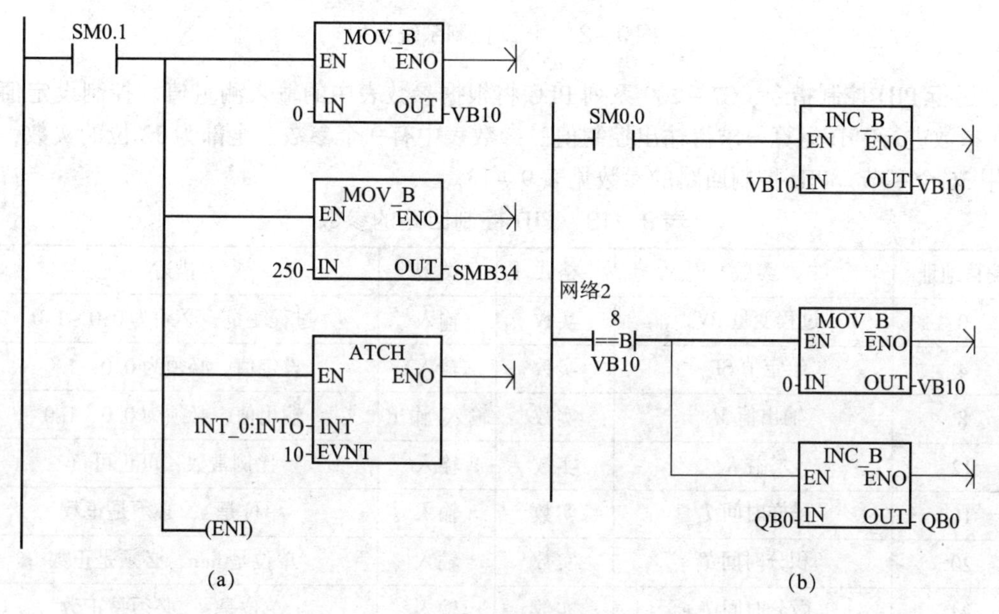

图 9－20　梯形图

(a)主程序；(b)中断程序

四、技能训练

(1)编程完成模拟量采样工作，要求每 10 ms 采样一次。

(2)编写一段程序，用定时中断实现每隔 4 s 时间 VB0 加 1。

任务四　PID 回路表的初始化程序

一、项目任务

PID 回路表的首地址为 VD100，给定值 SP_n 为 0.6，K_c 为 0.5，T_s 为 1 s，T_i 为 10 min，T_d 为 5 min，编写 PID 回路表的初始化程序。

二、知识链接

1. PID 算法

在工业生产过程控制中，模拟信号 PID(由比例、积分、微分构成的闭合回路)调节是一种常见的控制方法。PID 控制系统结构如图 9－21 所示。PID 运算中的积分作用可以消除系统的静态误差，提高精度，加强对系统参数变化的适应能力，而微分作用可以克服惯性滞后，提高抗干扰能力和系统的稳定性，改善系统动态响应速度。因此，对于速度、位置等快过程及温度、化工合成等慢过程，PID 控制都具有良好的实际效果。

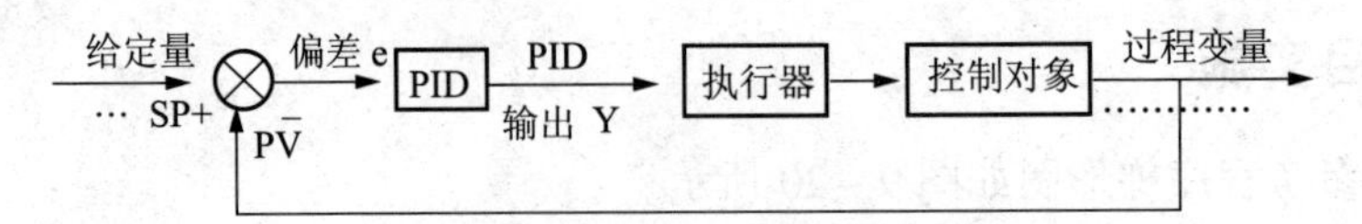

图9-21 PID控制系统结构

运行PID控制指令，S7-200系列PLC将根据参数表中的输入测量值、控制设定值及PID参数进行PID运算，求得输出控制值。参数表中有9个参数，全部为32位的实数，共占用36个字节。PID控制回路的参数见表9-13。

表9-13 PID控制回路的参数

偏移地址	参数	格式	类型	描述
0	过程变量 PV_n	实数	输入	过程变量，必须为0.0~1.0
4	给定值 SP_n	实数	输入	设定值，必须为0.0~1.0
8	输出值 M_n	实数	输入/输出	输出值，必须为0.0~1.0
12	增益 K_c	实数	输入	比例常数，可正可负
16	采样时间 T_s	实数	输入	单位是s，必须是正数
20	积分时间 T_i	实数	输入	单位是min，必须是正数
24	微分时间 T_d	实数	输入	单位是s，必须是正数
28	上一次积分值 M_x	实数	输入/输出	积分项前项
32	上一次过程变量 PV_n-1	实数	输入/输出	最近一次PID运算的过程变量值

说明：

(1)PLC可同时对多个生产过程(回路)实行闭环控制。由于每个生产过程的具体情况不同，PID算法的参数也不同，参数表用于存放控制算法的参数和过程中的其他数据，运算完毕后有关数据结果仍送回参数表。

(2)表中反馈量 PV_n 和给定值 SP_n 为PID算法的输入，只可由PID指令读取并不可更改。反馈量 PV_n 归一化处理：[0~10 V]→模拟量输入模块(如EM231)→模拟量输入寄存器AIWx→16位整数→32位整数→32位实数→标准化数值[0.0~1.0]→地址偏移量为0的存储区。给定值 SP_n 由模拟量输入(或常数)→标准化数值[0.0~1.0]。

(3)表中回路输出值 M_n 由PID指令计算得出，仅当PID指令完全执行完毕才予以更新。输出值 M_n 归一化处理：标准化数值[0.0~1.0]→32位实数→32位整数→16位整数→模拟量输出寄存器AQWx→模拟量输出模块(如EM232→[0~10 V])。

(4)表中增益(K_c)、采样时间(T_s)、积分时间(T_I)和微分时间(T_D)是由用户事先写入的值，通常也可通过人机对话设备(如TD200、触摸屏、组态软件监控系统)输入。

(5)表中积分项前值(M_x)由PID运算结果更新，且此更新值用作下一次PID运算的输入值。积分和的调整值必须是0.0~1.0的实数。

2. PID指令

PID指令：使能有效时，根据回路参数表(TBL)中的输入测量值、控制设定值及PID参数进行PID计算。PID指令格式及功能见表9-14。

表 9 - 14　PID 指令格式及功能

LAD	STL	说明
PID EN　END ????-TBL ????-LOOP	PID TBL，LOOP	TBL：参数表起始地址 VB，数据类型：字节； LOOP：回路号，常量(0～7)，数据类型：字节； 指令功能：PID 回路控制指令利用以 TBL 为起始地址的回路表中提供的回路参数，进行 PID 运算

PLC 在执行 PID 调节指令时，须对算法中的 9 个参数进行运算，为此 S7 - 200 系列 PLC 的 PID 指令使用一个存储回路参数的回路表。温度控制系统的 PID 参数见表 9 - 15。

表 9 - 15　温度控制系统的 PID 参数

地址	参数	数值
VB100	过程变量当前值 PV_n	温度模拟量经 A/D 转换后的标准化数值
VB104	给定值 SP_n	0.335
VB108	输出值 M_n	PID 回路的输出值(标准化数值)
VB112	增益 K_c	0.05
VB116	采样时间 T_s	35
VB120	积分时间 T_i	30
VB124	微分时间 T_d	0(关闭微分作用)
VB128	上一次积分值 M_x	根据 PID 运算结果更新
VB132	上一次过程变量 $PV_n - 1$	最近一次 PID 的变量值

3. PID 指令向导的应用

高速脉冲输出的程序可以用编程软件的 PID 指令向导生成，具体步骤如下：

(1)打开 STEP7 - Micro/WIN 编程软件，选择“工具”菜单→“指令向导”选项，出现图 9 - 22 所示页面。选择“PID”选项，并单击“下一步”按钮。

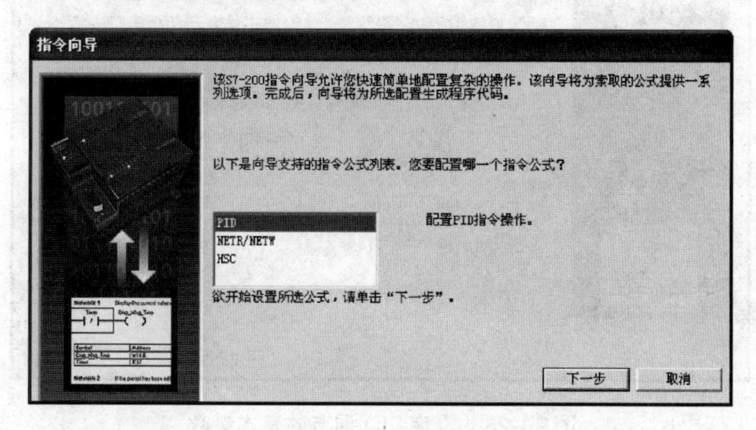

图 9 - 22　指令向导

(2)确认编译项目并使用符号编址，如图9－23所示。

图9－23　确认编译项目并使用符号编址

(3)指定PID指令的编号，如图9－24所示。

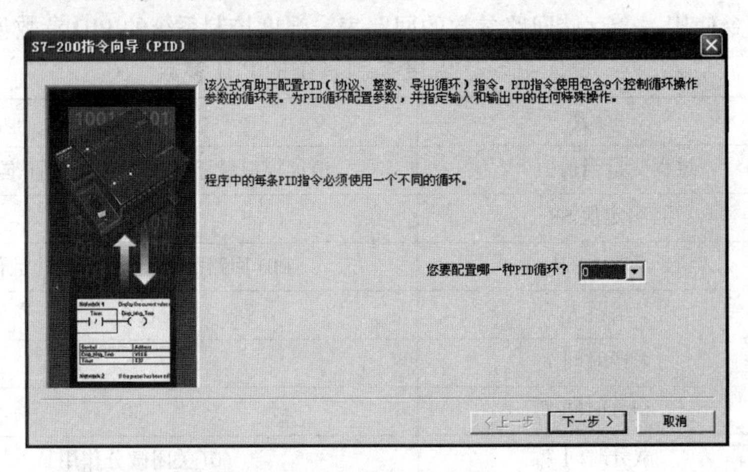

图9－24　指定PID指令的编号

(4)设定PID调节的基本参数，如图9－25所示，包括：以百分值指定给定值的下限、以百分值指定给定值的上限、比例增益K_c(图中为“增益”)、采样时间T_s(图中为“样本时间”)、积分时间T_i(图中为“整数时间”)、微分时间T_d(图中为“导出时间”)。设定完成后单击“下一步”按钮。

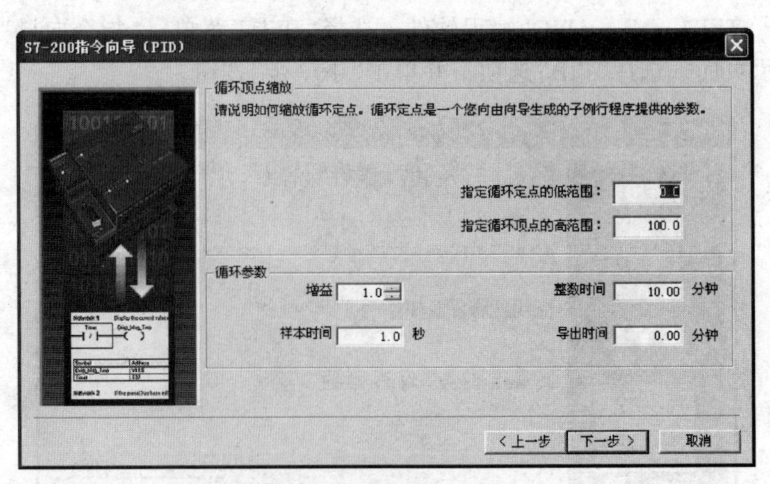

图9－25　设定PID调节的基本参数

(5)输入、输出参数的设定，如图9－26所示。在输入选项区输入信号A/D转换数据的极性，可以选择单极性或双极性，单极性数值为0～32 000，双极性数值为－32 000～32 000，可以选择使用或不使用20%偏移。

在输出选项区选择输出信号的类型。可以选择模拟量输出或数字量输出、输出信号的极性(单极性或双极性)，选择是否使用20%的偏移，选择D/A转换数据的下限(可以输入D/A转换数据的最小值)和上限(可以输入D/A转换数据的最大值)。设定完成后单击“下一步”按钮。

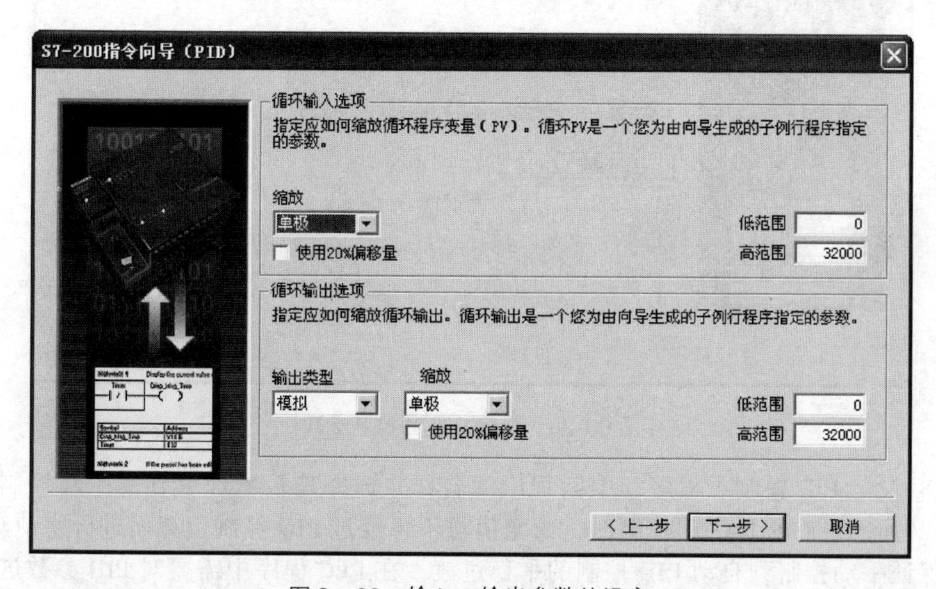

图9－26　输入、输出参数的设定

(6)输出警报参数的设定，如图9－27所示。选择是否使用输出下限报警，使用时应指定下限报警值；选择是否使用输出上限报警，使用时应指定上限报警值；选择是否使用模拟量输入模块错误报警，使用时指定模块位置。

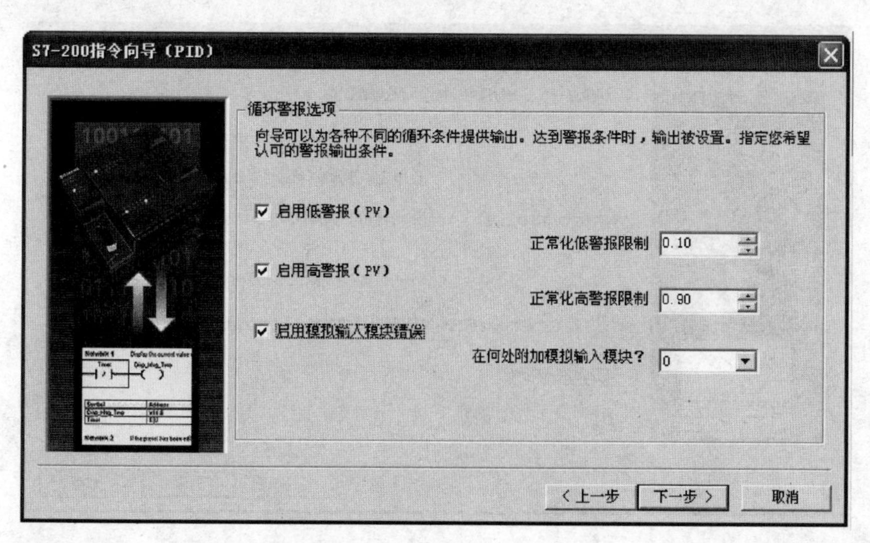

图9－27　输出警报参数的设定

(7)设定PID的控制参数，如图9－28所示。在变量存储器V中，指定PID控制需要的变量存储器的起始地址，PID控制参数表需要36个字节，另外数据计算需要32个字节，共需要68个字节。

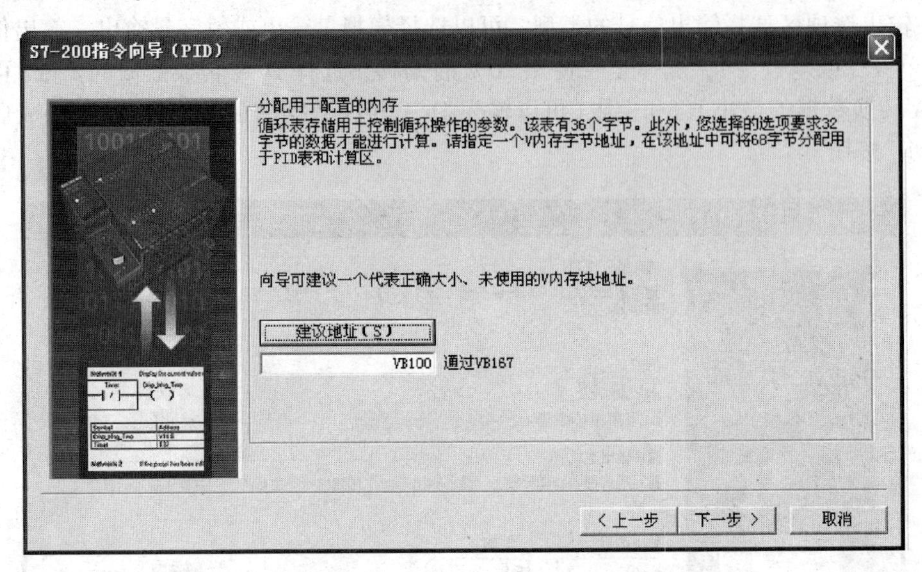

图9－28　设定PID的控制参数

(8)设定PID控制子程序和中断程序的名称并选择是否增加PID的手动控制，如图9－29所示。在选择手动控制时，给定值将不再经过PID控制运算而进行字节输出，为了保证手动控制到自动PID控制的平稳过渡，在PLC程序中需要对PID参数进行如下处理：

使过程变量当前值与给定值相等：$SP_n = PV_n$；使上一次过程变量当前值与当前过程变量当前值相等：$PV_n - 1 = PV_n$；使上一次积分值等于当前输出值：$M_x = M_n$。设定完成后单击“下一步”按钮，出现图9－29所示画面。

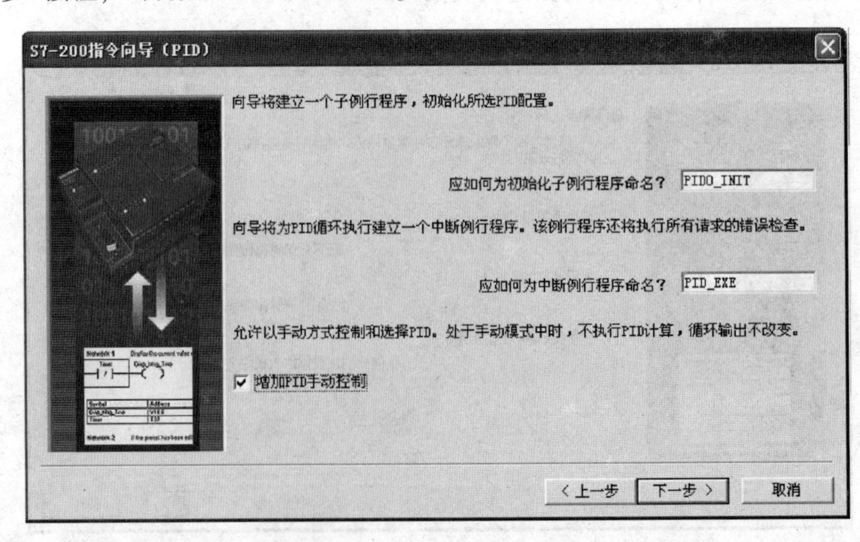

图9－29　设定PID控制子程序和中断程序的名称

单击“完成”按钮结束编程向导的使用，如图 9 - 30 所示。

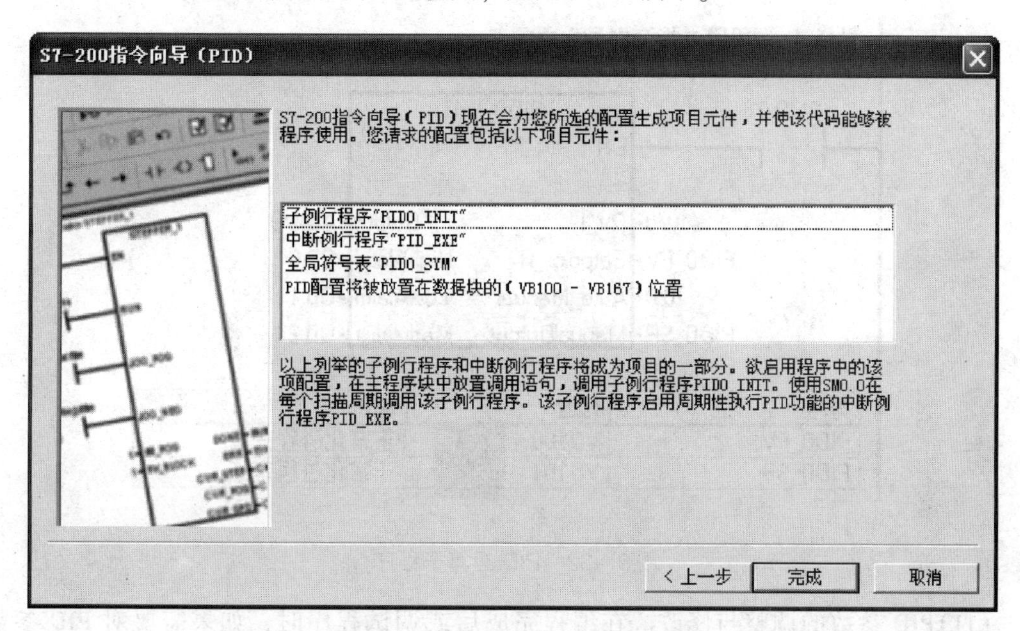

图 9 - 30　结束编程向导的使用

(9) PID 指令向导生成的子程序和中断程序是加密的程序，子程序中使用的全部是局部变量，其中的输入和输出变量需要在调用程序中按照数据类型的要求对其进行赋值，如图 9 - 31 所示。

	符号	变量类型	数据类型	注释
	EN	IN	BOOL	
LW0	PV_I	IN	INT	进程变量输入：从0至32000
LD2	Setpoint_R	IN	REAL	定点输入：从0.0至100.0
L6.0	Auto_Manual	IN	BOOL	自动或手动模式（0 = 手动模式，1 = 自动模式）。
LD7	ManualOutput	IN	REAL	位于手动模式时理想的循环输出：从0.0至1.0
		IN		
		IN_OUT		
LW11	Output	OUT	INT	PID输出：从0至32000
L13.0	HighAlarm	OUT	BOOL	进程变量（PV）是 > 高警报限制（0.90）
L13.1	LowAlarm	OUT	BOOL	进程变量（PV）是 < 低警报限制（0.10）
L13.2	ModuleErr	OUT	BOOL	位置0的模拟模块有错误。
		OUT		
LD14	Tmp_DI	TEMP	DWORD	
LD18	Tmp_R	TEMP	REAL	
		TEMP		

MAIN　SBR_0　INT_0　**PID0_INIT**　PID_EXE

图 9 - 31　数据类型赋值

(10) 在 PLC 程序中可以通过调用 PID 运算子程序(PID0 - INIT)实现 PID 控制，如图 9 - 32 所示。

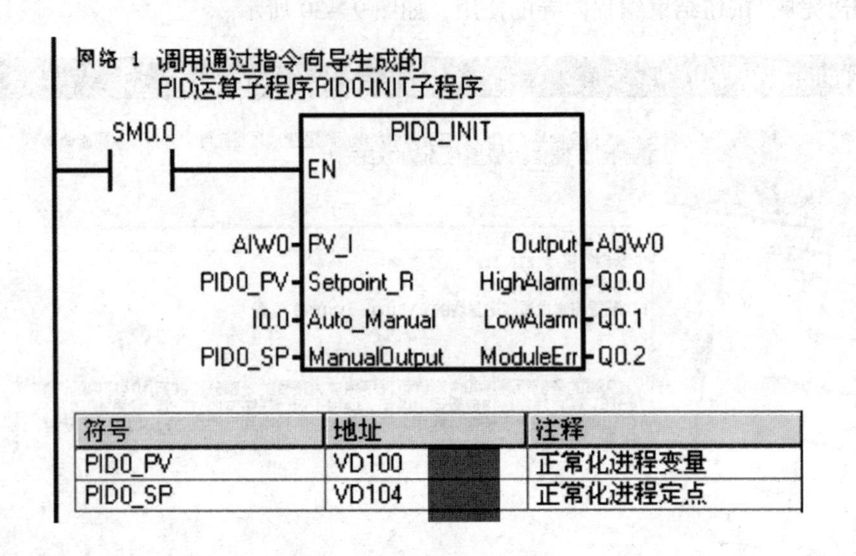

符号	地址	注释
PID0_PV	VD100	正常化进程变量
PID0_SP	VD104	正常化进程定点

图 9－32　PID 运算子程序

(11)PID 参数的调整与修改。在编程完成后或调试程序时，如果需要对 PID 参数进行调整与修改，可以直接单击浏览条中“数据块”图标，显示 PID 指令向导设定的变量存储器的参数表，如图 9－33 所示。在参数表中可以直接修改 PID 的参数，并重新下载。

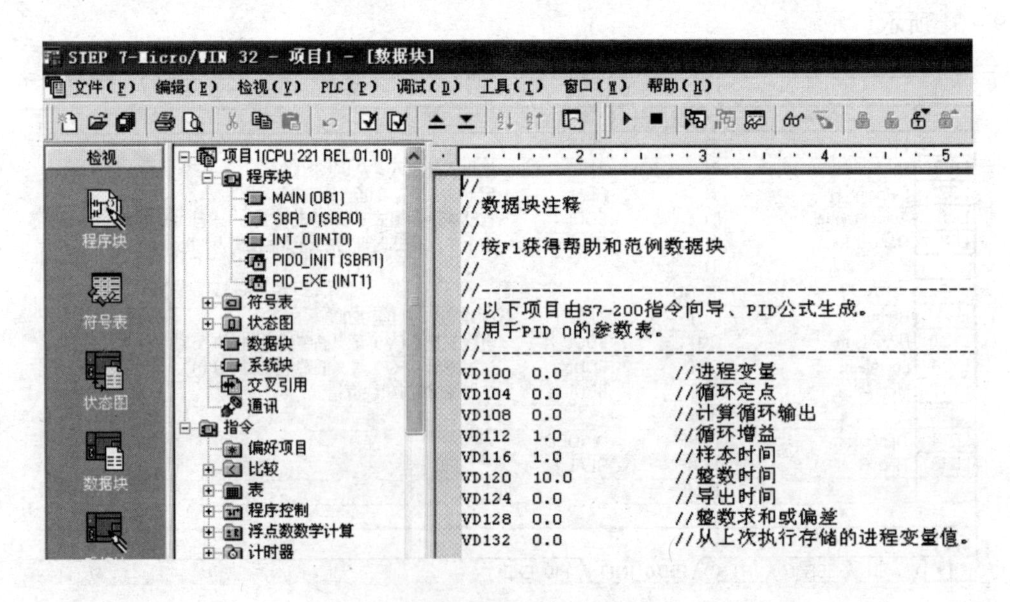

图 9－33　PID 参数的调整与修改

三、项目实施

本任务的参考程序梯形图如图 9－34 所示。

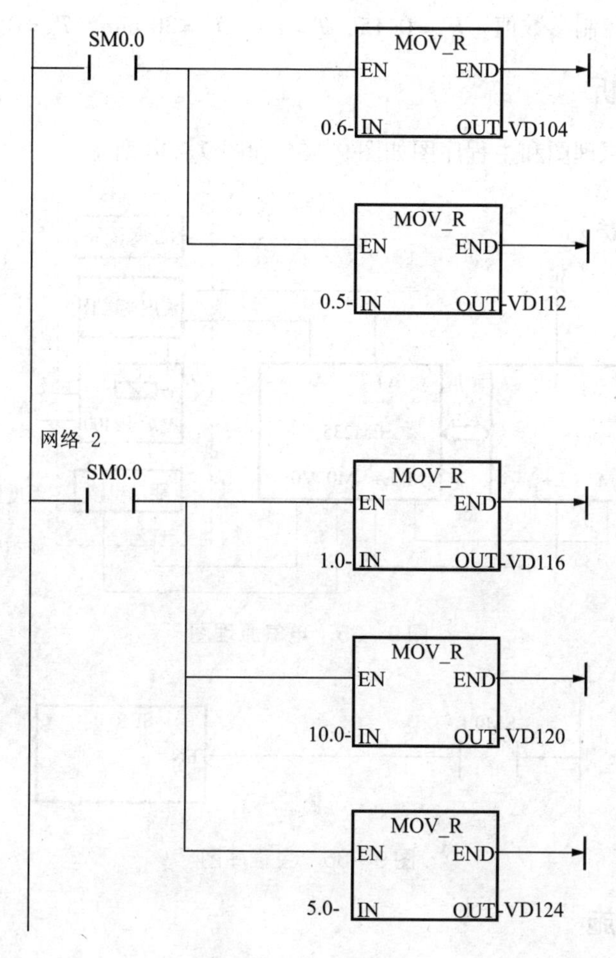

图9－34　梯形图

四、技能训练

对一台电动机进行转速控制，要求将电动机的转速调整为额定转速的80%，系统采用PID控制，设比例增益 $K_c=0.5$，采样时间 $T_s=0.1$ s，积分时间 $T_i=10$ min，微分 $T_d=5$ min，试编写PID初始化程序。

项目实施　电炉恒温控制系统的PLC控制

一、项目任务

一电炉对某物体进行加热，要求加热温度保持在40℃，进行恒温控制。控制过程及要求如下：

(1)打开电炉电源(220 V)及PLC电源开关，系统开始工作。

(2)在室温时模拟量模块输出一个电压值(<5 V)，通过驱动模块对物体加热。随着温度的上升，测温铂热电阻Pt100检测到温度的变化，通过温度变送器反馈给PLC一个电压信号(0~5 V)，通过控制系统的PID调节作用，实现电炉恒温控制。

假设采用下列控制参数值：$K_c=0.15$，$T=1$ s，$T_i=30$ min，$T_d=0$。

二、项目分析

本任务的电气原理图和主程序图如图 9－35 和图 9－36 所示。

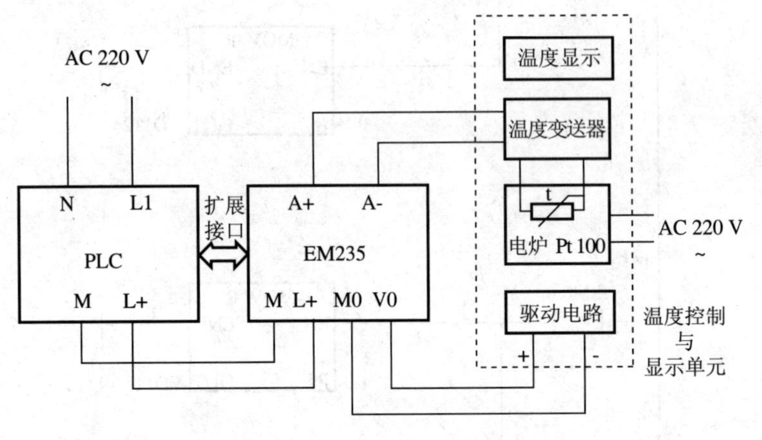

图 9－35　电气原理图

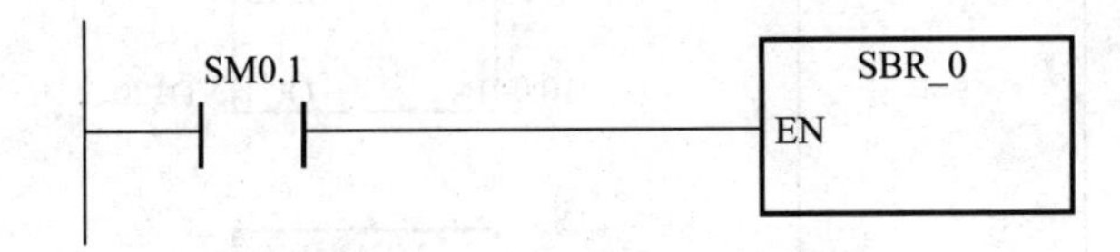

图 9－36　主程序图

三、项目实施

本任务的参考程序梯形图如图 9－37 和图 9－38 所示。

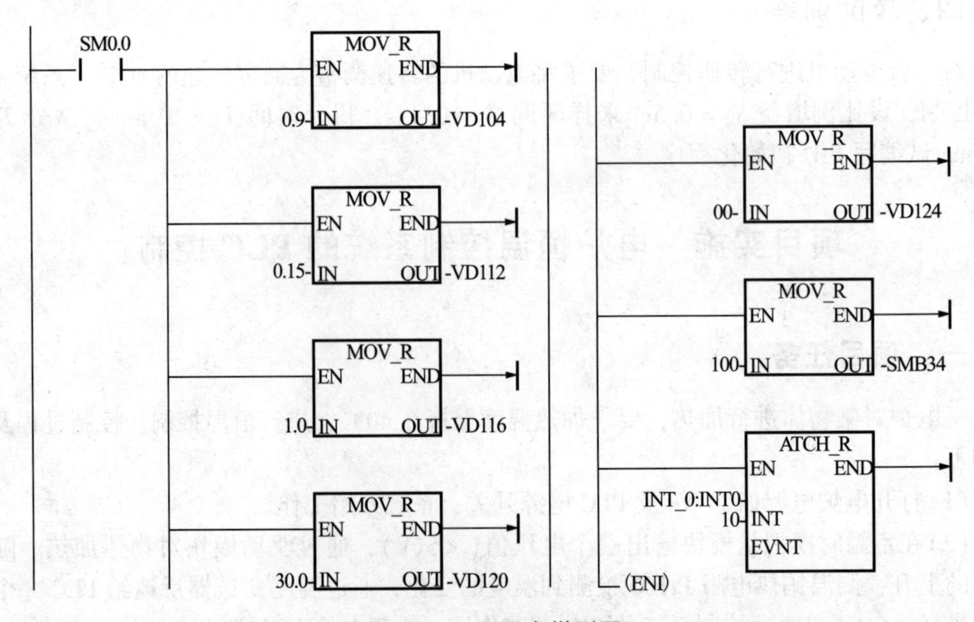

图 9－37　子程序梯形图

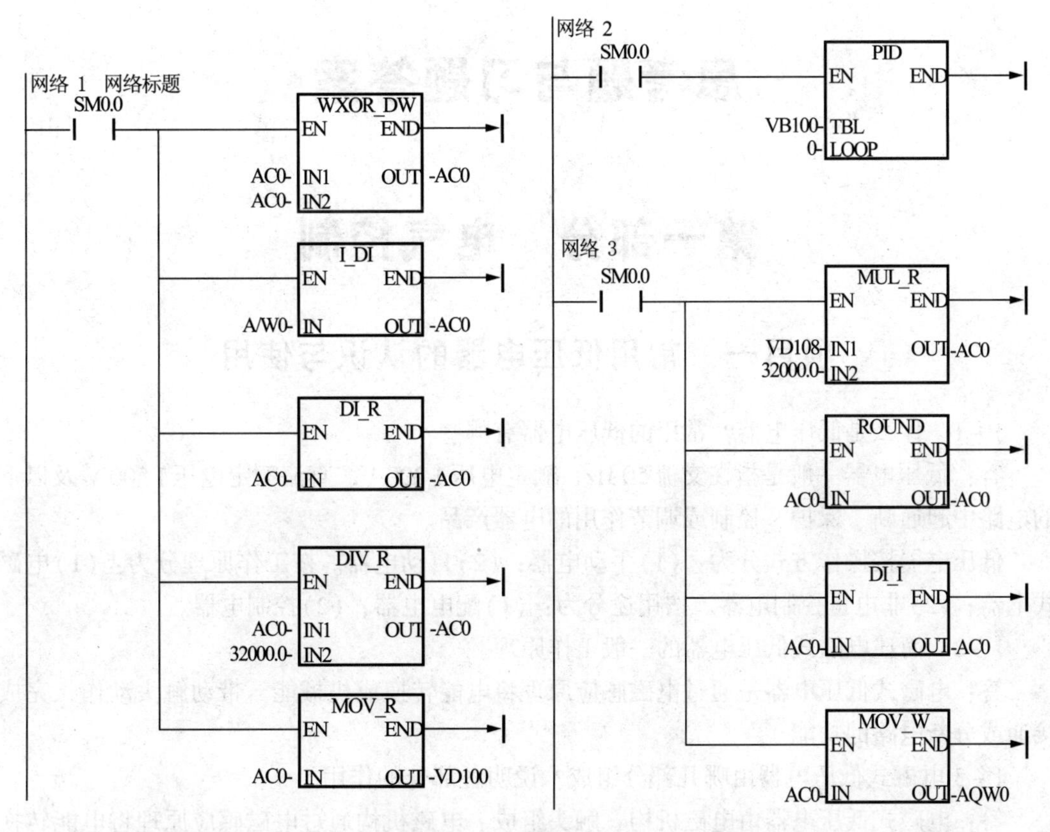

图 9 –38　中断程序梯形图

四、技能训练

(1)频率变送器的量程为45 ~55 Hz，输出信号为DC0 ~10 V，模拟量输入模块输入信号的量程为0 ~10 V，转换后的数字为0 ~32 000，在I0.0 的上升沿，根据 AIW0 中 A/D 转换后的数字为 *N*，用整数运算指令计算出以 0.01 Hz 为单位的频率值。当频率值大于52 Hz 或小于 48 Hz 时，用 Q0.0 发出报警信号。编写语句表程序。

(2)用定时器中断方式实现 Q0.0 – Q0.7 输出依次移位(间隔时间是 1 s)，按启动按钮I0.0 移位从 Q0.0 开始，按停止按钮 I0.1 停止移位并清零。

思考题与习题答案

第一部分　电气控制

项目一　常用低压电器的认识与使用

1－1　什么是低压电器？常用的低压电器有哪些？

答：低压电器一般是指在交流 50 Hz、额定电压 1 200 V、直流额定电压 1 500 V 及以下的电路中起通断、保护、控制或调节作用的电器产品。

低压电器按操作方式分为：(1)手动电器；(2)自动电器。按工作原理分为：(1)电磁式电器；(2)非电量控制电器。按用途分为：(1)配电电器；(2)控制电器。

1－2　简述电磁式低压电器的一般工作原理。

答：电磁式低压电器是通过电磁感应原理将电能转换成机械能，带动触头动作，完成接通或分断电路的功能。

1－3 电磁式低压电器由哪几部分组成？说明各部分的作用。

答：电磁式低压电器由电磁机构、触头组成。电磁机构通过电磁感应原理将电能转换成机械能，触头是电磁式低压电器的执行部分。

1－4　说明触头分断时电弧产生的原因及常用的灭弧方法。

答：在大气中断开电路时，如果被断开电路的电流超过某一数值，断开后加在触头间隙(或称弧隙)两端电压超过某一数值时，触头间隙中就会产生电弧。

灭弧方法：(1) 电动力灭弧；(2) 灭弧栅灭弧；(3) 灭弧罩灭弧；(4) 磁吹式灭弧装置。

1－5　两台电动机不同时起动，一台电动机的额定电流为 14.8 A，另一台电动机的额定电流为 6.47 A，试选择用作短路保护熔断器的额定电流及熔体的额定电流。

答：35 A，63 A。

1－6　低压断路器可以起到哪些保护作用？说明其工作原理。

答：低压断路器可以起到自动失压、欠压、过载和短路保护的作用。

过流脱扣器 6 的线圈和主电路串联，线路正常工作时，产生的电磁吸力不能将衔铁 8 吸合，只有当电路发生短路或产生很大的过电流时，其电磁吸力才能将衔铁 8 吸合，撞击杠杆 7，顶开搭钩 4，使触头 2 断开，从而将电路分断。欠压脱扣器 11 的线圈并联在主电路上，线路电压正常时，欠压脱扣器产生的电磁吸力能够克服弹簧 9 的拉力而将衔铁 10 吸合，当线路电压降到一定值以下时，电磁吸力小于弹簧 9 的拉力，衔铁 10 被弹簧 9 拉开，衔铁撞击杠杆 7 使搭钩顶开，主触头 2 断开分断电路。

当线路发生过载时，过载电流通过热脱扣器的发热元件使双金属片 12 受热弯曲，于是杠杆7顶开搭钩，使触头断开，起到过载保护的作用。脱扣器可以重复使用，不需要更换。

1-7　在电动机的主电路中装有熔断器，为什么还要装热继电器？装了热继电器是否可以不装熔断器？为什么？

答：熔断器起短路保护作用，热继电器起过载保护作用。过载时电流不足以大到使断路器工作，但对电路运行也是不利的。

1-8　交流接触器的主要用途和工作原理是什么？交流接触器的结构可分为哪几大部分？

答：接触器是一种能频繁地接通和断开远距离用电设备主回路及其他大容量用电回路的自动控制电器。当线圈得电后，在铁芯中产生磁通及电磁吸力，衔铁在电磁吸力的作用下吸向铁芯，同时带动动触头移动，使常闭触头打开，使常开触头闭合。当线圈失电或线圈两端电压显著降低时，电磁吸力小于弹簧反力，使衔铁释放，触头机构复位，断开电路或解除互锁。

交流接触器主要由电磁系统、触头系统、灭弧装置及辅助部件等部分组成。

1-9　交流接触器能否串联使用？为什么？

答：不能。两个交流接触器的动作不会同时发生，如果一个先动作，加在两边的电压就不是分压的值，会烧掉。

1-10　交流接触器的铁芯端面上为什么要安装短路环？

答：防止交变磁场外泄，干扰其他电器设备。

1-11　从接触器的结构上，如何区分是交流接触器还是直流接触器？

答：与交流接触器相比，直流接触器的铁芯比较小，线圈也比较小，交流电磁铁的铁芯是用硅钢片叠铆而成的，线圈做成有支架式，形式较扁，因为直流电磁铁不存在电涡流现象。

1-12　交流接触器频繁操作后线圈为什么会发热？其衔铁卡住后会出现什么后果？

答：交流接触器线圈的通电瞬间起动电流比吸合后的维持电流大数倍，所以频繁操作会造成线圈发热。衔铁如果卡住，线圈电流会增大很多倍，短时间线圈即烧毁。

1-13　交流接触器在运行中有时线圈断电后，衔铁仍掉不下来，电动机不能停止，这时应如何处理？故障原因在哪里？应如何排除？

答：有两种可能，一种是动作部件有卡阻现象，如生锈、弹簧力度不够、灰尘过多、部件变形等，还有一种就是剩磁过大，这一般是因为短路环断开。

1-14　使用试电笔时应注意哪些问题？

答：(1)使用前，必须在有电源处对试电笔进行测试，证明该试电笔确实良好后方可使用。

(2)验电时，应使试电笔逐渐靠近被测物体，直至氖管发亮，不可直接接触被测体。

(3)验电时，手指必须触及笔尾的金属体，否则带电体也会误判为非带电体。

(4)验电时，要防止手指触及笔尖的金属部分，以免造成触电事故。

1-15　用万用表测量直流电流和交、直流电压时应注意哪些问题？怎么读取数据？

答：测量直流电流时先把旋钮拨到直流电流挡，选择好量程，在不知道电流多大时，应从大到小开始测量；测量交流电压时，先把挡位拨至交流电压挡，其余同上；测量直流电压时，也是先把挡位拨至直流电压挡，然后按上面的要求测量。

注意：所测量的项目应对应所测挡位，在未知具体数值时，应从高位往低位测。

数据读取：比如 5 kΩ 电阻，挡位应拨到 ×1 k 挡，表针指到 5，就是 5 ×1 k = 5 k，其余照此类推。

1 – 16　测量电阻时，为什么不能带电测量？

答：因为用万用表测量电阻时，万用表本身内部就有个电源与待测电阻组成闭合回路，根据电流大小测出电阻，如果接在外接电路上，就有两个电源并联了，会把电源烧坏。

1 – 17　如果被测电流较小，如何使钳形电流表的测量准确些？

答：如果负载电流较小，测量不准，可以将负载线在钳形表中多绕几圈，将测得的数据除以圈数就是测量结果。

1 – 18　选择兆欧表时应注意哪些问题？

答：(1)仪表与被测物间的连接导线应采用绝缘良好的多股铜芯软线，而不能用双股绝缘线或绞线，且连接线间不得绞在一起，以免造成测量数据不准。

(2)摇动手柄的转速要均匀，不可忽快忽慢地使指针不停地摆动。

(3)在测量过程中，若发现指针为零，说明被测物的绝缘层可能击穿短路，此时应停止继续摇动手柄。

(4)测量具有大电容的设备时，读数后不得立即停止摇动手柄，否则已充电的电容将对兆欧表放电，有可能烧坏仪表。

(5)温度、湿度、被测物的有关状况等对绝缘电阻的影响较大，为便于分析比较，记录数据时应反映上述情况。

(6)兆欧表要定期检验，检验时直接测量有确定值的标准电阻，检查其测量误差是否在规定范围以内。

1 – 19　简述单股电力线线头的连接方法。

答：略。

1 – 20　7 股铜芯线 T 字形连接的工艺特点是什么？

答：略。

1 – 21　导线连接中常用的接线桩有哪三种？

答：针孔接线桩、平压式接线桩、瓦型接线桩。

1 – 22　恢复导线绝缘层应掌握哪些基本方法？380 V 导线绝缘层怎样恢复？

答：用在 380 V 线路上的导线恢复绝缘时，必须先包缠 1 ~ 2 层黄蜡带，然后再包缠 1 层黑胶带。

项目二　车床的电气控制

2 – 1　接触器和中间继电器的作用是什么？它们有什么区别？

答：中间继电器是一种根据电量(电流、电压)或非电量(时间、速度、温度、压力等)的变化自动接通和断开控制电路，以完成控制或保护任务的电器。

与接触器的区别：中间继电器可以对各种电量或非电量的变化作出反应，而接触器只在一定的电压信号下动作。中间继电器用于切换小电流的控制电路，而接触器则用来控制大电流电路，因此，中间继电器触头容量较小(不大于5 A)，且无灭弧装置。

2－2　电压继电器和电流继电器在电路中各起何作用？它们的线圈和触头各接于什么电路中？

答：电压继电器用作过压或失压保护，线圈并接在线路中，触头接在电压保护的跳闸线圈中；电流继电器用于过流保护，其线圈串接在线路中，触头用于过流保护跳闸线路。

2－3　过电流继电器与欠电流继电器有什么区别？

答：过电流继电器用于过电流保护，当电流达到设定值时吸合。

欠电流继电器一般用于直流电动机磁场的弱磁场保护，以防电动机超速，正常工作时是吸合的，当电流小于设定值时释放。

2－4　中间继电器有何用途？

答：增加触头。

2－5　简述空气阻尼式时间继电器的延时原理，如何调整其延时时间长短，怎样将通电延时的时间继电器改为断电延时的时间继电器？

答：时间继电器的延时时间可以通过调节螺钉从而调节进气孔气隙的大小来改变。

2－6　试分析判断图2－46所示主电路或控制电路有什么错误，并简述如何改正。

答：线圈KM与辅助常开触头并联，按钮的常开触头与KM辅助常开触头并联，互锁设置。

2－7“点动”与“自锁”在电路结构上有何区别？它们各适用于什么场合？

答：“点动”，没有外部干预时的通断情况为常态。有外部控制(干预)时，状态反转；外部干预撤销，恢复为常态。例如按汽车喇叭，按下即响，松开即停。

“自锁”，每受一次外部干预，状态反转一次；外部干预撤销，保持当前的状态。例如电灯开关。

2－8　画出具有“点动”和“连续运转”的混合控制电路。

答：电路如图(答)1所示。

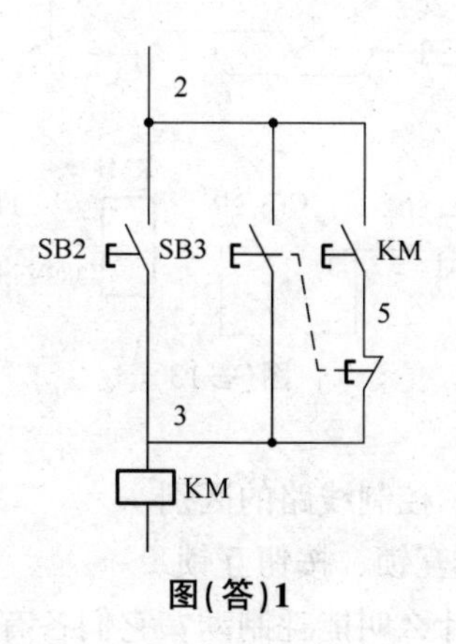

图(答)1

2－9 “自锁”与“互锁”有什么区别？分别画出具有自锁的控制电路和具有“互锁”的控制电路。

答：具有“自锁”的控制电路如图(答)2(a)所示，具有“互锁”的控制电路如图(答)2(b)所示。

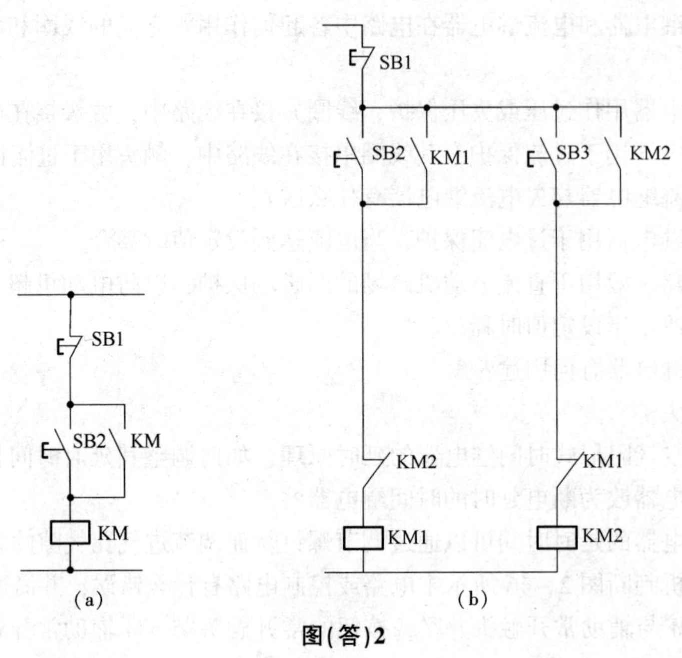

图(答)2

2－10 试用一只接触器设计一台电动机的正、反转控制电路。用操作开关选择电动机旋转方向(应有短路保护和过载保护)。

答：设计如图(答)3 所示。

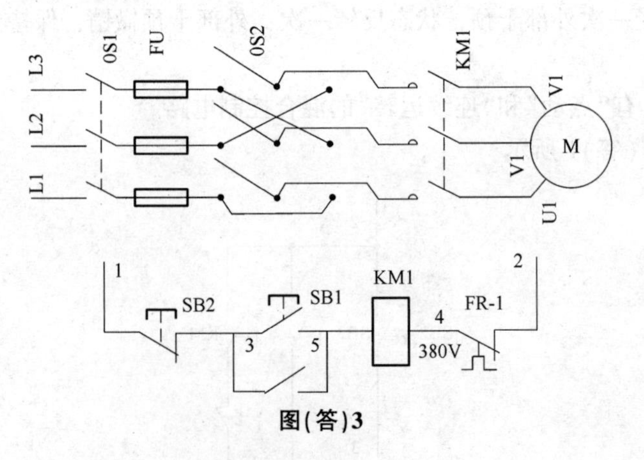

图(答)3

2－11 试分析图 2－47 所示控制线路的区别。

答：接触器无互锁、接触器互锁、按钮互锁。

2－12 什么叫反接制动？什么叫能耗制动？它们各有什么特点？适用于哪些场合？

答：所谓能耗制动，即在电动机脱离三相交流电源之后，定子绕组上加一个直流电压，即通入直流电流，利用转子感应电流与静止磁场的作用达到制动的目的。

所谓反制动，即在电动机切断正常运转电源的同时改变电动机定子绕组的电源相序，使之有反转趋势而产生较大的制动力矩的方法。反接制动的实质：使电动机欲反转而制动，因此当电动机的转速接近零时，应立即切断反接转制动电源，否则电动机会反转。实际控制中采用速度继电器来自动切除制动电源。

反接制动的制动力强，制动迅速，控制电路简单，设备投资少，但制动准确性差，制动过程中冲击力强烈，易损坏传动部件。

对于频繁正、反转的电力拖动系统，常采用这种先反接制动停车，再反向起动的运行方式，达到迅速制动并反转的目的。对于要求准确停车的系统，采用能耗制动较为方便。

2－13　试根据下述要求画出三相笼型异步电动机的控制线路：

(1)能正、反转运行；

(2)采用能耗制动停车；

(3)有过载、短路、失压及欠压保护；

答：参考图形如图(答)4 所示。

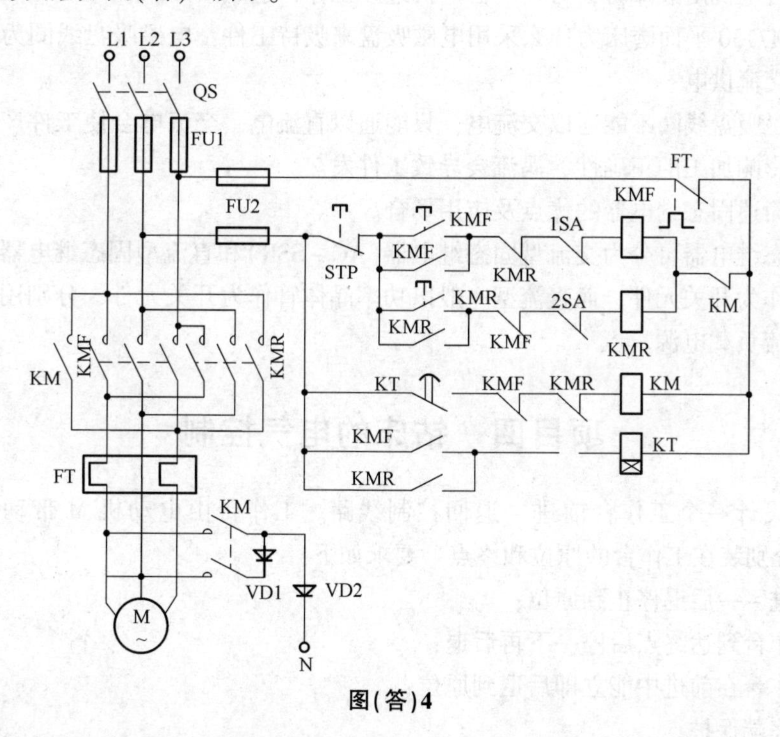

图(答)4

2－14　简述直流电磁式时间继电器的延时原理。如何整定其动作值？

答：在继电器线圈通断电时，铜套内将产生感应电动势，从而产生感应电流，该电流产生的磁通阻碍穿过铜套内的磁通变化，对原磁通起阻尼作用。

直流电磁式时间继电器延时时间的长短可通过改变铁芯与衔铁间非磁性垫片的厚薄(粗调)或释放弹簧的松紧(细调)来调节。垫片厚则延时短，垫片薄则延时长；释放弹簧紧则延时短，释放弹簧松则延时长。

项目三　磨床的电气控制

3－1　电磁式电压继电器和电流继电器在结构上有何不同?

答：电压继电器，线圈多、线截面积细，电流继电器相反，连接的方法和功能也不一样，电流继电器是串接的，可以用作电流表，用来观察电流。电压继电器则是并联的，可以用作电压表，用来监查电压量。

3－2　电压和电流继电器在电路中各起什么作用？如何接入电路?

答：电压继电器起监控电压质量的作用，辅以连锁机构实现控制，一般并联于电路。

电流继电器起监控过载、短路电流的作用，同样辅以连锁机构实现继电控制，一般串联于电路。

3－3　在 M7130 平面磨床电气原理图中，若将热继电器 FR1、FR2 的保护触头分别串接在 KM1、KM2 线圈回路，有何缺点?

答：一台电机出故障时，另外一台电机继续工作，造成损坏。

3－4　M7130 平面磨床为什么采用电磁吸盘来吸持工件?电磁吸盘线圈为何要用直流供电而不用交流供电?

答：电磁吸盘线圈不能通以交流电，只能通以直流电。交流电会使工件产生振动和涡流，振动会影响加工的正确性，涡流会导致工件发热。

3－5　简述固态继电器的优点及应用场合。

答：固态继电器可分为交流型固态继电器(AC－SSR)和直流型固态继电器。交流型以双向可控硅作为开关元件，而直流型一般以功率晶体管作为开关元件，分别用来接通或关断交流或直流负载电源。

项目四　钻床的电气控制

4－1　设计一个工作台前进－退回控制线路。工作台由电动机 M 带动，行程开关 SQ1、SQ2 分别装在工作台的原位和终点。要求如下：

(1)前进－—后退停止到原位；

(2)工作台到达终点后停一下再后退；

(3)工作台在前进中能立即后退到原位；

(4)有终端保护。

答：略。

4－2　设计一小车运行的控制线路，小车由异步电动机拖动，其动作程序如下：

(1)小车由原位开始前进，到终端后自动停止；

(2)在终端停留 2 min 后自动返回原位停止；

(3)要求能在前进或后退途中任意位置能停止或起动。

答：略。

4－3　试分析 Z3040 型摇臂钻床控制摇臂下降的工作原理。

答：按下降按钮 SB4，则时间继电器 KT 通电吸合，其常开触头闭合，线圈通电，液压泵电机启动，正向旋转，供给压力油，先使摇臂松开，接着压动位置开关 SQ2。其常闭触头断开，使 KM4 断电释放，液压泵电机停止工作，其常开触头闭合，使 KM3 线圈通电，摇臂升降电动机反向运行，带动摇臂下降。

当摇臂下降到所需位置时，松开按钮，则接触器和时间继电器 1 同时断电释放，停止工作，摇臂停止下降。

4－4　在 Z3040 型摇臂钻床电气控制线路中，试分析时间继电器 KT 与电磁阀 YA 在什么时候动作，YA 动作时间比 KT 长还是短，YA 什么时候不动作。

答：当上升按钮闭合时，时间继电器 KT 线圈通电，其瞬时常开触头闭合；同时 KT 断电延时断开，其触头闭合，接通电磁阀 YV 线圈。由此可以看出 KT 比 YA 动作时间长。当主柱箱和立柱夹紧时 YA 不动作。

4－5　在 Z3040 型摇臂钻床电气控制线路中，行程开关 SQ1～SQ4 的作用各是什么？

答：SQ1 为夹紧到位行程开关，SQ2 为放松到位行程开关，SQ3 为上升到位行程开关，SQ4 为下降到位行程开关。

4－6　在 Z3040 型摇臂钻床电气控制线路中，设有哪些联锁与保护？

答：M1 为单方向旋转，由接触器 KM1 控制，主轴的正、反转则由机床液压系统操纵机构配合正、反转摩擦离合器实现，并由热继电器 FR1 电动机长期过载保护。

4－7　根据 Z3040 型摇臂钻床的电气控制线路，分析摇臂不能下降时可能出现的故障。

答：由摇臂下降的动作过程可知，摇臂移动的前提是摇臂完全松开，此时活塞杆通过弹簧片压下行程开关 SQ2，电动机 M3 停止运转，电动机 M2 启动运转，带动摇臂下降。(1)若 SQ2 的安装位置不当或发生偏移，这样摇臂虽然完全松开，活塞杆仍压不上行程开关 SQ2，致使摇臂不能移动；(2)有时电动机 M1 的电源相序接反，此时按下摇臂上升或下降按钮，电动机 M3 反转，使摇臂夹紧，压不上行程开关 SQ2，摇臂也不能上升或下降。(3)有时也会出现液压系统发生故障，使摇臂没有完全松开，活塞杆压不上行程开关 SQ2。(4)如果 SQ2 在摇臂松开后已动作，而摇臂不能上升或下降，则有可能是以下原因引起的：按钮 SB3、SB4 的常闭触头损坏或接线脱落；接触器 KM2、KM3 线圈损坏或接线脱落；KM2、KM3 的触头损坏或接线脱落。应根据具体情况逐项检查，直到故障排除。

4－8　接近开关与行程开关有何异同？

答：接近开关通常经过后级放大电路处理并转换成开关信号，触发驱动控制器件，从而达到非接触式的检测目的。行程开关又称限位开关，用于控制机械设备的行程及限位保护。

其不同之处就是行程开关是物理的，接近开关是感应的，相同处是它们都要有物体接近，行程开关要碰到才能动作，而接近开关不用碰到就可以发出控制信号，都可以作保护装置。

项目五　铣床的电气控制

5-1　为两台异步电动机设计一个控制线路，要求如下：

(1)两台电动机互不影响地独立工作；

(2)能同时控制两台电动机的起动与停止；

(3)当一台电动机发生故障时，两台电动机均停止。

答：参考线路如图(答)5 所示。SB1、SB2 分别为两台电动机的独立起动按钮，SB3、SB4 分别为两台电动机的独立停止按钮，SB0 为两台电动机的总停止按钮，SB3 为两台电动机的总起动按钮。

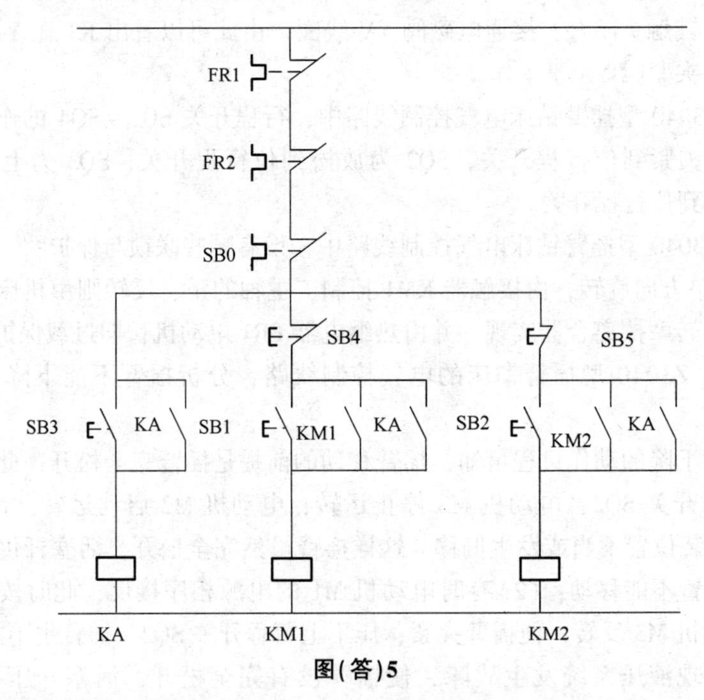

图(答)5

5-2　设计一控制电路，控制一台电动机，要求如下：

(1)可正、反转；

(2)两处起停控制；

(3)可反接制动；

(4)有短路和过载保护。

答：参考线路如图(答)6 所示。

5-3　有一台三级皮带运输机，分别由 M1、M2、M3 三台电动机拖动，其动作顺序如下：

(1)起动要求按 M1→M2→M3 顺序起动；

(2)停车要求按 M3→M2→M1 顺序停车；

(3)上述动作要求有一定时间间隔。

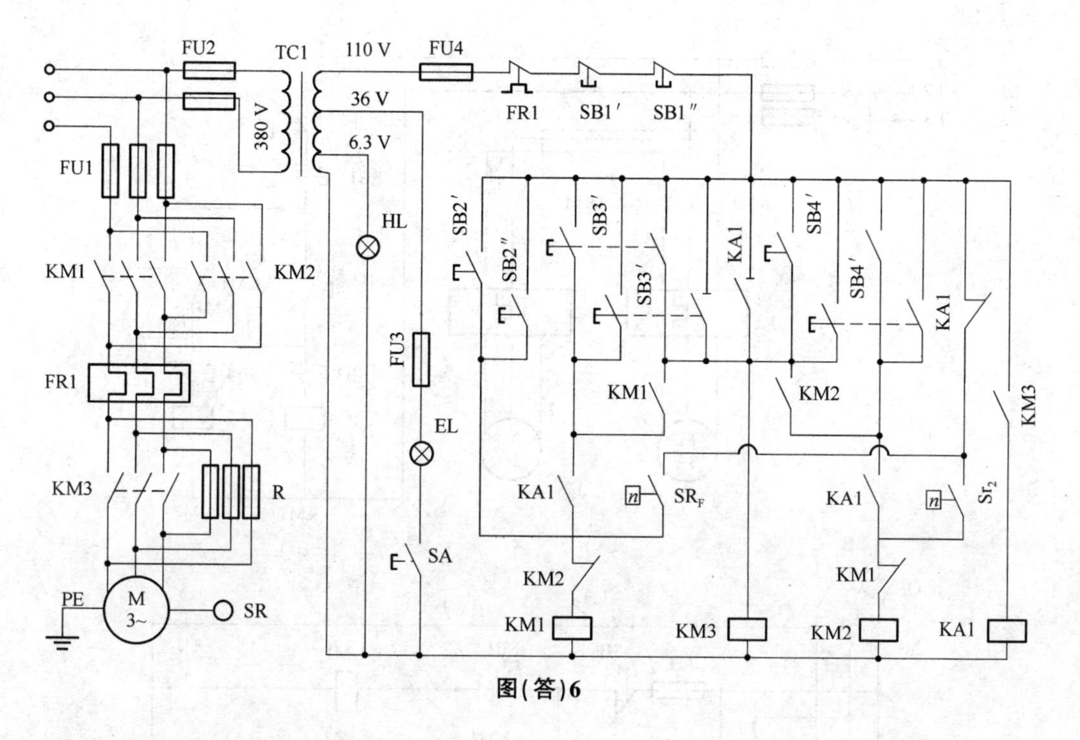

图(答)6

答：参考线路图(答)7 所示。

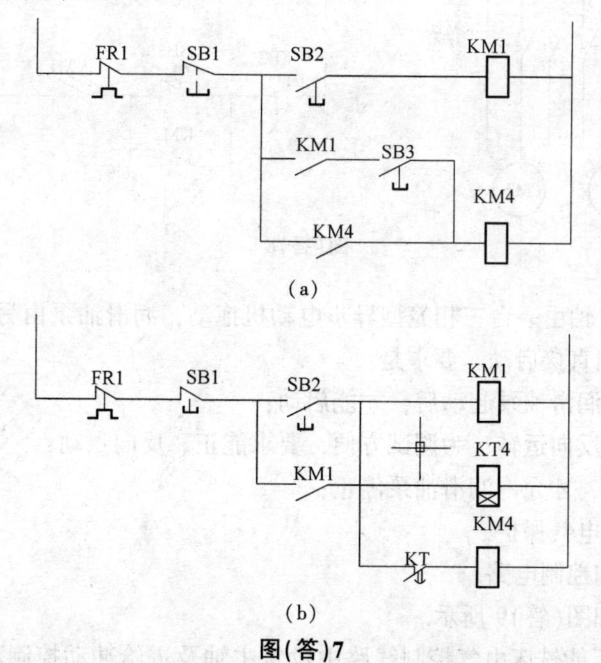

图(答)7

(a)手动控制运行电路；(b)自动运行控制电路

5 -4　试设计两台笼型电动机 M1、M2 的顺序起动停止的控制线路。

(1)M1、M2 能顺序起动，并能同时或分别停止。

(2)M1 起动后 M2 起动，M1 可点动，M2 可单独停止。

答：参考线路如图(答)8 所示。

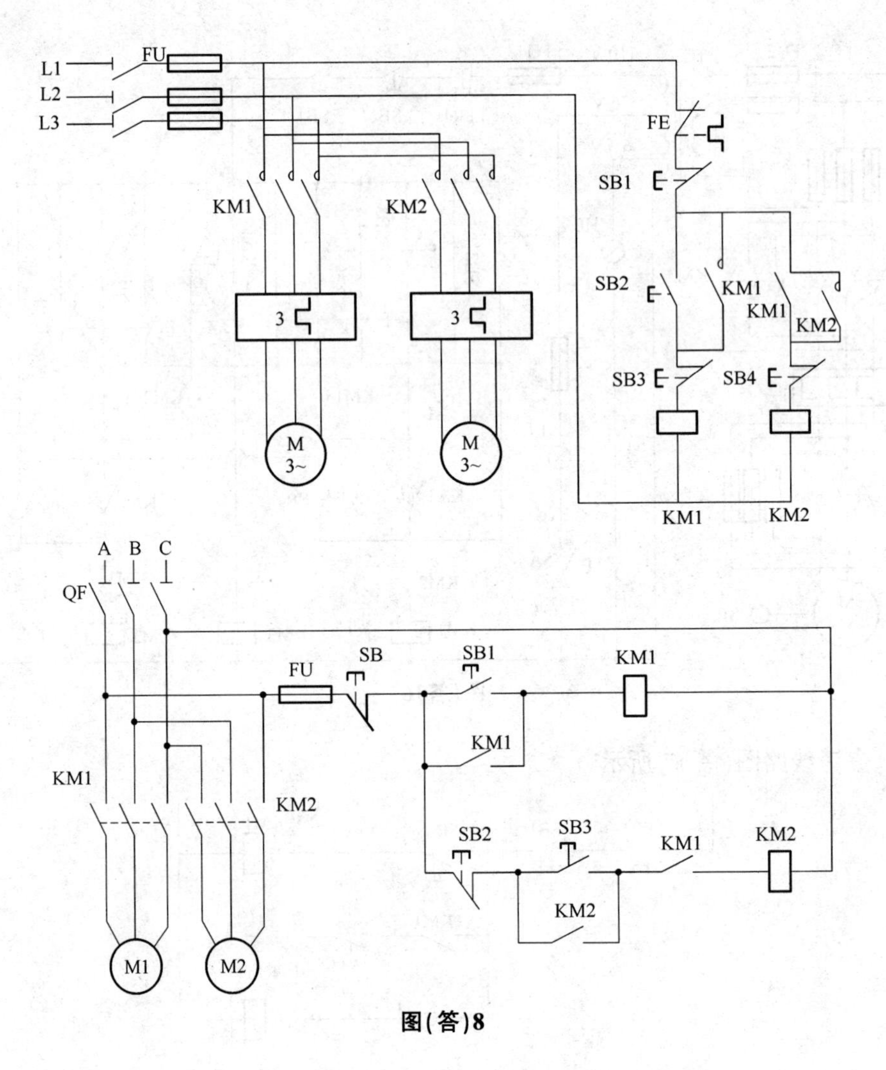

图(答)8

5－5　某机床主轴由一台三相笼型异步电动机拖动，润滑油泵由另一台三相笼型异步电动机拖动，均采用直接启动，要求是：

(1)主轴必须在润滑油泵起动后，才能启动；

(2)主轴为正、反向运转，为调试方便，要求能正、反向点动；

(3)主轴停止后，才允许润滑油泵停止；

(4)具有必要的电气保护。

试设计主电路和控制电路。

答：参考线路如图(答)9 所示。

5－6 X62W 型万能铣床电气控制线路中设置主轴及进给冲动控制环节的作用是什么？简述主轴变速冲动控制的工作原理。

答：(1)齿轮啮合传动的机构在变速时，如果两齿尖相对，齿轮肯定啮合不上，所以需要人为转动齿轮，齿轮才可以正确啮合。比如对车床可以用手转动卡盘。但铣床的主轴很重，人力是转不动的，所以在变速操纵杆内装一冲动装置，在齿轮脱离的瞬间使电动机冲动，这样就可以方便地转动变速手轮，使齿轮正确啮合。

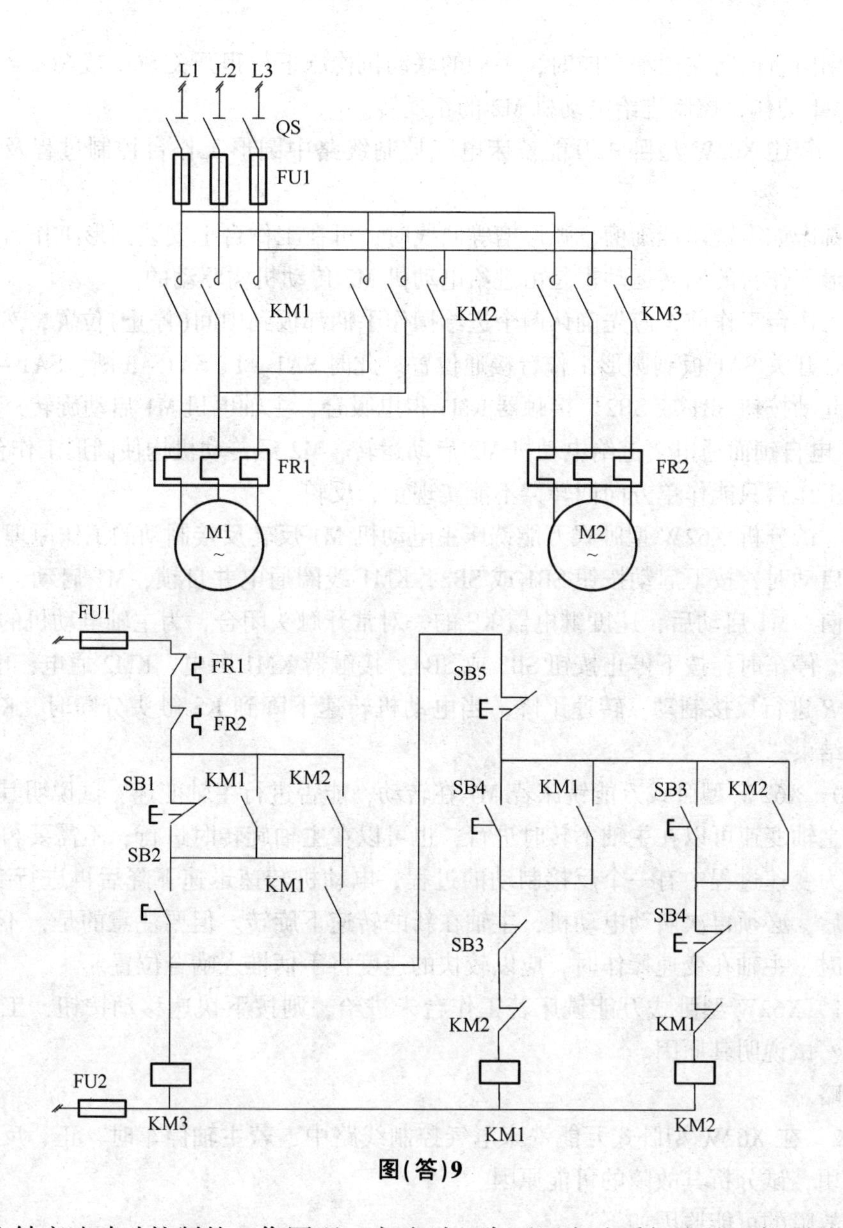

图(答)9

(2)主轴变速冲动控制的工作原理：变速时，先下压变速手柄，然后拉到前面，当快要落到第二道槽时候，转动变速盘，选择需要的转速。此时凸轮压下弹簧杆，使冲动行程SQ6的常闭触电先断开，切断KM1线圈的电路，电动机M1断电；同时SQ6的常开触头后接通，KM2线圈得电动作，M1被反接制动。当手柄拉到第二槽时，SQ6不受凸轮控制而复位，M1停转。接着把手柄从第二槽推回原始位置，凸轮又瞬时压动行程开关SQ6，使M1反向瞬时冲动一下，以利于变速后的齿轮啮合。

5-7　叙述X62W型卧式万能铣床工作台纵向往复运动的工作过程。

答：工作台纵向运动操作之前，垂直与横向操纵手柄必须处于中间位置，这样，垂直离合器与横向离合器都脱开，行程开关SQ3、SQ4处于分断状态。工作台的纵向运动是由进给电动机M2驱动的，由纵向操纵手柄控制。此手柄是复式的，一个安装在工作台底座的顶面中央部位，另一个安装在工作台底座的左下方。手柄有3个：向左、向右、零位。

当手柄扳到向右或向左运动方向时，手柄的联动机构压下行程开关 SQ1 或 SQ2，使接触器 KM3 或 KM4 动作，控制进给电动机 M2 的正反转。

5-8　叙述 X62W 型卧式万能铣床电气控制线路中圆形工作台控制过程及联锁保护原理。

答：铣床如需铣切螺旋槽、弧形槽等曲线时，可在工作台上安装圆形工作台及其传动机械，圆形工作台的回转运动也是由进给电动机 M2 传动机构驱动的。

圆形工作台工作前，应先确认两个进给操作手柄都扳到中间(停止)位置，然后将圆形工作台组合开关 SA1 扳到圆形工作台接通位置。此时 SA1-1、SA1-3 断，SA1-2 通。再按下主轴起动按钮 SB1 或 SB2，接触器 KM1 得电吸合，主轴电机 M1 启动旋转，同时 KM3 因 KM1 通电自锁而通电，进给电动机 M2 启动运转，M2 经传动机构使圆形工作台回转。

圆形工作台只能作单方向回转，不能实现正、反转。

5-9　试分析 X62W 型卧式万能铣床主电动机 M1 反转反接制动的工作原理。

答：启动时，按下启动按钮 SB1 或 SB2，KM1 线圈通电并自锁，M1 启动，由 SA4 选定旋转方向。M1 启动后，速度继电器 KS 的一对常开触头闭合，为主轴电动机的停转制动做好准备。停车时，按下停止按钮 SB3 或 SB4，接触器 KM1 断电，KM2 通电，电动机 M1 串入电阻 R 进行反接制动，转速下降。当电动机转速下降到 KS 触头分断时，KM2 断电，制动过程结束。

5-10　X62W 型卧式万能铣床若 M1 在转动，能否进行主轴变速？试说明其原因。

答：主轴变速可以在主轴不转时进行，也可以在主轴旋转时进行，不需要再按下停止按钮。因为变速过程中有一个反接制动的过程，电动机转速迅速下降后再进行变速操作。变速完成后，必须再次启动电动机，主轴在新的转速下旋转。但要注意的是，不论是开车还是停车时，主轴在变速操作时，应以较快的速度将手柄推入啮合位置。

5-11　X62W 型卧式万能铣床若工作台未进给，则按下快速移动按钮，工作台能否快速移动？试说明其原因。

答：略。

5-12　在 X62W 型卧式万能铣床电气控制线路中，若主轴停车时，正、反方向都没有制动作用，试分析其故障的可能原因。

答：故障的可能原因如下：

(1)在按下停转按钮后反接制动接触器 KM2 不吸合。

(2)速度继电器或按钮支路出现故障，导致在操作主轴时变速冲动手柄有冲动，但主轴停车时没有制动。

(3)KM2、R 的回路存在缺两相故障。

(4)速度继电器的动合触头断开过早。

5-13　在 XA6132 型铣床电路中，电磁离合器 YC1、YC2、YC3 的作用是什么？

答：(1)YC1 主轴左、右转制动；(2)YC2 进给制动；(3)YC3 正、反向进给制动。

项目六　电气控制系统的设计

6-1　图 6-27 所示是电动机常用保护电路，指出各电器元器件所起的保护作用。

答：空气开关是低压配电网络和电力拖动系统中非常重要的一种电器，它集控制和多种保护功能于一身，除了能完成接触和分断电路外，还能对电路或电气设备发生的短路、严重过载及欠电压等进行保护，同时也可以用于不频繁地启动电动机。

熔断器起短路作用，热继电器起过载保护作用。

6-2 机床电气设计应包括哪些内容?

答：要设计机床电气控制系统，必须熟知机床电气控制系统基本内容，一般电气控制系统设计包括以下设计内容：

(1) 拟定机床电气设计的技术条件(任务书)；

(2) 选择机床电气传动形式与控制方案；

(3) 确定机床电气传动电动机的容量和选型；

(4) 设计机床电气控制原理图；

(5) 选择机床电气元器件，制订机床电机和电气元器件明细表；

(6) 画出机床电动机，执行电磁铁、电气控制部件以及检测元件布置图；

(7) 设计机床电气柜，执行电磁铁、电气控制部件以及检测元件的总布置图；

(8) 绘制电控设备装配图和接线图；

(9) 编写机床电控系统设计计算说明书和安装使用说明书。

6-3 简化图10-28中各线路。

答：简化后的线路如图(答)10所示。

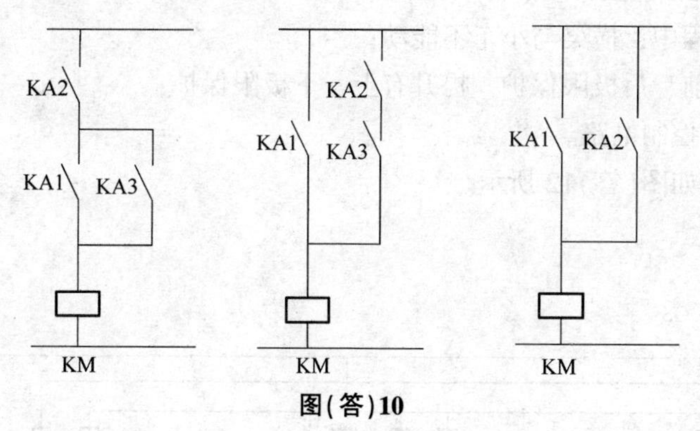

图(答)10

6-4 分析图6-29中各控制线路，并按正常操作时出现的问题加以改进。

答：改进后的线路如图(答)11所示。

6-5 图6-30所示各控制电线有什么错误？应如何改正？

答：图6-30(a)：正、反转控制时，KM1线圈上边的常开触头KM2应当是常闭触头。图6-30(b)：点动按钮SB3的常开常闭触头接反，串联在接触器自保持接点KM下面的应当是常闭接点，并联在按钮SB2两端的应当是常开触头。

6-6 在电气控制线路中，既接入熔断器，又接入热继电器，它们各起什么作用?

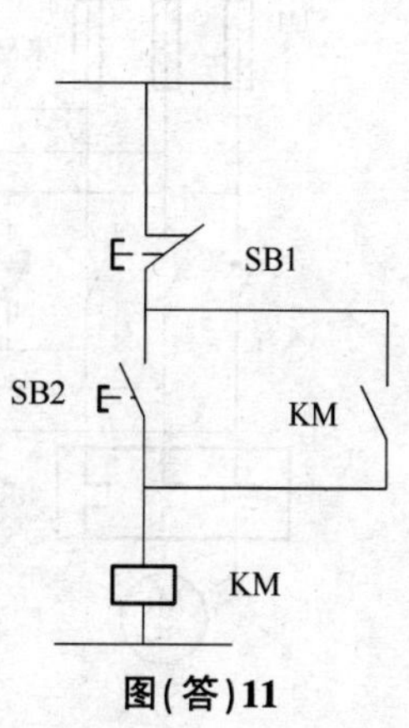

图(答)11

答：在电气控制线路中，熔断器和热继电器的保护作用是不同的。熔断器的熔断时间和通过的电流大小有关。当通过电流为熔体额定电流两倍以下时，必须经过相当长的时间熔体才能熔断，如果通过电流为熔体额定电流的很多倍，则熔体在很短的时间内就会熔断。所以，在一般的电路里，熔断器既可以是短路保护，也可以是过载保护。

热继电器作为鼠笼式异步电动机的过载保护。热继电器的热惯性很大，即使通过发热元件的电流超过其额定电流的好几倍也不会瞬时动作，所以它能承受异步电动机启动过程中的大电流，适于保护电动机的过载，而不适于保护短路故障。

6－7　电气控制线路中常用的保护环节有哪些？各采用什么电气元器件？

答：电气控制线路中常用的保护环节有：短路保护和过载保护。一般采用熔断器作短路保护，热继电器作过载保护。

6－8　常开触头串联或并联在电路中起什么样的控制作用？常闭触头串联或并联起什么控制作用？

答：常开触头串联起“与”的作用；常开触头并联起“或”的作用；常闭触头串联起“或非”的作用；常闭触头并联起“与非”的作用。

6－9　设计一小型吊车的控制线路。小型吊车有 3 台电动机，横梁电动机 M1 带动横梁在车间前后移动，小车电动机 M2 带动提升机构在横梁上左右移功，提升电动机 M3 升降重物。3 台电动机都采用直接起动，自由停车。要求如下：

(1)3 台电动机都能正常启、保、停；

(2)在升降过程中，横梁与小车不能动；

(3)横梁具有前、后极限保护，提升有上、下极限保护；

设计主电路与控制电路。

答：参考线路如图(答)12 所示。

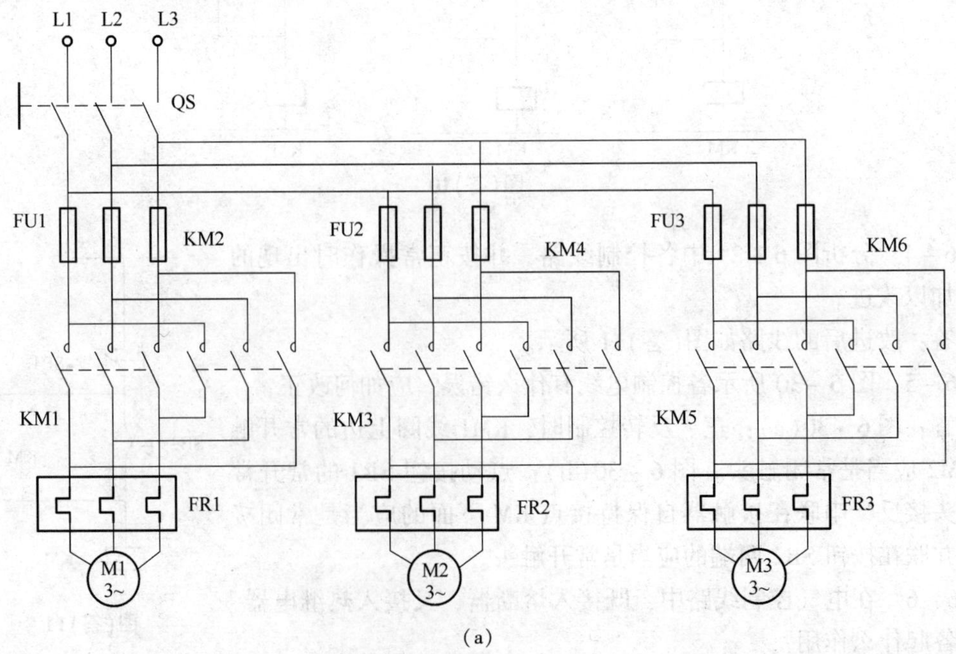

(a)

图(答)12

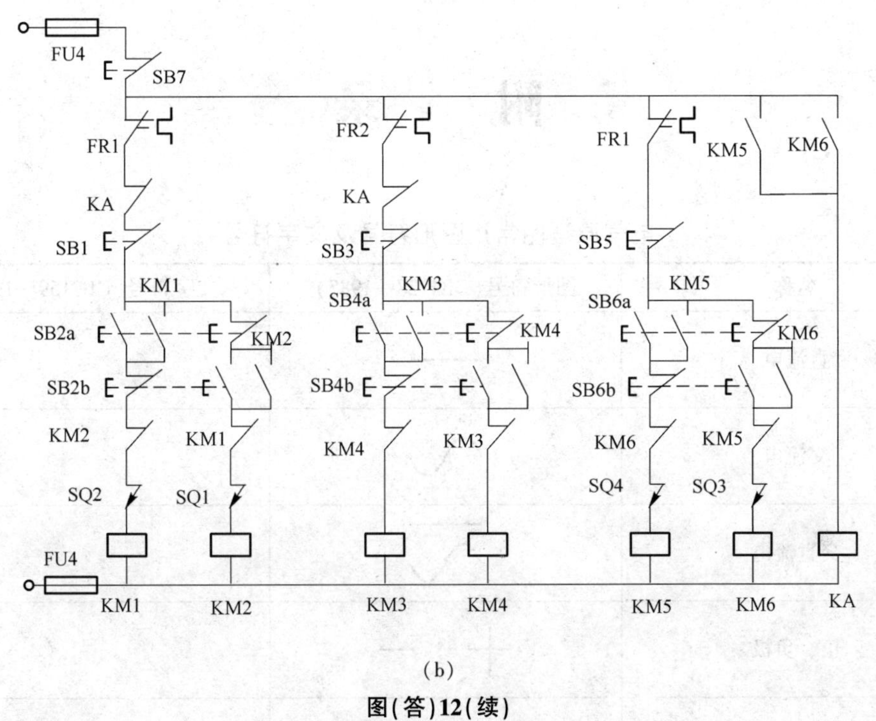

(b)

图(答)12(续)

(a)主电路；(b)控制电路

6-10　某电动机要求只有在继电器 K1、K2、K3 中任何一个或两个动作时才能运转，而在其他条件下都不运转，试用逻辑设计法设计其控制线路。

答：控制线路的设计如图(管)13 所示。

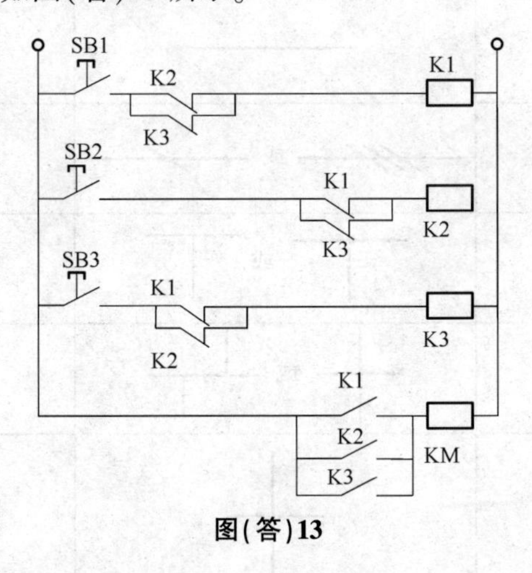

图(答)13

附 录

电气原理图常用图形符号及文字符号

名称	图形符号(GB4728—1985)	文字符号(GB7159—1987)
直流电		
交流电		
交直流电		
正、负极		
三角形连接的三相绕组		
星形连接的三相绕组		
导线		
三根指导线	或	
导线连接	或	
导线的多线连接	或	
导线不连接		
端子		
可拆卸的端子		
端子板	1 2 3 4 5 6 7 8	XT

续表

名称	图形符号(GB4728—1985)	文字符号(GB7159—1987)
接地		
插头		XP
插座	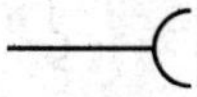	XS
滑动(滚动)连接器		E
电阻器一般符号		R
可变(可调)电阻器	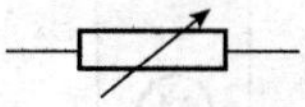	R
滑动触头电位器	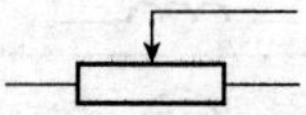	RP
电容器	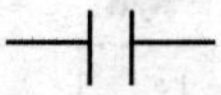	C
电感器、线圈、绕组、扼流圈		L
带铁芯的电感器		L
电抗器		L
可调压的单向自耦变压器	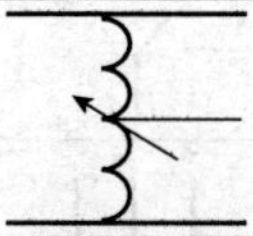	T
有铁芯的双绕组变压器	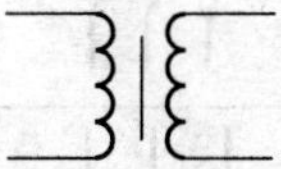	T
三相自耦变压器星形连接	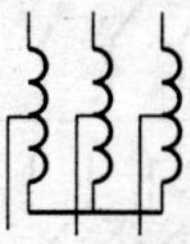	T

续表

名称	图形符号(GB4728—1985)	文字符号(GB7159—1987)
熔断器		FU
电流互感器		TA
串励直流电动机	M	M
并励直流电动机	M	M
他励直流电动机	M	M
永磁式直流测速发电机	TG	TG
三相笼型异步电动机	M 3~	M 3 ~
三相绕线式转子异步电动机	M 3~	M 3 ~
单极刀开关		Q
三极刀开关 组合开关		Q
三相断路器		QF
手动三极开关一般符号		Q

续表

名称	图形符号(GB4728—1985)	文字符号(GB7159—1987)
动合(常开)触头		
动断(常闭)触头		
先断后合的转换触头		
主令控制器的触头		
按钮		
按钮开关动合触头 (启动按钮)		SB
按钮开关动断触头(停止按钮)		SB
行程开关		
动合触头		SQ
动断触头		SQ
接近开关		
动合触头		SQ
动断触头		SQ
接触器		
线圈		KM
动合(常开)触头		KM

续表

名称	图形符号(GB4728—1985)	文字符号(GB7159—1987)
动断(常闭)触头		KM
继电器		
动合(常开)触头		KT
动断(常闭)触头		KT
延时闭合的动合触头	或	KT
延时断开的动断触头	或	KT
延时闭合的动断触头	或	KT
延时断开的动断触头	或	KT
通电延时继电器线圈		KT
断电延时线圈		KT
过电流继电器线圈	I>	KA
欠电流继电器线圈	I<	KA
过电压继电器线圈	U>	KV
欠电压继电器线圈	U<	KV

续表

名称	图形符号(GB4728—1985)	文字符号(GB7159—1987)
速度继电器动合触头	n	KS
速度继电器动断触头	n	KS
热继电器的热元件		FR
热继电器动合触头		FR
热继电器动断触头		FR
电磁离合器		YC
电磁阀		YV
电磁制动器		YB
电磁铁		YA
电磁吸盘		YH
电铃		HA
扬声器 (电喇叭)		HA
照明灯	⊗	EL
指示灯　信号灯	⊗	HL

参考文献

[1]韩顺杰．吕树清．电气控制技术[M]．北京：北京大学出版社，2006.

[2]张运波．工厂电气控制技术[M]．北京：高等教育出版社，2000.

[3]赵秉衡．工厂电气控制设备[M]．北京：冶金工业出版社，2003.

[4]赵明．工厂电气控制设备[M]．北京：机械工业出版社，2008.

[5]杜逸鸣，王平．电气控制实训教程[M]．南京：东南大学出版社，2006.

[6]戴月根，费新华．中级维修电工技能操作与考核[M]．北京：电子工业出版社，2008.

[7]梅开乡，徐滤非．电工职业技能实训[M]．北京：人民邮电出版社，2006.

[8]缴瑞山．机电技术实训[M]．北京：机械工业出版社，2004.

[9]徐建俊．电机与电气控制项目教程[M]．北京：机械工业出版社，2008.